微藻生态调控对虾养殖
环境的理论与技术

黄翔鹄　李长玲　张　宁等　著

科　学　出　版　社

北　京

内 容 简 介

池塘养殖是对虾养殖的主要形式，池塘"倒藻"、无藻和有毒藻存在等引发了一系列养殖环境问题，导致池塘生态系统平衡失调、对虾病害频发。这些问题已成为制约对虾养殖业发展的"瓶颈"。微藻生态调控是通过构建良性微藻群落改善养殖环境的一种对虾绿色产品生产技术，是解决池塘环境问题的重要技术措施。本书从对虾养殖池塘微藻生物学和生态学出发，探讨了微藻调控养殖环境的机制，阐述了微藻调控养殖环境的理论体系，概述了活性卵囊藻的浓缩和常温保存等技术原理，详述了池塘微藻定向培育的微藻群落结构优化技术，为对虾绿色养殖提供了重要的理论和技术支撑。

本书适合水产养殖专业、水环境科学、水域生态学等领域的科研人员、高校师生阅读参考。

图书在版编目（CIP）数据

微藻生态调控对虾养殖环境的理论与技术 / 黄翔鹄等著. —北京：科学出版社，2022.6

ISBN 978-7-03-072454-0

Ⅰ．①微… Ⅱ．①黄… Ⅲ．①微藻－生态环境－影响－对虾养殖－生态养殖－研究 Ⅳ．①S968.22

中国版本图书馆 CIP 数据核字（2022）第 097662 号

责任编辑：郭勇斌 彭婧煜 冷 玥／责任校对：郝甜甜
责任印制：张 伟／封面设计：刘 静

斜 学 出 版 社 出版

北京东黄城根北街 16 号
邮政编码：100717
http://www.sciencep.com

北京凌奇印刷有限责任公司印刷
科学出版社发行 各地新华书店经销

*

2022 年 6 月第 一 版 开本：720×1000 1/16
2025 年 1 月第二次印刷 印张：20 3/4 插页：9
字数：420 000

定价：148.00 元
（如有印装质量问题，我社负责调换）

本书著者名单

黄翔鹄　李长玲　张　宁　任佳佳
李　峰　张玉蕾　罗晓霞

前　言

对虾养殖业是我国水产养殖的支柱产业之一，池塘养殖是对虾养殖的主要形式。随着我国对虾养殖集约化程度的不断提高，池塘"倒藻"、无藻和有毒藻存在等引发了一系列养殖环境问题，导致池塘生态系统平衡失调、对虾病害频发和养殖成功率下降。化学药物的大量使用进一步降低了养殖产品质量，加剧了养殖环境的污染。这些问题已成为制约对虾养殖业发展的"瓶颈"。开发对虾绿色生态养殖模式，以减少养殖环境污染、提高产品质量，是对虾养殖业可持续发展的重要措施。作者及其研究团队在多个国家级和省部级科研项目的资助下，通过产学研推相结合，对池塘养殖环境微藻生态调控理论与技术进行了系统研究和攻关，所取得的成果汇成了《微藻生态调控对虾养殖环境的理论与技术》一书，从理论到实践论述了微藻生态调控对虾池塘养殖环境的技术体系。本书从对虾池塘微藻生态学和生物学、微藻群落结构优化调控池塘环境的作用机理、活性浓缩微藻产业化关键技术与应用、池塘微藻定向培育技术等多方面阐述了微藻生态调控对虾池塘养殖环境的技术体系，为对虾绿色生态养殖提供了重要的理论和技术支撑。

本书主要内容有七章，包括池塘主要生境结构特征、微藻对池塘污染物质的净化作用和调控机制、微藻与菌藻联合体在池塘中的生态功能与作用机制、浮游动物对池塘微藻丰度的控制机制、虾池常见微藻培养的生态条件、活性浓缩微藻制品产业化关键技术、池塘微藻的定向培育及养殖效果评价。

本书由黄翔鹄教授主编，并负责编写第一章和第七章。第二章由李长玲教授编写，第三章由张玉蕾博士编写，第四章由罗晓霞博士编写，第五章由李峰博士编写，第六章由张宁博士编写，图版由李峰和任佳佳编辑。全书由黄翔鹄、张宁和任佳佳统稿。

由于作者水平有限，加上水生生物学及对虾养殖技术发展很快，书中难免存在不足之处，欢迎广大读者批评指正。

目　　录

第一章　池塘主要生境结构特征 ································· 1

　第一节　池塘主要理化因子及溶解态氮污染特征 ················ 1

　　一、池塘环境主要理化因子的变化规律 ···················· 2

　　二、池塘溶解态氮的变化规律 ··························· 6

　　三、亚硝酸盐氮对凡纳滨对虾的毒性作用 ·················· 14

　第二节　池塘养殖水体微藻种群特征 ······················ 18

　　一、池塘微藻优势种及演替规律 ························ 18

　　二、池塘微藻群落结构与水质环境 ······················ 23

第二章　微藻对池塘污染物质的净化作用和调控机制 ·········· 27

　第一节　池塘微藻对溶解态氮吸收规律 ···················· 28

　　一、环境因子对卵囊藻吸收溶解态氮的影响 ················ 28

　　二、多环境因子对卵囊藻吸收溶解态氮的影响 ·············· 35

　　三、卵囊藻对氮吸收的选择性和调控作用 ·················· 40

　第二节　池塘微藻对重金属离子的吸附 ···················· 47

　　一、微藻对铜和锌的吸附动力学 ························ 48

　　二、理化因子对微藻吸附铜和锌的影响 ··················· 51

第三章　微藻与菌藻联合体在池塘中的生态功能与作用机制 ······ 59

　第一节　菌藻联合体对对虾养殖环境溶解态氮吸收规律 ·········· 60

　　一、菌藻联合体对溶解态氨氮的吸收规律 ·················· 60

　　二、菌藻联合体对溶解态硝酸盐氮吸收规律 ················ 70

　　三、菌藻联合体对溶解态尿素氮吸收规律 ·················· 75

　第二节　菌藻联合体对对虾养殖环境弧菌生长的影响 ············ 80

　　一、基于卵囊藻构建的菌藻联合体对对虾养殖环境弧菌生长的影响 ·· 81

　　二、固定化微藻对对虾和养殖环境弧菌数量动态的影响 ········· 85

　第三节　菌藻对凡纳滨对虾免疫指标和抗逆性的影响 ············ 89

　　一、微藻对养殖水质及凡纳滨对虾生长和抗逆性的影响 ········· 89

　　二、菌藻联合体对水质及凡纳滨对虾生长和抗逆性的影响 ········ 93

第四章　浮游动物对池塘微藻丰度的控制机制 ···98

　第一节　生态因子对双齿许水蚤摄食微藻的影响 ································98

　第二节　生态因子对双齿许水蚤发育和幼体存活率的影响 ············· 104

　　一、双齿许水蚤无节幼体和桡足幼体外部形态的观察 ················· 105

　　二、温度对双齿许水蚤发育和幼体存活率的影响 ······················· 105

　　三、盐度对双齿许水蚤发育和幼体存活率的影响 ······················· 110

　　四、饵料浓度对双齿许水蚤发育和幼体存活率的影响 ················· 113

　　五、饵料种类对双齿许水蚤发育和幼体存活率的影响 ················· 118

　第三节　生态因子对双齿许水蚤生殖的影响 ································· 122

　　一、温度对双齿许水蚤生殖的影响 ··· 122

　　二、盐度对双齿许水蚤生殖的影响 ··· 127

　　三、饵料浓度对双齿许水蚤生殖的影响 ····································· 128

　　四、饵料种类对双齿许水蚤生殖的影响 ····································· 132

　　五、几种浮游动物营养与生殖力比较 ·· 135

　第四节　双齿许水蚤对亚热带池塘铜和锌的富集及其影响因子 ········· 137

　　一、双齿许水蚤对铜和锌的富集动力学 ····································· 137

　　二、温度对双齿许水蚤富集铜和锌的影响 ·································· 139

　　三、盐度对双齿许水蚤富集铜和锌的影响 ·································· 140

第五章　虾池常见微藻培养的生态条件 ·· 143

　第一节　卵囊藻培养的生态条件 ··· 143

　　一、环境因子对卵囊藻生长的影响 ··· 143

　　二、营养元素对卵囊藻生长的影响 ··· 147

　第二节　条纹小环藻培养的生态条件 ··· 149

　　一、环境因子对条纹小环藻生长的影响 ····································· 149

　　二、营养元素对条纹小环藻生长的影响 ····································· 154

　　三、金属元素对条纹小环藻生长的影响 ····································· 160

　第三节　北方娄氏藻培养的生态条件 ··· 162

　　一、环境因子对北方娄氏藻生长的影响 ····································· 163

　　二、营养元素对北方娄氏藻生长的影响 ····································· 169

　　三、金属元素和辅助生长物质对北方娄氏藻生长的影响 ············· 173

　第四节　威氏海链藻培养的生态条件 ··· 180

　　一、盐度对威氏海链藻生长和生化组分的影响 ··························· 180

　　二、盐度对威氏海链藻抗氧化系统相关酶的影响 ······················· 185

　　三、不同盐度下威氏海链藻转录组的分析 ·································· 188

第六章　活性浓缩微藻制品产业化关键技术 ················· 204

　第一节　营养盐对卵囊藻沉降的影响 ················· 204

　　一、碳对卵囊藻沉降、生长和生化组分的影响 ················· 204

　　二、氮对卵囊藻沉降、生长和生化组分的影响 ················· 209

　　三、氮对卵囊藻代谢组学的影响 ················· 215

　第二节　温度对浓缩卵囊藻保存的影响 ················· 229

　　一、保存温度对浓缩卵囊藻生长、生化组分的影响 ················· 229

　　二、保存温度对浓缩卵囊藻存活率及复苏效果的影响 ················· 234

　　三、不同保存温度及时间下浓缩卵囊藻转录组的分析 ················· 237

　第三节　光照度对浓缩卵囊藻常温保存的影响 ················· 255

　　一、保存光照对浓缩卵囊藻生长、生化组分的影响 ················· 256

　　二、保存光照对浓缩卵囊藻存活率及复苏效果的影响 ················· 260

　　三、不同保存光照下浓缩卵囊藻转录组的分析 ················· 262

第七章　池塘微藻的定向培育及养殖效果评价 ················· 279

　第一节　池塘微藻群落构建技术与稳定性初步评价 ················· 279

　　一、高营养盐条件下微藻群落构建 ················· 279

　　二、低营养盐条件下微藻群落构建 ················· 284

　第二节　卵囊藻对虾池水质和对虾养殖的影响 ················· 288

　　一、室内实验 ················· 288

　　二、虾池实验 ················· 293

　第三节　微藻的多级培养及定向培育 ················· 297

　　一、微藻的多级培养 ················· 297

　　二、虾池微藻的定向培育 ················· 298

参考文献 ················· 304

彩图

图版

第一章 池塘主要生境结构特征

近年来，高密度对虾养殖的集约化和扩大化，使得大量的残饵、对虾粪便和死亡的生物体碎屑等在池塘中累积，引起养殖水体富营养化导致水质恶化，特别是养殖中后期，水体中溶解态氮等有害物质的迅速积累，严重制约了对虾的健康生长，养殖成活率大大降低。投入到对虾池塘养殖系统中的氮仅有 20%～30% 可被转化成蛋白质，其余绝大部分被排放到外界水体中或沉积到池塘底质中，其中，氨氮和亚硝酸盐氮是集约化对虾养殖系统中主要的含氮污染物，已成为对虾养殖系统中重要的环境胁迫因子。氨氮和亚硝酸盐氮可对中国明对虾产生慢毒性作用，甚至在高浓度时可显著降低对虾的免疫能力和抗病能力。

对虾池塘养殖生态系统是一种封闭或半封闭的人工生态系统，其主要特点是系统的结构和功能、生物群落组成以及食物网结构等均要比自然生态系统简单。该系统中对虾占绝对优势，其次是细菌、微藻和浮游动物，生物群落间的调节主要有自我调节和人工调节两种方式，而在一些精养池塘是以人工调节为主。养虾先养水，水质条件的好坏直接影响对虾的生长和抗病能力，对对虾池塘养殖系统进行科学的调控，可以显著地提高对虾养殖质量和产量。微藻是对虾池塘养殖水体中重要的生物群落之一，能保持对虾池塘养殖生态系统的动态平衡和正常功能，维持水体各项水质因子的稳定。在对虾池塘养殖生态系统中对微藻群落的结构进行优化，增加微藻对水体溶解态氮的吸收和转化的能力，维持池塘生态系统的动态平衡，是生物调控对虾池塘养殖环境的一种极为重要的技术措施。本章主要阐述了亚热带集约化凡纳滨对虾高位养殖池塘的主要理化因子特征，溶解态氮变化规律，以及氨氮和亚硝酸氮盐氮对凡纳滨对虾的毒性作用规律。

第一节 池塘主要理化因子及溶解态氮污染特征

对虾池塘养殖生态系统的演替速度快，通常情况下其寿命仅为一个养殖生产周期（约 100 d）。此外，对虾池塘养殖生态系统的生态缓冲力极小，外界因素的干扰和环境因子的突变容易使其崩溃，这是因为池塘养殖生态系统的生物群落组成少且营养食物网结构简单，相对较短的食物链使得物质循环常因食物链断裂受到阻碍甚至中断，这也极大地显示出对虾池塘养殖生态系统的脆弱性。

虽然池塘生态系统是一个既简单又脆弱的生态系统，但是在人工控制下同样可以获得较高的生产能力。人工调节方法可以在非常短的时间内，使池塘养殖生态系统状态发生巨大变化，使其结构与功能出现较大幅度的改善，因此，对虾池塘养殖生态系统的平衡在某种程度上是以人工调节为主、自然演替为辅，二者协同作用的结果。

由于对虾池塘养殖水体的富营养化，水体的生物现存量和初级生产能力都比自然海区生态系统要高，但对虾高位池和工厂化养殖池等集约化养殖系统仍需不断地从养殖系统外获得物质和能量补充来维持更高的初级生产力，以满足养殖系统中巨大的异养生物群对物质和能量的需求。对虾池塘养殖生态系统的结构简单，系统中各种生态因子对生态系统动态平衡的作用具有一定的规律性和偶然性，这就在一定程度上显示了对池塘生态系统进行人工调节的经常性与复杂性。

一、池塘环境主要理化因子的变化规律

理化因子是指环境中对生物生长、发育、生殖等行为和分布有影响的环境因素，如温度、盐度、氧气和二氧化碳等。理化因子是生物生存所不可缺少的环境条件也称为生物生存条件。对生物作用的许多理化因子是非等价的，其中主导因子的改变常会引起许多其他理化因子明显变化，进而影响生物的新陈代谢速度。

1. 池塘水体温度变化规律

温度是对虾池塘养殖水体中极为重要的一个理化因子，对水生生物的代谢和生态系统中的物质循环有着明显的影响。温度的变化不仅会对水生生物的生长发育、生物量消长和分布等产生直接影响；还可以通过影响水体中其他理化因素的动态，间接地影响水生生物的生命过程；而池塘中生物的新陈代谢速度，会进一步影响池塘生态系统中的物质循环。

对虾池塘养殖水体的温度与养殖水源温度基本一致，主要受气温的影响。在广东和广西等凡纳滨对虾主要养殖区域，对虾养殖周期一般为3～4个月，始于每年的3、4月，持续到7月。在所调查的凡纳滨对虾养殖池塘中，养殖前期水温相对较低（平均24℃）池塘生物代谢水平低，物质循环速度较慢，对虾生长慢；在5～7月的对虾养殖中后期，水温相对较高（平均30℃），池塘细菌代谢水平提高，有机物分解速度和物质循环速度加快，对虾生长速度明显快于养殖前期。整

个养殖周期内养殖水体的温度变化范围为 22.89～31.48℃，平均值为 28.30℃，均能满足凡纳滨对虾的生长要求。

不同种类的养殖对虾生长所适的水温范围不同。斑节对虾在 15～35℃均可以生长，最适生长的温度范围为 25～33℃；凡纳滨对虾能忍受的高温和低温极限分别为 41℃和 4℃，而可正常摄食和生长的水温范围为 18～35℃，最适水温范围为 24～33℃；日本囊对虾最适生长的水温范围为 23～29℃。通常，水温升高会对对虾的生长带来不利影响，因为过高的水温会使对虾用于代谢和捕食的能量消耗增大，而用于生长积累的能量减少，例如，日本对虾在水温高于 35℃时蜕皮的次数明显减少，生长受到明显的影响。此外，过高的水温还会导致池塘养殖水体中pH、溶解氧、盐度、微藻和细菌等的特征发生明显改变，容易引起水质变坏，引发对虾病害的暴发。

2. 池塘水体盐度变化规律

盐度是对虾池塘养殖生态系统中重要的生态因子。对虾主要通过水-盐代谢调节自身新陈代谢水平，其体表在某种程度上可透过各种物质，当体液与外液盐浓度不同时，就可能因脱水或充水以及各种离子的浓度和比值的变化，导致体内代谢平衡的破坏。对虾最简单的调节方式是与环境保持相同的渗透压，这时消耗的能量只用于维持某些离子的浓度差。

在对虾池塘养殖生态系统中，水体盐度主要来源于自然海区，但因为对虾养殖需要，可通过添加淡水改变养殖水体盐度。对虾养殖前期和中期水体盐度分别为 28.72 和 30.08，与自然海区海水盐度相差不大。养殖后期凡纳滨对虾耐受的盐度范围为 5～49，又因凡纳滨对虾在相对低盐度下生长快，在有淡水资源的地区，会向养殖池塘注入淡水降低水体盐度相对较低至 25.62。养殖期间水体盐度的变化范围为 21.08～31.13，平均为 28.14。

盐度从多方面影响对虾的成活与生长，如可以影响池塘中饵料生物的生长和繁殖，改变对虾摄食习惯和对营养成分的利用；改变水体溶解氧的消耗量和扩散速度等，影响对虾的呼吸代谢；影响病毒的复制速率和水体中细菌的增殖速度来影响对虾的生长；较低的盐度可以通过影响对虾蜕皮次数和速度来阻止对虾的正常生长。不同种类的对虾对盐度的适应范围有所不同，同种对虾在不同发育和生长阶段对盐度的需求也不一样。斑节对虾在 2～45 的盐度范围能生活，最适宜盐度范围为 10～20；日本囊对虾耐受盐度的范围较窄，其适应的盐度范围为 15～34，对高盐度适应能力强，不适应低盐度水体。

3. 池塘水体溶解氧变化规律

水体溶解氧是对虾池塘养殖系统的重要因子，它不仅影响对虾的生长，还影响池塘生态系统的物质循环速度和方向。池塘的溶解氧主要来源于微藻的光合作用，占比约为 60%～90%的溶解氧是由微藻产生，增氧机对池塘水体的增氧作用是次要的。

在所调查的凡纳滨对虾养殖池塘中，对虾的整个养殖过程中溶解氧在 5.37～9.88 mg·L^{-1} 波动，平均为 7.30 mg·L^{-1} 并呈现出前期高后期低的趋势。池塘养殖生态系统是一个自养演替的生态系统，养殖前期水体有机物总量低，系统对溶解氧的消耗量小，池塘的光合作用明显大于呼吸作用，P/R（光合作用增氧总量/水中生物呼吸作用耗氧总量）系数大于 1，微藻光合作用明显大于水中生物呼吸作用，溶解氧质量浓度相对较高，平均为 8.13 mg·L^{-1}；养殖中期随着池塘投饲量增加，对虾的生长已造成池塘中有机物积累，溶解氧的消耗量上升，溶解氧较前期显著下降，平均含量为 6.83 mg·L^{-1}；养殖后期，投饲量的增加和有机物的累积，致使系统呼吸作用加强，对溶解氧的消耗量上升，但由于增氧机开启时间延长，水体中溶解氧质量浓度与中期相比变化不大，平均为 6.93 mg·L^{-1}，均能满足凡纳滨对虾正常生长所需。

对虾养殖水体的溶解氧高低，直接决定细菌对有机物的分解速度、池塘的硝化作用和反硝化作用过程，从而影响池塘环境中氮的循环速度和方向、溶解态氮的含量。在一定的浓度范围内，水体中的溶解氧含量与对虾的体长体重和成活率成正比。有研究表明，6～8 mg·L^{-1} 的溶解氧是凡纳滨对虾生长的最适溶解氧范围，在粗养和半精养池塘中，当水体中溶解氧小于 4 mg·L^{-1} 时就会阻碍凡纳滨对虾正常的生长和发育，使其生长速度下降。水体中溶解氧含量过低会引起养殖对虾的缺氧，此外，过低的溶解氧还会改变水体中的氮循环过程，降低细菌的硝化作用强度，使氨含量增加导致养殖对虾氨中毒。

4. 池塘水体 pH 变化规律

pH 是对虾池塘养殖水体的一个重要的理化因子，也是反映水质污染程度的一项重要指标。若 pH 较低，表明水体中的有机物含量过多，水体中生物呼吸作用较强，或水体受到了一定污染；海水的 pH 较稳定，一般为 8～8.5，但在对虾养殖池塘水体中，水生生物和细菌的光合作用和呼吸作用会引起养殖水体 pH 较为明显的变化。如当水体中的藻类大量繁殖时，由于光合作用的关系，水体中的二氧化碳大量减少，从而使水体的 pH 升高。

在所调查的凡纳滨对虾养殖池塘中，池塘水体 pH 总体呈现养殖前期高和中后期低的趋势。养殖前期池塘水体中有机物总量较小，微藻生长旺盛，环境中的光合作用强，而呼吸作用较弱，pH 相对较高，平均为 8.35，与海水 pH 一致；养殖中期池塘水体 pH 平均为 7.94，略低于海水 pH，表明在养殖中期池塘水体中的生物呼吸作用在加强，这与系统中有机物积累有关；在养殖后期由于池塘中有机物的积累，水体中的生物呼吸作用明显加强，pH 相对前期较低，平均为 7.96。养殖期间 pH 变化范围为 7.74～8.72，平均值为 8.08，均能满足凡纳滨对虾生长的要求。

一般情况下对虾适宜的 pH 的范围为 7.8～9.2，在弱碱性的环境中生长。养殖系统细菌的平衡生长与 pH 有密切关系，水体 pH 可影响细菌的氨化作用、硝化作用和反硝化作用等过程，从而影响水体中氮循环速度和方向。养殖水体中细菌的反硝化过程的最适 pH 范围是 8.0～8.4，若 pH 低于此水平就会降低硝化细菌的代谢水平，水体中的亚硝酸盐氮就会累积，对对虾产生毒性。而水体中氨的含量会随 pH 的升高而增加，当 pH 达到 9 及以上时，氨所占比例明显增大，易造成对虾的氨中毒。

5. 池塘水体化学需氧量变化规律

化学需氧量是指水体中有机物被氧化所消耗氧的量，能反映水体中有机物含量。对虾养殖池塘中的有机物主要来源于人工投饵、光合作用产物、微藻的胞外产物、水生动物的排泄废物及生物残体、细菌等。

对虾池塘养殖期间有机物的输入主要为人工投入的饲料。如图 1-1 所示，在所调查的凡纳滨对虾养殖池塘中，养殖前期池塘总投饲量较少，每口塘日均投饲量为 20.50 kg，水体中有机物质量浓度低导致化学需氧量相对较低，平均为 6.76 mg·L^{-1}。到养殖中期池塘投饲量开始增加，每口塘日均达 49.50 kg，加上其他有机物开始积累，水体中化学需氧量明显增加，最高达 11.59 mg·L^{-1}，平均为 9.95 mg·L^{-1}。到养殖后期池塘中投饲量快速增加，每口塘日均达 60.25 kg，同时，其他有机物通过养殖前期和中期的积累，水体中化学需氧量明显升高，平均为 11.68 mg·L^{-1}。池塘日投饲量与化学需氧量的相关性分析表明，日投饲量与化学需氧量呈正相关。其方程为

$$y = 6.639\ 7x - 19.328 \quad R^2 = 0.625\ 8 \tag{1-1}$$

一般情况下在化学需氧量处于 2～6 mg·L^{-1} 的水体中养殖对虾，对虾生长速度较快，养殖成活率和养殖产量较高且可以获得较高的养殖成活率。而所调查的凡纳滨在对虾养殖期间，化学需氧量变化范围为 4.2～13.3 mg·L^{-1}，平均为

$9.57\ mg\cdot L^{-1}$。养殖中后期的化学需氧量高于对虾适宜生长的范围，可能诱发对虾病毒暴发。

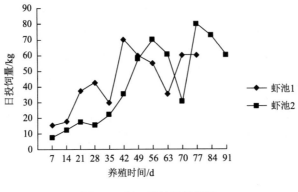

图 1-1　每口塘的日投饲量

二、池塘溶解态氮的变化规律

1. 池塘中的溶解态氮

水体富营养化是对虾养殖环境主要的污染现象。过量的氮输入是引起水体富营养化的主要原因。在对池塘养殖系统中溶解态总氮主要有溶解态无机氮和溶解态有机氮。溶解态无机氮主要以氨氮、亚硝酸盐氮、硝酸盐氮和氮气等形式存在，溶解态有机氮主要以尿素氮、氨基酸和蛋白质等形式存在。氨氮、亚硝酸盐氮、硝酸盐氮和尿素氮等溶解态氮是池塘水体中氮存在的主要形式，其中氨氮和亚硝酸盐氮是养殖水体中主要的有毒含氮污染物，对对虾具明显的毒害作用。集约化对虾养殖已经造成养殖水体恶化和海洋生态环境的污染，严酷的现实问题阻碍了对虾养殖业的健康发展，如何发展既有利于环境又有利于生产效益提高的可持续发展的对虾养殖模式，已成为对虾养殖业面临的重要科学问题。

对虾池塘养殖系统中的氮的来源有外源性和内源性两种，外源性氮源主要来自于富营养化的海水；内源性氮源主要来源于对虾残饵、粪便和生物体的有机碎屑等。但因为养殖模式和养殖管理方法的不同，不同养殖系统中氮的来源又具明显的差异。在一些粗养殖和半精养殖模式下，养殖系统以开放式为主，且在养殖过程中频繁换水，外源性氮源和内源性氮源都是养殖环境中氮的主要来源。在对虾高位池和对虾工厂化养殖等精养模式下，养殖管理方式是封闭式或半封闭式，在养殖过程中不换水或少量换水，内源性氮源是养殖系统中氮的主要来源。

2. 池塘溶解态总氮变化规律

图 1-2 为高位对虾池养殖水体溶解态总氮的变化规律，该养殖模式下养殖过程中向池塘投入的饲料是溶解态氮的主要来源。在养殖前期投入的饲料量少，水温相对较低以及有机物分解速度慢，溶解态总氮质量浓度较低，平均为 0.546 mg·L^{-1}；随着投饲量的增加，残饵和对虾粪便的积累，溶解态总氮的质量浓度随之呈现上升趋势，中期平均达到 0.692 mg·L^{-1}，养殖后期质量浓度平均达 1.065 mg·L^{-1}，明显升高。在整个养殖期间池塘溶解态总氮质量浓度的变化范围为 0.253～1.489 mg·L^{-1}，平均值为 0.767 mg·L^{-1}，超过了富营养化阈值。

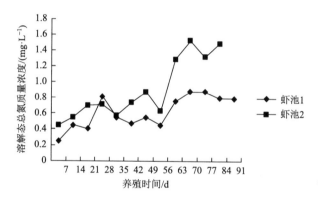

图 1-2 池塘养殖水体溶解态总氮变化规律

3. 池塘溶解态无机氮变化规律

（1）池塘溶解态无机氮总体变化规律

溶解态无机氮是对虾养殖系统中溶解态氮的主要形式之一，其含量主要受养殖系统中有机物含量和细菌分解速度的影响，随养殖时间的延长，水体溶解态无机氮快速增加。溶解态无机氮是植物生长所利用的主要氮源形式，如氨氮和硝酸盐氮，池塘微藻可直接快速利用，但当氨氮大量存在时微藻对硝酸盐氮的吸收会受抑制。

如图 1-3 所示，养殖前期溶解态无机氮质量浓度平均为 0.443 mg·L^{-1}，中期平均为 0.203 mg·L^{-1}，后期平均为 0.763 mg·L^{-1}，养殖后期质量浓度明显高于养殖前期，溶解态无机氮含量随养殖时间的延长先减少后快速增加，高峰期出现在养殖后期。养殖期间溶解态无机氮变化范围为 0.040～1.294 mg·L^{-1}，平均为 0.470 mg·L^{-1}。海水环境无机氮含量超过 0.2～0.3 mg·L^{-1} 即为富营养化，而对虾养殖过程中溶解态无机氮平均含量显著超过富营养化阈值。如图 1-4 所示，实验池塘无机氮和无机磷的比值的变化范围为 0.474～20.575，均值为 5.984。

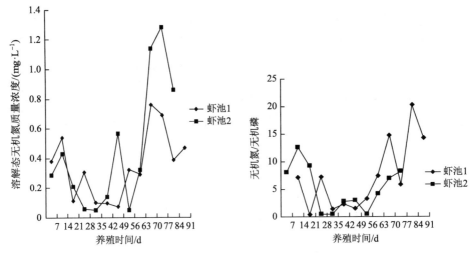

图 1-3 池塘养殖水体溶解态无机氮变化　　　图 1-4 池塘养殖水体无机氮和无机磷
　　　　　　　　　　　　　　　　　　　　　　　　　　　　的比值变化

在对虾养殖系统无机氮和无机磷的比值大于 30 的水体，微藻的生长受磷的限制；在无机氮和无机磷的比值小于 5 的水体中，微藻的生长表现为氮限制。在对虾养殖过程中，实验池塘水体中无机氮和无机磷的比值小于 5 的时间占48%，养殖过程中没有出现无机氮和无机磷的比值大于 30 的状况。因此，在对虾养殖系统中溶解态氮是微藻增殖的主要限制因子。

（2）池塘溶解态无机氮的组成

池塘溶解态无机氮主要是指存在于水体中的氨氮、亚硝酸盐氮和硝酸盐氮，在 pH、溶解氧和细菌等因素的影响下，各种形式的氮相互转化，形成一个复杂的平衡系统。其中氨氮、亚硝酸盐氮对对虾及水体中的生物具有毒性。图 1-5显示，在对虾养殖期间氨氮、亚硝酸盐氮和硝酸盐氮在不同的养殖阶段所占的比例不同。在养殖前期、中期硝酸盐氮都是溶解无机氮的主要组成部分，最高时占总无机氮的 69.98%；氨氮呈明显上升的趋势，到养殖后期其所占比例为54.92%，超过硝酸盐氮成为溶解态无机氮的主要组成部分；亚硝酸盐氮含量在溶解态无机氮中比例较小，最高时出现在养殖中期，仅占溶解态无机氮的 5.91%。在整个养殖期间氨氮占溶解态无机氮的 44.68%、亚硝酸盐氮为 3.83%、硝酸盐氮为 51.49%。随养殖时间的延长，对对虾生长不利的氨氮在明显地增加，池塘环境水质恶化程度加强。

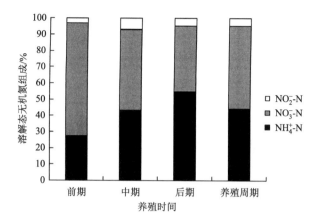

图 1-5　池塘养殖水体溶解态无机氮的组成

（3）池塘中氨氮变化规律

对虾池塘养殖水体中氨氮的主要来源于细菌对有机物的分解，也就是氨化作用，在有氧或无氧条件下，均有不同的细菌分解有机物产生氨氮。氨化作用受 pH 的影响，以中性和弱碱性环境效率最高。水体中的氨氮主要以离子态氨氮和分子态氨氮两种形式存在，其中，分子态氨是一种分子半径小，具有脂溶性的非极性化合物，对细胞膜具有很强的穿透能力，极易进入细胞对组织产生毒害作用。离子态氨氮和分子态氨氮在水体中保持一个动态平衡状态，其含量取决于水体的 pH、温度和盐度。水体中的氨氮当 pH 小于 7 时主要以离子态的形式存在，而 pH 大于 11 时则以分子态的形式存在，也就是说在碱性条件下，分子态氨氮所占比例是随 pH 的升高而增加的。

如图 1-6 所示，在养殖前期和中期（1～63 d），养殖水体中氨氮的质量浓度平均为 0.105 mg·L^{-1}，位于一个较低的浓度水平。这是由于在对虾养殖的前期和中期，对虾个体小和摄食量少，池塘总投入的配合饲料总量较少（图 1-1），养殖水体中有机物总量低，且溶氧充足等。养殖后期（64～91 d），水体氨氮质量浓度平均为 0.419 mg·L^{-1}，占溶解态氮的 54.92%，接近养殖前期和中期氨氮质量浓度平均值的 4 倍，这与养殖后期日投饲量的增加紧密相关（图 1-1）。投饲量的大幅度增加，养殖环境中有机物的大量积累、溶氧消耗量上升和 pH 下降等因素是氨氮快速上升的主要原因。对虾养殖水体中氨氮的质量浓度应小于 0.2 mg·L^{-1}，才不会影响对虾的摄食和正常生长。整个养殖期间，池塘养殖水体氨氮含量变化范围为 0.012～0.882 mg·L^{-1}，平均为 0.210 mg·L^{-1}，总体趋势为养殖前期和中期相对较低，后期相对较高，超过健康养殖的阈值。

养殖水体中的氨氮浓度过高时可显著地降低对虾的免疫能力和抗病能力，甚至对虾体具有致死作用，而即使在相对低于致死浓度的情况下，氨氮对对虾氨

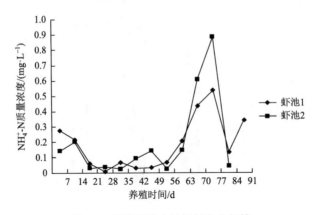

图 1-6　池塘养殖水体氨氮变化规律

排泄、渗透压和氧消耗等生理功能也有显著影响。微藻生长旺盛的养殖水体可产生大量的溶氧，溶氧含量高的水体中各种生态因子和水质都极为稳定，同时，微藻在快速生长的同时又可大量地吸收水体中的氨氮等溶解态氮合成自身的化合物，是水体中氨氮的主要支出形式。在对虾集约化养殖系统中维持一定生物量的微藻，可以在一个相当长的时间内维持养殖生态系统的动态平衡，并可通过藻细胞对溶解态氮的吸收来降低水体中氨氮等有害含氮污染物质浓度，降低其对对虾生长的毒性。

（4）池塘中的硝酸盐氮变化规律

对虾池塘养殖系统中硝酸盐氮的主要来源是氨氮在硝化细菌的硝化作用下转变为硝酸盐氮及人工施肥直接添加的硝酸盐氮。在对虾封闭式和半封闭式管理的精养模式下，水体中的硝酸盐氮的含量直接由养殖系统中有机物含量和细菌硝化作用速度决定，而硝化作用效率与溶解氧和水温呈正相关，在 pH 为 8.4 时最好。

如图 1-7 所示，在养殖前期由于人工施肥，硝酸盐氮质量浓度在对虾养殖的前期和中期平均为 0.252 mg·L^{-1}，此时，养殖系统中有机物总量低且溶解氧充足，pH 在 8.0～8.4，硝化作用效率高，硝酸盐氮含量就有明显的增加；在养殖后期由于有机物分解和对虾的呼吸，使得溶解氧需求上升，水体中溶解氧呈下降趋势，加上 pH 的下降，硝化作用速率并没有明显提高，但氮的总量在上升，养殖后期硝酸盐氮含量有所上升，平均为 0.313 mg·L^{-1}。池塘硝酸盐氮质量浓度的变化幅度比较大，其变化范围为 0.093～0.811 mg·L^{-1}。

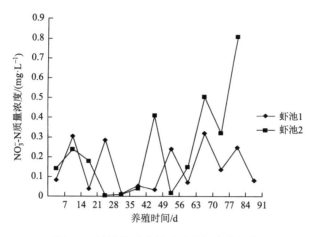

图 1-7 池塘养殖水体硝酸盐氮变化规律

（5）池塘中的亚硝酸盐氮变化规律

池塘的氮循环过程中亚硝酸盐氮是氨通过硝化作用被氧化为硝酸盐氮的过程中的中间产物，在水体中亚硝酸盐氮是极为不稳定的氮存在形式。在溶解氧充足时亚硝酸盐氮被氧化为硝酸盐氮，而在缺氧在条件下，则可通过反硝化作用被还原为氮气和一氧化二氮，这是导致水体中亚硝酸盐氮含量比其他形式无机氮低的原因。

如图 1-8 所示，在养殖前期和中期（1~63 d），池塘环境溶解氧充足，水体的硝化作用强，使得水体亚硝酸盐氮质量浓度处于较低水平，平均为 0.012 mg·L^{-1}；养殖后期（64~91 d）由于水体有机物的积累，水体耗氧量上升，硝化作用速度下降，同时在池塘底部由于溶解氧的缺少，局部出现反硝化作用使硝酸盐氮转化为亚硝酸盐氮，导致亚硝酸盐氮的升高，平均为 0.031 mg·L^{-1}，超过对虾健康养殖

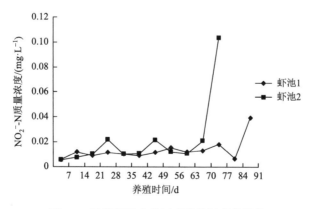

图 1-8 池塘养殖水体亚硝酸盐氮变化规律

的阈值。对虾养殖期间亚硝酸盐氮质量浓度的变化范围为 $0.005\sim0.103\ \text{mg·L}^{-1}$，平均值为 $0.018\ \text{mg·L}^{-1}$。

虽然在整个对虾养殖期间池塘水体的亚硝酸盐氮仅占溶解态无机氮的 3.83%，但是影响硝化细菌代谢强度的各种生态因子，都会造成水体中亚硝酸盐氮的含量升高，如池塘水体中的 pH 上升可导致亚硝酸盐氮的大量积累：随养殖时间延长，池塘投饲量增加和对虾排泄物积累，水体中亚硝酸盐氮含量会越来越高。尤其在一些养殖密度过高与排污不彻底的集约化养殖池塘，经常出现亚硝酸盐氮含量过高的状况。

4. 池塘溶解态有机氮变化规律

目前人们将水中有机物按颗粒大小分为两类：不能通过 0.45 μm 滤膜的称为颗粒状有机物（particle organic matter，POM）；能通过 0.45 μm 滤膜的称为溶解态有机物（dissolved organic matter，DOM），包括胶态有机物和真溶解态有机物。在富营养化的水体中溶解态有机物是水体中有机物的主要组成部分，其含量可能是颗粒状有机物的几倍至几十倍。在对虾养殖系统中同样含有极为丰富的溶解态有机物，约占总有机物（颗粒态和溶解态）的 90% 以上，其主要来源途径是人工投入的饲料、水体中对虾的粪便、残饵和死亡的有机体经细菌分解后的产物，还有就是水体中的浮游动物和浮游植物等其他生物的代谢物质。

如图 1-9 所示，在对虾养殖期间溶解态有机氮质量浓度在前期缓慢上升，中后期达高峰。前期平均为 $0.103\ \text{mg·L}^{-1}$，中期和后期分别为 $0.489\ \text{mg·L}^{-1}$ 和 $0.384\ \text{mg·L}^{-1}$。这主要是由于养殖中后期投饲量快速增加导致水体中溶解的含氮有机物增加。养殖期间溶解态有机氮变化范围为 $0.026\sim0.992\ \text{mg·L}^{-1}$，平均值为 $0.325\ \text{mg·L}^{-1}$，占溶解态总氮的 40.88%，是池塘溶解态氮的重要组成部分，超过富营养化的阈值。

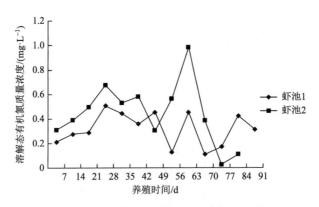

图 1-9 池塘养殖水体溶解态有机氮变化规律

池塘中的溶解态有机氮是以尿素氮、氨基酸和蛋白质等为主，而溶解态有机氮主要以尿素和蛋白质形式存在，可溶性氨基酸被认为是可溶性有机氮中最不稳定的部分。

池塘溶解态有机氮可通过氨化作用被细菌分解为无机氮，这是溶解态有机氮转化为溶解态无机氮的主要途径。微藻除可直接利用溶解态无机氮外，还能利用小分子溶解态有机氮（溶解态的游离氨基酸和溶解态的复合氨基酸）作为它们的氮源合成自身化合物。Linares（2006）研究表明硅藻在生长过程中能利用溶解态的游离氨基酸，并会在其他营养盐缺乏的情况下提高对溶解态游离氨基酸的利用。小角刺藻在生长过程中会代谢大量的溶解态的游离氨基酸于海洋环境中，同时也可吸收环境中的溶解态的游离氨基酸合成体内的含氮化合物质（陆田生等，1997）。在实验室条件下许多种的浮游植物均能够利用尿素氮（Berman et al.，2003）；Collos 等（2007）比较了硝酸盐氮、亚硝酸盐氮、氨氮和尿素氮之间的相对吸收效率，发现尿素氮是提供藻类生长所需氮的主要来源。尿素氮可为一个赤潮的暴发提供高达 35%的养分，即使在较高的硝酸盐浓度条件下，一些海区的赤潮藻在快速增殖的过程中主要吸收的是尿素氮，其细胞数增殖速度与水体中尿素氮含量呈正相关（Fan et al.，2003）。由此可见，微藻在生长过程中可吸收一定量的溶解态有机氮，这也是对虾养殖系统中溶解态有机氮转化的重要途径之一。

5. 叶绿素 a 与溶解态总氮的相关性

对虾池塘养殖环境中的微藻是一类主要含有叶绿素 a，具有光合自养能力的藻类植物，其叶绿素 a 含量可直接反映微藻的数量。如图 1-10、图 1-11 所示，叶绿

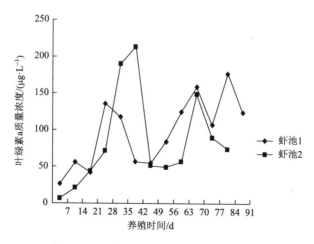

图 1-10　池塘养殖水体叶绿素 a 变化规律

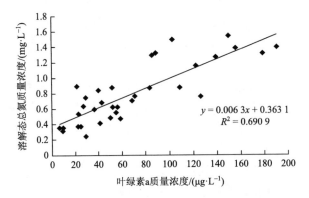

图 1-11　叶绿素 a 含量与溶解态总氮之间的相关性

素 a 含量在对虾养殖前期较低，中期和后期含量较高。对虾养殖期间池塘水体中叶绿素 a 质量浓度的变化范围为 5.9～215.2 μg·L^{-1}，平均质量浓度为 91.6 μg·L^{-1}。

在对虾池塘养殖水体中，叶绿素 a 含量和溶解态总氮之间呈显著的正相关关系。氮是池塘养殖水体中微藻增殖的限制性营养元素。其线性方程如下：

$$y = 0.662x + 0.377\ 6 \qquad R^2 = 0.684 \qquad (1\text{-}2)$$

营养状态指数（trophic state index，TSI）是一种常用的水体富营养化评价指数，其计算方法如下式：

$$\text{TSI} = 10 \times \left(6 - \frac{2.04 - 0.68\ln(\text{chl})}{\ln 2} \right) \qquad (1\text{-}3)$$

式中，chl 表示叶绿素 a 质量浓度，mg·L^{-1}，TSI：＜37 贫营养型，37～54 中营养型，＞54 富营养型。对虾养殖期间，TSI 平均为 72.98，池塘水体属富营养化水体。

三、亚硝酸盐氮对凡纳滨对虾的毒性作用

1. 亚硝酸盐氮对凡纳滨对虾抗病力相关因子的影响

（1）对虾养殖过程中亚硝酸盐氮的浓度变化

亚硝酸盐氮对对虾抗病力影响的实验结果表明，在日换水条件下，亚硝酸盐氮浓度在白天基本保持相对稳定（表 1-1）；在零换水条件下，对虾养殖过程中亚硝酸盐氮浓度持续上升，而且升高速度越来越快。这与饵料和粪便被微生物分解产氨及对虾本身代谢的氨被亚硝化为亚硝酸盐氮有关。在零换水实验过程中，实验 1 组每 3 d 吸污 1 次，亚硝酸盐氮的量相对于不吸污的实验 2 组要低（表 1-2）；单因子方差分析表明，实验进行到 2 d 时，两组的亚硝酸盐浓度差异不显著（$P > 0.05$）；而 6 d 后两组间的亚硝酸盐氮浓度持续差异显著（$P < 0.05$）。

表 1-1　日换水条件下亚硝酸盐氮质量浓度 24 h 的变化

测定时间/d	亚硝酸盐氮质量浓度/(mg·L⁻¹)								
	对照组（维持在 0.1 mg·L⁻¹ 以下）			实验 1 组（维持在 4 mg·L⁻¹）			实验 2 组（维持在 8 mg·L⁻¹）		
	8:00	16:00	18:00	8:00	16:00	18:00	8:00	16:00	18:00
5	0.174	0.015	0.000	4.228	3.697	4.000	7.948	7.577	8.000
10	0.024	0.031	0.000	4.020	3.982	4.000	7.110	8.022	8.000
15	0.096	0.098	0.000	4.666	3.697	4.000	7.494	7.556	8.000

表 1-2　零换水条件下亚硝酸盐氮质量浓度变化

组别	亚硝酸盐氮质量浓度/(mg·L⁻¹)					
	养殖 2 d	养殖 6 d	养殖 10 d	养殖 13 d	养殖 16 d	养殖 18 d
1	0.081	0.117	0.355	1.506	3.145	4.707
2	0.157	0.779	1.345	3.470	6.716	8.374

（2）对虾抗病力相关因子测定

如表 1-3 所示，日换水条件下，实验 1 组、2 组血细胞密度和与抗病有关酶活性相对于对照组均有显著的下降（$P < 0.05$）。其中，血细胞密度分别降低了 66.3% 和 68.3%，血清蛋白质量浓度分别降低了 6.45% 和 11.61%，溶菌酶活性分别降低了 48.85% 和 56.91%，抗菌活性分别降低了 24.83% 和 59.27%，酚氧化酶活性分别降低了 21.96% 和 43.91%，超氧化物歧化酶活性分别降低了 18.85% 和 23.90%，单因子方差分析 $P < 0.05$，差异显著。

表 1-3　日换水条件下凡纳滨对虾抗病力相关因子的测定结果

组别	超氧化物歧化酶活性/(U·mg⁻¹)	酚氧化酶活性/(U·mg⁻¹)	抗菌活性/(U·mg⁻¹)	溶菌酶活性/(U·mg⁻¹)	血清蛋白质量浓度/(mg·mL⁻¹)	血细胞密度/(10⁶ cells·mL⁻¹)
对照组	50.504	1.708	0.302	1.353	15.500	2.740
1	40.986	1.333	0.227	0.692	14.500	0.923
2	38.434	0.958	0.122	0.583	13.700	0.869

如表 1-4 所示，不换水条件下，实验 2 组血细胞密度和与抗病有关酶活性相对于实验 1 组有明显的下降。血细胞密度降低了 62.19%，血清蛋白质量浓度降低了 11.71%，溶菌酶活性降低了 48.85%，抗菌活性降低了 62.14%，酚氧化酶活性降低了 12.28%，超氧化物歧化酶活性降低了 15.85%，单因子方差分析 $P < 0.05$，差异显著。

表 1-4　不换水条件下凡纳滨对虾抗病力相关因子的测定结果

组别	超氧化物歧化酶活性/(U·mg^{-1})	酚氧化酶活性/(U·mg^{-1})	抗菌活性/(U·mg^{-1})	溶菌酶活性/(U·mg^{-1})	血清蛋白质量浓度/(mg·mL^{-1})	血细胞密度/(10^6 cells·mL^{-1})
1	56.143	4.071	0.972	1.353	4.339	2.150
2	47.244	3.571	0.368	0.692	3.831	0.813

综上，对虾池塘养殖环境中的亚硝酸盐氮能降低对虾抗病力相关因子的指标。亚硝酸盐氮质量浓度越高，对虾抗病能力越低。

2. 盐度影响亚硝酸盐氮对对虾的毒性作用

亚硝酸盐氮对虾体的毒性受许多生态因子的影响，如溶解氧、盐度和硬度、对虾个体的大小和生理状态等。如表 1-5 和表 1-6 所示，亚硝酸盐氮对凡纳滨对虾急性毒性实验表明，亚硝酸盐氮的毒性与养殖环境中盐度有密切关系，不同盐度的对虾养殖环境中，亚硝酸盐氮对对虾的毒性存在差异。当亚硝酸盐氮质量浓度为 59 mg·L^{-1}，盐度为 31 时，亚硝酸盐氮在 24 h 和 48 h 对对虾基本无毒性；但在盐度为 17 时，在 24 h 和 48 h 对虾死亡率分别为 25% 和 45%，已有较强毒性。盐度为 31 时，亚硝酸盐氮在 24 h、48 h、72 h、96 h 的半致死浓度均大于盐度在 17 时，单因子方差分析 $P < 0.05$，差异显著。因此，低盐度的条件下亚硝酸盐氮的毒性较强。盐度为 17 的养殖环境中亚硝酸盐氮的安全浓度为 4.0 mg·L^{-1}，盐度为 31 的养殖环境中亚硝酸盐氮的安全浓度为 8.9 mg·L^{-1}，高出前者约 1.2 倍。在实验条件下，高盐度的养殖环境中亚硝酸盐氮对凡纳对虾的毒性较低，在低盐度的环境中亚硝酸盐氮毒性增强，因此，增加盐度能降低养殖环境中亚硝酸盐氮的毒性。

表 1-5　不同盐度下亚硝酸盐氮对凡纳滨对虾的急性毒性

亚硝酸盐氮质量浓度/(mg·L^{-1})	死亡率/%							
	养殖 24 h		养殖 48 h		养殖 72 h		养殖 96 h	
	盐度 31	盐度 17	盐度 31	盐度 17	盐度 31	盐度 17	盐度 31	盐度 17
33	0	20.0	0	30.0	7.5	35.0	12.5	40.0
59	0	25.0	0	45.0	7.5	55.0	12.5	80.0
105	7.5	35.0	20	80.0	55.0	85.0	70.0	85.0
187	12.5	80.0	55.0	95.0	60.0	95.0	100.0	95.0
332	55.0	100.0	60.0	100.0	100.0	100.0	100.0	100.0

表 1-6　不同盐度下亚硝酸盐氮对凡纳滨对虾的半致死浓度及安全浓度

盐度	养殖 24 h LC$_{50}$ /(mg·L^{-1})	养殖 48 h LC$_{50}$ /(mg·L^{-1})	养殖 72 h LC$_{50}$ /(mg·L^{-1})	养殖 96 h LC$_{50}$ /(mg·L^{-1})	安全浓度/(mg·L^{-1})
31	314.9	175.3	100.2	89.0	8.9
17	132.3	65.6	51.3	39.5	4.0

注：LC$_{50}$ 表示半致死浓度。

　　对虾疾病发生取决于虾体抗病力及外界因素，其中环境因素起着重要作用，它不仅影响虾体抗病力也影响病原体数量。机体本身抗病力下降的同时，对病原体的易感染性大大增加。随着亚硝酸盐氮浓度的增加，罗氏沼虾对格氏乳球菌的易感性提高，感染过程中累计死亡率与亚硝酸盐氮浓度呈正相关（Cheng et al.，2002）。亚硝酸盐氮浓度越高，斑节对虾杆状病毒（monodon-type Baculovirus virus，MBV）感染度越高（李贵生等，2001）。对虾血细胞在防御中起着重要作用，如透明细胞具有吞噬作用；半颗粒细胞与识别异物能力有关；颗粒细胞内含有酚氧化酶原，这种酶原在异物的初始识别中起关键作用，血细胞数量下降势必降低防御能力。因此，养殖水域中的亚硝酸盐氮是诱发对虾暴发性疾病的重要环境因素之一。

　　甲壳类动物血液中的血蓝蛋白，其辅基是含铜的化合物，水体中的亚硝酸盐氮进入虾类的血淋巴后，促使氧合血蓝蛋白转化为脱氧血蓝蛋白，导致血淋巴对氧的亲和性降低，从而降低了机体的输氧能力，因此会对机体产生毒害作用。亚硝酸盐氮可降低对虾的抗病力水平、血细胞吞噬活力以及对细菌的清除效率。在本实验结束时，换水实验条件下（表 1-3），实验组相对于对照组与抗病力有关酶活性明显下降，这与亚硝酸盐氮含量有密切关系。

　　亚硝酸盐氮是三态氮中不稳定的中间形式，溶解氧充足时，在硝化细菌的作用下可转化为无毒的硝酸盐氮，而在溶解氧不充足时，在反硝化细菌的作用下，硝酸盐氮被还原为亚硝酸盐氮。养殖水体中亚硝酸盐氮的含量还与氨的硝化作用有关，氨在亚硝化细菌的作用下形成亚硝酸盐氮，继而在硝化细菌作用下被氧化成硝酸盐氮，而对这两种细菌具有不同影响的各种因素都可能导致亚硝酸盐氮的积累。当 pH 升高可导致亚硝酸盐氮的大量积累。亚硝酸盐氮在水体中是不稳定的，但某些池塘池水中亚硝酸盐氮的含量仍然很高，从养殖初期到中后期，一些池塘中的亚硝酸盐氮含量均随时间的推移而呈上升趋势。亚硝酸盐氮含量过高经常在一些池底老化、淤泥中含有大量的有机物、放养密度过高、投饲量过多、排污不彻底的池塘发生。笔者认为，只要保持对虾养殖环境中有合理的生物群落结构、充足的溶解氧和合适的 pH，就能使养殖环境中亚硝酸盐氮量下降。

第二节　池塘养殖水体微藻种群特征

一、池塘微藻优势种及演替规律

1. 池塘微藻优势种

优势度（dominance）表示一个种在群落中的地位和作用。优势种（dominant species）是对生态系统中生物群落的结构以及生物群落形成的环境具有显著调控能力的生物种。优势种一般具有生物量大、种群的个体数量较多、生物体体积较大和生活能力强的特点，即优势度较大的种类；亚优势种（subdominant species）是指种群的个体数量和对环境的影响均次于优势种，但在决定生态系统中生物群落性质和调控环境等方面仍然有着一定作用的生物种。

根据 Berger 等（1970）提出的优势度指数（d），对我国广东和海南等地 25 个（次）虾场高位池养殖水体的微藻优势种进行分析，优势度大于 0.10 的微藻种类定为优势种，在 0.01~0.10 定为常见种，小于 0.01 的定为稀有种。表 1-7 显示，生活在对虾高位池养殖中期和后期的微藻优势种分属 5 个门，共 12 种。优势种分别是：绿藻门的小球藻、卵囊藻、透镜壳衣藻、扁藻；硅藻门的细小桥弯藻、铙孢角毛藻、条纹小环藻；蓝藻门的鞘丝藻、小席藻、小颤藻；甲藻门的扁多甲藻；金藻门的湛江等鞭金藻。大多数情况下池塘水体中优势种优势度在 0.49~1.00。如，湛江东南恒兴虾场微藻优势种的优势度均在 0.49 及以上，有些甚至超过 0.90。对虾高位池的优势种非常显著，早期池塘中透镜壳衣藻的优势度近为 1.00（0.99），中后期池塘水体中卵囊藻的优势度近为 1.00（0.99）。

对虾池塘养殖水体的水质环境和生态系统的动态平衡取决于优势微藻的种类与种群的生物学特性。在对虾养殖系统中微藻的种类数要比自然海区生态系统少，水体中的微藻的多样性指数也比自然海区低，微藻的优势种也和自然海区的不同。同样地，湛江东南恒兴虾场池塘水体中微藻生物量是由较单一的优势种微藻组成，并受其调控。在调查期间湛江东南恒兴虾场，池塘水体中卵囊藻的藻细胞密度高达 8.07×10^8 cells·L^{-1}；桂林洋银通虾场的池塘中，分布于典型富营化水体中的小席藻的藻细胞密度甚至高达 2.16×10^{10} cells·L^{-1}，在自然的海域生态系统卵囊藻和小席藻是很少出现的种类，也不会成为优势种。

表 1-7　池塘微藻优势种

养殖时间/d	池塘与月份	优势种	优势度	非优势种
34	桂林洋中铁虾场 5 月	细小桥弯藻	0.74	圆筛藻　湛江等鞭金藻
35	桂林洋中铁虾场 5 月	条纹小环藻	0.51	角毛藻
95	桂林洋银通虾场 5 月	小席藻	0.99	十字藻　舟形藻
90	桂林洋银通虾场 5 月	条纹小环藻	0.97	螺旋藻
100	琼海水产局虾场 11 月	卵囊藻	0.93	条纹小环藻
55	林望湛泰虾场 5 月	卵囊藻	0.69	角毛藻　舟形藻　扁藻　小球藻
		湛江等鞭金藻	0.12	
60	林望湛泰虾场 5 月	卵囊藻	0.79	角毛藻　舟形藻　湛江等鞭金藻　小球藻
		扁藻	0.14	
40	林望湛泰虾场 4 月	条纹小环藻	0.83	湛江等鞭金藻　角毛藻　舟形藻　扁藻
33	黄流财建虾场 4 月	鞘丝藻	0.81	
30	黄流财建虾场 4 月	透镜壳衣藻	0.76	小席藻　角毛藻　舟形藻
50	黄流财建虾场 5 月	透镜壳衣藻	0.97	条纹小环藻
55	海头郑州水产虾场 5 月	卵囊藻	0.54	小颤藻　菱形藻
58	海头郑州水产虾场 5 月	条纹小环藻	0.57	斯氏布纹藻　角毛藻
70	光村银滩虾场 5 月	小席藻	0.62	小颤藻　圆筛藻　菱形藻
		条纹小环藻	0.27	窝形小席藻
75	光村银滩虾场 5 月	小席藻	0.76	小颤藻　窝形小席藻　菱形藻
115	光村银滩虾场 11 月	卵囊藻	0.99	窄隙角毛藻　小颤藻
85	湛江东南恒兴虾场 6 月	卵囊藻	0.98	铙孢角毛藻　舟形藻　格氏圆筛藻
35	湛江东南恒兴虾场 4 月	透镜壳衣藻	0.99	中肋骨条藻　布纹藻
				海洋舟形藻　菱形藻
53	湛江东南恒兴虾场 5 月	卵囊藻	0.99	透镜壳衣藻　菱形藻
55	湛江东南恒兴虾场 5 月	铙孢角毛藻	0.99	中肋骨条藻
60	湛江东南恒兴虾场 5 月	卵囊藻	0.99	条纹小环藻　小席藻　舟形藻
78	湛江东南恒兴虾场 6 月	卵囊藻	0.78	小席藻　窝形小席藻　小颤藻
				条纹小环藻
91	湛江东南恒兴虾场 6 月	卵囊藻	0.97	条纹小环藻　窝形小席藻　格氏圆筛藻
89	湛江东南恒兴虾场 6 月	小颤藻	0.49	卵囊藻　窝形小席藻　条纹小环藻
60	湛江南山田头 5 月	扁多甲藻	0.62	角毛藻　菱形藻　卵形藻.
80	湛江南山田头 5 月	小席藻	0.91	菱形藻　角毛藻　小球藻
60	雷州雷高镇虾场 5 月	小席藻	0.86	扁藻　小颤藻　小球藻
44	雷州东里虾场 5 月	小球藻	0.87	桥弯藻　湛江等鞭金藻
60	雷州东里虾场 5 月	小席藻	0.89	湛江等鞭金藻　小颤藻　角毛藻

2. 池塘微藻优势种演替规律

如表 1-8 所示，湛江东南恒兴虾场 1 号、2 号、3 号池对虾养殖水体微藻共计 5 个门 16 种，其中绿藻门 2 种，占 12.50%，硅藻门 9 种，占 56.25%，金藻门 1 种，占 6.25%，甲藻门 1 种，占 6.25%，蓝藻门 3 种，占 18.75%。

表 1-8　湛江东南恒兴虾场池塘微藻种类、数量及多样性指数

种类	微藻细胞密度/(10^7 cells·L^{-1})											
	3 月			4 月			5 月			6 月		
	1 号	2 号	3 号	1 号	2 号	3 号	1 号	2 号	3 号	1 号	2 号	3 号
条纹小环藻	0	0	0	0	0	0	0.26	0.27	0	1.57	2.83	0.11
铙孢角毛藻	0.20	0	0	0	0	0	4.27	0.73	0	0	0	0
角毛藻	2.57	0.05	0.28	0.01	0		0	0	0	0	0	0
中肋骨条藻	6.53	33.07	32.11	0	0.05	0.01	0	0.06	0.26	0	0	0
布氏双尾藻	0.07	0	0.02	0	0	0	0	0	0	0	0	0
格氏圆筛藻	0	0	0.02	0	0	0	0	0	0	0	0	0.05
斯氏布纹藻	0.03	0.11	0.41	0.07	0	0.01	0	0	0	0	0	0
菱形藻	0.16	0.14	1.13	0.06	0.08	0.06	0.03	0.11	0.14	0	0	0.06
舟形藻	0.02	0.03	0	0	0.23	0	0.02	0.01	0	0	0	0
卵囊藻	0	0	0	0	0	0	0.33	21.23	30.40	2.57	1.31	16.88
透镜壳衣藻	0.52	2.42	2.15	23.08	28.03	9.28	0.45	0.56	1.01	0	0	0
湛江等鞭金藻	0	0	0	0	0	0	0	0	0	0	0.34	0
扁多甲藻	0.01	0.01	0.07	0.01	0	0	0.03	0	0	0	0	0
小颤藻	0	0	0	0	0	0	0	0	0	1.54	0.92	0
窝形席藻	0	0	0	0	0	0	0	0	0	0.71	0	2.19
小席藻	0	0	0	0	0	0	0	1.49	0	0	0.78	0
合计	10.11	35.83	36.19	23.23	28.39	9.36	5.39	24.46	31.81	6.39	6.18	19.29
H'	1.00	0.31	0.49	0.05	0.08	0.05	0.79	0.58	0.22	1.30	1.39	0.43

注：H' 为香农-维纳多样性指数。

对虾养殖期间，微藻的种类在养殖前期、中期和后期都有明显的不同。养殖前期池塘水体中的微藻主要来源于养殖海区的水源，其微藻种类数多，与自然海区极为相似，水体中 90% 以上的微藻是由硅藻组成，主要为角毛藻、斯氏布纹藻、菱形藻和中肋骨条藻等；由于在养殖池塘水体中施肥进行藻类的培养，养殖中期和后期微藻种数随对虾养殖时间的延长而逐渐减少，水体中主要是由较为喜肥和

耐污染程度高的小席藻、小颤藻、透镜壳衣藻和卵囊藻等蓝藻和绿藻组成，如
3 号池塘蓝藻和绿藻占总微藻数的 98.86%。养殖后期，卵囊藻成为池塘水体中主要的优势种，藻细胞密度平均为 $2.23×10^7$ cells·L^{-1}，3 号池塘水体中卵囊藻细胞数最多时可占微藻总量的 95.57%以上。养殖期间优势种的藻细胞密度的变动趋势与池塘微藻生物量变化趋势几乎相同。

在高位池水体中，不同种微藻所形成的优势种群持续时间有着明显的差异。图 1-12 所示为湛江东南恒兴虾场池塘微藻优势种群的演替。湛江东南恒兴虾场池塘养殖水体中的波吉卵囊藻可持续时间在 40～45 d，透镜壳衣藻在 40～61 d，而硅藻门中的中肋骨条藻和铙孢角毛藻分别在 10～15 d 和 5～7 d，在养殖后期池塘有时会出现小席藻的优势种群。

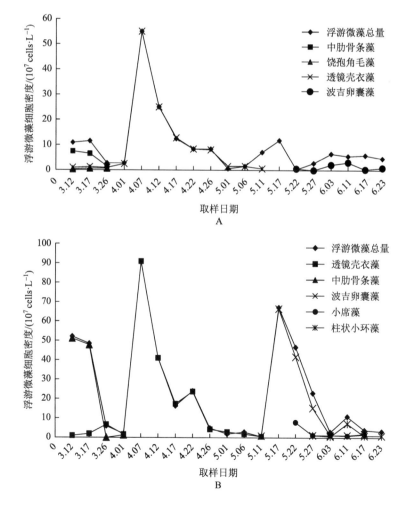

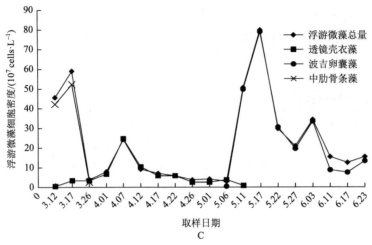

A. 1号池塘；B. 2号池塘；C. 3号池塘

图1-12 湛江东南恒兴虾场池塘微藻数量变化及优势种演替

湛江东南恒兴虾场池塘水体的富营养化水平还造成了对虾的不同养殖时期微藻的群落结构有着明显的不同。湛江东南恒兴虾场池塘早期水体中微藻的主要种类为硅藻，而绿藻种类较少。这是因为在自然海区硅藻是微藻的主要组成部分，在养殖初期培养微藻的条件和技术措施要更加符合硅藻生长的要求。而在养殖中后期池塘中优势种主要以喜好富营养化水体的绿藻和蓝藻为主，其优势度大多在0.51～0.99，种类相对较少，优势突出和单一，这是因为养殖中后期的池塘水体处于极为严重的富营养化，加上在养殖期间使用的化学消毒剂等药物和高浓度的对虾代谢产物与排泄物，使池塘形成了独特的水质环境，一些较为敏感的微藻消失，而耐污的微藻就快速生长起来。

此外，湛江东南恒兴虾场池塘中绿藻形成的优势种群有维持时间长的特点，能够在一个较长的养殖期间内维持对虾养殖系统的动态平衡和良性的物质循环方向，这种生态学特性对池塘水质的改善具有极为重要的生态学价值；同时，以硅藻为优势种的微藻种群持续时间较短，数量变动较快，这种大幅度变化常伴有藻细胞的大量死亡和解体，从而引起池塘水质恶化。而在对虾养殖后期由于养殖时间延长和有机物的大量积累，水体富营养化程度加重，湛江东南恒兴虾场池塘中有时有小席藻优势种群的形成。这些研究结果说明在对虾养殖过程中筛选和分离种群持续时间长的微藻来控制池塘水体的藻相，可减少由于微藻消亡而引起的水质恶化现象。

二、池塘微藻群落结构与水质环境

1. 池塘微藻群落与水质评价

养殖期间微藻细胞密度平均为 1.97×10^8 cells·L^{-1}，根据藻类现存量水质评价指标，对虾养殖水体处于富营养化状态。此外，多样性指数（diversity index）是种群丰富度和均匀性的综合指标，可以用来判断生态系统结构的稳定性和养殖水体的污染程度。湛江东南恒兴虾场池塘水体中的香农-维纳多样性指数（H'）在 $0.05\sim1.39$，平均为 0.56（表 1-8），养殖水体属中度污染和重度污染水体。

2. 池塘主要营养盐的变化

池塘水体中的溶解态氮的含量随着养殖时间的延长和有机物的累积不断升高，但在中期出现一个低值，分析其原因，是水体中微藻的快速增殖导致水体中溶解态氮的大量消耗。对虾养殖首先要培养大量的生物饵料作为早期的活饵料，供幼虾生长和发育，因为在养殖前期会向水体中投入一定量的磷和硅等各种营养盐类，所以在养殖前期水体中溶解态磷与活性硅酸盐的含量较高，但在中期以后的对虾养殖阶段，池塘水体中的溶解态磷呈显著下降的趋势，活性硅酸盐保持一个相对较低含量水平。这些结果说明，高位池封闭的养殖管理方式导致了池塘水体中溶解态磷和活性硅酸盐随养殖时间的延长表现出低含量的现象。养殖中期和后期浮游硅藻种群结构不稳定，形成优势种的种类少，且持续时间较短，这与池塘水体中缺少活性硅酸盐有关。养殖中期和后期池塘水体中硅元素是浮游硅藻增殖的限制性因子。

3. 池塘微藻优势种与水质环境

广东湛江和海南琼海等地区的对虾高位池中各种微藻形成的水体状况如表 1-9 所示。卵囊藻是出现频率较高和分布较为普遍的优势种微藻，该种微藻在湛江东南恒兴虾场、海南林望湛泰和琼海水产局等东部沿海虾场的池塘以及光村银滩等西北部沿海虾场的池塘，在对虾养殖的各个时间段都能成为优势种，其细胞密度是 $1.23 \times 10^7 \sim 8.07 \times 10^8$ cells·L^{-1}，生存 pH 在 $8.0 \sim 8.6$，盐度在 $15 \sim 26$，透明度为 $28 \sim 45$ cm。蓝藻门中的小席藻在湛江南三田头、湛江海口公司虾场、光村银滩虾场、光村渔监虾场、雷州东里虾场以及桂林洋银通虾场的池塘中都能形成优势种群，小席藻的细胞密度一般都在 $2.20 \times 10^7 \sim 2.16 \times 10^{10}$ cells·L^{-1}，pH $8.2 \sim 9.2$，盐度范围为 13～25，透明度在 20～38 cm。条纹小环藻是在对虾高位池中较为常见，而且出现频率相对较高的优势种浮游硅藻，该种浮游硅藻在海南沿海的对虾养殖场的池塘都有分布并能形成优势种群；池塘中条纹小环藻的细胞密度范围在 $8×10^5～4.32×10^7$ cells·L^{-1}，分布的水体 pH 在 8.3～9.0，盐度范围为 17～29，透明度在 32～60 cm。其他优势种的分布仅局限在极少数地区的虾场。

表 1-9　池塘微藻优势种与水质特征

养殖时间/d	池塘	优势种	藻细胞密度/(10^7 cells·L^{-1})	水色	pH	透明度/cm	盐度	对虾生长情况
30	黄流财建虾场 7 号	透镜壳衣藻	2.66	红褐	8.9	44	29	−
33	黄流财建虾场 1 号	鞘丝藻	0.55	深绿	8.8	63	29	−
34	桂林洋中铁虾场 1 号	细小桥弯藻	8.30	黄绿	8.6	32	17	+
35	桂林洋中铁虾场 15 号	条纹小环藻	4.32	黄褐	9.0	42	17	+
40	林望财建虾场 2 号	条纹小环藻	0.08	黄绿	8.3	60	29	+
50	黄流财建虾场 4 号	透镜壳衣藻	72.0	红褐	9.2	35	34	−
50	黄流财建虾场 11 号	透镜壳衣藻	5.73	红褐	8.9	37	29	−
55	海头郑州水产虾场 1 号	条纹小环藻	1.44	黄褐	8.4	50	23	+
55	海头郑州水产虾场 2 号	卵囊藻	1.23	鲜绿	8.4	45	20	+
55	林望湛泰虾场 3 号	卵囊藻	1.68	鲜绿	8.6	35	26	+
55	林望湛泰虾场 10 号	卵囊藻	3.95	鲜绿	8.5	33	26	+
70	光村银滩虾场 2 号	小席藻	336.10	深绿	8.9	26	13	−
75	光村渔监虾场 1 号	小席藻	2.20	深绿	8.8	38	15	+
95	桂林洋银通虾场 4 号	小席藻	2160.00	深绿	8.9	20	20	−
95	桂林洋银通虾场 5 号	条纹小环藻	3.91	黄褐	8.7	32	20	+
100	琼海水产局虾场 6 号	卵囊藻	14.4	鲜绿	8.2	40	21	+
100	琼海水产局虾场 7 号	卵囊藻	6.83	鲜绿	8.2	40	20	+
115	光村银滩虾场 1 号	卵囊藻	9.83	鲜绿	8.6	35	15	+
115	光村银滩虾场 3 号	卵囊藻	6.56	鲜绿	8.5	35	15	+
35	湛江东南恒兴虾场 1 号	透镜壳衣藻	9.93	鲜绿	8.4	40	26	+
35	湛江东南恒兴虾场 2 号	透镜壳衣藻	4.70	鲜绿	8.4	45	26	+
35	湛江东南恒兴虾场 3 号	透镜壳衣藻	2.80	鲜绿	7.9	38	26	+
60	湛江东南恒兴虾场 1 号	锐孢角毛藻	15.84	黄褐	8.0	30	36	+
60	湛江东南恒兴虾场 2 号	卵囊藻	43.20	鲜绿	8.1	35	22	+
60	湛江东南恒兴虾场 3 号	卵囊藻	80.70	鲜绿	8.1	28	22	+
78	湛江东南恒兴虾场 1 号	卵囊藻	5.48	鲜绿	8.0	40	20	+
78	湛江东南恒兴虾场 2 号	卵囊藻	1.57	鲜绿	8.0	33	20	+

续表

养殖时间/d	池塘	优势种	藻细胞密度/ $(10^7\ cells\cdot L^{-1})$	水色	pH	透明度/cm	盐度	对虾生长情况
78	湛江东南恒兴虾场 3 号	卵囊藻	10.20	鲜绿	8.3	33	20	+
89	湛江东南恒兴虾场 1 号	小颤藻	2.76	深绿	8.4	30	20	−
91	湛江东南恒兴虾场 3 号	卵囊藻	14.70	鲜绿	8.0	30	20	+
44	湛江海口公司虾场 1 号	小席藻	6.31	深绿	8.7	29	25	+
44	湛江海口公司虾场 4 号	小席藻	8.12	深绿	8.8	29	21	−
44	雷州东里虾场 D1 号	小球藻	4.42	鲜绿	8.7	35	24	+
60	雷州东里虾场 D2 号	小席藻	4.25	深绿	9.2	33	24	−
60	雷州雷高镇虾场 B 号	小席藻	7.12	深绿	8.9	28	15	−
60	湛江南三田头 A1 号	扁多甲藻	1.02	黄绿	8.9	35	25	−
80	湛江南三田头 A2 号	小席藻	6.43	深绿	8.2	30	13	−

注：+对虾正常生长；−对虾生长不正常，包括染病、体弱、出现死亡。

（1）绿藻为优势种的水体

绿藻为优势种的湛江东南恒兴虾场 1 号、2 号、3 号实验池塘水体的水色均为鲜绿色，水体的微藻优势种为卵囊藻和透镜壳衣藻，细胞密度分别为 $1.57\times10^7\sim8.07\times10^8\ cells\cdot L^{-1}$ 和 $2.8\times10^7\sim9.93\times10^7\ cells\cdot L^{-1}$；林望湛泰虾场经养殖 55 d 的 3 号、10 号池塘的优势种均是卵囊藻，其细胞密度分别为 $1.68\times10^7\ cells\cdot L^{-1}$ 和 $3.95\times10^7\ cells\cdot L^{-1}$。池塘中以绿藻形成的绿色水相持续时间相对较长，水质较稳定，水体的透明度在 28～45 cm，对虾生长状况良好。绿藻在池塘水体中形成的优势种具有种群稳定性好的生物学特性，当水体中卵囊藻的细胞密度范围在 $1.57\times10^7\sim8.07\times10^8\ cells\cdot L^{-1}$ 时，均不会出现藻细胞大量死亡造成水质恶化的现象。以绿藻为优势种的微藻群落控制的绿色水体水质比较稳定。有研究报道，紫外线辐射会对水生生物产生负面影响，生活在池塘水体中的绿藻对紫外线的吸收强度要大于其他种类的微藻，绿藻可以有效地降低紫外线对对虾生长的不利影响（杨震等，1999）；绿藻能吸附锌、铜、镉等重金属离子，可降低水体中重金属离子对对虾的胁迫效应。

（2）蓝藻优势种的水体

蓝藻优势种的水体的水色为深绿色，养殖 70 d 的光村银滩虾场的 2 号池塘和养殖 95 d 的桂林洋银通虾场 4 号池塘，微藻种群均是以小席藻为优势种，其细胞密度分别为 $3.36\times10^9\ cells\cdot L^{-1}$ 和 $2.16\times10^{10}\ cells\cdot L^{-1}$，水体的有机物含量和富营养化程度都很高，同时水体中还有大量的死亡藻体，水质极度恶化并出现养殖对虾死亡的状况。对虾在以小席藻和小颤藻等蓝藻为主的池塘环境中摄食量小，生长速度慢，而且成活率很低。这是因为小席藻和小颤藻等蓝藻细胞中均含有蓝藻毒素，在藻体死亡后藻细胞裂解，释放大量的有毒物质对对虾造成毒害作用。海南东部的桂林洋银通虾场的池塘水体中小席藻的细胞密度高达 2.16×10^{10} cells·L^{-1}，因其细胞中具有伪空泡很容易使藻细胞悬浮于水体表面，造成表层水域的藻细胞数量快速增大，从而在池塘水体的表层出现赤潮现象。蓝藻含有较高蛋白质，蛋白质在藻细胞解体后经细菌的分解作用，在水体中积累大量的硫化氢和羟胺等有毒物质对对虾产生毒性。

（3）硅藻为优势种的水体

以铙孢角毛藻、条纹小环藻和中肋骨条藻等硅藻为优势种形成的水体，水色为褐色。由于养殖的前期池塘水体中含有丰富的活性硅酸盐，以铙孢角毛藻和条纹小环藻等硅藻形成优势种的种群结构极为稳定，且种群持续的时间长，在这种褐色水的水质环境，养殖的对虾均能正常摄食和生长发育。但是，如果由硅藻优势种形成褐色水是出现在养殖中后期的水体，硅藻优势种群的数量常出现较大幅度变动而对水体的稳定性产生影响。如养殖 60 d 湛江东南恒兴虾场 1 号池塘，由于换水形成了铙孢角毛藻优势种群，细胞密度高达 1.584×10^{8} cells·L^{-1}，种群持续 5～7 d 后就出现了大量的死亡藻类，微藻细胞密度下降到 2.4×10^{6} cells·L^{-1} 的低值，水质一度恶化。大多数硅藻优势种的种群都存在维持时间短和数量变化大的生态学性质，对池塘的水质条件会产生负面影响，这是因为对虾高位池的养殖过程是一种基本不换水的养殖管理，水体中的活性硅酸盐不能即时地得到补充从而对硅藻细胞的增殖产生抑制作用，如湛江东南恒兴虾场的 1 号池塘，在 5 月 4 日进行换水，导致水体中活性硅酸盐的质量浓度快速上升到 2.6 mg·L^{-1}，硅藻类的铙孢角毛藻迅速大量增殖，其细胞密度达到 1.584×10^{8} cells·L^{-1} 的水平，维持 5～7 d 后种群消失，活性硅酸盐质量浓度又降到一个较低的水平。

池塘主要水质生态特征和溶解态氮变化规律表明，水体中的溶解态氮主要来源于投喂的人工饲料，养殖后期溶解态氮明显高于养殖前期，水体处于严重的富营养化状态。氨氮和亚硝酸盐氮是对虾养殖环境中的有害物质，低浓度的亚硝酸盐氮即对对虾有明显的毒性，低盐度条件下亚硝酸盐氮的毒性相对高盐度条件下较强。氮是池塘微藻生长的限制因子，利用微藻吸收溶解态氮是溶解态氮转化的主要途径。池塘中微藻在养殖前期主要以硅藻优势种为主，养殖的中期和后期池塘水体富营养化严重，优势种突出单一，较喜肥或者是耐污染的绿藻和蓝藻成为优势种。浮游微藻优势种可决定池塘浮游微藻群落的功能特性，优势种的选择是提高池塘水体溶解态氮循环速度、降低养殖水体的氮污染程度和改善水质条件的主要技术措施。以卵囊藻为优势种控制的水质环境较为稳定，是对虾养殖系统中对水质环境有利的浮游微藻，作为优势种构成的浮游微藻群落有利于对虾的健康养殖。

第二章 微藻对池塘污染物质的净化作用和调控机制

　　集约化对虾养殖导致了水质恶化现象的发生,进而造成对虾生长缓慢与减产。过度喂养和动物粪便通常会引发氨氮和亚硝酸盐氮的积累,对水生动物产生毒害作用。在水产养殖系统中, 用来改善水质和去除溶解态无机氮的方法已经探索出来。一种方法是使用选定微藻,它可以调控水产养殖池塘中的微藻群落结构, 主动地吸收溶解态无机氮、提供溶解氧来改善水质。Chuntapa 等(2003)发现池塘中出现高质量浓度(16~18 mg·L^{-1})的硝酸盐氮与缺乏钝顶螺旋藻有关,钝顶螺旋藻可降低硝酸盐氮、氨氮和亚硝酸盐氮质量浓度至 4 mg·L^{-1}、0 mg·L^{-1} 和 0.15 mg·L^{-1}的水平。微藻不仅可以利用溶解态无机氮,而且还可以利用溶解态有机氮。当氮浓度超过 1 μmol·L^{-1},尿素氮可能成为微藻的一种重要的氮源(Glibert et al., 2006)。在一些水体中,尿素氮是提供藻类生长所需氮的主要来源。微藻同样可以利用溶解态的游离氨基酸和溶解态的复合氨基酸。

　　溶解态氮的吸收速率受一些环境因素的影响。亚北极的湖泊中水华鱼腥藻对氨氮、硝酸盐氮、尿素氮和氮气的吸收速率与生物量、温度和光照度等因素直接相关(Gu et al., 1993)。微藻对氨氮、尿素氮和硝酸盐氮的吸收速率与温度和光照度呈正相关。在同一条件下, 微藻对不同氮源的吸收速率也有很大差别。氮污染是对虾养殖环境中的主要污染现象,其次是重金属污染,养殖水体的重金属污染主要来源于工厂排放的污水,对虾养殖过程中使用的水质改良剂、消毒剂和除草剂等化学药物。铜和锌是普遍存在于养殖水体中的重要污染物质,对养殖水体中生物的生长和发育有不良的影响。对虾养殖水体中的铜和锌会通过对虾体表或是食物链进入到体内,导致对虾的存活率下降、体内磷酸酶活性减弱和蜕皮次数减少,影响对虾生长和养殖产品质量,甚至会产生食品安全隐患等问题。

　　近年来, 生物吸附法因具有成本低、材料来源丰富、吸附速度快、吸附量大和操作方便等优点而受到人们的关注。在种类众多的重金属离子生物吸附剂中,微藻是水体中一种效率极高的生物吸附剂,能够在含有铜和锌等金属离子的水体中生长,并且还能够通过生物吸附对金属离子进行浓缩。许多学者的研究也表明,微藻具有去除养殖水体中的重金属离子和有毒含氮污染物,提高水体中的溶解氧和 pH 的功能,并可作为水生动物的生物饵料,利用微藻来净化池塘环境水质,是一种对生态健康有利且成本低廉的水处理技术。

　　卵囊藻和条纹小环藻是对虾高位池养殖中后期常见的微藻优势种,分布广、种群稳定、竞争力较强，在保持养殖生态系统动态平衡和稳定池塘水质等方面起着重要作用。其中卵囊藻通过定向培育，可作为微藻生态调控防病的优良藻种。本章论述了池塘微藻在不同的生态条件下对各种形式的溶解态氮的吸收机制，对铜和锌的吸附动力学及温度、光照度、盐度和藻浓度对吸附效果的影响。

第一节　池塘微藻对溶解态氮吸收规律

在养殖过程中，养殖系统中生物群落结构不合理，微藻种群的消亡或微藻群落结构的频繁变化，导致生态系统失衡，能量传递和氨氮等有害物质转化效率低。氨氮和亚硝酸盐氮的积累是对虾发病的主要原因之一。微藻是对虾养殖系统中主要的生物因子，其群落结构对维持养殖系统的生态平衡、加速物质循环、提供溶解氧和净化养殖环境等有极为重要的作用。通过微藻群落结构的优化，增强氮的转化效率，改善养殖水体，是对虾健康养殖的重要技术措施。

卵囊藻（Oocystis sp.）隶属于绿藻门（Chlorophyta）绿藻纲（Chlorophyceae）绿球藻目（Chlorococcales）卵囊藻科（Oocystaceae）卵囊藻属（Oocystis），主要分布于有机物丰富的小水体、半碱水的河口水域和对虾养殖池塘，在集约化对虾养殖池塘中具有种群稳定和适应能力强的特点。以卵囊藻构建良性的微藻群落，能改善养殖环境水质，增强对虾抗病力，抑制弧菌的生长。本章主要介绍了在实验室条件下，模拟多种氮源共存的池塘水体，以 ^{15}N-NH_4Cl 为示踪剂，探究不同温度、光照度、盐度、pH、藻浓度和氮浓度下卵囊藻对不同溶解态氮的吸收速率，为对虾养殖池塘水质生物控制技术的研究提供科学依据。

一、环境因子对卵囊藻吸收溶解态氮的影响

1. 温度对卵囊藻溶解态氮吸收速率的影响

温度通过影响藻体光合作用速率和酶的活性，从而影响藻细胞对营养物质的吸收速率。温度对藻细胞吸收溶解态氮的影响有最低温度、最高温度和最适温度三个基点。许多藻类都有一个其自身生长的最适水温范围，在此范围内对氮的吸收随着温度的升高其吸收速率增大，超过最适温度范围后，其吸收速率呈下降趋势。

由图 2-1 可知，当温度为 10～25℃时，藻细胞对硝酸盐氮、亚硝酸盐氮、氨氮、尿素氮和甲硫氨酸氮的吸收速率随着温度的升高而增高。温度对溶解态氮的吸收速率影响显著（$P < 0.05$）。藻细胞对甲硫氨酸氮的吸收速率当温度为 25℃时达到最高，为 $0.020\ \mu g \cdot g^{-1} \cdot h^{-1}$；对硝酸盐氮、亚硝酸盐氮、氨氮和尿素氮的吸收速

率当温度升高到 30℃时达到最大，分别为 48.130 μg·g^{-1}·h^{-1}、27.421 μg·g^{-1}·h^{-1}、51.929 μg·g^{-1}·h^{-1}、6.656 μg·g^{-1}·h^{-1}，多重比较显示 25～30℃时藻细胞对这 4 种溶解态氮均有较高的吸收速率。藻细胞对甲硫氨酸氮的吸收速率在相对较低温时达到最高的原因还不清楚。因此，在亚热带对虾养殖池塘中当温度为 25～30℃时，卵囊藻对各种溶解态氮的吸收速率较高是很有代表性的特点，这些研究结果表明卵囊藻是亚热带地区对虾养殖系统中去除溶解态氮等含氮污染物质的优良浮游微藻，对池塘水质的改善具有重要的生态学价值。

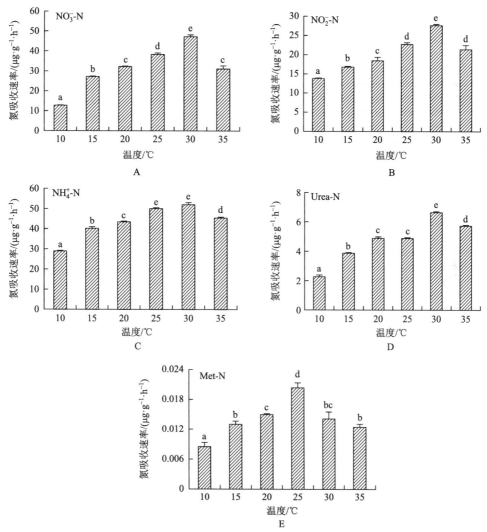

A. 硝酸盐氮；B. 亚硝酸盐氮；C. 氨氮；D. 尿素氮；E. 甲硫氨酸氮

图 2-1 不同温度下卵囊藻对溶解态氮的吸收速率

2. 盐度对卵囊藻溶解态氮吸收速率的影响

盐度对藻类的影响主要表现在渗透压的变化上，过高或过低的盐度对藻细胞均会造成伤害。藻细胞的光合作用、对营养物质的吸收和酸碱平衡的调节均需要钠离子的参与来完成。不同种类的微藻最适生长盐度范围不同，中肋骨条藻生长的最适盐度范围在 14～23（Põder et al., 2003），具齿原甲藻的最适生长盐度范围在 25～31（陈炳章等，2005）。旋链角毛藻达到较高的比生长率的盐度为 25，当盐度为 30 时，其生长明显受到抑制（茅华等，2007）。

图 2-2 显示，随实验所设置的海水盐度梯度的升高，藻细胞对硝酸盐氮、亚硝酸盐氮、氨氮、尿素氮和甲硫氨酸氮的吸收速率呈现先增后减的总趋势。盐度对溶解态氮的吸收速率影响显著（$P < 0.05$）。藻细胞对硝酸盐氮、亚硝酸盐氮和氨氮的吸收速率当盐度为 20 时达到最高值，分别为 14.501 $\mu g \cdot g^{-1} \cdot h^{-1}$、16.357 $\mu g \cdot g^{-1} \cdot h^{-1}$ 和 65.420 $\mu g \cdot g^{-1} \cdot h^{-1}$；对尿素氮的吸收速率当盐度达到 25 时达到最高值，为 6.687 $\mu g \cdot g^{-1} \cdot h^{-1}$；对甲硫氨酸氮的吸收速率在盐度为 30 时达到其最高值，为 0.026 $\mu g \cdot g^{-1} \cdot h^{-1}$。多重比较显示藻细胞在盐度 20～25 时对溶解态无机氮有较

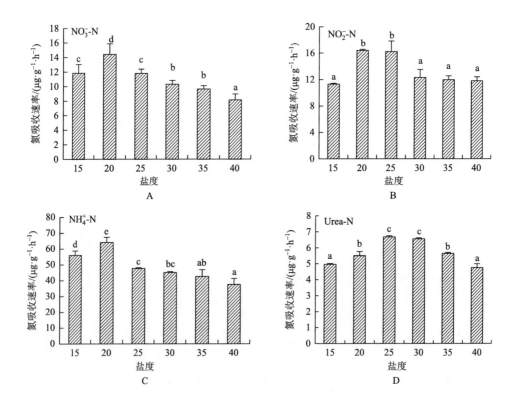

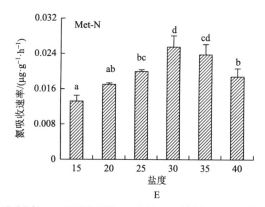

A. 硝酸盐氮；B. 亚硝酸盐氮；C. 氨氮；D. 尿素氮；E. 甲硫氨酸氮

图 2-2　不同盐度下卵囊藻对溶解态氮的吸收速率

大的吸收速率；盐度为 26～30 时对溶解态有机氮有较大的吸收速率。藻细胞在低盐度下对溶解态无机氮有较大的吸收速率，高盐度下对溶解态有机氮有较大吸收速率。卵囊藻在 20～30 盐度范围内对溶解态氮都有较大的吸收速率，与凡纳滨对虾生长适宜的盐度范围相符合，表明在凡纳滨对虾养殖池中卵囊藻对去除溶解态氮具明显的优势和显著的效果。

3. 光照对卵囊藻溶解态氮吸收速率的影响

　　光照作为藻细胞的唯一能源，是微藻对氮吸收的重要影响因子。光照在光合色素和酶的合成中有着重要作用和不可取代的地位，光还可以通过影响光合作用过程，以多种形式或多个方面间接调节藻细胞对各种营养元素的吸收，如给藻细胞提供主动运输所需要的碱性磷酸酶，向藻细胞提供合成碳骨架所需的氨基酸和蛋白质等（Harris，1978）。水华鱼腥藻对尿素氮的吸收速率与光照度直接相关（Gu et al.，1993）。在一定的光照范围内光合作用随光照增强而增强，对溶解态氮的吸收速率也与光照成正比。但光照超过一定范围时光合作用的速率增加转慢，到光饱和点时光合作用最强，此时藻细胞对溶解态氮的吸收速率最高；但超过光饱和点时，就会出现光抑制现象而导致光合速率下降，对溶解态氮的吸收速率会降低。

　　如图 2-3 所示，由实验结果可知，随光照的升高藻细胞对硝酸盐氮、亚硝酸盐氮、氨氮、尿素氮和甲硫氨酸氮的吸收速率呈现先增后减的总趋势。光照对溶解态氮的吸收速率影响显著（$P < 0.05$）。在光照为 45 $\mu mol \cdot m^{-2} \cdot s^{-1}$ 时藻细胞对硝酸盐氮、亚硝酸盐氮和氨氮的吸收速率达到最高，其值分别为 11.100 $\mu g \cdot g^{-1} \cdot h^{-1}$、15.340 $\mu g \cdot g^{-1} \cdot h^{-1}$ 和 14.080 $\mu g \cdot g^{-1} \cdot h^{-1}$；藻细胞对尿素氮的吸收速率在光照为 126 $\mu mol \cdot m^{-2} \cdot s^{-1}$ 时

为 19.070 $\mu g \cdot g^{-1} \cdot h^{-1}$，达到最高值，光照继续增大，对尿素氮吸收速率呈现出下降的趋势。藻细胞对甲硫氨酸氮的吸收速率在光照为 45 $\mu mol \cdot m^{-2} \cdot s^{-1}$ 时达到最高，为 0.030 $\mu g \cdot g^{-1} \cdot h^{-1}$。但当光照达到 153 $\mu mol \cdot m^{-2} \cdot s^{-1}$ 时藻细胞对各种形式的溶解态氮的吸收速率开始呈减弱的趋势。多重比较显示光照为 45 $\mu mol \cdot m^{-2} \cdot s^{-1}$ 时，藻细胞对溶解态无机氮有较大的吸收速率；46~126 $\mu mol \cdot m^{-2} \cdot s^{-1}$ 时，对溶解态有机氮有较大的吸收速率。说明相对高光照有利于藻细胞对溶解态有机氮的吸收和利用，低光照有利于藻细胞对溶解态无机氮的吸收和利用。

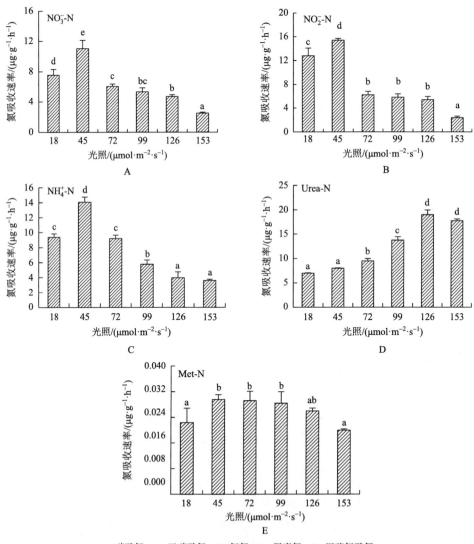

A. 硝酸氮；B. 亚硝酸氮；C. 氨氮；D. 尿素氮；E. 甲硫氨酸氮

图 2-3　不同光照下卵囊藻对溶解态氮的吸收速率

4. 藻浓度对卵囊藻溶解态氮吸收速率的影响

图 2-4 结果显示：在一定藻浓度内藻细胞对硝酸盐氮、亚硝酸盐氮、氨氮、尿素氮和甲硫氨酸氮的吸收速率随着藻浓度的升高而增高。藻浓度对溶解态氮的吸收速率影响显著（$P<0.05$）。当藻细胞密度为 3.222×10^8 cells·L^{-1} 时藻细胞对硝酸盐氮、亚硝酸盐氮和尿素氮的吸收速率表现出最高值；当藻细胞密度为 4.784×10^8 cells·L^{-1} 时藻细胞对氨氮和甲硫氨酸氮的吸收速率达到最高值。当藻细胞密度达到 9.472×10^8 cells·L^{-1} 时藻细胞对各种形式的溶解态氮的吸收速率均表现出其最低值，这是因为藻细胞密度在高水平时，藻细胞相互阻挡导致光照减弱和细胞的代谢速率下降，同时种内开始出现对资源的竞争，导致藻细胞的高死亡率和低生长率，从而降低藻体对营养物质的吸收。浮游微藻对不同溶解态氮高吸收速率的细胞密度在 3.222×10^8～4.784×10^8 cells·L^{-1}。因此，在一定的范围内增加藻浓度可提高浮游微藻对溶解态氮的吸收速率。

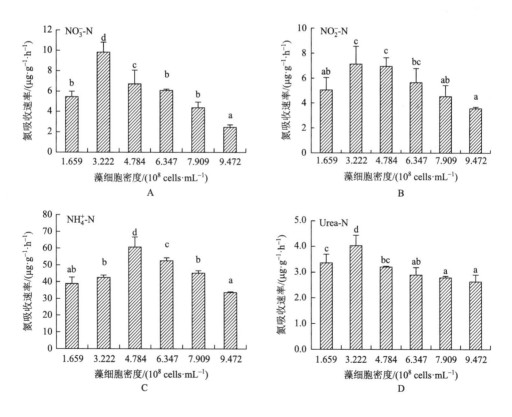

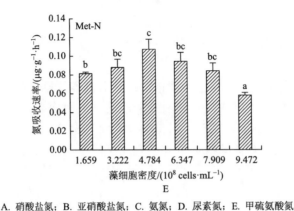

A. 硝酸盐氮；B. 亚硝酸盐氮；C. 氨氮；D. 尿素氮；E. 甲硫氨酸氮

图 2-4　不同藻细胞密度下卵囊藻对溶解态氮的吸收速率

5. 氮浓度对卵囊藻溶解态氮吸收速率的影响

藻类对溶解态氮的吸收是一种主动运输，其吸收过程是通过载体来将离子从膜的一侧带至膜的另一侧，会表现出饱和吸收动力学特征，即在低浓度时吸收速率与外界氮浓度呈正比例关系，随氮浓度的升高吸收速率就越来越慢，当氮浓度达到一定值时吸收速率就会达到饱和，出现饱和效应，超过该浓度时吸收速率就会受到抑制。过剩的氮还会对环境带来氮污染而引起水体富营养化。

本研究结果显示，卵囊藻对溶解性氮源的吸收均表现出了饱和吸收动力学特征。如图 2-5 所示，卵囊藻对溶解态无机氮的饱和吸收要先于溶解态有机氮，当氮质量浓度在 14.3 mg·L^{-1} 时，卵囊藻对溶解态无机氮——氨氮、亚硝酸盐氮、硝酸盐氮的吸收达到饱和；当氮质量浓度在 48.4 mg·L^{-1} 时，卵囊藻对溶解态有机氮——尿素氮、甲硫氨酸氮的吸收才达到饱和。卵囊藻对不同氮源表现出不同的饱和吸收度，这与藻细胞自身的生理代谢过程有关，如吸收过程、储存过程、还原过程、合成为细胞的其他化学组成过程等。当氮质量浓度超过 14.3 mg·L^{-1} 时，卵囊藻对溶解态无

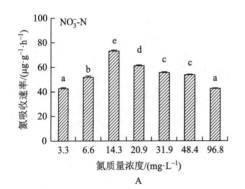

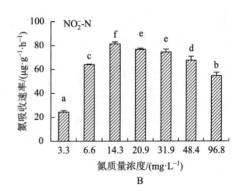

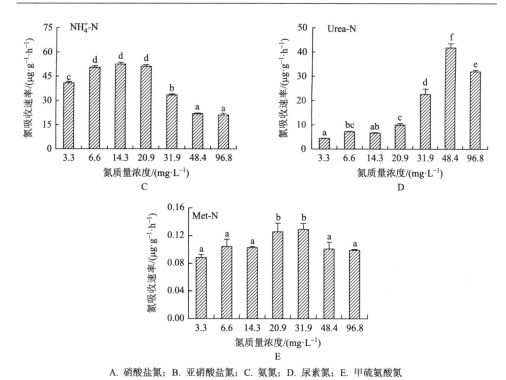

A. 硝酸盐氮；B. 亚硝酸盐氮；C. 氨氮；D. 尿素氮；E. 甲硫氨酸氮

图 2-5　不同氮质量浓度卵囊藻对溶解态氮的吸收速率

机氮的吸收才会受到抑制；当氮质量浓度超过 48.4 mg·L^{-1} 时卵囊藻对溶解态有机氮的吸收才会受到抑制。卵囊藻对溶解态氮较高的饱和吸收值，表明其对溶解态氮具有较高耐受性，可以很好地适应氮含量高的养殖水体。这为密集的水产养殖系统中使用浮游微藻去除有毒含氮污染物和改善水质提供了很有价值的资料。

二、多环境因子对卵囊藻吸收溶解态氮的影响

1. 多环境因子对卵囊藻硝酸盐氮吸收速率的影响

对卵囊藻硝酸盐氮吸收速率的正交实验结果进行直观分析（表 2-1），光照和温度是影响藻细胞对硝酸盐氮吸收速率的主要因子，其次是藻浓度、pH 和盐度。卵囊藻硝酸盐氮吸收速率的最优组合为：温度 30℃、光照 81 μmol·m^{-2}·s^{-1}、盐度 25、pH 7.5 和藻细胞密度 4.5×10^{8} cells·L^{-1}。因此，在光照较强的亚热带对虾养殖地区也能利用卵囊藻吸收水体中的硝酸盐氮。

表 2-1　卵囊藻硝酸盐氮吸收速率正交实验结果

序号	盐度	光照 /(μmol·m^{-2}·s^{-1})	温度/℃	pH	藻细胞密度 /(10^8 cells·L^{-1})	ρ
1	15	16	15	7.5	1.5	0.001
2	20	27	15	8.0	2.5	0.004
3	25	38	15	8.5	3.5	0.000
4	30	54	15	9.0	4.5	0.001
5	35	81	15	9.5	5.5	0.023
6	20	16	20	8.5	4.5	0.003
7	25	27	20	9.0	5.5	0.002
8	30	38	20	9.5	1.5	0.001
9	35	54	20	7.5	2.5	0.001
10	15	81	20	8.0	3.5	0.047
11	25	16	25	9.5	2.5	0.001
12	30	27	25	7.5	3.5	0.001
13	35	38	25	8.0	4.5	0.001
14	15	54	25	8.5	5.5	0.001
15	20	81	25	9.0	1.5	0.016
16	30	16	30	8.0	5.5	0.025
17	35	27	30	8.5	1.5	0.006
18	15	38	30	9.0	2.5	0.014
19	20	54	30	9.5	3.5	0.053
20	25	81	30	7.5	4.5	0.332
21	35	16	35	9.0	3.5	0.010
22	15	27	35	9.5	4.5	0.011
23	20	38	35	7.5	5.5	0.062
24	25	54	35	8.0	1.5	0.005
25	30	81	35	8.5	2.5	0.029
P 值	0.000	0.000	0.000	0.000	0.000	
K_1	0.015	0.008	0.006	0.079	0.006	
K_2	0.028	0.005	0.011	0.016	0.010	
K_3	0.068	0.016	0.004	0.008	0.022	
K_4	0.011	0.012	0.086	0.008	0.069	
K_5	0.008	0.089	0.023	0.018	0.023	
R	0.060	0.084	0.080	0.062	0.064	
主次顺序	光照>温度>藻浓度>pH>盐度					
最优组合	温度 30℃，光照 81 μmol·m^{-2}·s^{-1}，盐度 25，pH 7.5，藻细胞密度 4.5×10^8 cells·L^{-1}					

注：$K_1 \sim K_5$ 表示不同水平下卵囊藻对硝酸盐氮吸收速率的均值；R 表示不同因素下 K 的极差（$K_{max}-K_{min}$）；ρ 表示吸收速率，下同。

2. 多环境因子对卵囊藻亚硝酸盐氮吸收速率的影响

对卵囊藻亚硝酸盐氮吸收速率的正交实验结果进行直观分析（表 2-2），藻浓度和盐度是影响卵囊藻亚硝酸盐氮吸收速率的主要因子，其次是 pH、光照和温度。卵囊藻亚硝酸盐氮吸收速率的最优组合为：温度 25℃、光照 81 $\mu mol \cdot m^{-2} \cdot s^{-1}$、盐度 30、pH 7.5 和藻细胞密度 4.5×10^8 cells·L^{-1}。

表 2-2　卵囊藻亚硝酸盐氮吸收速率正交实验结果

序号	盐度	光照/($\mu mol \cdot m^{-2} \cdot s^{-1}$)	温度/℃	pH	藻细胞密度/(10^8 cells·L^{-1})	ρ
1	15	16	15	7.5	1.5	0.022
2	20	27	15	8.0	2.5	0.045
3	25	38	15	8.5	3.5	0.103
4	30	54	15	9.0	4.5	0.139
5	35	81	15	9.5	5.5	0.126
6	20	16	20	8.5	4.5	0.081
7	25	27	20	9.0	5.5	0.118
8	30	38	20	9.5	1.5	0.087
9	35	54	20	7.5	2.5	0.145
10	15	81	20	8.0	3.5	0.068
11	25	16	25	9.5	2.5	0.082
12	30	27	25	7.5	3.5	0.144
13	35	38	25	8.0	4.5	0.146
14	15	54	25	8.5	5.5	0.108
15	20	81	25	9.0	1.5	0.052
16	30	16	30	8.0	5.5	0.127
17	35	27	30	8.5	1.5	0.062
18	15	38	30	9.0	2.5	0.027
19	20	54	30	9.5	3.5	0.060
20	25	81	30	7.5	4.5	0.217
21	35	16	35	9.0	3.5	0.095
22	15	27	35	9.5	4.5	0.063
23	20	38	35	7.5	5.5	0.117
24	25	54	35	8.0	1.5	0.027
25	30	81	35	8.5	2.5	0.129
P 值	0.000	0.000	0.023	0.000	0.000	
K_1	0.060	0.081	0.087	0.129	0.050	

续表

序号	盐度	光照/(μmol·m^{-2}·s^{-1})	温度/℃	pH	藻细胞密度/(10^8 cells·L^{-1})	ρ
K_2	0.071	0.087	0.100	0.082	0.086	
K_3	0.109	0.096	0.106	0.097	0.094	
K_4	0.125	0.096	0.099	0.086	0.129	
K_5	0.115	0.118	0.086	0.083	0.119	
R	0.068	0.037	0.020	0.047	0.079	
主次顺序			藻浓度＞盐度＞pH＞光照＞温度			
最优组合			温度 25℃，光照 81 μmol·m^{-2}·s^{-1}，盐度 30，pH 7.5，藻细胞密度 4.5×10^8 cells·L^{-1}			

3. 多环境因子对卵囊藻氨氮吸收速度的影响

对卵囊藻氨氮吸收速率的正交实验结果进行直观分析（表 2-3），藻浓度和光照是影响藻细胞对氨氮吸收速率的主要因子，其次是温度、盐度和 pH。卵囊藻氨氮吸收速率的最优组合为：温度 20℃、光照 81 μmol·m^{-2}·s^{-1}、盐度 15、pH 7.5 和藻细胞密度 5.5×10^8 cells·L^{-1}。

表 2-3　卵囊藻氨氮吸收速率正交实验结果

序号	盐度	光照/(μmol·m^{-2}·s^{-1})	温度/℃	pH	藻细胞密度/(10^8 cells·L^{-1})	ρ
1	15	16	15	7.5	1.5	0.312
2	20	27	15	8.0	2.5	0.406
3	25	38	15	8.5	3.5	0.444
4	30	54	15	9.0	4.5	0.617
5	35	81	15	9.5	5.5	2.009
6	20	16	20	8.5	4.5	1.070
7	25	27	20	9.0	5.5	1.543
8	30	38	20	9.5	1.5	0.609
9	35	54	20	7.5	2.5	0.820
10	15	81	20	8.0	3.5	1.526
11	25	16	25	9.5	2.5	0.519
12	30	27	25	7.5	3.5	0.951
13	35	38	25	8.0	4.5	1.552
14	15	54	25	8.5	5.5	1.356
15	20	81	25	9.0	1.5	0.679

续表

序号	盐度	光照/(μmol·m^{-2}·s^{-1})	温度/℃	pH	藻细胞密度/(10^8 cells·L^{-1})	ρ
16	30	16	30	8.0	5.5	0.784
17	35	27	30	8.5	1.5	0.401
18	15	38	30	9.0	2.5	0.868
19	20	54	30	9.5	3.5	1.288
20	25	81	30	7.5	4.5	1.770
21	35	16	35	9.0	3.5	0.435
22	15	27	35	9.5	4.5	0.735
23	20	38	35	7.5	5.5	1.247
24	25	54	35	8.0	1.5	0.621
25	30	81	35	8.5	2.5	1.285
P 值	0.245	0.000	0.001	0.147	0.000	
K_1	1.052	0.605	0.755	1.018	0.522	
K_2	0.938	0.807	1.114	0.978	0.755	
K_3	0.963	0.944	1.089	1.015	0.929	
K_4	0.848	1.035	1.022	0.828	1.148	
K_5	1.043	1.495	0.882	1.015	1.482	
R	0.204	0.890	0.358	0.189	0.960	

主次顺序　　　　　　　　　　藻浓度＞光照＞温度＞盐度＞pH

最优组合　　　温度 20℃，光照 81 μmol·m^{-2}·s^{-1}，盐度 15，pH 7.5，藻细胞密度 5.5×10^8 cells·L^{-1}

4. 多环境因子对卵囊藻尿素氮吸收速率的影响

通过研究多因素对卵囊藻尿素氮吸收速率的影响（表 2-4）得出：光照和藻浓度是影响藻细胞对尿素氮吸收速率的主要因子，其次是 pH、盐度和温度。最佳因子组合为：温度 25℃、光照 81 μmol·m^{-2}·s^{-1}、盐度 15、pH 7.5 和藻细胞密度 4.5×10^8～5.5×10^8 cells·L^{-1}。

表 2-4　卵囊藻尿素氮吸收速率正交实验结果

序号	盐度	光照/(μmol·m^{-2}·s^{-1})	温度/℃	pH	藻细胞密度/(10^8 cells·L^{-1})	ρ
1	15	16	15	7.5	1.5	0.002
2	20	27	15	8.0	2.5	0.002
3	25	38	15	8.5	3.5	0.002
4	30	54	15	9.0	4.5	0.004

序号	盐度	光照/($\mu mol \cdot m^{-2} \cdot s^{-1}$)	温度/℃	pH	藻细胞密度/(10^8 cells·L^{-1})	ρ
5	35	81	15	9.5	5.5	0.006
6	20	16	20	8.5	4.5	0.003
7	25	27	20	9.0	5.5	0.003
8	30	38	20	9.5	1.5	0.002
9	35	54	20	7.5	2.5	0.003
10	15	81	20	8.0	3.5	0.004
11	25	16	25	9.5	2.5	0.003
12	30	27	25	7.5	3.5	0.004
13	35	38	25	8.0	4.5	0.004
14	15	54	25	8.5	5.5	0.006
15	20	81	25	9.0	1.5	0.002
16	30	16	30	8.0	5.5	0.000
17	35	27	30	8.5	1.5	0.002
18	15	38	30	9.0	2.5	0.004
19	20	54	30	9.5	3.5	0.003
20	25	81	30	7.5	4.5	0.006
21	35	16	35	9.0	3.5	0.003
22	15	27	35	9.5	4.5	0.003
23	20	38	35	7.5	5.5	0.006
24	25	54	35	8.0	1.5	0.003
25	30	81	35	8.5	2.5	0.002
P 值	0.001	0.000	0.120	0.001	0.000	
K_1	0.004	0.002	0.003	0.004	0.002	
K_2	0.003	0.003	0.003	0.003	0.003	
K_3	0.003	0.004	0.004	0.003	0.003	
K_4	0.002	0.004	0.003	0.003	0.004	
K_5	0.004	0.004	0.004	0.003	0.004	
R	0.002	0.002	0.001	0.002	0.002	
主次顺序		光照＞藻浓度＞pH＞盐度＞温度				
最优组合		温度25℃，光照81 $\mu mol \cdot m^{-2} \cdot s^{-1}$，盐度15，pH 7.5，藻细胞密度$4.5 \times 10^8 \sim 5.5 \times 10^8$ cells·L^{-1}				

三、卵囊藻对氮吸收的选择性和调控作用

1. 卵囊藻对四种氮源的相对优先指数

研究表明，微藻不仅能够利用溶解态无机氮和溶解态有机氮，也能利用小分

子溶解态有机氮如溶解态的游离氨基酸作为它们的氮源。但是微藻对不同氮源的吸收和利用途径不同，因此在对各种氮源吸收时表现出的吸收速率不同，存在选择性吸收。一般认为氨氮是微藻最喜好的氮源，藻细胞能直接利用氨氮中处于还原状态的氮，在相关酶的作用下通过转氨基作用合成氨基酸；而硝酸盐氮和亚硝酸盐氮中的氮处于高度的氧化状态，则必须经过相应的硝酸还原酶和亚硝酸还原酶还原成氨氮才能被利用，一般情况下只有在氨氮缺少时微藻才利用硝酸盐氮和亚硝酸盐氮。亚北极的湖泊中水华鱼腥藻优先吸收水体中氨氮，且吸收效率较高，只有当水体中的氨氮缺乏时才利用尿素氮和硝酸盐氮（Gu et al.，1993）。米氏凯伦藻对氯化铵的利用效率则低于硝酸钠和亚硝酸钠，分别以硝酸钠和亚硝酸钠为氮源进行培养时该藻生长情况较好，可较长时间维持高的细胞密度（吕颂辉等，2007）。而微小原甲藻即使在高硝酸盐氮含量的水体中也会优先选择尿素氮，且细胞的增长随着尿素氮浓度的增加而增加（Fan et al.，2003）。

相对优先指数（relative priority index，RPI）主要用于表示微藻对不同氮源的喜好程度。当相对优先指数等于 1 时，表明微藻对该营养盐的吸收速率与其提供量成正比，说明相对于提供量而言，微藻具有较快的吸收速率，而当相对优先指数小于 1 时，说明微藻具有较慢的吸收速率。不同盐度和温度下卵囊藻对各种溶解态氮吸收的相对优先指数有差异。如图 2-6 显示，盐度在 15～30 范围内卵囊藻对氨氮和亚硝酸盐氮的相对优先指数均大于 1，且氨氮的相对优先指数高于亚硝

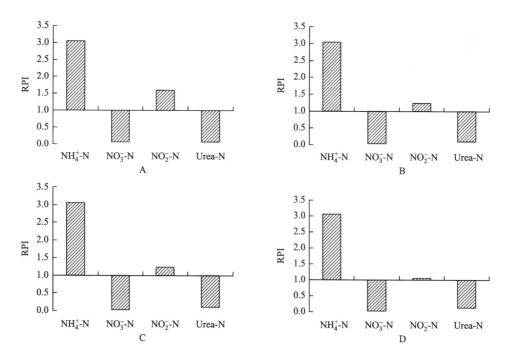

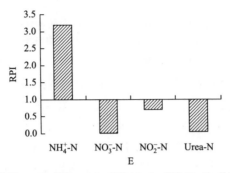

图 2-6　不同盐度下卵囊藻对溶解态氮吸收的相对优先指数

酸盐氮，而对尿素氮和硝酸盐氮的相对优先指数均小于 1。同时，在高盐度 35 下，卵囊藻仅对氨氮的相对优先指数均大于 1。图 2-7 显示，在实验温度范围内卵囊藻对氨氮的相对优先指数均大于 1，而对亚硝酸盐氮、尿素氮和硝酸盐氮的相对优先指数均小于 1。

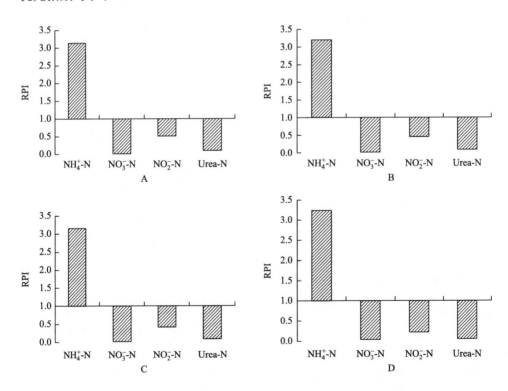

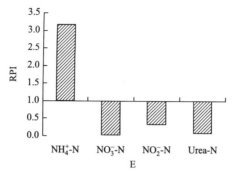

A. 温度 15℃；B. 温度 20℃；C. 温度 25℃；D. 温度 30℃；E. 温度 35℃

图 2-7　不同温度下卵囊藻对溶解态氮吸收的相对优先指数

这些研究结果说明在不同的盐度和温度范围内卵囊藻优先吸收氨氮，其次是亚硝酸盐氮，最后是尿素氮和硝酸盐氮，这一研究结果也符合氮吸收的一般规律。卵囊藻对氨氮和亚硝酸盐氮吸收的相对优先指数明显高于其他氮源，这是因为在池塘水体中氨氮是一种主要的溶解态无机氮，在对虾养殖后期氨氮所占比例为 54.92%，超过硝酸盐氮的量成为溶解态无机氮的主要组成部分。卵囊藻对氨氮和亚硝酸盐氮的优先吸收，这种生物学特性对于池塘水体中有毒含氮污染物的去除具有重要意义。

2. 卵囊藻对溶解性氮吸收速率的回归模型

卵囊藻是构建对虾养殖池塘生态系统微藻群落良性构架的微藻种类，利用卵囊藻对溶解态氮的吸收速率 ρ 与温度 A、光照 B、盐度 C、pH D、藻浓度 E 五因子建立目标函数：

$$\rho = f(A,B,C,D,E) \tag{2-1}$$

引进综合因子（comprehensive factors，CF）概念，将综合因子考虑成由温度 A、光照 B、盐度 C、pH D、藻浓度 E 影响因子以计算形式结合在一起而形成的值，由于五因子的影响是平行的，因此，将五因子之间的表达式写成积的形式，即：

$$CF = A^a B^b C^c D^d E^e \tag{2-2}$$

其中 a、b、c、d、e 为权重指数，利用通过统计关系进行回归计算得出。

（1）卵囊藻对溶解性氨氮吸收速率的回归模型

将氨氮正交实验结果中的数据（表 2-3）进行标准化，采用取双对数进行整理回归。利用 SPSS 17.0 进行因子和主成分分析，得到系数相关性和成份矩阵、成份得分系数矩阵，最后得到综合因子 CF 权重指数的最优组合：$a = 0.180$、$b = 0.252$、$c = 0.748$、$d = 0.587$、$e = 1$。则综合因子（CF）表达式为

$$CF = A^{0.180} B^{0.252} C^{0.748} D^{0.587} E^1 \qquad (2\text{-}3)$$

根据每次试验的初始条件，按照 CF 的形式进行计算，得到不同实验条件下的 CF 值，各实验条件下所得到的吸收速率 ρ 对应值，回归曲线如图 2-8 所示。

$$y = 0.001\,7CF + 0.051\,2 \quad R^2 = 0.89 \qquad (2\text{-}4)$$

将综合因子 CF 代入式（2-4）得氨氮吸收速率模型：

$$\rho = 0.001\,7(A^{0.180} B^{0.252} C^{0.748} D^{0.587} E^1) + 0.051\,2 \qquad (2\text{-}5)$$

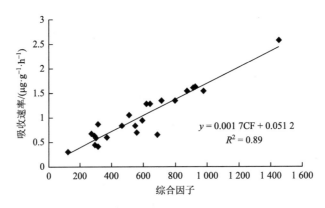

图 2-8　氨氮吸收速率与综合因子回归模型

从正交实验因素水平中随机安排 8 组初始条件进行实验，将相应的数据代入氨氮吸收速率模型（2-5），得到 8 组卵囊藻对氨氮吸收速率的预测值，再将模型预测值与 8 组实验测得的值进行误差比较分析进而对氨氮吸收模型进行检验与评价。

由表 2-5，图 2-9 得知，卵囊藻氨氮吸收速率的模型预测值与实际测得值之间存在一定的相对误差。从随机选择的 8 个样本中，最大相对误差达 43.9%，最小相对误差为 1.7%。通过独立样本 T 检验，表明模型预测值与实际测得值的方差差异不显著（$P > 0.05$），总体均值差异不显著（$P > 0.05$），模拟方程拟合度较高。

表 2-5　氨氮吸收速率模型预测值与实际测得值比较

序号	盐度	光照 /(μmol·m^{-2}·s^{-1})	温度/℃	pH	藻细胞密度 /(10^8 cells·L^{-1})	模型预测值 /(μg·g^{-1}·h^{-1})	实际测得值 /(μg·g^{-1}·h^{-1})	相对误差/%
1	15	54	15	7.5	2.5	0.512	0.681	24.8
2	20	54	30	8.5	3.5	1.041	1.358	23.3
3	30	81	35	8.5	2.5	1.142	1.285	11.1
4	30	38	20	8.0	2.5	0.838	0.824	1.7
5	35	27	25	9.0	4.5	1.677	1.429	17.4
6	15	81	20	8.0	3.5	0.845	0.910	7.1
7	20	38	35	7.5	5.5	1.265	1.412	10.4
8	20	16	15	8.5	1.5	0.327	0.583	43.9

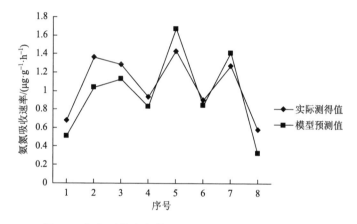

图 2-9　氨氮吸收速率模型预测值与实际测得值折线图

（2）卵囊藻对溶解性尿素氮吸收速率的回归模型

对尿素氮正交实验结果表 2-5 中的数据进行标准化和相关统计分析，得到尿素氮氮吸收速率的 CF 权重指数的最优组合为：$a = 0.363$、$b = 0.783$、$c = 0.045$、$d = -0.503$、$e = 1$。则 CF 表达式为

$$CF = A^{0.363}B^{0.783}C^{0.045}D^{-0.503}E^1 \tag{2-6}$$

根据表 2-4 实验的初始条件，按照 CF 的形式进行计算，得到不同实验条件下的综合因子值，各实验条件下所得到的吸收速率 ρ 对应值，建立卵囊藻尿素氮吸收速率的综合因子模型。回归曲线如图 2-10 所示。

$$y = 2\times10^{-5}CF + 0.001\,7 \quad R^2 = 0.85 \tag{2-7}$$

将则综合因子 CF 代入 2-7 式得尿素氮吸收速率模型：

$$\rho = 2\times10^{-5}(A^{0.363}B^{0.783}C^{0.045}D^{-0.503}E^1) + 0.001\,7 \tag{2-8}$$

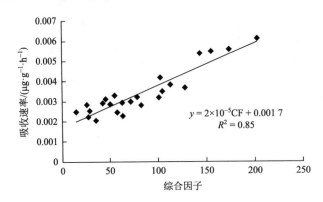

图 2-10　尿素氮吸收速率与综合因子回归模型

$$y = 2 \times 10^{-5} CF + 0.001\ 7$$
$$R^2 = 0.85$$

从正交实验因素水平中随机安排 8 组初始条件进行实验，将相应的数据代入尿素氮吸收速率模型（2-8），得到 8 组卵囊藻对尿素氮吸收速率的预测值，再将模型预测值与 8 组实验测得的值进行误差比较分析进而对尿素氮吸收模型进行检验与评价。

表 2-6　尿素氮吸收速率模型预测值与实际测得值比较

序号	盐度	光照/(μmol·m^{-2}·s^{-1})	温度/℃	pH	藻细胞密度/(10^8 cells·L^{-1})	模型预测值/(μg·g^{-1}·h^{-1})	实际测得值/(μg·g^{-1}·h^{-1})	相对误差/%
1	25	38	15	8.5	3.5	0.003 0	0.002 3	30.4
2	20	81	25	9.0	1.5	0.002 8	0.002 5	12.0
3	30	54	15	9.0	4.5	0.003 8	0.002 9	31.0
4	30	16	30	8.0	5.5	0.003 1	0.002 8	10.7
5	20	54	30	9.5	3.5	0.003 7	0.004 7	21.3
6	35	27	25	9.0	4.5	0.003 2	0.004 0	20.0
7	25	16	35	9.0	4.5	0.002 7	0.003 3	18.2
8	20	16	35	8.5	1.5	0.002 1	0.002 6	19.2

由表 2-6、图 2-11 得知，卵囊藻尿素氮吸收速率的模型预测值与实际测得值之间存在一定的相对误差。从随机选择的 8 个样本中，最大相对误差达 31.0%，最小相对误差为 10.7%。通过独立样本 T 检验，结果表明模型预测值与实际测得值的方差差异不显著（$P > 0.05$），总体均值差异不显著（$P > 0.05$），证明模拟方程拟合度较高。

微藻对维持池塘生态系统的正常功能起着重要作用。早在 1957 年，就有学者提出可利用藻类去除水体中的氮和磷等引起水体富营养化的污染物质。池塘水体中的氨氮含量会随着微藻数量的增高而降低（王崇明等，1993）。小球藻和

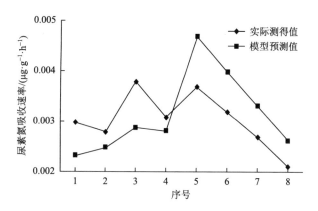

图 2-11　尿素氮吸收速率模型预测值与实际测得值折线图

双眉藻对对虾养殖废水中氨氮的去除率分别达到 87.1% 和 37.4%（张桐雨等，2013）。笔者将固定化卵囊藻和微绿球藻引入对虾养殖池可明显降低水体氨氮和亚硝酸盐氮。而在利用微藻去除养殖水体高浓度的溶解态氮源时，去除效果受到众多环境因子的影响，如光照、温度、藻浓度等，因此人为地对每个因子进行调控会尤为困难。

在污物去除率一定的情况下，各影响因子之间存在替代效应，即存在不同影响因子的条件组合，使不同组合所产生的去除效应具有等同性。通过正交试验，可以确定影响藻去除氨氮的主要因子，建立了温度、光照度、盐度、pH、藻浓度对养殖水体氨氮和尿素氮去除率的关系模型，可根据模型人为地对环境因子进行控制，从而有效地提高藻对养殖水体氨氮的去除效果。

第二节　池塘微藻对重金属离子的吸附

水体重金属污染以及水生生物对重金属的富集已日益受到人们的普遍关注。工业重金属铜、锌污染和渔业生产中含铜、锌杀菌药物的广泛使用，致使铜和锌成为养殖水体中普遍存在的重要污染物。水生生物对铜和锌等重金属具有富集性，以各种方式存在的重金属在进入养殖环境后会在生物体中存留和积累，并在各生物群落间迁移，通过食物链浓缩对生物生长和发育产生不良影响。有研究报道，重金属胁迫能够诱导生物体发生碱基改变、DNA 单双链断裂和染色体改变等 DNA 损伤（Monteiro et al.，2011）；养殖环境中的铜和锌会通过体表或食物链进入到对虾体内引起对虾中毒，减少蜕皮次数和降低体内磷酸酶活性，从而影响其生长，降低对虾的存活率和产品质量，并造成食品安全隐患。许多研究表明微藻对重金属具有较强的吸附能力，利用微藻修复重金属污染具有高效、低耗和环保等特点，可广泛应用于工业污水中重金属的去除或回收。在众多的生物吸附剂中，微藻是一种天然高效的生物吸附剂，能在含有铜和锌等重金属的环境中生长，并能进行生物浓缩。微藻是对虾养殖系统中重要的生物群落，在对虾养殖环境中微藻吸附重金属能消除重金属污染对对虾的胁迫，这对对虾的健康养殖具有重要意义。本节通过卵囊藻、条纹小环藻对铜和锌的吸附及其动力学的研究，探明两种微藻吸附铜和锌的规律，为对虾养殖环境中铜和锌污染的控制提供理论依据。

一、微藻对铜和锌的吸附动力学

1. 卵囊藻对铜和锌的吸附动力学

图 2-12 显示，卵囊藻的藻细胞对铜吸附的过程可划分为三个阶段：第一阶段吸附速度最快且在吸附的前 30 min 内完成，此阶段吸附率可达 70%左右；第二阶段在 0.5~8 h 完成，此阶段藻细胞对铜的吸附速度减慢，吸附率仅增加 9.93%；第三阶段是在 9~24 h，吸附率无显著增加，吸附达到动态平衡状态。第一阶段藻细胞对铜离子的吸附可看作简单的一级反应，根据化学动力学方程的反应速率公式：

$$-dC / dt = kC \tag{2-9}$$

式中：C 为重金属离子在该瞬间的质量浓度，$mg \cdot L^{-1}$；k 为速率常数。由公式（2-9）可得

$$\lg C = -kt / 2.303 + \lg C_0 \tag{2-10}$$

式中：C_0 为重金属离子的起始质量浓度，$mg \cdot L^{-1}$。以 t 为自变量，$\lg C$ 为因变量，可得吸附动力学线性方程为

$$\lg C = -1.004\ 7t - 0.005\ 3 \quad R^2 = 0.928\ 8 \tag{2-11}$$

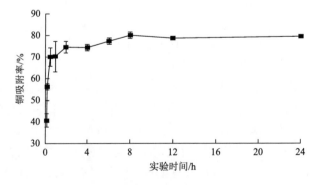

图 2-12　卵囊藻对铜的吸附动力学曲线

图 2-13 显示，卵囊藻对锌的吸附过程同样可划分为快速、慢速和吸附平衡三个阶段。但对锌的快速吸附阶段是在 1 h 内完成，此阶段藻细胞对锌吸附率达到 87%左右，比卵囊藻的快速吸附阶段所用时间要短，这是因为藻细胞对不同重金属离子的亲和性存在差异的原因所致；慢速吸附阶段在 1～8 h 完成；吸附平衡阶段在 9～24 h，此阶段吸附率无显著的增加。第一阶段的生物吸附同样可看作简单的一级反应，据化学动力学方程可得吸附动力学线性方程为

$$\lg C = -1.229\,6t - 0.007\,8 \quad R^2 = 0.955\,1 \qquad (2\text{-}12)$$

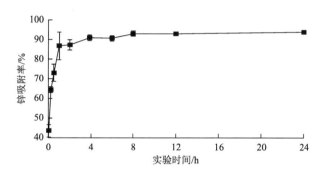

图 2-13　卵囊藻对锌的吸附动力学曲线

2. 条纹小环藻对铜和锌的吸附动力学

条纹小环藻对铜的吸附动力学曲线如图 2-14 所示。条纹小环藻铜吸附过程可分为快速、慢速和吸附平衡三个阶段。快速吸附阶段在 30 min 内完成，此阶段吸附速度快，吸附率可达 70%左右；慢速吸附阶段大约在 0.5～4 h 完成，此阶段过后，溶液中的铜浓度只有初始浓度的 10%，大部分铜被藻细胞吸附；以后吸附率没有明显增加，达到吸附平衡。快速吸附阶段不需要能量，可视为化学反应的一级反应。

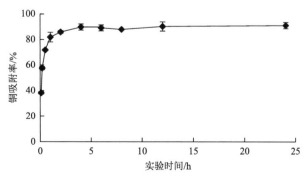

图 2-14　条纹小环藻对铜的吸附动力学曲线

由公式（2-7）和式（2-8），以 t 为自变量，$\lg C$ 为因变量，可得吸附动力学线性方程为

$$\lg C = -0.789\ 9t - 0.166 \quad R^2 = 0.935\ 4 \qquad (2\text{-}13)$$

条纹小环藻对锌的吸附动力学曲线如图 2-15 所示。条纹小环藻对锌的吸附过程同样可分为快速、慢速和吸附平衡三个阶段。快速吸附阶段在 30 min 内完成，吸附速度快，吸附率达到 70%左右；但慢速吸附阶段历经的时间较长，吸附在 6 h 内完成，吸附率可以达到 90%；实验进行 6 h 以后，吸附率无显著增加，达到吸附平衡。第一步生物吸附可视为简单的一级反应，由化学动力学方程，可得条纹小环藻吸附锌的吸附动力学线性方程为

$$\lg C = -0.848\ 6t - 0.098\ 2 \quad R^2 = 0.936\ 8 \qquad (2\text{-}14)$$

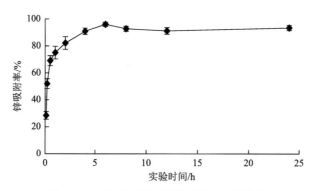

图 2-15　条纹小环藻对锌的吸附动力学曲线

微藻细胞壁由多糖、蛋白质和脂类等大分子物质组成，这些大分子可提供羧基、醛基和羟基等基团，带一定的负电荷，可与金属离子结合而起到吸附作用；金属离子也可穿过细胞膜进入胞内，诱导藻细胞产生大量金属硫蛋白，把有害的离子形式转变为无害的蛋白质结合形式来实现生物吸附。即藻细胞是通过细胞外的结合与沉积和细胞内的吸收与转化，来完成对重金属离子的吸附。研究表明，藻细胞对重金属离子的吸附过程分两步进行。第一步是吸附速度快的物理吸附，此过程不需要提供能量，重金属离子只是简单地和一些基团结合被吸附到藻细胞表面，这些被吸附的重金属离子可被其他离子、螯合剂或酸解吸下来，甚至蒸馏水即可将其清洗掉；第二步是吸附速度较慢的主动吸附，随时间的延长，吸附速率越来越小，吸附率缓慢增加，逐渐达饱和，这一过程藻细胞与重金属离子的相互作用，不但需要能量，而且需要某些特定酶的参与，其过程较为复杂，与藻体中蛋白质、糖、脂等的代谢密切相关。藻细胞对水体中重金属离子的去除主要取决于第一阶段的快速吸附（Lukaski，2003），由于藻体中吸附重金属离子活性基团的浓度远大于重金属离子在该瞬间的质量浓度，这一过

程可视为简单的一级反应。通过球等鞭金藻对重金属离子的吸附研究发现，吸附过程可分为快速吸附和缓慢吸附两步完成，对于低浓度铜、锌和镉的快速吸附约在15 min 完成，缓慢吸附大约在 30 min 完成。

　　本实验中，卵囊藻及条纹小环藻对铜、锌的吸附分为快速、慢速和吸附平衡3 个吸附阶段。其中，卵囊藻快速吸附阶段在 30～60 min 完成，慢速吸附阶段大约在 8 h 达到饱和；8 h 以后为吸附平衡阶段，吸附率没有明显增加。条纹小环藻快速吸附阶段在 30 min 内完成，吸附率可达 70%以上，这与已有的研究结构存在一定的差异，而且条纹小环藻对铜和锌慢速吸附时间分别是 4 h 和 6 h，说明不同微藻细胞表面含有大分子物质比例不同，其代谢过程和特点等生物学特性存在差异。

二、理化因子对微藻吸附铜和锌的影响

1. 温度对微藻吸附铜和锌的影响

　　图 2-16 显示，不同温度条件下卵囊藻对水体中铜的吸附量差异极显著（$P < 0.01$）。在实验温度范围内随温度升高藻细胞对铜的吸附量呈先增加后下降趋势。在温度为 25～35℃的范围内，多重比较的结果显示藻细胞对铜的吸附量无显著差异；温度在 30℃时藻细胞对铜的吸附量最大为 5.61 mg·g^{-1}。温度在 45℃时藻细胞对铜的吸附量显著下降达最小，与 30℃时的吸附量相比下降了 41.53%。高温会抑制藻细胞对铜的吸附。图 2-17 显示，不同温度条件下卵囊藻对锌的吸附量差异极显著（$P < 0.01$）。在实验温度范围内随温度升高藻细胞对锌的吸附量呈现先增加后下降趋势。温度在 5℃时藻细胞对锌的吸附量最小，温度为 25℃时藻细胞对锌的吸附量最大为 6.92 mg·g^{-1}；当温度超过 25℃后吸附量则持续下降，在温度 45℃时其吸附量与 25℃相比下降了 27.17%。多重比较的结果显示温度在 25℃和 30℃时藻细胞的吸附量没有显著差异（$P > 0.05$），其他各组均存在显著的差异。

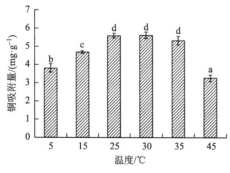

图 2-16　温度对卵囊藻吸附铜的影响

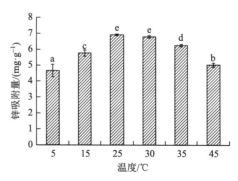

图 2-17　温度对卵囊藻吸附锌的影响

温度对条纹小环藻吸附铜的影响如图 2-18 所示。温度对条纹小环藻铜吸附量有极显著影响（$P < 0.01$）。随着温度升高，条纹小环藻铜吸附量先增后降，在温度为 25℃时，其吸附量显著增加（$P < 0.05$），相对于温度 5℃时吸附量增加了 1.76 倍。当温度达到 35℃时，吸附量达到最大值，为 8.60 mg·g^{-1}。多重比较显示，当温度为 25℃、30℃和 35℃时，条纹小环藻铜吸附量显著大于其他实验组。条纹小环藻吸附铜的最适温度范围为 25～35℃。图 2-19 显示，温度对条纹小环藻吸附锌量有显著影响（$P < 0.01$）。条纹小环藻锌吸附量随温度升高呈先增加后下降趋势，当温度为 15℃时，吸附量快速增加，达到了 8.30 mg·g^{-1}，相对于温度 5℃时吸附量增加了 54.85%。15～35℃，随着温度增加，吸附量无显著变化。多重比较显示，当温度为 15℃、25℃、30℃和 35℃时，条纹小环藻锌吸附量显著大于 5℃。条纹小环藻吸附锌的最适温度范围为 15～35℃。

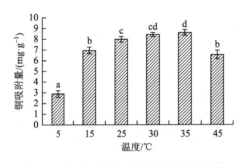 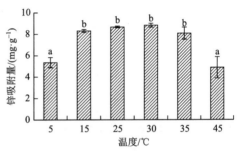

图 2-18　温度对条纹小环藻吸附铜的影响　　图 2-19　温度对条纹小环藻吸附锌的影响

藻类对重金属离子的吸附是个复杂的物理、化学和生物过程，此过程易受到生物吸附剂和被吸附的重金属离子本身的物理化学性质以及温度、光照、共存离子含量等操作环境的影响。本实验结果表明，在 5～45℃范围内，随温度升高，卵囊藻对铜、锌的吸附量先增加后降低，最佳吸附温度分别为 30℃和 25℃。卵囊藻对铜、锌的吸附在 5～30℃范围内是吸热反应，因而温度的升高利于吸附的进行；当温度高于 30℃时，重金属离子在溶液中的行为受到很大影响，热力学运动发生很大的改变，使得吸附容量降低。条纹小环藻对铜和锌的吸附量随温度升高先增加后降低，因此，在对虾养殖过程中适度提高水体温度可以增加条纹小环藻铜和锌吸附量。条纹小环藻吸附铜的最适温度范围为 25～35℃，吸附锌的最适温度范围为 15～35℃，说明同种微藻对不同重金属吸附的最适温度范围存在差异，条纹小环藻吸附锌的最适温度范围要比吸附铜的大。

2. 光照度对微藻吸附铜和锌的影响

图 2-20 显示，不同光照度条件下卵囊藻对铜的吸附量差异极显著（$P < 0.01$），

藻细胞对铜吸附量与光照度呈正相关。黑暗条件下藻细胞对铜的吸附量仅有 3.36 mg·g^{-1}；当光照度大于 3000 lx 时藻细胞对铜吸附量达到最大，为 5.56 mg·g^{-1}，且随光照度增大吸附量无显著变化（$P>0.05$）。图 2-21 显示，不同光照度条件下卵囊藻对锌的吸附量差异极显著（$P<0.01$）。在黑暗条件下藻细胞对锌的吸附量仅为 3.49 mg·g^{-1}；光照度在 0~2000 lx 范围内藻细胞对锌吸附量随光照度的增强而加大，光照度在 5000 lx 时的吸附量达最大值为 6.68 mg·g^{-1}。由多重比较结果显示光照强度大于 2000 lx 时，藻细胞对锌的吸附量不存在显著差异。本实验结果表明，卵囊藻的藻细胞对铜和锌吸附的光饱和点分别是 3000 lx 和 2000 lx。

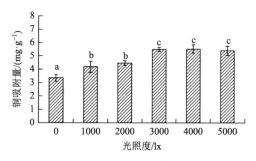

图 2-20　光照度对卵囊藻吸附铜的影响

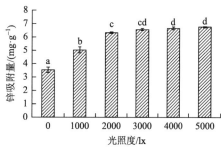

图 2-21　光照度对卵囊藻吸附锌的影响

　　光照度对条纹小环藻吸附铜的影响如图 2-22 所示。光照度对条纹小环藻铜吸附量有极显著影响（$P<0.01$）。0~3000 lx，条纹小环藻铜吸附量随光照度升高而增大，其吸附量与光照度呈正相关，条纹小环藻在黑暗条件下对铜的吸附量最小，值为 6.83 mg·g^{-1}。当光照度为 3000 lx 时，条纹小环藻铜吸附量显著增加，相对于黑暗条件的吸附量增加了 18.00%。条纹小环藻在光照达到 7500 lx 时吸附量达到最大，值为 8.29 mg·g^{-1}。多重比较显示，光照度为 3000 lx、4500 lx、6000 lx 和 7500 lx 的各实验组的条纹小环藻铜吸附量显著高于其他实验组。实验条件下，条纹小环藻铜吸附的最适光照度范围为 3000~7500 lx。条纹小环藻吸附铜的光饱和点为 3000 lx。图 2-23 显示，光照度对条纹小环藻锌吸附量有极显著影响（$P<0.01$）。条纹小环藻在黑暗条件下对锌的吸附量最小，值为 7.03 mg·g^{-1}。当光照度为 3000 lx 时，条纹小环藻锌吸附量相对于黑暗条件显著增加 24.61%。多重比较显示，当光照度大于 3000 lx 时，条纹小环藻锌吸附量显著高于其他实验组。实验条件下，条纹小环藻吸附锌的最适光照度为 3000~7500 lx。条纹小环藻吸附锌的光饱和点为 3000 lx。

　　光照度主要通过调控藻细胞的光合作用来调控对离子的吸附。黑暗或低光照度均能降低藻细胞光合作用，降低细胞新陈代谢，使细胞表面大分子物质发生改变，从而影响藻细胞对离子的吸附；随着光照度的增加，藻细胞恢复光合作用，

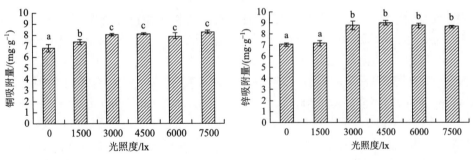

图 2-22　光照度对条纹小环藻吸附铜的影响　　　图 2-23　光照度对条纹小环藻
吸附锌的影响

从而使细胞吸附量增加。本实验的结果显示，光照度在 0～5000 lx 范围内，藻细胞对铜、锌的吸附量随着光照度的增加而增加。证明了光照度能够影响微藻细胞对金属离子的吸附。条纹小环藻铜和锌吸附量在一定光照度范围内均随光照度增加而升高，但条纹小环藻对铜和锌吸附的光饱和点为 3000 lx，超过此光照度其吸附量不再增加。这些结果说明微藻对不同重金属吸附对光照度的要求基本一致。在亚热带的工厂化对虾养殖池中也可以通过适当增加光照度来提高条纹小环藻对铜和锌吸附量。

3. 盐度对微藻吸附铜和锌的影响

图 2-24 显示，不同盐度条件下卵囊藻对铜的吸附量差异极显著（$P<0.01$），且吸附量随盐度的增大呈现先增大后减小的趋势。盐度为 10 时吸附量最小；盐度上升到 30 时藻细胞对铜有最大吸附量，为 5.93 mg·g^{-1}；盐度达到 45 时吸附量下降了 23.1%。多重比较结果显示盐度为 25 和 30 时，藻细胞对铜的吸附量无显著差异（$P>0.05$），但是与其他各组均有显著差异（$P<0.05$）。图 2-25 所示，不同盐度条件下卵囊藻对锌的吸附量差异极显著（$P<0.01$），藻细胞对锌的吸附量随盐度的增加而减小。盐度为 10 时藻细胞对锌吸附量为 6.55 mg·g^{-1}，盐度在 10～35 范围内吸附量

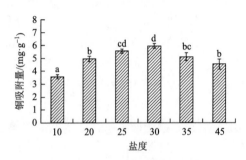

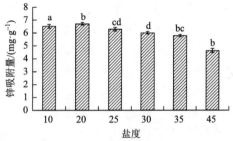

图 2-24　盐度对卵囊藻吸附铜的影响　　　图 2-25　盐度对卵囊藻吸附锌的影响

的变化不显著，但当盐度增加到 45 时，与盐度为 10 相比吸附量下降了 29.77%。经单因子方差分析结果显示 $P<0.05$，差异均有统计学意义。

　　盐度对条纹小环藻吸附铜的影响如图 2-26 所示。盐度对条纹小环藻铜吸附量有极显著影响（$P<0.01$）。在盐度为 10 的条件下，条纹小环藻铜吸附量最低，其值为 6.55 mg·g^{-1}；在盐度达到 20 时，条纹小环藻铜吸附量相较于盐度 10 时显著增加了 30.38%。当盐度为 30 时，条纹小环藻铜吸附量最大，为 8.75 mg·g^{-1}。多重比较显示，盐度为 20、25、30、35 各实验组的条纹小环藻铜吸附量均显著高于盐度 10 组。条纹小环藻吸附铜的最适盐度为 20～35。盐度对条纹小环藻吸附锌的影响如图 2-27 所示。盐度对条纹小环藻锌富集量有极显著影响（$P<0.01$）。随着盐度的增加，条纹小环藻锌吸附量呈先增加后减小的趋势。当盐度达到 25 时，藻细胞锌吸附量达到最大，为 8.95 mg·g^{-1}；在盐度为 10 或 35 相对低盐和相对高盐的条件下，均可使条纹小环藻锌吸附量减小，其吸附量相对于盐度 25 时分别减少了 15.97% 和 16.54%。多重比较结果显示，盐度为 20、25和 30 时，条纹小环藻锌吸附量显著高于其他实验组。条纹小环藻吸附锌的最适盐度为 20～30。

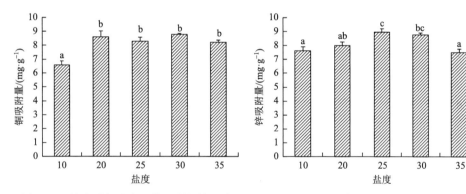

图 2-26　盐度对条纹小环藻吸附铜的影响　　　图 2-27　盐度对条纹小环藻吸附锌的影响

　　一般来说，盐度越高，藻细胞对金属离子的吸附量越低。有报道称，当离子强度（盐度）低时，藻细胞对离子的去除率高（Chen et al.，1997）；当其他条件相同，吸附量与离子强度呈负相关，且高离子强度的金属溶液中的藻细胞受紫外线激发后，发出的荧光明显弱于低离子强度溶液中的藻细胞，即此时藻细胞吸附的金属量低。本实验结果表明，盐度对卵囊藻吸附铜、锌有极显著影响（$P<0.01$）；高盐度的培养液中，藻细胞对金属离子的吸附量下降。原因是各离子之间对吸附位点的竞争吸附，这种竞争关系决定了离子强度高时吸附容量较低。条纹小环藻对吸附铜最适盐度范围为 20～35，而对锌吸附的最适盐度范围为 20～30，表明条纹小环藻对不同重金属吸附最适盐度范围为不同，对铜吸附最适盐度范围为大于

锌。在相对低盐条件下，条纹小环藻铜和锌的吸附量减小，这与已有的报道存在着一定的差异。这是因为条纹小环藻生长的最适盐度范围为 28～35，较低的盐度条件不适合条纹小环藻生长，降低了藻细胞的代谢强度，使其对铜和锌吸附能力下降。

4. 微藻浓度对其吸附铜和锌的影响

图 2-28 显示，不同的藻浓度条件下，卵囊藻细胞对铜的吸附率和吸附量具有显著差异（$P<0.01$）。当藻细胞密度在 $5.27\times10^7\sim3.491\times10^8$ cells·L^{-1}时，藻细胞对铜的吸附率由 37.185%上升至 55.042%，吸附率与藻细胞含量呈正相关关系；对铜吸附量由 7.69 mg·g^{-1} 逐渐下降至 2.29 mg·g^{-1}。当藻细胞密度为 2.891×10^8 cells·L^{-1} 时的铜吸附率达 52.521%，可以获得较为显著的吸附效果；而藻细胞在吸附量为 2.721 mg·g^{-1} 情况下不会出现藻类死亡的现象。

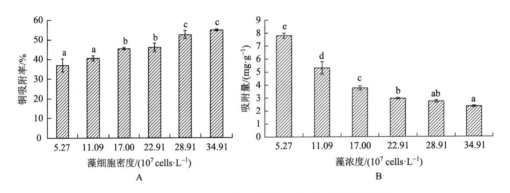

图 2-28　卵囊藻细胞密度对铜的吸附率和吸附量的影响

图 2-29 显示，不同的藻浓度条件下，卵囊藻藻细胞对锌的吸附率和吸附量具有显著差异（$P<0.01$）。在藻细胞密度为 $5.27\times10^7\sim3.491\times10^8$ cells·L^{-1}时，对锌的吸附率随藻细胞含量的增加由 62.057%上升至 88.337%，对锌的吸附量由 22.501 mg·g^{-1} 下降至 6.835 mg·g^{-1}。当卵囊藻细胞密度为 2.291×10^8 cells·L^{-1} 时，对锌的吸附率为 81.488%，有较好的吸附效果；而吸附量为 9.469 mg·g^{-1} 不会影响藻细胞的正常生长。

实验结果显示，卵囊藻细胞密度在 $5.27\times10^7\sim3.491\times10^8$ cells·L^{-1}，藻细胞对铜和锌均有明显的吸附作用，其吸附率与其生物量呈相关关系。卵囊藻对铜和锌吸附最适宜的藻细胞密度分别为 2.891×10^8 cells·L^{-1} 和 2.291×10^8 cells·L^{-1}，高于此生物量其吸附率增加缓慢，这是因为藻细胞数量的增加使单位面积的藻细胞接收的光照度降低，造成藻细胞光合作用强度下降。藻细胞对水体中重金属离子的吸附量与细胞的数量成反比，藻细胞数量越多，单位质量的藻体所吸附重金属离子的量就越小，重金属对藻细胞毒性就越小。

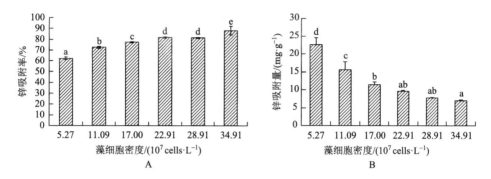

图 2-29 卵囊藻细胞密度对锌的吸附率和吸附量的影响

图 2-30 显示，不同藻浓度条件下，条纹小环藻对铜的吸附率和吸附量影响显著（$P < 0.01$）。藻细胞密度范围在 $3.3 \times 10^6 \sim 2.45 \times 10^7$ cells·L^{-1} 时，藻细胞对铜的吸附率随藻细胞含量增大而显著增加，藻细胞密度达 2.45×10^7 cells·L^{-1} 以上时其吸附率不再有明显的增加，其最大吸附率为 65%，吸附过程是吸附率与重金属离子的含量成正比的一级反应，超过饱和吸附范围时吸附率就会下降。对铜吸附量随藻细胞含量增加而呈下降的趋势。当藻细胞的密度为 2.45×10^7 cells·L^{-1} 时对铜的吸附率为 63%，吸附量为 9.26 mg·g^{-1}，且对条纹小环藻生长不会产生抑制。

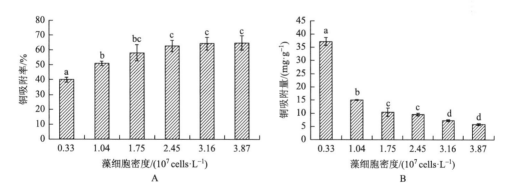

图 2-30 条纹小环藻细胞密度对铜的吸附率和吸附量的影响

图 2-31 显示，不同藻细胞浓度条件下，条纹小环藻对锌的吸附率和吸附量影响显著（$P < 0.01$）。当藻细胞密度范围在 $3.3 \times 10^6 \sim 2.45 \times 10^7$ cells·L^{-1} 时对锌的吸附率成近似线性的快速上升趋势，平均每实验梯度的吸附率比前一实验梯度组增加了 13.25%；当藻细胞密度为 $2.45 \times 10^7 \sim 3.87 \times 10^7$ cells·L^{-1} 时对锌的吸附率

趋于缓慢上升，平均增长仅有 4.27%，藻细胞密度为 3.16×10^7 cells·L^{-1} 时的吸附率增加小于 1%。藻细胞密度为 1.75×10^7 cells·L^{-1} 时对锌的吸附率为 60.52%，具有较好吸附效果，其吸附量为 20.06 mg·g^{-1}，条纹小环藻可正常生长和增殖。

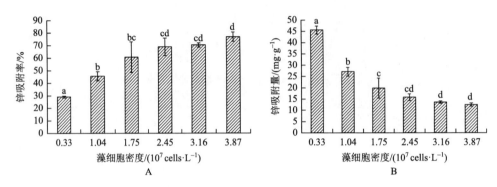

图 2-31　条纹小环藻细胞密度对锌的吸附率和吸附量的影响

本章通过以卵囊藻为研究对象，探讨了池塘微藻在不同的生态条件下对各种形式的溶解态氮的吸收机制，结果表明卵囊藻对各种形式的溶解态氮具有较高的吸收速率，影响氨氮和亚硝酸盐氮吸收速率的主导因子是藻浓度，而影响硝酸盐氮和尿素氮吸收速率的主导因子是光照；在不同温度和盐度实验条件下，卵囊藻优先吸收氨氮，其次是亚硝酸盐氮、尿素氮和硝酸盐氮；可以通过调控藻浓度和盐度来提高藻细胞对氨氮和亚硝酸盐氮的去除效率；建立了拟合度较高的卵囊藻对氨氮和尿素氮吸收速率的模型，为提高虾池浮游微藻对溶解态氮吸收速率和水体氮循环速度提供了科学依据。

通过卵囊藻与条纹小环藻对铜和锌的吸附动力学及温度、光照度、盐度和藻浓度对吸附效果影响研究发现，在温度为 30℃，光照度大于 2000 lx，盐度小于 25 的亚热带水质条件下，卵囊藻与条纹小环藻对铜和锌均有很好的吸附效果。不同种微藻对重金属离子吸附的最适细胞浓度有所不同。将这两种微藻应用于亚热带地区的池塘中不仅可以快速稳定地生长，而且还可以有效地去除水体中的重金属离子，消除胁迫因子保证对虾的健康养殖。

第三章　微藻与菌藻联合体在池塘中的
生态功能与作用机制

水体富营养化是对虾养殖水体环境面临的主要污染问题，而过量氮源输入是引起水体富营养化的主要原因之一。因此，如何有效处理养殖水体中过量氮源以维持健康的水质环境已经成为对虾养殖行业需要攻克的主要课题。微藻和细菌是对虾养殖生态系统中重要的组成部分，在维持养殖生态系统动态平衡、加速物质循环、净化养殖水质中扮演着重要角色。一方面，作为能量和物质的转化主体，细菌和微藻可有效吸收利用对虾养殖池塘中过量的溶解态氮，减轻水体富营养化程度，对维持健康水质环境具有重要作用。另一方面，细菌降解有机物产生的二氧化碳可为藻类提供碳源，而藻类光合作用释放的氧气又可促进细菌呼吸代谢，二者相辅相成。因此，科学构建菌藻联合体有可能成为改善对虾养殖水质环境，发展绿色健康养殖的新策略。

近年来，枯草芽孢杆菌、光合细菌、硝化细菌等益生菌的生物防治水产养殖动物病害的功能也已开始受到人们的关注，人为投入益生菌后，水体中有益微生物数量大大增加，这些微生物与病原体生态位重叠，取代了病原菌在水体中的优势地位，减少或阻止了病原菌的感染，具有净化水质、改善水体环境的作用，从而增强对虾体质，促进对虾育苗的成功。

弧菌广泛存在于海洋环境中，是水产养殖病害的重要致病菌。国外研究发现，当投喂金藻强化轮虫营养价值时，轮虫培养液内几乎检测不到鳗弧菌，而采用鱼油强化时，培养液内则有大量的鳗弧菌出现（Verdonck et al.，1997）。林伟等（2001）在研究中发现，几种生产中常用的饵料微藻都具有排斥弧菌的功能。往凡纳滨对虾养殖水体中引入卵囊藻和微绿球藻能有效地抑制异养菌和弧菌的生长。因此，选择优良藻种进行微藻生态调控对防治对虾疾病有着重要作用。

在利用微藻进行生态调控的过程中，实际上是微藻和光合细菌等益生菌的共同作用。菌藻体系因能有效地去除氨氮及降解有机污染物等，在生活污水和工业废水的净化处理中得到了广泛应用（Ji et al.，2018）。本章对微藻与菌藻联合体在池塘中的生态功能与作用规律进行了研究，以期掌握菌藻联合体的作用特点，为今后应用人工控制技术，改进优化菌藻组合，增强其调控水质的功效作贡献，从而改善对虾养殖水质环境，发展绿色健康养殖。

第一节　菌藻联合体对对虾养殖环境溶解态氮吸收规律

侧孢短芽孢杆菌（*Brevibacillus laterosporu*）是一种刺激植物生长的激素类试剂，具有增强植物新陈代谢和光合作用、降解有机物以及防控蓝藻等功能，已广泛应用于水产养殖行业。沼泽红假单胞菌（*Rhodopseudomonas palustris*）是不产氧光合细菌中具有代表性的菌种，在光照无氧及黑暗有氧环境中均能生存，具有氨同化和反硝化机制，对氨氮的降解率较高，可用于水质净化污水处理，同时因其具有丰富的营养，是我国农业部规定的 12 种可以被添加进饲料中的有益菌之一。

威氏海链藻（*Thalassiosira weissflogii*）是对虾养殖池塘中一种常见硅藻，为优良的开口饵料。卵囊藻（*Oocystis* sp.），普遍分布于南美白对虾养殖池塘中，在养殖中后期较为常见，具有较强的抗逆性和稳定的种群增长速度，能高效清洁地降低池塘中的溶解态氮含量，并能抑制弧菌和微囊藻生长，吸收水体中的重金属离子，在对虾养殖后期能较好地稳定水体。本章构建了两组菌藻联合体，分别为侧孢短芽孢杆菌-威氏海链藻菌藻联合体，沼泽红假单胞菌-卵囊藻菌藻联合体。通过同位素标记法研究不同环境条件下，菌藻联合体对氨氮的吸收效率及菌和藻分别的贡献率，阐明菌藻联合体对溶解态氮的调控机制，以期为构建良性的藻菌群落，提高对虾养殖系统氨氮转化效率，实现对虾的生态养殖、减少环境污染提供资料。

一、菌藻联合体对溶解态氨氮的吸收规律

1. 温度对菌藻联合体氨氮吸收速率和贡献率的影响

（1）温度对侧孢短芽孢杆菌-威氏海链藻菌藻联合体氨氮吸收速率和贡献率的影响

温度对该菌藻联合体氨氮吸收速率影响显著（$P < 0.05$），菌藻联合体对氨氮的吸收速率随着温度的增加而增加，在 25～35℃时吸收速率显著高于其余组，为 667.98～818.45 $\mu g \cdot g^{-1} \cdot h^{-1}$（图 3-1）。温度对侧孢短芽孢杆菌氨氮的吸收速率影响显著（$P < 0.05$），在 30℃时吸收速率最高，为 111.40 $\mu g \cdot g^{-1} \cdot h^{-1}$，35℃时吸收速率出现下降，过低或过高的温度不利于其对氨氮的吸收（图 3-2）。温度对于威氏海链藻氨氮的吸收速率影响显著（$P < 0.05$），在 25～35℃时吸收速率显著高于其余组，为 618.43～707.04 $\mu g \cdot g^{-1} \cdot h^{-1}$（图 3-3），较高温有利于威氏海链藻吸收氨氮。

在实验温度范围内，侧孢短芽孢杆菌和威氏海链藻对氨氮的平均吸收贡献率分别为 7.5%和 92.5%；威氏海链藻在 15℃时对氨氮吸收的贡献率达 97%，是一种广温的物种。侧孢短芽孢杆菌对氨氮吸收的贡献率随温度升高先升高后下降，30℃时最大值达 14%（图 3-4）。

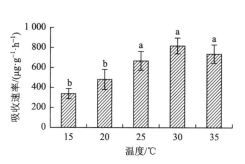

图 3-1　不同温度下侧孢短芽孢杆菌-威氏海链藻菌藻联合体对氨氮的吸收速率

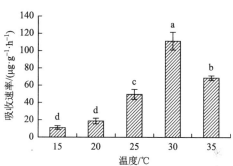

图 3-2　不同温度下侧孢短芽孢杆菌对氨氮的吸收速率

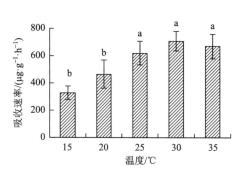

图 3-3　不同温度下威氏海链藻对氨氮的吸收速率

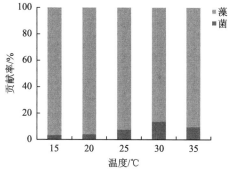

图 3-4　温度对侧孢短芽孢杆菌-威氏海链藻菌藻联合体氨氮吸收贡献率的影响

（2）温度对沼泽红假单胞菌-卵囊藻菌藻联合体氨氮吸收速率和贡献率的影响

温度对沼泽红假单胞菌-卵囊藻菌藻联合体吸收氨氮有显著影响（$P<0.05$）（图 3-5），随着实验中温度的逐步升高，菌藻联合体吸收氨氮的速率先上升后下降，在 30℃时达到峰值 3.367 $\mu g \cdot g^{-1} \cdot h^{-1}$，显著高于其他梯度（$P<0.05$）。卵囊藻受温度影响显著，在 30℃时吸收速率达到最大值 2.856 $\mu g \cdot g^{-1} \cdot h^{-1}$，显著高于其余实验组（$P<0.05$），卵囊藻对氨氮的吸收受温度限制有其适应范围，过高或过低的温度会抑制其对氨氮的吸收（图 3-6）。温度也极大地影响来沼泽红假单胞菌吸收氨氮的速率（$P<0.05$），伴随着温度逐步升高，沼泽红假单胞菌吸收氨氮的

速率先升高后降低，在 20℃时达到最高吸收速率 0.727 μg·g^{-1}·h^{-1}，在 35℃时吸收速率最低，为 0.398 1 μg·g^{-1}·h^{-1}，较低的温度适合沼泽红假单胞菌对氨氮进行吸收（图 3-7）。在 30℃时，沼泽红假单胞菌-卵囊藻菌藻联合体中，卵囊藻和沼泽红假单胞菌贡献率分别为 84.8% 和 15.2%，卵囊藻在 30℃时贡献率达到最大 84.8%，沼泽红假单胞菌在 35℃时贡献率达到最大 67.2%（图 3-8）。

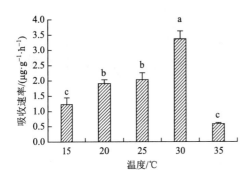

图 3-5　不同温度下沼泽红假单胞菌-卵囊藻菌藻联合体对氨氮的吸收速率

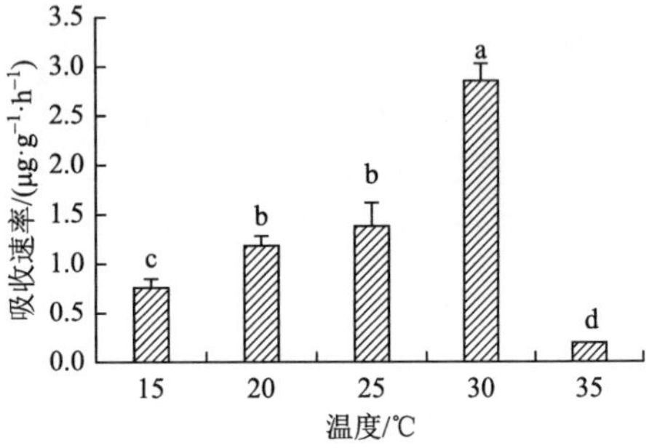

图 3-6　不同温度下卵囊藻对氨氮的吸收速率

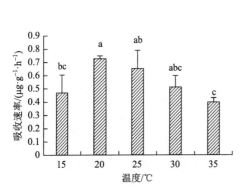

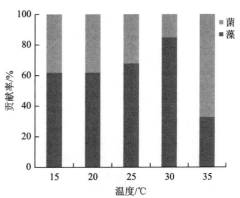

图 3-7　不同温度下沼泽红假单胞菌对氨氮的吸收速率

图 3-8　温度对沼泽红假单胞菌-卵囊藻菌藻联合体氨氮吸收贡献率的影响

在适当的温度区间内，伴随着温度的逐渐提高，菌藻联合体对氨氮的吸收速率与温度呈正相关，但当超过某个特定的温度时，吸收速率陡然降低，温度主要是通过影响微藻、细菌体内的酶活性来影响其代谢的，当温度过低或过高时，菌藻生命活动受到抑制，代谢活动变低，对氨氮吸收也会减慢。Delgadillo-Mirquez 等（2016）研究发现菌藻复合物在 5℃时对氨氮没有去除效果，15～25℃时有较高去除率。刘娥等（2017）报道了在 24℃时菌藻球对养殖废水中氨氮吸收效果最好。

本研究中所构建的侧孢短芽孢杆菌-威氏海链藻菌藻联合体对氨氮吸收的适宜温度为 25～35℃，而沼泽红假单胞菌-卵囊藻菌藻联合体在 20～30℃时，对氨氮的吸收速率较高，这都与我国南方对虾养殖池塘温度变化范围 20～34℃相一致，说明两种菌藻联合体在大部分的养殖周期中可以发挥良好的去除氨氮的作用，十分适合充当池塘中稳定水质的"缓冲剂"。

2. 盐度对菌藻联合体氨氮吸收速率和贡献率的影响

（1）盐度对侧孢短芽孢杆菌-威氏海链藻菌藻联合体氨氮吸收速率和贡献率的影响

盐度对该菌藻联合体氨氮吸收速率影响显著（$P<0.05$），菌藻联合体对氨氮的吸收速率呈波浪式的趋势，在盐度 20 时达最大值，为 400.26 $\mu g \cdot g^{-1} \cdot h^{-1}$，显著高于其余组（图3-9）。盐度对侧孢短芽孢杆菌氨氮的吸收速率影响显著（$P<0.05$），侧孢短芽孢杆菌对氨氮的吸收速率呈先下降后上升的趋势，在盐度 15、20 时吸收速率高于其余组，分别为 81.40 $\mu g \cdot g^{-1} \cdot h^{-1}$ 和 76.42 $\mu g \cdot g^{-1} \cdot h^{-1}$（图3-10），较低盐度有利侧孢短芽孢杆菌吸收氨氮。盐度对威氏海链藻氨氮的吸收速率影响显著（$P<0.05$），盐度为 20 和 30 时的吸收速率高于其余组，分别为 323.84 $\mu g \cdot g^{-1} \cdot h^{-1}$ 和 305.60 $\mu g \cdot g^{-1} \cdot h^{-1}$（图3-11）。在盐度范围 15～35，菌藻联合体中侧孢短芽孢杆菌和威氏海链藻对氨氮的平均吸收贡献率分别为 19.1%和 80.9%；低盐度有利于侧孢短芽孢杆菌吸收氨氮，在盐度 15 时吸收贡献率最大达 25%；威氏海链藻吸收氨氮在盐度 25 时吸收贡献率最大达 84%（图3-12）。

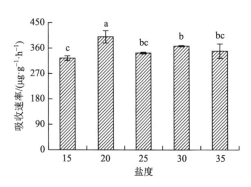

图 3-9　不同盐度下侧孢短芽孢杆菌-威氏海链藻菌藻联合体对氨氮的吸收速率

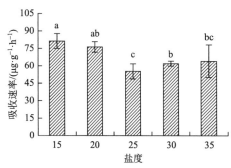

图 3-10　不同盐度下侧孢短芽孢杆菌对氨氮的吸收速率

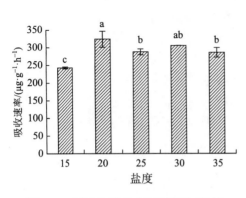

图 3-11　不同盐度下威氏海链藻对氨氮
的吸收速率

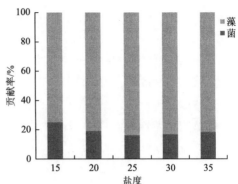

图 3-12　盐度对侧孢短芽孢杆菌-威氏海链藻
菌藻联合体氨氮吸收贡献率的影响

（2）盐度对沼泽红假单胞菌-卵囊藻和菌藻联合体氨氮吸收速率和贡献率
的影响

盐度对该菌藻联合体吸收氨氮的作用极为明显（$P<0.01$）（图 3-13），随着逐渐升高的盐度梯度，吸收速率先上涨后下降，在盐度为 15 时吸收速率达到最大值 3.367 $\mu g \cdot g^{-1} \cdot h^{-1}$。卵囊藻吸收氨氮的速率受盐度影响较为明显（$P<0.05$），伴随盐度的升高，卵囊藻吸收氨氮的速率呈山峰状趋势，在盐度为 15 时达到峰值 2.856 $\mu g \cdot g^{-1} \cdot h^{-1}$，半咸水适合卵囊藻生长，过高和过低的盐度不利于卵囊藻吸收氨氮（图 3-14）。沼泽红假单胞菌受盐度影响也较为强烈（$P<0.05$），伴随逐渐升高的盐度梯度，沼泽红假单胞菌对氨氮的吸收速率和卵囊藻有着相似的山峰状趋势，在盐度为 5 时达到最高吸收速率 1.417 $\mu g \cdot g^{-1} \cdot h^{-1}$，在盐度为 35 时吸收速率最低，为 0.105 $\mu g \cdot g^{-1} \cdot h^{-1}$，较低的盐度适合沼泽红假单胞菌对氨氮进行吸收，过高的盐度则会抑制（图 3-15）。在盐度为 15 时，沼泽红假单胞菌-卵囊藻菌藻联合体中，卵囊藻和沼泽红假单胞菌贡献率分别为 84.8% 和15.2%，此时卵囊藻为氨氮的主要吸收者，且在盐度 35 的实验组中卵囊藻贡献率达到峰值 93%。在盐度为 0 的实验组中沼泽红假单胞菌对氨氮的吸收贡献率达到最大值 85.4%（图 3-16）。

盐度也是影响微藻、细菌生长代谢的主要环境条件之一，随着外界环境盐度的改变，细胞内部的渗透压随之发生巨大的改变，菌藻细胞膜针对不同离子和其他营养物质、代谢废物的通透性随之发生改变，从而影响微藻以及细菌的代谢，在过高或过低的盐度胁迫下，会抑制其细胞正常功能，最终降低微藻和细菌对氮的吸收效率。适宜的盐度有利于光合细菌对氨氮吸收，高盐抑制了厌氧氨化细菌活性，导致细菌对氨氮降解性能降低（金仁村等，2009）。

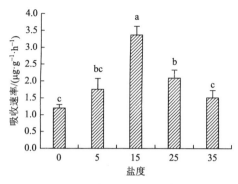

图 3-13　不同盐度下沼泽红假单胞菌-卵囊藻菌藻联合体对氨氮的吸收速率

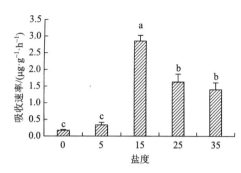

图 3-14　不同盐度下卵囊藻对氨氮的吸收速率

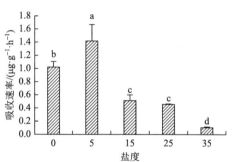

图 3-15　不同盐度下沼泽红假单胞菌对氨氮的吸收速率

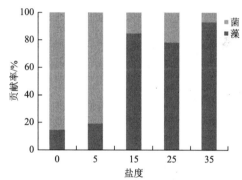

图 3-16　盐度对沼泽红假单胞菌-卵囊藻菌藻联合体氨氮吸收贡献率的影响

藻体在低盐度胁迫下，细胞内会产生大量的活性氧，致使光合作用相关酶活性降低，从而导致光合效率受到显著抑制。高盐度胁迫下，淡水小球藻光合作用产物偏向于脂质而非蛋白质（Ji et al.，2018），从而降低其对氨氮的吸收。适宜盐度可以促进藻类光合作用及对营养物质的吸收，因而促进氮吸收。

本研究结果显示，侧孢短芽孢杆菌-威氏海链藻菌藻联合体在盐度 20 时对氨氮具有较好吸收效果，沼泽红假单胞菌-卵囊藻菌藻联合体在盐度 15 时最适宜对氨氮进行吸收转化，这与当下对虾养殖多以半咸水养殖的模式相符合，表明本研究所用的菌藻联合体适用于海水对虾养殖水体中降解氨氮。

3. 光照度对菌藻联合体氨氮吸收速率和贡献率的影响

（1）光照度对侧孢短芽孢杆菌-威氏海链藻菌藻联合体氨氮吸收速率和贡献率的影响

光照度对该菌藻联合体氨氮吸收速率影响显著（$P<0.05$），在实验光照度范

围内，菌藻联合体对氨氮的吸收速率随着光照度的增加而增加，在 8000 lx 时吸收速率达到最大值，为 562.15 $\mu g \cdot g^{-1} \cdot h^{-1}$，显著高于其余组（图 3-17）。光照度对侧孢短芽孢杆菌吸收氨氮的影响差异显著（$P < 0.05$），对氨氮的吸收速率随光照度的增加呈先下降后升高的趋势，在 500 lx 和 8000 lx 的吸收速率高于其余组，分别为 41.54 $\mu g \cdot g^{-1} \cdot h^{-1}$ 和 44.8 $\mu g \cdot g^{-1} \cdot h^{-1}$（图 3-18）。光照度对威氏海链藻吸收氨氮的影响差异显著（$P < 0.05$），吸收速率与光照度呈正相关关系，在实验光照度范围内，吸收速率随着光照度的增加而增加，光照度在 8000 lx 时吸收速率达到最大值，为 517.3 $\mu g \cdot g^{-1} \cdot h^{-1}$，显著高于其余组（$P < 0.05$），较强的光照度有利于威氏海链藻吸收氨氮（图 3-19）。光照度 500～8000 lx 范围内，菌藻联合体中侧孢短芽孢杆菌和威氏海链藻对氨氮的平均吸收贡献率分别为 9.6% 和 90.4%；侧孢短芽孢杆菌在 500 lx 吸收贡献率最大值达 14%；在适宜的光照度范围，增加光照度有利于威氏海链藻进行光合作用，对氨氮的吸收加快，在 8000 lx 时威氏海链藻对氨氮的吸收贡献率达 92%（图 3-20）。

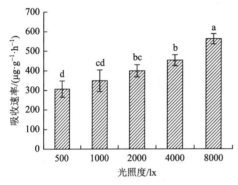

图 3-17　不同光照度下侧孢短芽孢杆菌-威氏海链藻菌藻联合体对氨氮的吸收速率

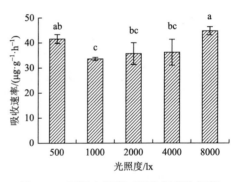

图 3-18　不同光照度下侧孢短芽孢杆菌对氨氮的吸收速率

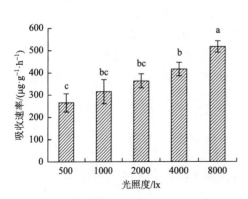

图 3-19　不同光照度下威氏海链藻对氨氮的吸收速率

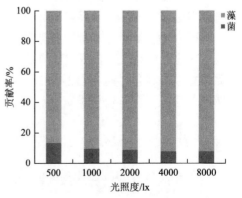

图 3-20　光照度对侧孢短芽孢杆菌-威氏海链藻菌藻联合体氨氮吸收贡献率的影响

（2）光照度对沼泽红假单胞菌-卵囊藻菌藻联合体氨氮吸收速率和贡献率的影响

光照度对该菌藻联合体氨氮吸收的作用极为明显（$P<0.05$）（图3-21），随着逐渐上升的光照度，菌藻联合体对氨氮的吸收呈先上升后下降的山峰状，在光照度为3500 lx 时达到峰值 4.098 $\mu g \cdot g^{-1} \cdot h^{-1}$，多重比较得出，光照度为3500 lx 的实验组吸收速率明显高于其他梯度。卵囊藻受光照度作用十分明显（$P<0.05$），在逐渐提高的光照度下，卵囊藻吸收氨氮不断加快，并且3500 lx 和4500 lx 两个实验组的吸收速率极为明显地优于其余梯度，分别为 2.745 $\mu g \cdot g^{-1} \cdot h^{-1}$ 和 2.856 $\mu g \cdot g^{-1} \cdot h^{-1}$，较暗的环境不利于卵囊藻对氨氮进行吸收（图3-22）。光照度也显著影响了沼泽红假单胞菌吸收氨氮的速率（$P<0.05$），伴随着光照度的提高，沼泽红假单胞菌吸收氨氮的速率先上升后降低，当光照度为3500 lx 时达到最高吸收速率 1.354 $\mu g \cdot g^{-1} \cdot h^{-1}$，在 4500 lx 时吸收速率最低，为 0.512 $\mu g \cdot g^{-1} \cdot h^{-1}$，适宜的光照度适合沼泽红假单胞菌对氨氮进行吸收，超出适宜范围的光照度则会抑制（图3-23）。在光照度3500 lx 时，沼泽红假单胞菌-卵囊藻菌藻联合体中，卵囊藻和沼泽红假单胞菌的平均贡献率分别为66.9%和33.1%，且在4500 lx 时卵囊藻贡献率达到最大值84.8%，沼泽红假单胞菌在2500 lx 时贡献率达到最大34.5%（图3-24）。

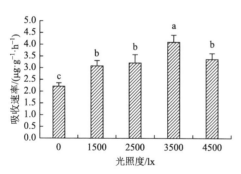

图3-21　不同光照度下沼泽红假单胞菌-
卵囊藻菌藻联合体对氨氮的吸收速率

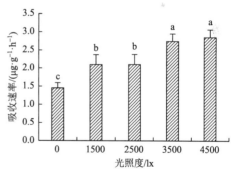

图3-22　不同光照度下卵囊藻对氨氮
的吸收速率

光照度是影响植物生长最常见的一个环境指标，由于沼泽红假单胞菌与卵囊藻都是可以进行光合作用的生物，光照度可以通过直接影响细胞内的光合作用强度和酶活性来影响其代谢，从而影响菌藻联合体对氨氮的吸收速率，且只有在适宜的范围内，光照度才能维持和提高细胞的代谢，过低的光照度会使藻和菌得不到充足的供能，而当光照度超过了光饱和点，则会产生光氧化

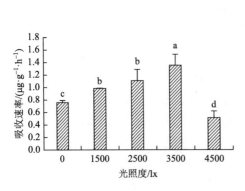
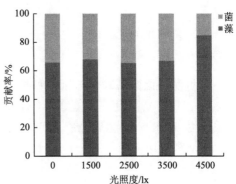

图 3-23　不同光照度下沼泽红假单胞菌　　　图 3-24　光照度对沼泽红假单胞菌-卵囊藻菌
　　　　对氨氮的吸收速率　　　　　　　　　　　　藻联合体氨氮吸收贡献率的影响

胁迫，破坏色素体，抑制细胞生长，从而抑制其对氨氮的吸收。同样的，本实验中随着光照度的增强，沼泽红假单胞菌-卵囊藻菌藻联合体对氨氮的吸收速率呈先上升后下降的趋势，过高的光照度会抑制菌藻联合体对氨氮的吸收，鉴于对虾养殖模式中底部处理困难这一点，沼泽红假单胞菌-卵囊藻菌藻联合体非常适合用于维持池塘底部的清洁，保证对虾健康。而侧孢短芽孢杆菌-威氏海链藻菌藻联合体氨氮的吸收速率随着光照度增加而增加，在8000 lx 吸收速率达最大值，较强光照度有利于该菌藻联合体氨氮的吸收。因此，侧孢短芽孢杆菌-威氏海链藻菌藻联合体适用于日照时间长、阳光充足的养殖地区。

4. 菌藻联合体吸收氨氮的条件优化

（1）侧孢短芽孢杆菌-威氏海链藻菌藻联合体吸收氨氮的条件优化

侧孢短芽孢杆菌-威氏海链藻菌藻联合体氨氮吸收速率正交实验结果如表 3-1 所示。侧孢短芽孢杆菌-威氏海链藻菌藻联合体吸收氨氮的理论最佳环境条件为温度 25℃，盐度 25，光照度 4000 lx，此时对氨氮的吸收速率为 1083 μg·g^{-1}·h^{-1}。该条件与池塘养殖的海水对虾最适生长温度及盐度范围基本一致。通过直观分析法可知，盐度是影响该菌藻联合体氨氮吸收速率的主要因子，其次是温度和光照度。对虾养殖池塘盐度主要来源于自然海区，而且是一个容易调控的生态因子，通过添加淡水就能改变盐度，从而实现调节菌藻体系对氨氮吸收。此外该菌藻联合体系可耐受较高光强，在 8000 lx 光照度条件下仍可达到良好吸收效果。因此，在改善我国华南地区对虾养殖池塘水质中具有广阔的应用前景。

表 3-1　侧孢短芽孢杆菌−威氏海链藻菌藻联合体氨氮吸收速率正交实验 L₉（3³）结果

序号	温度（水平）/℃	盐度（水平）	光照度（水平）/lx	吸收速率/(μg·g^{-1}·h^{-1})
1	25（1）	20（1）	2000（1）	848.13
2	25（1）	25（2）	4000（2）	1083.00
3	25（1）	30（3）	8000（3）	915.87
4	30（2）	20（1）	4000（2）	813.82
5	30（2）	25（2）	8000（3）	976.00
6	30（2）	30（3）	2000（1）	945.86
7	35（3）	20（1）	8000（3）	816.94
8	35（3）	25（2）	2000（1）	1011.71
9	35（3）	30（3）	4000（2）	915.83
P 值	0.49	0.04	0.52	
K_1	949.00	826.30	935.23	
K_2	911.89	1023.57	937.55	
K_3	914.83	925.85	902.94	
R	37.11	197.27	34.61	

注：$K_1 \sim K_3$ 表示不同水平下菌藻联合体对氨氮吸收速率的均值；R 表示不同因素下 K 的极差（$K_{max} - K_{min}$）。

（2）沼泽红假单胞菌-卵囊藻菌藻联合体吸收氨氮的条件优化

沼泽红假单胞菌-卵囊藻菌藻联合体氨氮吸收速率正交实验结果如表 3-2 所示。沼泽红假单胞菌-卵囊藻菌藻联合体吸收氨氮的理论最佳环境条件为温度 30℃，盐度 15，光照度 3500 lx，此时对氨氮的吸收速率为 4.098 μg·g^{-1}·h^{-1}。该菌藻联合体在南方高温区的对虾养殖中更有优势。通过直观分析法可知，该菌藻联合体对氨氮的吸收受温度影响最大，其次是盐度，最后是光照度。在对虾养殖中，可以通过人为搭建大棚或撤下大棚来控制温度，也可以抽取较低温度的地下水来降低池塘温度，从而人为可控地调节菌藻联合体对氨氮的吸收。

表 3-2　沼泽红假单胞菌-卵囊藻菌藻联合体氨氮吸收速率正交实验 L₉（3³）结果

序号	温度（水平）/℃	盐度（水平）	光照度（水平）/lx	吸收速率/(μg·g^{-1}·h^{-1})
1	25（1）	5（1）	3500（2）	1.915
2	25（1）	15（2）	4500（3）	2.033
3	25（1）	25（3）	2500（1）	1.741
4	30（2）	5（1）	2500（1）	1.901
5	30（2）	15（2）	3500（2）	4.098
6	30（2）	25（3）	4500（3）	2.088

续表

序号	温度（水平）/℃	盐度（水平）	光照度（水平）/lx	吸收速率/(μg·g⁻¹·h⁻¹)
7	35（3）	5（1）	4500（3）	1.130
8	35（3）	15（2）	2500（1）	1.550
9	35（3）	25（3）	3500（2）	1.748
P 值	0.151	0.230	0.222	
K_1	1.896	1.649	1.731	
K_2	2.696	2.560	2.587	
K_3	1.476	1.859	1.750	
R	1.220	0.911	0.856	

注：$K_1 \sim K_3$ 表示不同水平下菌藻联合体对氨氮吸收速率的均值；R 表示不同因素下 K 的极差（$K_{max} - K_{min}$）。

在对虾养殖前中期，细菌和微藻对氮的吸收的贡献都是不可忽视的。本研究所采用的两种藻和光合细菌都是对虾养殖池塘中常见的优势物种，都较适合高温区的海水对虾养殖水体的调控，其中，侧孢短芽孢杆菌-威氏海链藻菌藻联合体对氨氮有更好的去除效率。通过人为构建菌藻联合体，能够使群落保持相对稳定，通过调节藻菌构成比例以及各种环境因子，能够优化菌藻联合体对水体的净化能力。

二、菌藻联合体对溶解态硝酸盐氮吸收规律

1. 温度对侧孢短芽孢杆菌-威氏海链藻菌藻联合体硝酸盐氮吸收速率和贡献率的影响

温度对侧孢短芽孢杆菌-威氏海链藻菌藻联合体硝酸盐氮吸收速率影响显著（$P < 0.05$），菌藻联合体对硝酸盐氮的吸收速率随着温度的增加而增加，在 35℃ 时吸收速率达到最大值，为 143.86 μg·g⁻¹·h⁻¹，显著高于其余组（图 3-25）。温度对侧孢短芽孢杆菌硝酸盐氮吸收速率影响显著（$P < 0.05$），侧孢短芽孢杆菌对硝酸盐氮的吸收速率随着温度的增加而增加，在 35℃ 时吸收速率达到最大值，为 8.94 μg·g⁻¹·h⁻¹，显著高于其余组（图 3-26）。温度对威氏海链藻硝酸盐氮吸收速率影响显著（$P < 0.05$），威氏海链藻对硝酸盐氮的吸收速率随着温度的增加而增加，在 35℃ 时吸收速率达到最大值，为 134.92 μg·g⁻¹·h⁻¹，显著高于其余组（图 3-27）。实验温度范围内，菌藻联合体中侧孢短芽孢杆菌和威氏海链藻对硝酸盐氮的平均吸收贡献率分别为 11.2% 和 88.8%；侧孢短芽孢杆菌 15℃ 时贡献率最大达 29%；而威氏海链藻在 30℃ 时贡献率最大达 95%（图 3-28）。

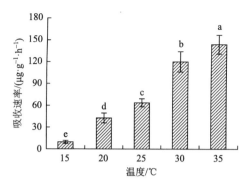

图 3-25　不同温度下侧孢短芽孢杆菌-威氏
海链藻菌藻联合体对硝酸盐氮的吸收速率

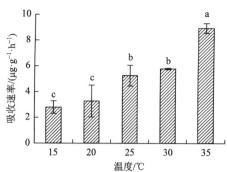

图 3-26　不同温度下侧孢短芽孢杆菌
对硝酸盐氮的吸收速率

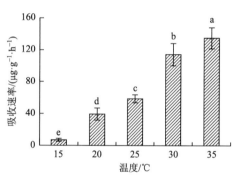

图 3-27　不同温度下威氏海链藻
对硝酸盐氮的吸收速率

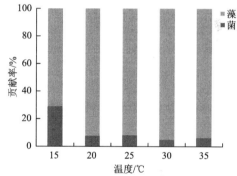

图 3-28　温度对侧孢短芽孢杆菌-威氏海链藻
菌藻联合体硝酸盐氮吸收贡献率的影响

温度是影响菌藻对硝酸盐氮吸收的重要环境因子。温度会影响酶反应动力学、微生物生长速度以及化合物的溶解度等，因而对于调控污染物的降解和转化起着重要作用。对于一般的生化反应，提高温度会增加微生物的最大生长率，菌藻生长的越快，则其对氮等营养物质的吸收速率也越高，即其对氮的降解速率越高，降解量也越大。本研究中侧孢短芽孢杆菌和威氏海链藻对硝酸盐氮的吸收速率均在 35℃时达最大值。菌藻不能直接利用硝酸盐氮，在相关酶催化作用下，利用 ATP 将硝酸盐还原成铵才能被利用，这意味着需要更多的能量。

2. 盐度对侧孢短芽孢杆菌-威氏海链藻菌藻联合体硝酸盐氮吸收速率和贡献率的影响

盐度对侧孢短芽孢杆菌-威氏海链藻菌藻联合体硝酸盐氮吸收速率影响显著（$P < 0.05$），菌藻联合体对硝酸盐氮的吸收速率呈波浪状，在盐度 35 时吸收速率

达最大值 22.95 μg·g^{-1}·h^{-1}，显著高于其余组（图 3-29）。盐度对侧孢短芽孢杆菌硝酸盐氮吸收速率影响显著（$P<0.05$），侧孢短芽孢杆菌对硝酸盐氮的吸收速率随着盐度的增加先升高后下降，在盐度为 15～25 时吸收速率较高，为 0.35～0.46 μg·g^{-1}·h^{-1}（图 3-30）。盐度对威氏海链藻硝酸盐氮吸收速率影响显著（$P<0.05$），威氏海链藻对硝酸盐氮的吸收速率在盐度 35 时吸收速率最大达 22.70 μg·g^{-1}·h^{-1}，显著高于其余组（图 3-31）。盐度在 15～35 范围内，菌藻联合体中侧孢短芽孢杆菌和威氏海链藻对硝酸盐氮的平均吸收贡献率分别为 10.8%和 89.2%；侧孢短芽孢杆菌在盐度 25 时贡献率最大达 23%；而威氏海链藻在盐度 35 时贡献率最大达 99%（图 3-32）。

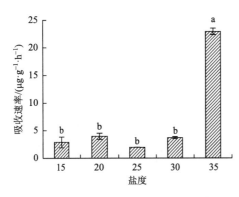

图 3-29　不同盐度下侧孢短芽孢杆菌-威氏海链藻菌藻联合体对硝酸盐氮的吸收速率

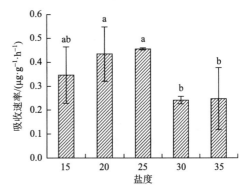

图 3-30　不同盐度下侧孢短芽孢杆菌对硝酸盐氮的吸收速率

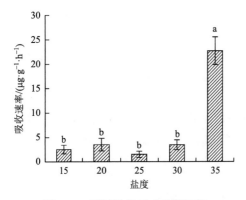

图 3-31　不同盐度下威氏海链藻对硝酸盐氮的吸收速率

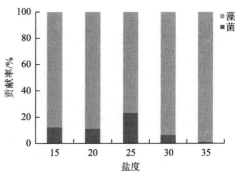

图 3-32　盐度对侧孢短芽孢杆菌-威氏海链藻菌藻联合体硝酸盐氮吸收贡献率的影响

　　盐度在微生物维持正常的代谢活动中起着重要作用，不同种类的微生物对于盐度的适应不同。盐度的增加对异养菌活性的抑制效果强于自养硝化菌（于德爽等，2008）。本研究中细菌和微藻吸收硝酸盐氮的最适盐度存在差异，侧孢短芽孢菌在较低盐度（15～25）下对硝酸盐氮有较高的吸收速率，而威氏海链藻在高盐度 35 时对硝氮的吸收速率急速增加，总体来讲侧孢短芽孢杆菌-威氏海链藻菌藻联合体在高盐度时对硝酸盐氮有较好的吸收效果。

3. 光照度对侧孢短芽孢杆菌-威氏海链藻菌藻联合体硝酸盐氮吸收速率和贡献率的影响

光照度对侧孢短芽孢杆菌-威氏海链藻菌藻联合体硝酸盐氮吸收速率影响显著（$P < 0.05$），菌藻联合体对硝酸盐氮的吸收速率随着光照度的增加而减小，在 500 lx 时吸收速率最大达 7.37 $\mu g \cdot g^{-1} \cdot h^{-1}$，显著高于其余组（图 3-33）。光照度对侧孢短芽孢杆菌硝酸盐氮吸收速率影响显著（$P < 0.05$），侧孢短芽孢杆菌对硝酸盐氮的吸收速率随着光照度的增加而减小，在 500 lx 和 1000 lx 时吸收速率较高，分别为 1.10 $\mu g \cdot g^{-1} \cdot h^{-1}$ 和 1.16 $\mu g \cdot g^{-1} \cdot h^{-1}$（图 3-34）。光照度对威氏海链藻硝酸盐氮吸收速率影响显著（$P < 0.05$），威氏海链藻对硝酸盐氮的吸收速率随着光照度的增加而减小，在 500 lx 时吸收速率最大达 6.21 $\mu g \cdot g^{-1} \cdot h^{-1}$，显著高于其余组（图 3-35）。在 500～8000 lx 范围内，菌藻联合体中侧孢短芽孢杆菌和威氏海链藻对硝酸盐氮的平均吸收贡献率分别为 23.1%和 76.9%；侧孢短芽孢杆菌在 8000 lx 时贡献率最大达 39%；而威氏海链藻在 500 lx 时贡献率最大达 84%（图 3-36）。

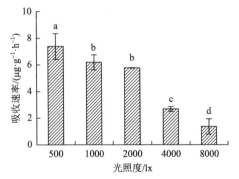
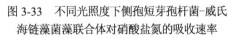

图 3-33 不同光照度下侧孢短芽孢杆菌-威氏海链藻菌藻联合体对硝酸盐氮的吸收速率

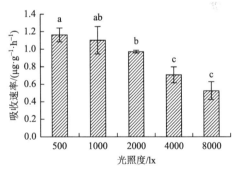

图 3-34 不同光照度下侧孢短芽孢杆菌对硝酸盐氮的吸收速率

光照是浮游植物进行光合作用的前提条件，也是细菌生长代谢所需能量的根本来源。用地衣芽孢杆菌、硝化细菌、月牙藻和四尾栅藻制作的固定化菌藻球，在不同光照度（3500 lx、4000 lx、4500 lx）下吸收硝酸盐氮，结果显示硝酸盐氮降解效果从第 3 d 开始出现显著的组间差异，后期又趋于稳定，光强 4000 lx 硝酸

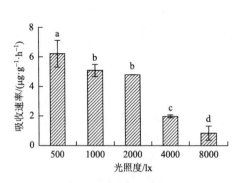

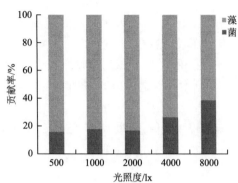

图 3-35　不同光照度下威氏海链藻
对硝酸盐氮的吸收速率

图 3-36　光照度对侧孢短芽孢杆菌-威氏海链
藻菌藻联合体硝酸盐氮吸收贡献率的影响

盐氮的去除效果最好（李永华，2010）。但本研究中菌藻联合体对硝酸盐氮的吸收速率随着光照度的增加而降低，光照度不利于菌藻联合体对硝酸盐氮的吸收。从图 3-34 和图 3-35 可知，侧孢短芽孢杆菌和威氏海链藻对硝酸盐氮的吸收随着光照度的升高而降低，低光照度有利于威氏海链藻吸收硝酸盐氮，光照度增强后威氏海链藻通过光合作用转化硝酸盐氮的途径可能受到抑制，转为呼吸作用，与侧孢短芽孢杆菌竞争氧气，因而细菌对硝氮吸收硝酸盐氮也受到抑制，且微藻的生长也会受到氮胁迫的抑制。

4. 侧孢短芽孢杆菌-威氏海链藻联合体吸收硝酸盐氮的条件优化

侧孢短芽孢杆菌-威氏海链藻联合体硝酸盐氮吸收速率正交实验结果如表 3-3 所示。侧孢短芽孢杆菌-威氏海链藻菌藻联合体吸收硝酸盐氮的理论最佳环境条件为温度 30℃，盐度 35，光照 500 lx，此时对硝酸盐氮的吸收速率为 425.45 $\mu g \cdot g^{-1} \cdot h^{-1}$。通过直观分析法可知，温度是影响菌藻联合体硝酸盐氮吸收速率的主要因子，其次是盐度和光照度。

表 3-3　侧孢短芽孢杆菌-威氏海链藻联合体硝酸盐氮吸收速率正交实验 L_9（3^3）结果

序号	温度（水平）/℃	盐度（水平）	光照度（水平）/lx	吸收速率/($\mu g \cdot g^{-1} \cdot h^{-1}$)
1	25（1）	20（1）	500（1）	195.74
2	25（1）	30（2）	1000（2）	109.42
3	25（1）	35（3）	2000（3）	225.58
4	30（2）	20（1）	1000（2）	307.57
5	30（2）	30（2）	2000（3）	206.90
6	30（2）	35（3）	500（1）	425.45

续表

序号	温度（水平）/℃	盐度（水平）	光照度（水平）/lx	吸收速率/($\mu g \cdot g^{-1} \cdot h^{-1}$)
7	35（3）	20（1）	2000（3）	275.37
8	35（3）	30（2）	500（1）	226.08
9	35（3）	35（3）	1000（2）	262.19
P 值	0.11	0.13	0.40	
K_1	176.91	259.56	282.42	
K_2	313.31	180.80	226.39	
K_3	254.55	304.41	235.95	
R	136.40	123.61	56.03	

注：$K_1 \sim K_3$ 表示不同水平下菌藻联合体对氨氮吸收速率的均值；R 表示不同因素下 K 的极差（$K_{max} - K_{min}$）。

　　池塘硝酸盐氮的主要来源是水体中的有机物经微生物降解产生的氨氮，在好氧的条件下经过细菌的硝化作用转化为硝酸盐氮，以及人为地向池塘投入肥料。因此，在封闭式和半封闭式管理的对虾精养模式下，水体中硝酸盐氮含量取决于池塘中有机物含量和硝化反应速率。细菌吸收利用硝酸盐氮有两种不同的途径，一是将其中的氮作为氮源直接吸收，称为同化性硝酸还原作用；硝酸盐氮转化为氨氮最终转化为有机态氮；二是利用亚硝酸盐和硝酸盐为呼吸作用的最终电子受体，把硝酸还原成氮气离开水体释放到空气中，称为反硝化作用或脱氮作用。只有少数细菌可以进行反硝化作用，这些菌群称为反硝化菌。多数反硝化菌是异养菌，如脱氮小球菌、反硝化假单胞菌等，它们以有机物为氮源，进行无氧呼吸。硝酸盐氮是微藻培养最常用的无机氮源，如硝酸钠和硝酸钾。硝酸盐对细胞没有毒性作用，微藻可以耐受高达 100 mmol·L^{-1} 的硝酸盐浓度，然而，当硝酸盐浓度过高时，生长会受到抑制作用。这是因为当硝酸盐浓度高时，硝酸盐还原酶的活性会增强，导致亚硝酸盐和氨在细胞内浓度高，两者都对细胞有毒害作用。

三、菌藻联合体对溶解态尿素氮吸收规律

1. 温度对侧孢短芽孢杆菌−威氏海链藻菌藻联合体尿素氮吸收速率和贡献率的影响

　　温度对侧孢短芽孢杆菌−威氏海链藻菌藻联合体尿素氮吸收速率影响显著（$P < 0.05$），菌藻联合体对尿素氮的吸收速率随着温度的升高先增高后降低，在25℃和35℃时吸收速率较高，分别为 313.81 $\mu g \cdot g^{-1} \cdot h^{-1}$ 和 351.68 $\mu g \cdot g^{-1} \cdot h^{-1}$，显著高于其余组（图 3-37）。温度对侧孢短芽孢杆菌尿素氮吸收速率影响显著（$P < 0.05$），侧孢

短芽孢杆菌对尿素氮的吸收速率随着温度的升高而增加，在 35℃时吸收速率最大达 14.29 $\mu g \cdot g^{-1} \cdot h^{-1}$，显著高于其余组（图 3-38）。温度对威氏海链藻尿素氮吸收速率影响显著（$P<0.05$），威氏海链藻对尿素氮的吸收速率随着温度的升高先增高后降低，在 25℃和 35℃时吸收速率较高，分别为 299.52 $\mu g \cdot g^{-1} \cdot h^{-1}$ 和 341.90 $\mu g \cdot g^{-1} \cdot h^{-1}$，显著高于其余组（图 3-39）。如图 3-40 所示，在实验温度范围内，菌藻联合体中侧孢短芽孢杆菌和威氏海链藻对尿素氮的平均吸收贡献率分别为 2.4%和 97.2%；侧孢短芽孢杆菌 35℃时贡献率最大达 5%；而威氏海链藻在 15℃时贡献率最大达 99%（图 3-40）。

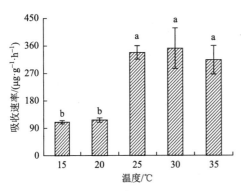

图 3-37　不同温度下侧孢短芽孢杆菌-威氏海
链藻菌藻联合体对尿素氮的吸收速率

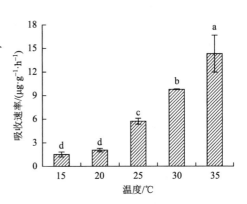

图 3-38　不同温度下侧孢短芽孢杆菌
对尿素氮的吸收速率

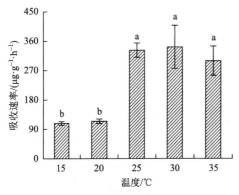

图 3-39　不同温度下威氏海链藻
对尿素氮的吸收速率

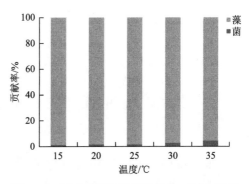

图 3-40　温度对侧孢短芽孢杆菌-威氏海链藻
菌藻联合体尿素氮吸收贡献率的影响

细菌和藻类对尿素氮的吸收速率与温度直接相关。利用固定化活性污泥菌藻降解珍珠蚌养殖废水中氮的最适温度为 25℃，超过 25℃降解效果开始下降（邹万生等，2011）。本研究中菌藻联合体对尿素氮的吸收最适温度为 30℃，菌藻联合体中的侧孢短芽孢杆菌和威氏海链藻分布于亚热带海区，适应高温气候，因此高温更有利于菌藻吸收尿素氮。

2. 盐度对侧孢短芽孢杆菌-威氏海链藻菌藻联合体尿素氮吸收速率和贡献率的影响

盐度对侧孢短芽孢杆菌-威氏海链藻菌藻联合体尿素氮吸收速率影响显著（$P<0.05$），菌藻联合体对尿素氮的吸收速率呈波浪状，在盐度 25 时吸收速率达最大值 264.21 $\mu g \cdot g^{-1} \cdot h^{-1}$，显著高于其余组（图 3-41）。盐度对侧孢短芽孢杆菌尿素氮吸收速率影响显著（$P<0.05$），侧孢短芽孢杆菌对尿素氮的吸收速率随盐度变化呈波浪状，在 15 和 25 时吸收速率较高，分别为 37.16 $\mu g \cdot g^{-1} \cdot h^{-1}$ 和 33.01 $\mu g \cdot g^{-1} \cdot h^{-1}$，显著高于其余组（图 3-42）。盐度对威氏海链藻尿素氮吸收速率影响显著（$P<0.05$），威氏海链藻对尿素氮的吸收速率在盐度 25 时最大达 231.19 $\mu g \cdot g^{-1} \cdot h^{-1}$，显著高于其余组（图 3-43）。菌藻联合体中侧孢短芽孢杆菌和威氏海链藻对尿素氮的平均吸收贡献率分别为 14.6% 和 85.4%；侧孢短芽孢杆菌在盐度 15 时贡献率最大达 20%；而威氏海链藻在盐度 25 和 30 时贡献率最大达 88%（图 3-44）。

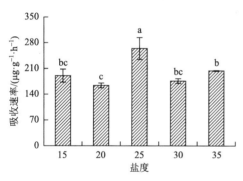

图 3-41　不同盐度下侧孢短芽孢杆菌-威氏海链藻菌藻联合体对尿素氮的吸收速率

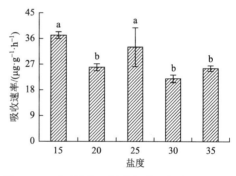

图 3-42　不同盐度下侧孢短芽孢杆菌对尿素氮的吸收速率

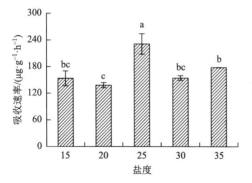

图 3-43　不同盐度下威氏海链藻对尿素氮的吸收速率

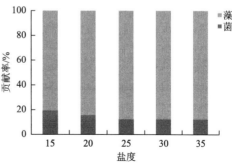

图 3-44　盐度对侧孢短芽孢杆菌-威氏海链藻菌藻联合体尿素氮吸收贡献率的影响

3. 光照度对侧孢短芽孢杆菌-威氏海链藻菌藻联合体尿素氮吸收速率和贡献率的影响

光照度对侧孢短芽孢杆菌-威氏海链藻菌藻联合体尿素氮吸收速率影响显著（$P<0.05$），菌藻联合体对尿素氮的吸收速率随着光照度的增加而升高，在 4000～8000 lx 时吸收速率较高，为 296.13～321.52 μg·g^{-1}·h^{-1}，显著高于其余组（图 3-45）。光照度对侧孢短芽孢杆菌尿素氮吸收速率影响显著（$P<0.05$），侧孢短芽孢杆菌对尿素氮的吸收速率曲线呈"V"字形，在 500 lx 时吸收速率最大达 31.77 μg·g^{-1}·h^{-1}，显著高于其余组（图 3-46）。盐度对威氏海链藻尿素氮吸收速率影响显著（$P<0.05$），威氏海链藻对尿素氮的吸收速率随着光照度的增加而增加，在 4000～8000 lx 时吸收速率较高，为 286.28～304.33 μg·g^{-1}·h^{-1}，显著高于其余组（图 3-47）。在实验光照度范围，菌藻联合体中侧孢短芽孢杆菌和威氏海链藻对尿素氮的平均吸收贡献率分别为 6.4% 和 93.6%；侧孢短芽孢杆菌在 500 lx 时贡献率最大达 14%；而威氏海链藻在 2000 lx 和 4000 lx 时贡献率最大达 97%（图 3-48）。

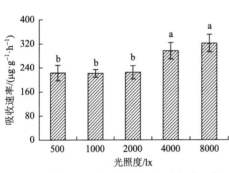

图 3-45　不同光照度下侧孢短芽孢杆菌-威氏海链藻菌藻联合体对尿素氮的吸收速率

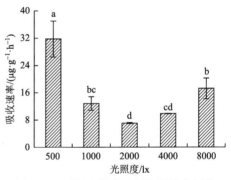

图 3-46　不同光照度下侧孢短芽孢杆菌对尿素氮的吸收速率

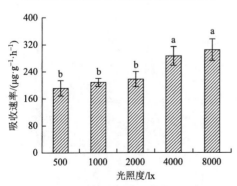

图 3-47　不同光照度下威氏海链藻对尿素氮的吸收速率

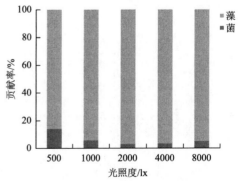

图 3-48　光照度对侧孢短芽孢杆菌-威氏海链藻菌藻联合体尿素氮吸收贡献率的影响

盐度和光照度是影响微生物对尿素氮吸收利用的重要环境因素。微藻主要通过脲酶的催化作用将尿素氮代谢成氨和二氧化碳，进而被细胞转化成有机物。徐宁等（2010）报道了不同盐度及光照度条件下，东海原甲藻对尿素氮吸收效率差异较大，在盐度25、30、35的条件下，东海原甲藻利用尿素氮的效率（脲酶活性）较高，盐度过高或过低都不利于东海原甲藻利用尿素氮。较强的光照度可以增强脲酶活性，从而提高对尿素氮的利用效率。这与本研究结果一致，在盐度25时菌藻联合体对尿素氮的吸收速率最佳。菌藻联合体对尿素氮的吸收速率随着光照度的升高而加快。

4. 侧孢短芽孢杆菌-威氏海链藻联合体吸收尿素氮的条件优化

侧孢短芽孢杆菌-威氏海链藻联合体尿素氮吸收速率正交实验结果如表3-4所示。侧孢短芽孢杆菌-威氏海链藻菌藻联合体吸收尿素氮的理论最佳环境条件为温度30℃，盐度25，光照度8000 lx，此时对尿素氮的吸收速率为1039.86 $\mu g \cdot g^{-1} \cdot h^{-1}$。通过直观分析可知，光照度是影响该菌藻联合体尿素氮吸收速率的主要因子，其次是温度和盐度。

表3-4　侧孢短芽孢杆菌-威氏海链藻联合体尿素氮吸收速率正交实验 L_9（3^3）结果

序号	温度（水平）/℃	盐度（水平）	光照度（水平）/lx	吸收速率/($\mu g \cdot g^{-1} \cdot h^{-1}$)
1	25（1）	15（1）	2000（1）	697.09
2	25（1）	25（2）	4000（2）	927.79
3	25（1）	35（3）	8000（3）	668.47
4	30（2）	15（1）	4000（2）	799.82
5	30（2）	25（2）	8000（3）	1039.86
6	30（2）	35（3）	2000（1）	860.36
7	35（3）	15（1）	8000（3）	840.33
8	35（3）	25（2）	2000（1）	710.19
9	35（3）	35（3）	4000（2）	954.48
P 值	0.22	0.26	0.20	
K_1	764.45	779.08	755.88	
K_2	900.01	892.61	894.03	
K_3	835.00	827.77	849.55	
R	135.56	113.53	138.15	

注：$K_1 \sim K_3$ 表示不同水平下菌藻联合体对氨氮吸收速率的均值；R 表示不同因素下 K 的极差（$K_{max} - K_{min}$）。

对虾养殖水体中的溶解有机氮主要来源于养殖投喂的饲料、对虾的排泄物和代谢废物,在养殖期间溶解态有机氮含量在前期逐渐上升,中后期到达高峰。养殖期间溶解态有机氮占总溶解态氮的 40.88%,是池塘溶解态氮的重要组成成分,也是造成海区富营养化的重要原因。池塘溶解态有机氮包括尿素氮、氨基酸和蛋白质,一方面有机氮可通过生化反应被细菌分解为无机氮,如氨氮和亚硝酸盐氮有毒物质;另一方面微藻可直接利用溶解态有机氮尿素氮。尿素氮是微藻培养过程中的最重要的有机氮氮源,通常尿素氮被水解成氨和碳酸,它们都可以作为营养物质被藻类利用。藻类通过主动运输,将尿素氮运到细胞中并在细胞内代谢。

一般情况下,无机氮是藻类优先吸收的氮源,然而一些藻类会优先吸收尿素氮,与使用其他氮源培养相比,其生长率一致甚至更高。尿素氮是培养小球藻的最佳氮源,用尿素氮培养小球藻能获得更多的生物量和油脂(Hsieh et al.,2009)。螺旋藻用尿素氮培养的效果优于硝酸盐氮,在连续添加尿素氮的培养模式下螺旋藻呈指数级增长(Danesi et al.,2002)。胶球藻更喜欢尿素氮作为氮源而不是硝酸盐氮、亚硝酸盐氮或氨氮,用尿素氮培养的胶球藻生长速率更高,累积的叶黄素更多(Casal et al.,2011)。通过对卵囊藻在不同温度、盐度、光照度、pH 以及藻细胞密度条件下尿素氮吸收的研究,笔者建立了尿素氮吸收模型,利用该模型可以计算卵囊藻在不同的环境下对尿素氮的吸收速率。

第二节　　菌藻联合体对对虾养殖环境弧菌生长的影响

藻菌间存在着拮抗关系,如微藻能够产生抑制细菌生长的抗素物质(Ramanan et al.,2015),而细菌还可以同藻类竞争环境中的磷等无机营养盐(Faust et al.,1976)。不少异养菌如弧菌是水产动物的致病菌,尤其在对虾养殖中细菌性疾病屡见不鲜,而利用微藻与细菌的特殊关系,结合固定化技术应用于养殖环境中将是调控整个养殖微生态的重要措施之一。林伟等(2001)研究微藻培育系统抗弧菌作用机理时发现,以微藻为基础的微小生物群落因优先占有生态空间而对弧菌菌群具有排他性。所以,利用微藻系统对池塘水质进行调控,抑制弧菌的繁殖是重要的生态防病手段。藻菌相互关系的深入研究,既可以把饲料资源开发推向更深层次的领域,又可以为生态调控防病技术在海水养殖中的应用寻找新途径。

卵囊藻具有在池塘分布广、种群稳定和适应能力强的特点,微绿球藻是对虾养殖池塘中广泛存在的优势藻种之一,这两种微藻能改善水质提高对虾的抗病力。本节探究了卵囊藻及其菌藻联合体对三种致病弧菌的作用,并将两种微藻进行固定化后对对虾和养殖环境中致病弧菌的影响进行了研究,为今后更好地应用微藻和菌藻联合体进行对虾养殖池塘水质调控提供理论支撑。

一、基于卵囊藻构建的菌藻联合体对对虾养殖环境弧菌生长的影响

1. 无菌卵囊藻对弧菌生长的影响

将创伤弧菌 1.23×10^6 cfu·mL^{-1}、副溶血弧菌 3×10^6 cfu·mL^{-1} 和溶藻弧菌 3×10^5 cfu·mL^{-1} 分别加入已培养 3 d 的 100 mL 无菌卵囊藻培养液中培养 14 d，用灭菌海水培养弧菌作对照。结果表明无菌卵囊藻对创伤弧菌、副溶血弧菌的生长均有显著影响（$P < 0.05$）。如图 3-49 所示，将弧菌密度取常用对数进行分析，整个实验过程中，无菌卵囊藻中创伤弧菌和副溶血弧菌密度明显高于海水对照中弧菌密度，到实验结束时弧菌密度仍维持在 $10^5 \sim 10^6$ cfu·mL^{-1}。无菌卵囊藻对溶藻弧菌的生长无显著影响（$P > 0.05$）。无菌卵囊藻中溶藻弧菌密度大致呈下降趋势，与海水对照无显著差异。因此，无菌卵囊藻对三株弧菌均无抑制作用。

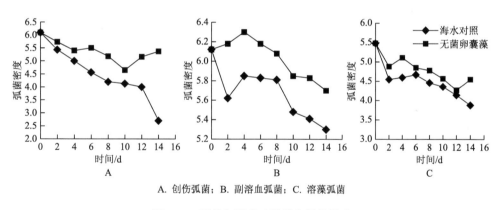

A. 创伤弧菌；B. 副溶血弧菌；C. 溶藻弧菌

图 3-49　无菌卵囊藻对弧菌生长的影响

2. 无菌、带菌卵囊藻中弧菌生长的比较

无菌、带菌卵囊藻中三株弧菌的生长均有显著差异（$P < 0.05$）。如图 3-50 所示，将弧菌密度取常用对数进行分析，创伤弧菌 1.23×10^6 cfu·mL^{-1}、副溶血弧菌 3×10^6 cfu·mL^{-1}、溶藻弧菌 3×10^5 cfu·mL^{-1} 加入 2 d 后，带菌卵囊藻中弧菌密度降至 $2 \times 10^2 \sim 5 \times 10^2$ cfu·mL^{-1}，第 4 d 一直到实验结束，都未能检测到弧菌存在的迹象；而无菌卵囊藻中弧菌密度高达 $7.6 \times 10^4 \sim 1.53 \times 10^6$ cfu·mL^{-1}，至实验结束时，无菌藻中弧菌密度仍维持在 $3.55 \times 10^4 \sim 5 \times 10^5$ cfu·mL^{-1}，均显著高于无菌卵囊藻。因此，带菌卵囊藻对三株弧菌均有明显的抑制作用。

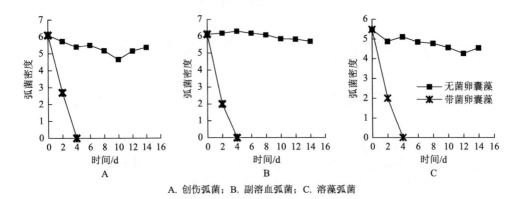

A. 创伤弧菌；B. 副溶血弧菌；C. 溶藻弧菌

图 3-50　无菌卵囊藻及带菌卵囊藻中弧菌生长状况的比较

3. 带菌卵囊藻中共栖细菌对弧菌生长的影响

将已培养 3 d 的带菌卵囊藻培养液离心过滤获得过滤液。3 株弧菌经活化后，分别以创伤弧菌 5.4×10^6 cfu·mL^{-1}、副溶血弧菌 6.2×10^6 cfu·mL^{-1}、溶藻弧菌 2.4×10^6 cfu·mL^{-1} 的密度加入过滤液中培养 12 d，用灭菌海水培养弧菌作对照。结果表明带菌卵囊藻中共栖细菌对三株弧菌的生长均无显著影响（$P > 0.05$）。如图 3-51 所示，将弧菌密度取常用对数进行分析，整个实验过程中，创伤弧菌和副溶血弧菌的密度一直维持在 10^5 cfu·mL^{-1} 以上，与海水对照无显著差异。实验结束时，溶藻弧菌密度虽然降至 1×10^4 cfu·mL^{-1}，但此时海水对照中密度也降至 1.14×10^4 cfu·mL^{-1}，二者也无显著差异。因此，带菌卵囊藻中共栖细菌对三株弧菌均无明显抑制作用。

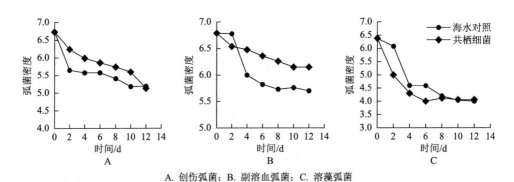

A. 创伤弧菌；B. 副溶血弧菌；C. 溶藻弧菌

图 3-51　带菌卵囊藻中共栖细菌对弧菌生长的影响

4. 无菌卵囊藻–共栖细菌联合体对弧菌生长的影响

如图 3-52 所示，将弧菌密度取常用对数进行分析，无菌卵囊藻中加入带菌卵囊藻中分离的共栖细菌后，无菌卵囊藻-共栖细菌联合体逐渐恢复对弧菌的抑制作用。对实验第 10 d 至第 18 d 的数据进行分析，结果表明无菌卵囊藻-共栖细菌联合体对创伤弧菌的生长有显著影响（$P<0.05$）。实验前 8 d，菌藻联合体培养液中创伤弧菌密度一直维持在 10^4 cfu·mL^{-1} 以上，实验第 10 d，创伤弧菌密度降至 3.35×10^3 cfu·mL^{-1}，此时无菌卵囊藻培养液中创伤弧菌密度为 4.27×10^4 cfu·mL^{-1}，实验结束时，菌藻联合体培养液中已检测不到弧菌存在的迹象，而此时无菌卵囊藻培养液中创伤弧菌密度仍高达 1.58×10^4 cfu·mL^{-1}。

无菌卵囊藻-共栖细菌联合体对副溶血弧菌的生长有显著影响（$P<0.05$）。实验前 4 d，菌藻联合体培养液中副溶血弧菌密度一直维持在 10^4 cfu·mL^{-1} 以上，实验第 6 d，副溶血弧菌密度降至 7.4×10^3 cfu·mL^{-1}，此时无菌卵囊藻培养液中副溶血弧菌密度为 2.45×10^5 cfu·mL^{-1}，实验结束时，菌藻联合体培养液中已检测不到弧菌存在的迹象，而此时无菌卵囊藻培养液中副溶血弧菌密度仍高达 5.75×10^4 cfu·mL^{-1}。

无菌卵囊藻-共栖细菌联合体对溶藻弧菌的生长无显著影响（$P>0.05$）。实验前 12 d，菌藻联合体培养液中溶藻弧菌密度一直维持在 10^4 cfu·mL^{-1} 以上，与无菌卵囊藻对照无显著差异，实验第 14 d，无菌卵囊藻培养液中溶藻弧菌密度降至 5×10^3 cfu·mL^{-1}，实验结束时，已检测不到弧菌存在的迹象。因此，无菌卵囊藻-共栖细菌联合体可逐渐恢复对三株弧菌的抑制作用，但对溶藻弧菌的抑制作用恢复较晚。

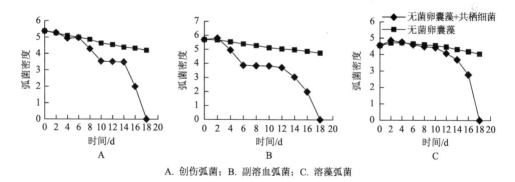

A. 创伤弧菌；B. 副溶血弧菌；C. 溶藻弧菌

图 3-52　无菌卵囊藻回加共栖细菌后对弧菌生长的影响

5. 沼泽红假单胞菌-无菌卵囊藻菌藻联合体对弧菌生长的影响

将 3.1×10^5 cfu·mL^{-1} 的沼泽红假单胞菌加入 100 mL 无菌卵囊藻培养液中，培养 3 d，再将创伤弧菌 1.23×10^6 cfu·mL^{-1}、副溶血弧菌 3×10^6 cfu·mL^{-1}、溶藻弧菌 3×10^5 cfu·mL^{-1} 加入微藻培养液中培养 14 d，用灭菌海水培养弧菌作对照。结果

表明沼泽红假单胞菌-无菌卵囊藻菌藻联合体对创伤弧菌、副溶血弧菌的生长无显著影响（$P>0.05$）。如图 3-53 所示，将弧菌密度取常用对数进行分析，实验结束时，沼泽红假单胞菌-无菌卵囊藻菌藻联合体中创伤弧菌和副溶血弧菌的密度分别为 1.27×10^5 cfu·mL^{-1} 和 3.5×10^5 cfu·mL^{-1}，明显高于海水对照。沼泽红假单胞菌-无菌卵囊藻菌藻联合体对溶藻弧菌的生长有显著影响（$P<0.05$）。实验结束时，沼泽红假单胞菌-无菌卵囊藻菌藻联合体中溶藻弧菌密度降至 1×10^2 cfu·mL^{-1}，明显低于海水对照中的 7.5×10^3 cfu·mL^{-1}。因此，沼泽红假单胞菌-无菌卵囊藻菌藻联合体对溶藻弧菌有抑制作用，对创伤弧菌和副溶血弧菌无抑制作用。

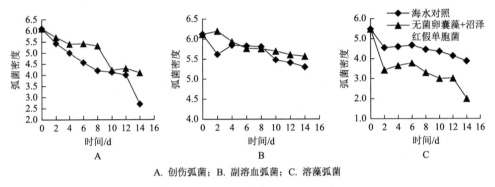

A. 创伤弧菌；B. 副溶血弧菌；C. 溶藻弧菌

图 3-53　无菌卵囊藻添加沼泽红假单胞菌对弧菌生长的影响

6. 枯草芽孢杆菌-无菌卵囊藻菌藻联合体对弧菌生长的影响

将 5.14×10^6 cfu·mL^{-1} 的枯草芽孢杆菌加入 100 mL 无菌卵囊藻培养液中，培养 3 d，再将创伤弧菌 1.23×10^6 cfu·mL^{-1}、副溶血弧菌 3×10^6 cfu·mL^{-1}、溶藻弧菌 3×10^5 cfu·mL^{-1} 加入微藻培养液中培养 14 d，用灭菌海水培养弧菌作对照。结果表明枯草芽孢杆菌-无菌卵囊藻菌藻联合体对创伤弧菌、副溶血弧菌的生长无显著影响（$P>0.05$）。如图 3-54 所示，将弧菌密度取常用对数进行分析，实验结束时，枯草芽孢杆菌-无菌卵囊藻菌藻联合体中创伤弧菌和副溶血弧菌的密度分别下降至 8.9×10^4 cfu·mL^{-1} 和 3.7×10^5 cfu·mL^{-1}，与海水对照无明显差异。枯草芽孢杆菌-无菌卵囊藻菌藻联合体对溶藻弧菌的生长有显著影响（$P<0.05$）。整个实验过程中，枯草芽孢杆菌-无菌卵囊藻菌藻联合体中溶藻弧菌密度一直明显高于海水对照，实验结束时为 4.59×10^4 cfu·mL^{-1}。因此，枯草芽孢杆菌-无菌卵囊藻菌藻联合体对三株弧菌均无抑制作用。

在实际应用中，关于微藻或光合细菌、芽孢杆菌等可抑制有害病菌的报道，实际上都是菌藻联合体作用的结果。林伟等（2001）研究表明，海洋微藻-共栖细菌系统普遍具有排斥弧菌的功能；除菌的海洋微藻、与藻共栖细菌均不能限制弧菌的生长；多菌株与藻共栖细菌回接除菌微藻，其共培养物可恢复排斥弧菌的能力。

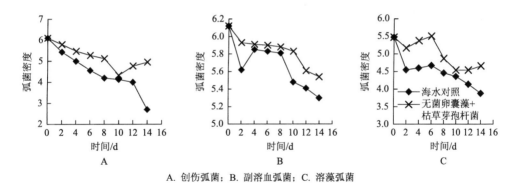

A. 创伤弧菌；B. 副溶血弧菌；C. 溶藻弧菌

图 3-54 无菌卵囊藻添加枯草芽孢杆菌对弧菌生长的影响

菌藻联合体普遍可排斥弧菌，是因为藻菌间的相互作用及双向选择，形成以藻为基础的特定的具有独特作用的与藻共存的藻际群落。在这特定的菌藻生态系统中，其固有的生物结构对外来影响具有明显的排他性和复原性特点。国外也早有类似报道，藻细胞在生长时会分泌细菌生长所需的物质，细菌在利用藻细胞外分泌物时会产生 CO_2、生长因子和无机盐等可促进藻细胞生长的物质，菌藻之间的互利共生关系提高了各自的生态作用（Fuentes et al.，2016）。本实验以卵囊藻为研究对象，也得出相似的结论：卵囊藻与其共栖细菌组成的菌藻联合体可有效抑制弧菌，且沼泽红假单胞菌-卵囊藻菌藻联合体可有效抑制溶藻弧菌的生长。因此，在对虾养殖中后期，若以卵囊藻为优势藻种的池塘出现大量溶藻弧菌，投放沼泽红假单胞菌可有效抑制弧菌的繁殖。

本研究还发现，若在卵囊藻初始接种时即加入弧菌，前期并不会对弧菌产生抑制作用。这表明藻类限制弧菌生长，需要微藻及与藻共存的细菌相互配合，协同作用，而且在数量上还需要达到一定水平。在养殖水体中，藻细胞一般不可能达到实验中的高密度，但是在水体中存在着许多种类的异养与自养细菌，它们可与藻细胞共同生长占据水体生态位与营养空间，起到抑制弧菌的作用。所以，在养殖水体中建立藻菌共生的平衡体系是实现生态防病的重要举措。

二、固定化微藻对对虾和养殖环境弧菌数量动态的影响

1. 微藻培养液中弧菌数量变化

从表 3-5 中可以看出，海水对照组中一直能检测出弧菌，随培养时间的增加弧菌数量呈先增加后下降的趋势；而微藻培养液中弧菌数量持续下降，在 9 d 后卵囊藻培养液不能检测出弧菌，15 d 后微绿球藻培养液不能检测出弧菌。

表 3-5　藻液中弧菌数量的变化

微藻种类	弧菌/(10^5 cfu·mL^{-1})							
	1 d	3 d	6 d	9 d	12 d	15 d	18 d	21 d
对照组*	20.0	53.6	53.1	56.2	40.9	43.0	23.7	21.2
卵囊藻	100.0	40.0	3.5	0	0	0	0	0
微绿球藻	22.0	18.0	19.0	15.0	11.5	0	0	0

* 不加微藻的海水培养液。

2. 固定化褐藻胶藻珠中微藻生物量变化

将固定化的褐藻胶藻珠用筛绢袋装好放入对虾养殖水族箱,第 2 d 就能观察到袋内有气泡,说明藻细胞已开始生长,第 3~4 d 颜色明显加深,呈鲜绿色,袋内气泡增多,筛绢袋浮于水面,接近培养后期时,藻珠颜色呈深绿色。镜检结果显示:卵囊藻藻珠中细胞密度从 3.3×10^6 cells·粒$^{-1}$ 增加到 3.17×10^7 cells·粒$^{-1}$,生物量从 1.83×10^{-2} mg·粒$^{-1}$ 增加到 0.1746 mg·粒$^{-1}$,增加了近 9 倍;微绿球藻藻珠中细胞数从 1.50×10^7 cell·粒$^{-1}$ 增加到 2.547×10^8 cell·粒$^{-1}$,生物量从 5.1×10^{-3} mg·粒$^{-1}$ 增加到 8.66×10^{-2} mg·粒$^{-1}$,增加了约 16 倍(表 3-6)。

表 3-6　褐藻胶藻珠中微藻生物量的变化

组别	藻珠种类及数量	藻珠中微藻生物量/(10^{-2} mg·粒$^{-1}$)					
		1 d	4 d	7 d	11 d	15 d	19 d
1	对照组	—	—	—	—	—	—
2	卵囊藻藻珠 40 000 粒	1.83	1.88	7.89	8.37	13.52	17.46
3	微绿球藻藻珠 40 000 粒	0.51	0.73	3.37	8.18	8.55	8.66
4	卵囊藻藻珠 20 000 粒和	1.83	1.85	9.76	10.59	15.70	15.62
	微绿球藻藻珠 20 000 粒	0.51	0.70	2.36	6.64	7.14	8.05

实验组水环境中,其卵囊藻细胞密度为 1.3×10^6~2.54×10^7 cells·L^{-1},生物量为 0.73~13.97 mg·L^{-1},微绿球藻细胞密度为 6×10^6~2.038×10^8 cells·L^{-1},生物量为 0.20~6.93 mg·L^{-1},实验过程中各实验组微藻种群细胞数处于相对稳定范围,引入微藻量与多数对池塘养殖后期优势微藻种群数量相似,基本可代表自然养殖池优势微藻种群特征。微绿球藻的数量明显大于卵囊藻,这是因为微绿球藻细胞体积相对较小。在本研究中,被固定于褐藻胶中的卵囊藻和微绿球藻细胞以对虾养殖环境中的氨氮和亚硝酸盐氮为营养盐,不仅可以降低水中氨氮和亚硝酸盐氮浓度,还能维持细胞的正常生长。在本实验培养期间,固定化卵囊藻和微绿球藻的数量分别增加了约 9 倍和 16 倍。这表明卵囊藻和微绿球藻的生理活性,不会因固定化而受干扰。

3. 养殖水体中弧菌数量的变化情况

固定化微藻对对虾养殖水体弧菌的抑制效果明显，整个实验期内实验组弧菌的数量比对照组（1组）相对要低，至实验末期（19 d），实验组2、3、4的弧菌数量分别比对照组低了99.50%、99.50%和98.17%，实验后期（7 d后）弧菌的数量明显比前期要少。实验组2、3、4弧菌的平均数量分别为 1.54×10^5 cfu·mL^{-1}、1.86×10^5 cfu·mL^{-1} 和 1.44×10^5 cfu·mL^{-1}（表3-7），显著性分析差异显著（$P < 0.05$），抑制效果是4组>2组>3组。

表3-7　水样中弧菌细胞的数量变化

组别	弧菌细胞数/(10^5 cfu·mL^{-1})						
	1 d	4 d	7 d	11 d	15 d	17 d	19 d
1	5.32	5.60	4.88	2.20	6.20	5.60	6.01
2	5.32	3.45	1.10	0.15	0.28	0.46	0.03
3	5.32	5.07	1.09	0.80	0.32	0.40	0.03
4	5.32	2.09	1.75	0.70	0.07	0.02	0.11

4. 对虾胃中弧菌的数量变化情况

结果显示，实验组对虾的胃中弧菌的数量有所波动，但都明显低于对照组（1组），实验进行到第11 d后，弧菌数量明显下降。实验结束时，实验2组、3组、4组弧菌的数量分别比对照组降低了97.24%、97.61%和98.16%，弧菌的平均数量分别为 1.46×10^5 cfu·g^{-1}、1.51×10^5 cfu·g^{-1} 和 1.07×10^5 cfu·g^{-1}（表3-8），有显著差异（$P < 0.05$），抑制效果是4组>2组>3组。

表3-8　对虾胃中弧菌细胞的数量变化

组别	弧菌细胞数/(10^5 cfu·g^{-1})						
	1 d	4 d	7 d	11 d	15 d	17 d	19 d
1	1.32	4.38	5.40	4.69	1.44	13.50	5.44
2	1.32	3.98	2.60	0.28	0.88	1.00	0.15
3	1.32	3.03	5.30	0.40	0.12	0.30	0.13
4	1.32	1.89	3.20	0.14	0.66	0.20	0.10

5. 对虾后肠中弧菌数量变化情况

实验组对虾后肠中弧菌的数量明显低于对照组（1 组），11 d 后弧菌的数量明显降低。实验结束时，实验 2 组、3 组、4 组弧菌的数量相对于对照组分别降低了 80.08%、69.53% 和 42.58%，弧菌的平均数量分别为 2.15×10^5 cfu·g^{-1}、2.27×10^5 cfu·g^{-1} 和 1.98×10^5 cfu·g^{-1}（表 3-9），显著性分析表明有显著差异（$P < 0.05$），抑制效果是 4 组 > 2 组 > 3 组。

表 3-9　对虾后肠弧菌的数量变化

组别	弧菌细胞数/(10^5 cfu·g^{-1})						
	1 d	4 d	7 d	11 d	15 d	17 d	19 d
1	5.21	5.49	7.70	17.05	16.9	21.20	2.56
2	5.21	2.80	3.01	0.99	0.66	1.90	0.51
3	5.21	4.31	3.01	1.06	0.43	1.10	0.78
4	5.21	3.02	1.26	1.21	0.56	1.10	1.47

小球藻的固定化增加了其生理代谢活性，对水质的净化效率要比悬浮态高（严国安等，1994）。固定化微藻可有效地吸收和富集污水中的重金属，富集倍数可达几千倍。本实验中，由于固定化微藻的生理活性在较长时间内保持稳定，在一定程度上保证了微藻种群优势，使其在对虾养殖环境中更为有效地发挥生物学特性。固定化微藻技术用于人工调控微藻的群落结构，可有效的控制微藻的种类组成，防止池塘中微藻数量过多，从而维持整个养殖系统的动态平衡。在夜间，可以把微藻完全地从水中分离出来，避免其在养殖环境中进行呼吸作用，同时还能防止其他动物的捕食，更为有效地保持微藻数量的相对稳定。笔者认为，固定化微藻具有微藻细胞密度高、反应速度快、运行稳定可靠的优点，还能克服传统的藻类净化水质时处理系统停留时间不长、效率不稳定、藻类数量难控制等缺点，可作为一种生物技术广泛应用于水产养殖生态环境的调控。

在对虾养殖环境中，细菌是导致对虾疾病的主要病源。藻类能够产生抑制细菌生长的抗生素物质，对海洋弧菌等有明显的抑制作用，以微藻为基础的微小生物群落因优先占有生态空间而对弧菌菌群具有排他性，当饵料微藻处于培养初期时，排斥弧菌能力较弱，处于生长指数后期时，排斥能力很强。何曙阳等（1999）指出藻类在指数生长期释放的有机物含量很少，进入稳定增长期后，开始大量释放胞外产物。从结果可以看出，实验后期微藻培养液中没有弧菌（表 3-5）。海洋环境中虽然有广泛的弧菌分布，但在微藻培育系统中却很少检测到弧菌。引入固定化微藻的养殖水体、对虾胃和后肠中弧菌的数量后期比前期都有不同程度的减少，这在一定程度上说明了两种固定化微藻对对虾养殖环境中的弧菌具有一定的抑制作用。引入两种固定化微藻的实验组对弧菌的抑制效果比单一藻种要好，固定化卵囊藻组对弧菌的抑制效果比微绿球藻要好（表3-7至表3-9），说明不同固定化微藻群落结构和不同的固定化微藻对弧菌的抑制能力不同，这与微藻的生理特性有关。因此，利用固定化微藻来控制池塘藻相，抑制弧菌的生长是防治对虾疾病的重要措施。

第三节　菌藻对凡纳滨对虾免疫指标和抗逆性的影响

枯草芽孢杆菌、光合细菌、硝化细菌是当前水产养殖中常用的三种益生菌。它们能净化水质，改善水体环境，从而增强对虾体质，促进对虾育苗的成功。牟氏角毛藻营养丰富，是当前对虾工厂化育苗中最常用的开口饵料，同时其作为光合自养植物，对水质也有一定的改良作用，如不同浓度海水养殖废水培养牟氏角毛藻后氮磷养分均有一定的去除（叶志娟等，2006）。将6株海洋微藻引入西施舌幼贝育苗水体中，水体氨氮和亚硝酸盐氮的质量浓度明显下降，幼贝的成活率和生长量相比都有明显增加（孙杰等，2008）。然而，牟氏角毛藻又是常见的赤潮生物，如果其种群数量过高则容易败坏水质；如果其种群数量过低则不能有效改善水质，满足对虾对饵料的需求。本节内容系统地介绍了牟氏角毛藻及其与枯草芽孢杆菌、光合细菌、硝化细菌组合对养殖水质、对虾免疫指标和抗逆性的影响。

一、微藻对养殖水质及凡纳滨对虾生长和抗逆性的影响

1. 牟氏角毛藻对养殖水质的影响

引入牟氏角毛藻能降低水体中氨氮和亚硝酸盐氮的含量。实验过程中，实验组的氨氮维持在低于对照组的水平，而对照组的氨氮含量基本变化趋势则是随着养殖过程不断升高。牟氏角毛藻投放量为 2×10^4 cells·mL^{-1}、5×10^4 cells·mL^{-1}、8×10^4 cells·mL^{-1} 组的氨氮浓度平均值分别比对照组降低了 70.58%、71.34%、64.11%。实验组的亚硝酸盐氮始终低于对照组的水平；而实验组的亚硝酸盐氮含量基本变化趋势则是在第 10 d 后开始升高。牟氏角毛藻投放细胞密度为 2×10^4 cells·mL^{-1}、5×10^4 cells·mL^{-1}、8×10^4 cells·mL^{-1} 组的亚硝酸盐氮浓度平均值分别比对照组降低了 26.84%、43.14%、43.02%。因此，当牟氏角毛藻投放细胞密

度为 2×10^4 cells·mL^{-1} 时对亚硝酸盐氮的抑制作用低于其他组。引入牟氏角毛藻能抑制水体中化学需氧量的升高。在实验过程中，各组的化学需氧量均呈上升趋势，但实验组的化学需氧量均低于对照组。角毛藻投放量为 2×10^4 cells·mL^{-1}、5×10^4 cells·mL^{-1}、8×10^4 cells·mL^{-1} 组 20 d 的化学需氧量平均值分别比对照组降低了 23.43%、26.42%、18.43%。

营养物质是藻类生长的限制因子之一，藻类生长良好，对氮磷营养物质去除效率也高。藻类对氮的去除方式一般为吸收利用。藻类细胞能利用水体中多种无机氮和有机氮化合物作为氮源，利用二氧化碳和碳酸盐作为碳源进行光自养生长，被藻细胞吸收的硝酸盐、亚硝酸盐和铵盐可以用于氨基酸和蛋白质等物质的合成。藻类对污水中磷酸盐的去除有两条主要途径：一是在有氧的条件下，直接被藻细胞吸收，并通过多种磷酸化途径转化成 ATP、磷脂等有机物；二是在无氧的条件下形成磷酸盐沉淀（González et al.，1997）。因此，藻类细胞可以用来去除污水中富集的氮、磷等营养物质，并以有机物的形式将其储存在藻细胞中。引入扁藻和小球藻改善了养殖水体的水质，有效提高了锯缘青蟹幼体成活率（杨笑波等，2005）。利用固定化铜绿微囊藻处理实际污水，经过 6 d 的净化，污水中氨氮的质量浓度由 27.1 mg·L^{-1} 降为 0 mg·L^{-1}；磷的质量浓度由 2.55 mg·L^{-1} 降为 0 mg·L^{-1}（王爱丽等，2005）。利用链丝藻对污水的净化实验证明，链丝藻对氨氮的去除率 1 d 可以达到 57.61%，3 d 时间对氨氮的去除率可以达到 92.47%（邢丽贞等，2003）。本实验结果显示，引入牟氏角毛藻 20 d 后 A1 组、A2 组、A3 组的氨氮浓度平均值分别比对照组降低了 70.58%、71.34%、64.11%，亚硝酸盐氮浓度平均值分别比对照组降低了 26.84%、43.144%、43.02%，化学需氧量平均值分别比对照组降低了 26.42%、23.43%、18.43%；因此，改善水质条件最适的牟氏角毛藻细胞密度为 5×10^4 cells·mL^{-1}。

2. 牟氏角毛藻对对虾生长指标的影响

不同浓度的牟氏角毛藻对对虾成活率影响显著（$P<0.05$）。如图 3-55 所示，当投放细胞密度达到 8×10^4 cells·mL^{-1} 时，对虾成活率最高，达到 71.00%，比对照组增加了 10.65%。邓肯多重比较结果表明，牟氏角毛藻使用量为 2×10^4 cells·mL^{-1}、5×10^4 cells·mL^{-1}、8×10^4 cells·mL^{-1} 时，对成活率的影响无显著差异（$P<0.05$）。不同浓度牟氏角毛藻对对虾体重增长率的影响如图 3-56 所示，当投放细胞密度达到 5×10^4 cells·mL^{-1} 时，对虾体重增长率最高，达到 1096.64%，比对照组增加了 58.79%。邓肯多重比较结果表明，体重增长率最高时的牟氏角毛藻细胞密度为 $2\times10^4\sim8\times10^4$ cells·mL^{-1}。

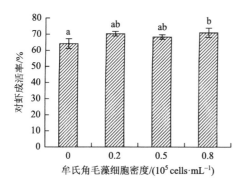

图 3-55　牟氏角毛藻细胞密度对
对虾成活率的影响

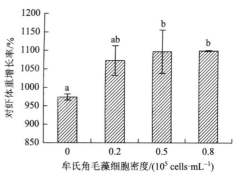

图 3-56　牟氏角毛藻细胞密度对
对虾体重增长率的影响

3. 牟氏角毛藻对对虾抗逆性的影响

氨氮胁迫下 24 h 后对虾的成活率如图 3-57 所示，牟氏角毛藻能显著（$P<0.05$）提高氨氮胁迫下对虾的抗逆性；牟氏角毛藻的细胞密度为 5×10^4 cells·mL^{-1} 时成活率最高，为 45.00%；邓肯多重比较结果表明，在氨氮胁迫下 24 h 后成活率最高的牟氏角毛藻使用范围是 $5\times10^4\sim8\times10^4$ cells·mL^{-1}。

亚硝酸盐氮胁迫下 24 h 后的对虾的成活率如图 3-58 所示，牟氏角毛藻能显著（$P<0.05$）提高亚硝酸盐氮胁迫下对虾的抗逆性；牟氏角毛藻的细胞密度为 5×10^4 cells·mL^{-1} 时成活率最高，为 75.00%；邓肯多重比较结果表明，在亚硝酸盐氮胁迫下 24 h 后成活率最高的牟氏角毛藻使用范围是 $2\times10^4\sim8\times10^4$ cells·mL^{-1}。

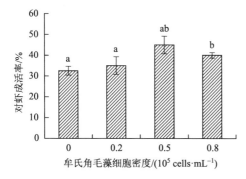

图 3-57　氨氮胁迫下 24 h 后对虾的成活率

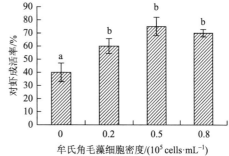

图 3-58　亚硝酸盐氮胁迫下 24 h 后
对虾的成活率

甲醛胁迫下 24 h 后对虾的成活率如图 3-59 所示，牟氏角毛藻能显著（$P<0.05$）提高甲醛胁迫下对虾的抗逆性；牟氏角毛藻的细胞密度为 5×10^4 cells·mL^{-1} 和

8×10^4 cells·mL^{-1} 时对虾成活率最高，均为 65.00%；邓肯多重比较结果表明，在甲醛胁迫下 24 h 后成活率最高的牟氏角毛藻使用范围是 $2\times10^4\sim8\times10^4$ cells·mL^{-1}。

高锰酸钾胁迫下 24 h 后对虾的成活率如图 3-60 所示，牟氏角毛藻能显著（$P<0.05$）提高高锰酸钾胁迫下对虾的抗逆性；牟氏角毛藻的细胞密度为 5×10^4 cells·mL^{-1} 时成活率最高，为 80.00%；邓肯多重比较结果表明，在高锰酸钾胁迫下 24 h 后成活率最高的牟氏角毛藻使用范围是 $2\times10^4\sim8\times10^4$ cells·mL^{-1}。

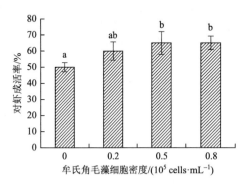 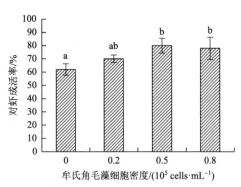

图 3-59　甲醛胁迫下 24 h 后对虾的成活率　　图 3-60　高锰酸钾胁迫下 24 h 后对虾的成活率

环境胁迫是指环境对生物所处的生存状态产生的压力，分为急性环境胁迫和慢性环境胁迫。捕捞、干扰、水质的突变等可以引起急性环境胁迫，而水质逐渐恶化和高密度放养等会造成慢性胁迫。近年来随着人类活动范围的不断扩大和程度的加深，环境资源受到了很大的破坏，养殖对虾受到的环境胁迫日益严重。这些胁迫可使对虾产生应激反应，虽然这是一种保护性反应，但持续处于应激状态，机体的免疫防御体系的功能会受到抑制，就会影响到其抗病力。微藻通过光合作用一方面能降低并消除养殖水体中的有机污染和其他有害物质，另一方面为水体提供充足的氧气，保持养殖生态系统良性循环，从而提供合适的对虾生存环境，增强对虾体质，提高对虾抗逆性、抗病力。向水体中添加等鞭金藻、绿色巴夫藻时仔虾存活率最高，添加海水小球藻时仔虾存活率较高，而添加叉鞭金藻、等鞭金藻时仔虾生长最好，添加硅藻、海水小球藻时仔虾生长较好（张辉等，2008）。本实验结果显示，牟氏角毛藻对对虾成活率影响显著（$P<0.05$），当投放细胞密度达到 8×10^4 cells·mL^{-1} 时，成活率最高；而当投放细胞密度达到 5×10^4 cells·mL^{-1} 时，体重增长率最高；氨氮胁迫下 24 h 后成活率最高的牟氏角毛藻使用范围是 $5\times10^4\sim8\times10^4$ cells·mL^{-1}；亚硝酸盐氮、甲醛、高锰酸钾胁迫下 24 h 后成活率最高的牟氏角毛藻使用范围均是 $2\times10^4\sim8\times10^4$ cells·mL^{-1}。因此，最合适的牟氏角毛藻细胞密度为 8×10^4 cells·mL^{-1}。

二、菌藻联合体对水质及凡纳滨对虾生长和抗逆性的影响

1. 不同浓度配比的混合菌藻联合体对对虾养殖水质的影响

配置不同浓度比的牟氏角毛藻-枯草芽孢杆菌-硝化细菌-光合细菌混合菌藻联合体（表 3-10）进行对虾养殖，结果表明引入不同比例菌藻组合 20 d 后，各组养殖水体中氨氮、亚硝酸盐氮和化学需氧量平均值均有显著降低，消除氨氮和亚硝酸盐氮最优的是数量比为 10∶25∶3∶60 的组合，其氨氮含量比对照组降低了 56.20%，亚硝酸盐氮含量比对照组降低了 24.98%。而降低化学需氧量效果最优的是 80∶125∶15∶3 组合，其化学需氧量比对照组降低了 20.30%。

表 3-10　混合菌藻联合体的制备

组别	使用浓度				数量比
	牟氏角毛藻 /(cells·mL^{-1})	枯草芽孢杆菌 /(cfu·mL^{-1})	硝化细菌 /(cfu·mL^{-1})	光合细菌 /(cfu·mL^{-1})	
0	0	0	0	0	0
1	0.8×10^5	1.25×10^5	1.5×10^3	3×10^4	160∶250∶3∶60
2	0.8×10^5	1.25×10^4	1.5×10^4	3×10^4	32∶5∶6∶12
3	0.8×10^5	1.25×10^4	1.5×10^3	3×10^3	160∶25∶3∶6
4	0.8×10^5	1.25×10^5	1.5×10^3	3×10^3	100∶250∶3∶6
5	0.5×10^5	1.25×10^5	1.5×10^4	3×10^4	10∶25∶3∶6
6	0.5×10^5	1.25×10^4	1.5×10^4	3×10^3	100∶25∶30∶6
7	0.5×10^5	1.25×10^5	1.5×10^4	3×10^3	80∶125∶15∶3
8	0.5×10^5	1.25×10^4	1.5×10^3	3×10^4	10∶25∶3∶60

2. 混合菌藻联合体对对虾生长指标及抗逆性的影响

混合菌藻联合体的不同浓度组合对对虾的生长指标存在影响（表 3-11）。养殖 20 d 后，对虾的成活率除第 5 组外均高于对照组，其中最高的是第 4 组，其次是第 8 组；体重增长量除第 3 组外均高于对照组，增长量最高的是第 8 组。因此，最适对虾生长的混合菌藻组合是第 8 组（数量比 10∶25∶3∶60），其成活率、体重增长率分别比对照组增加了 32.70%，46.58%左右。混合菌藻联合体对对虾抗逆性指标影响如表 3-11 所示。养殖 20 d 后第 8 组在氨氮、亚硝酸

盐氮、甲醛和高锰酸钾胁迫下 24 h 存活率为所有组中最高，分别是对照组的
2.06 倍、2.67 倍、4.25 倍、2.00 倍左右。综上所述，该组是最能提高对虾生
长指标及抗逆性的混合菌藻组合。

表 3-11　菌藻联合体对对虾生长指标及抗逆性的影响

组别	成活率/%	体重增长量/mg	胁迫条件下成活率/%			
			氨氮	亚硝酸盐氮	高锰酸钾	甲醛
0	70.33±2.59	973.86±15.66	40.00±7.07	30.00±7.07	35.00±5.66	20.00±1.41
1	85.67±6.60	1260.44±84.54	75.00±9.90	60.00±9.90	70.00±15.55	70.00±7.07
2	79.67±5.18	1140.05±56.63	40.00±5.66	40.00±5.66	70.00±4.24	70.00±8.49
3	90.00±4.24	968.63±78.75	55.00±5.66	70.00±5.66	50.00±11.31	30.00±12.73
4	94.67±5.18	1038.97±36.08	55.00±4.95	30.00±4.95	40.00±5.65	70.00±21.21
5	65.33±5.42	1261.41±84.57	70.00±12.73	40.00±12.73	40.00±16.97	40.00±18.38
6	72.00±4.24	1057.41±70.71	75.00±7.07	90.00±7.07	50.00±9.86	60.00±9.90
7	76.67±3.77	1345.29±63.63	55.00±5.66	40.00±5.66	60.00±15.56	60.00±15.55
8	93.33±4.01	1427.55±38.18	82.50±3.54	80.00±3.54	70.00±16.06	85.00±5.66

3. 优化后混合菌藻联合体对育苗水质的改善作用

　　实验设 A、B 两组，A 组为实验得出最优混合菌藻联合体，所用牟氏角毛藻
的细胞密度为 $5×10^4$ cells·mL^{-1}，枯草芽孢杆菌、硝化细菌、光合细菌的细菌浓度
分别为 $1.25×10^4$ cfu·mL^{-1}，$1.5×10^3$ cfu·mL^{-1}，$3×10^4$ cfu·mL^{-1}；B 组依照生产情
况只加牟氏角毛藻，细胞密度为 $3×10^4$ cells·mL^{-1}。

　　A、B 两组的氨氮变化趋势相同。实验前 8 d，A、B 两组的氨氮含量区别并
不明显，第 8 d 后，A、B 两组的氨氮均开始明显上升，但 A 组的氨氮始终低于 B 组
的水平。A 组 14 d 氨氮的平均值为 1.33 mg·L^{-1}，比 B 组低 22.39%（图 3-61）。引
入菌藻联合体能抑制水体中亚硝酸盐氮的产生。实验第 5 d 后，A 组的亚硝酸
始终低于 B 组的水平，A 组 14 d 亚硝酸盐氮的平均值为 0.014 mg·L^{-1}，比 B 组
低 28.33%；而两组的亚硝酸盐氮含量基本变化趋势则是在第 6 d 后开始升高，第
10 d 后又开始降低（图 3-62）。实验前 3 d，各组的化学需氧量均降低；而后，在
第 3～4 d 时维持在一个低水平；第 5 d 起，各组化学需氧量开始逐渐升高，但
第 9 d 后 A 组的化学需氧量增加速率低于 B 组。A 组 14 d 化学需氧量的平均值
为 7.01 mg·L^{-1}，比 B 组低 7.43%（图 3-63）。

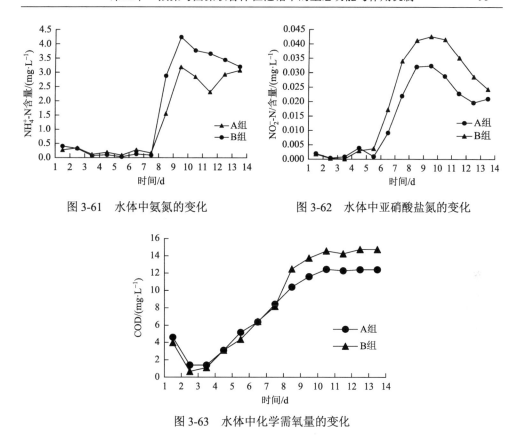

图 3-61 水体中氨氮的变化 图 3-62 水体中亚硝酸盐氮的变化

图 3-63 水体中化学需氧量的变化

藻类通过吸收氮、磷等营养盐而合成有机物，并能够向周围释放氧气，细菌能够分解利用藻类所分泌的有机物及死亡的藻细胞，其分解产物又能被藻类吸收利用，因此可以利用细菌和藻类之间的共生作用构建菌藻净化体系，寻找有效的菌藻配比关系，以达到调节水质的目的。藻、菌之间的数量配比不应看成简单的数学问题，它们之间的数量配比应该作为藻、菌生态系统功能状况的重要生态学参数。不同的藻、菌按任一比例混合培养，在特定的环境条件下，都可随时间的推移达到一个平衡生态系统，但是其中必定有一种比例是最优化的，它使生态系统在其功能的发挥过程中有最佳的表现。王高学等采用正交法建立了由栅藻、小球藻、亚硝化细菌、硝化细菌组成的复合菌藻净化体系去除养殖废水中的氨态氮和亚硝酸态氮的最优化模型，确定了单胞藻与细菌的最优化数量配比关系，即栅藻：小球藻：亚硝酸化细菌：硝化细菌 = 2.13：1：2.38：3.73；该系统对氨氮和亚硝酸盐氮的去除率分别为97.3%和58.8%（王高学等，2006）。孟睿等采用正交法建立了一种去除水产养殖废水中的化学需氧量、氨氮、亚硝酸盐氮、硝酸盐氮以及溶解态磷的最优化体积比，结果表明，地衣芽孢杆菌、硝化细菌、月芽藻、四尾栅藻接种量分别为 2.01×10^{6} cfu·mL^{-1}，2.18×10^{6} cfu·mL^{-1}、

1.95×10^6 cfu·mL^{-1} 和 1.89×10^6 cfu·mL^{-1}，V（地衣芽孢杆菌）：V（硝化细菌）：V（月芽藻）：V（四尾栅藻）为 1：2：2：2 时，污染物的去除效果最佳（孟睿等，2009）。本实验结果表明，当牟氏角毛藻、枯草芽孢杆菌、硝化细菌、光合细菌的数量比为 10：25：3：60 时，即它们的使用浓度分别为 5×10^4 cells·mL^{-1}、1.25×10^4 cfu·mL^{-1}、1.5×10^3 cfu·mL^{-1}、3×10^4 cfu·mL^{-1} 时对水质的改善效果最优，其氨氮、亚硝酸盐氮、化学需氧量分别比对照组降低了 53.20%、24.98%、19.94%。

4. 优化后混合菌藻联合体对虾苗生长和抗逆性的影响

混合菌藻联合体对对虾生长指标的影响如表 3-12 所示，出苗时 A 组 50 尾对虾的体重为 0.053 g，比 B 组增加了 3.92%；此时 A 组对虾的平均体长为 0.66 cm，比 B 组增加了 3.13%；A 组的出苗率为 58.83%，比 B 组增加了 2.01%。

表 3-12　菌藻联合体对对虾生长指标的影响

生长指标	实验组	
	A	B
出苗率/%	58.83±4.98	57.67±2.35
体重/g	0.053±0.008	0.051±0.003
体长/cm	0.66±0.02	0.64±0.023

混合菌藻联合体对对虾抗逆性的影响如表 3-13 所示，A 组对虾氨氮、亚硝酸盐氮、甲醛、高锰酸钾胁迫下 24 h 后的成活率分别比 B 组提高了 34.67%、24.01%、26.19%、64.78%。因此，挑选出的菌藻联合体对提高对虾苗的抗逆性具有促进作用。

表 3-13　菌藻联合体对对虾抗逆性的影响

胁迫条件	成活率/%	
	A 组	B 组
氨氮	69.96	51.95
亚硝酸盐氮	79.58	64.17
甲醛	21.25	16.84
高锰酸钾	37.09	22.51

在水产种苗培育中，为抑制细菌和有害菌的大量繁殖，防止病害的发生，通常在水体中会使用消毒剂或抗生素。甲醛和高锰酸钾是对虾育苗中常用的消毒剂，使用过量或者残留都会对幼虾造成胁迫，抗生素的滥用则会增加细菌的耐药性，可能导致抗药性菌群爆发性增长，最终导致育苗水体的细菌总数水平得不到有效控制。有研究发现使用甲醛和抗生素不能有效控制育苗水体的细菌总数，而且甲醛影响对虾幼体的发育，使用 5 μg·mL^{-1} 甲醛 8 h 内可使幼体推迟发育 5 h（苏国成等，2007）。本实验结果表明，引入菌藻混合联合体进行对虾育苗比只用单一牟氏角毛藻进行对虾育苗，其氨氮、亚硝酸盐氮、化学需氧量均值降低了23.39%、28.33%、7.43%、24.77%，出苗率提高了2.01%，氨氮、亚硝酸盐氮、甲醛、高锰酸钾胁迫24 h 后，存活率分别比对照组高了34.67%、24.01%、26.19%、64.78%。因此，通过向对虾育苗水体中引入菌藻联合体，既能为对虾提供开口饵料，又能通过菌藻联合体改善水质条件，提高对虾幼体的体质，增强对虾幼体的抗逆性。

第四章　浮游动物对池塘微藻丰度的控制机制

桡足类是一种小型的甲壳动物，隶属于节肢动物门，甲壳纲，桡足亚纲。作为浮游动物中最重要的类群，它种类多，数量大，在繁殖旺盛期常能在浮游动物群落中形成优势，作为海洋生态系统中能流和物流的重要"桥梁"，对维护海洋生态系统的平衡和稳定起着重要作用。同时，桡足类还是许多经济动物及其幼体，特别是养殖经济鱼类仔鱼、对虾幼苗的优良饵料。它营养成分全面，体内富含 EPA 和 DHA，可提供鱼类生长必需的不饱和脂肪酸。它的大量培养与应用是鱼虾人工育苗成功的关键之一。

1975 年，Shapiro 等首先提出了生物操纵（biomanipulation）的概念，定义为通过一系列湖泊中生物及其环境的操纵，促进一些对湖泊使用者有益的关系和结果，即藻类特别是蓝藻类的生物量的下降。换言之，生物操纵指以改善水质为目的控制有机体自然种群的水生生物群落管理。通过生物技术引入和改变养殖水域中微小生物群落的结构与功能的生态调控防病技术，是生态防病的重要内容之一。可通过人工控制养殖池塘中桡足类的种群变化来控制池塘中浮游植物种群动态平衡，以此来改善水质，维持生态平衡，达到健康生态养殖的目的。

双齿许水蚤（*Pseudodiaptomus dubia*）属于桡足亚纲（Copepoda）、哲水蚤目（Calanoida）、伪镖水蚤科（Pseudoiaptomidae）、许水蚤属（*Pseudodiaptomus*），是广东沿海海水养殖池塘中常见的一种优势种群，作为海水养殖池塘中微藻的主要消费者和经济水产动物的重要饵料来源，双齿许水蚤在调控养殖水体和饵料提供中扮演着极其重要的角色。本章内容主要介绍了双齿许水蚤从无节幼体到桡足幼体的生长发育，幼体期存活率、生殖，至所有实验雌性成体死亡的整个生命周期这一完整的过程，并构建了双齿许水蚤种群生命表，获得了双齿许水蚤种群的内禀增长率、净增殖率和世代时间，为双齿许水蚤的人工定向培育及养殖生态系统生物调控研究提供参考资料。

第一节　生态因子对双齿许水蚤摄食微藻的影响

1. 温度对双齿许水蚤摄食率的影响

如图 4-1A 和图 4-1B 所示，在适宜温度范围内，双齿许水蚤的摄食活动随着温度的升高而增加；当温度超过其生活的适宜范围，再升高温度会导致双齿许水蚤的清滤率（F）和滤食率（G）的降低，以 25～30℃ 的范围较佳。方差结果显示本实验温度范围 15～35℃ 对双齿许水蚤的 F 和 G 的影响不显著（$P>0.05$）。

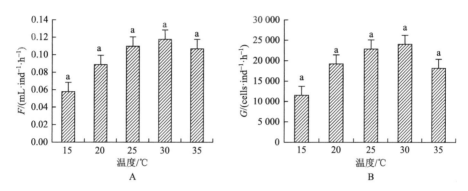

图 4-1　温度对双齿许水蚤的清滤率（F）和滤食率（G）的影响

　　温度的波动会导致桡足类生理活动的变化，因而是影响桡足类摄食率变化的因素之一。一般说来，在适宜的温度范围内，桡足类的摄食率会随着温度升高而增加，超过这个范围后摄食率又开始下降，但不同种的适温范围不同。在 20℃ 下的细巧华哲水蚤 F 和 G 都显著高于 25℃ 和 15℃（林霞，2003）；25℃ 下的瘦尾胸刺水蚤 F 和 G 都显著高于 10℃ 时的 F 和 G 值（高亚辉等，1990）。温度范围 6～20℃ 内墨氏胸刺水蚤对 F 和 G 的影响不显著（$P>0.05$）（林霞，2003），这与本实验结果一致，本实验方差分析显示温度在 15～35℃ 范围内对摄食率影响不显著，对此问题还有待于进一步验证。

2. 盐度对双齿许水蚤摄食率的影响

　　盐度对双齿许水蚤的 F 和 G 有显著影响（$P<0.05$）。图 4-2A 和图 4-2B 显示，双齿许水蚤在盐度 10～40 范围内均能摄食，在盐度 10～25 范围内，摄食活动随着盐度的升高而增加，在盐度 25 处达到高峰值，但盐度超过其生活的适宜范围后，随着盐度的增强会导致清滤率 F 和滤食率 G 的降低。双齿许水蚤在盐度 20～30 范围内 F 和 G 都达到较高值；盐度 10 时，F 和 G 最低。

　　多重均值比较显示：对于 F 来说，盐度 20、25 和盐度 40、10 差异显著（$P<0.05$），表明盐度 20、25 对双齿许水蚤的清滤率有显著的促进作用。盐度 25、20、30 和盐度 10 时的滤食率 G 差异显著，表明在盐度 10 的条件下，双齿许水蚤的滤食率最低。根据本实验结果，双齿许水蚤摄食的最适盐度为 20～30。

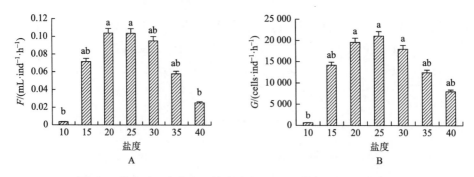

图 4-2　盐度对双齿许水蚤的清滤率（F）和滤食率（G）的影响

盐度对桡足类摄食的影响机制目前还不是很清楚，通常盐度对海洋桡足类的清滤率和滤食率影响不是很大，而对沿岸河口物种的分布影响比较明显，这可能与桡足类长期生活的水体的盐度变化有一定的关系。不同桡足类适盐范围不同，大多数种类对盐度适应性较强，但过高或过低时，其存活率或摄食率呈下降趋势。对近岸河口种类太平洋纺锤水蚤摄食率的研究结果表明盐度对 F 和 G 有显著影响，F 和 G 随盐度升高也呈先升高后降低的趋势，在最适盐度范围达到最大（高亚辉，1999）。本实验的双齿许水蚤是沿岸河口种，从实验结果看，盐度的确对它们的清滤率和滤食率有显著的影响（$P<0.05$），在盐度 20～30 的范围内得到比较大的摄食率，也可能是这些双齿许水蚤都是在盐度 28 的条件下从幼体培养起来，所以它们可能更倾向于在原培养条件盐度 28 下正常摄食。

3. pH 对双齿许水蚤摄食率的影响

pH 对双齿许水蚤的 F 影响不显著（$P>0.05$），对 G 影响显著（$P<0.05$）。如图 4-3A 和图 4-3B，在 pH 5.5～8.5 范围内，双齿许水蚤的滤食率 G 随着 pH 的升高而增加，其中在 pH 8.5 时，滤食率 G 达到最高值，为 $2.637\,3\times10^4$ cells·ind^{-1}·h^{-1}；

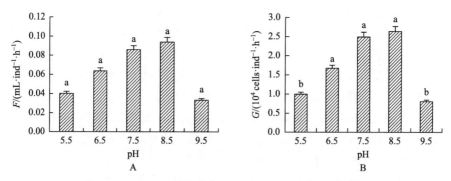

图 4-3　pH 对双齿许水蚤的清滤率（F）和滤食率（G）的影响

当 pH 超过 8.5 后，双齿许水蚤的清滤率 F 和滤食率 G 都急剧下降。由多重均值比较显示，pH 8.5、7.5 的滤食率 G 显著高于 pH 5.5 和 pH 9.5，比 pH 5.5 和 pH 9.5 高了 1.5～2.26 倍。根据本实验结果，pH 7.5～8.5 是双齿许水蚤摄食的最适范围。

pH 是海水的一个重要化学指标，它左右着海水中其他化学因子的变化，影响着水中某些有毒物质的含量，从而直接或间接地影响着水生生物的营养、消化和呼吸等新陈代谢，当然直观反映为摄食活力的降低。本次实验中，pH 对双齿许水蚤清滤率 F 影响不显著（$P>0.05$），但对滤食率 G 影响显著（$P<0.05$），pH 8.5、7.5 的滤食率 G 比 pH 5.5 和 pH 9.5 时高了 1.5～2.26 倍，本实验条件下，pH 7.5～8.5 为双齿许水蚤的最适摄食范围。

4. 光照度对双齿许水蚤摄食率的影响

光照对双齿许水蚤的 F 和 G 有显著影响（$P<0.05$）。如图 4-4A 和图 4-4B 所示，光照度为 100 lx～8000 lx 时，桡足类的摄食活动随着光照度的升高而增加，双齿许水蚤在光照度 8000 lx 时 F 和 G 最高，分别为 0.134 mL·ind^{-1}·h^{-1} 和 3.988×10^4 cells·ind^{-1}·h^{-1}，当光照度大于 8000 lx 时，清滤率 F 和滤食率 G 则随着光照度的增强而降低。由多重均值比较显示：当光照度为 8000 lx 时，双齿许水蚤的滤食率 G 分别和 100 lx、1000 lx、12 000 lx 差异显著，比光照度为 100 lx、1000 lx、12 000 lx 时的 G 分别大了 3.60 倍、1.87 倍和 2.44 倍，表明光照度 8000 lx 对双齿许水蚤的摄食活动有显著的促进作用。因此，双齿许水蚤摄食的最佳光照度为 8000 lx。

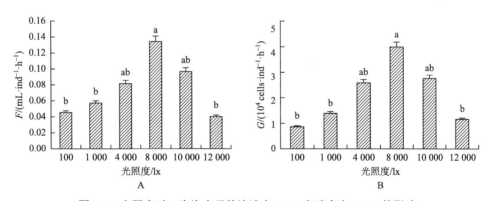

图 4-4　光照度对双齿许水蚤的清滤率（F）和滤食率（G）的影响

光照度与摄食的关系一直还很难提出一个量化的关系式。桡足类夜间摄食强度通常提高，通过肠道色素和酶的分析进一步证实了这一现象（Morales et al.，1993），但也有例外，拟长腹剑水蚤在有光时摄食量比黑暗时的要高（赵文等，2002）。在本次实验中，光照度对双齿许水蚤摄食率有显著的影响（$P<0.05$），在光照度 $100\sim$ 12 000 lx 范围内，双齿许水蚤的摄食活动先随着光照的升高而增加，但光照度超过其适宜范围，随着光照度的增强会导致桡足类的清滤率 F 和滤食率 G 的降低，光照度 8000 lx 是其摄食高峰值。在预实验尝试 24 h 连续光照实验后，发现双齿许水蚤没有摄食，证明在光照时间过长或太强的情况下，都会降低双齿许水蚤的摄食率，甚至导致双齿许水蚤不摄食。对于导致日夜间摄食行为差别的机理仍未探明，是由于桡足类自身节律还是由于光照度对摄食的影响，还需进一步探讨。

5. 饵料浓度对双齿许水蚤摄食率的影响

饵料浓度对双齿许水蚤的 F 和 G 有显著影响（$P<0.05$）。如图 4-5A 和图 4-5B 所示，在 $5\times10^4\sim2.35\times10^6$ cells·mL^{-1} 范围内，随着饵料浓度的增加，双齿许水蚤的清滤率 F 随之减少，多重均值比较显示，饵料细胞密度为 5×10^4 cells·mL^{-1} 时，对双齿许水蚤的清滤率 F 有显著增大作用；当饵料细胞密度为 $5\times10^4\sim$ 5×10^5 cells·mL^{-1} 时，双齿许水蚤的滤食率 G 随着饵料浓度的增加而增大，饵料细胞密度为 5×10^5 cells·mL^{-1} 时，其 G 最大，当饵料浓度继续增大，双齿许水蚤的滤食率却开始明显下降。细胞密度为 $3\times10^5\sim1.20\times10^6$ cells·mL^{-1} 时，双齿许水蚤的滤食率 G 显著大于 5×10^4 cells·mL^{-1}，比细胞密度为 5×10^4 cells·mL^{-1} 时的 G 大了 2 倍，因此，双齿许水蚤摄食的较适饵料细胞密度范围为 $3\times10^5\sim$ 1.20×10^6 cells·mL^{-1}。

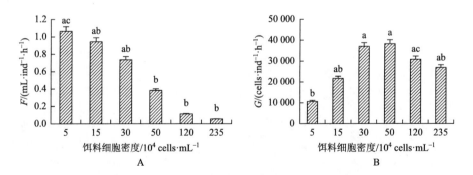

图 4-5　饵料细胞密度对双齿许水蚤的清滤率（F）和滤食率（G）的影响

当饵料细胞密度在 $5\times10^4\sim5\times10^5$ cells·mL^{-1} 范围时，双齿许水蚤的滤食率 G 随着饵料浓度的升高而升高，而在 $5\times10^5\sim2.35\times10^6$ cells·mL^{-1}，G 则随浓度的增大而下降。而清滤率 F 则随着浓度的升高而降低。但是随着饵料浓度的进一步升高，可以观察到，双齿许水蚤的清滤率下降幅度变小。这是由于在较高饵料浓度下，桡足类只要用较小的清滤率便可得到充足的食物，但是当浓度高到一定程度（饱和浓度）后，桡足类已经达到了最大的摄食潜能，这时其滤食的食物量不会随饵料浓度的增加而增加。此外，从预实验的结果看，饵料浓度如果过高，会使桡足类摄食降低甚至停止，而且由于水质恶化或缺氧还会造成实验动物的死亡。因为食物浓度过高时，动物可能靠降低清滤率或产生假粪等方法来调节滤食率，以保证其以最经济的方式获取最合适的能量，也可能因食物颗粒堵塞桡足类的滤食结构导致滤食率的下降。由此可见，滤食性浮游桡足类均有一个饱和的饵料浓度。本实验条件下，双齿许水蚤摄食湛江等鞭金藻的浓度饱和点应在 5×10^5 cells·mL^{-1}。

6. 饵料种类对双齿许水蚤摄食率的影响

饵料种类对双齿许水蚤的 F 和 G 有显著影响（$P<0.05$）。由图 4-6A 和图 4-6B 可见，双齿许水蚤对四种藻的 F 的大小顺序为：牟氏角毛藻＞扁藻＞湛江等鞭金藻＞小球藻，其中牟氏角毛藻的 F 最大，为 0.11 mL·ind^{-1}·h^{-1}，小球藻的 F 为最小，因为小球藻的生物量（W）最小，故小球藻的细胞密度最大，而 F 与藻液细胞密度呈负相关性。按细胞个数计算滤食率 G（如图 4-6B），是牟氏角毛藻＞小球藻＞湛江等鞭金藻＞扁藻，其中以扁藻的 G 值最小，为 9.5×10^3 cells·ind^{-1}·h^{-1}；但是以相同生物量转化为摄食率 I 后（图 4-7），则为：扁藻＞牟氏角毛藻＞湛江等鞭金藻＞小球藻。多重均值比较显示，饵料为牟氏角毛藻和扁藻时，双齿许水蚤的清滤率 F 和摄食率 I 显著大于湛江等鞭金藻和小球藻，其摄食率 I 是湛江等鞭金藻和小球藻的 3～5 倍。因此，双齿许水蚤对藻类的摄食存在选择性。牟氏角毛藻、扁藻是更适宜双齿许水蚤的饵料。

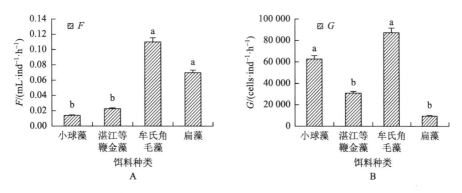

图 4-6　饵料种类对双齿许水蚤的清滤率（F）和滤食率（G）的影响

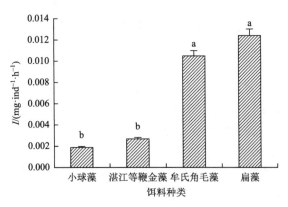

图 4-7　饵料种类对双齿许水蚤的摄食率 I 的影响

　　瘦尾胸刺水蚤对不同藻存在选择摄食，当藻细胞大小＞10 μm 时（10.2～35.8 μm），细胞越大 F 越高，而当细胞较小时（2.7～5.4 μm），F 值高低不存在规律性，桡足类网筛状过滤器大小与细胞大小的关系，滤食性桡足类的口部附肢形成一网状过滤器，一般太大的藻类难以进入过滤器，而在进入过滤器的食物颗粒中，则根据筛网间大小选择食物颗粒，一般细胞较大的藻类较易被滤住，滤水率也较大（高亚辉等，1999）。清滤率 F 则随着浓度的增加而降低（Frost，1977）。本文各种藻类的初始浓度以相同生物量，mg 为标准计算，因此，小球藻的初始细胞密度最大，扁藻和牟氏角毛藻的初始细胞密度较小。而清滤率 F 与藻液细胞浓度呈负相关性，所以双齿许水蚤对牟氏角毛藻和扁藻的清滤率 F 较大，对小球藻的 F 最小。从滤食率 G（按细胞个数）来说，是牟氏角毛藻＞小球藻＞湛江等鞭金藻＞扁藻；但是在转化为相同生物量情况下，双齿许水蚤对四种藻的摄食率比较显示，双齿许水蚤对牟氏角毛藻、扁藻的摄食量最大，小球藻最小，其中双齿许水蚤对牟氏角毛藻和扁藻的摄食量是小球藻的 5 倍多。这也证明了藻个体相对较大时，桡足类只需要较低的细胞密度就可获得较大的摄食率，个体越小，则细胞密度需要更高。

第二节　生态因子对双齿许水蚤发育和幼体存活率的影响

　　海洋桡足类是一类小型的甲壳动物，不仅种类多，数量大，分布广，在海洋食物链中发挥着承前启后的重要作用，而且是一种优质的鱼虾育苗饵料。因此，深入研究桡足类的发育和存活，不仅对海洋生态系统的了解具有重要意义，而且有利于桡足类培养工作的开展。桡足类幼体的行为研究对于研究桡足类种群动力学，尤其是建立动态模式意义重大。有学者分别对锥形宽水蚤（李松等，1983）、大型中镖水蚤（中国科学院动物研究所甲壳动物研究组，1979）和飞马哲水蚤（郑重，1984）的各期幼体形态特征进行了描述。本节内容主要介绍双齿许水蚤各期幼体的形态特征，不同温度、盐度、饵料浓度、饵料种类对双齿许水蚤幼体期的发育时间和存活率的影响。

一、双齿许水蚤无节幼体和桡足幼体外部形态的观察

根据观察所得，总结出双齿许水蚤无节幼体及桡足幼体各期的主要特征，列表 4-1。

表 4-1　双齿许水蚤无节幼体及桡足幼体各期的主要特征

无节幼体	第一触角末节刚毛数	体长/mm	桡足幼体	胸节	腹节（侧面）	体长（不含尾叉）/mm
无节幼体Ⅰ	末端 4 根	0.121~0.139	桡足幼体Ⅰ	3	2	0.325~0.425
无节幼体Ⅱ	末端 4 根	0.161~0.170	桡足幼体Ⅱ	4	2	0.467~0.504
无节幼体Ⅲ	背缘 2 根，腹缘 1 根，末端 4 根	0.190~0.220	桡足幼体Ⅲ	5	2	0.558~0.633
无节幼体Ⅳ	背缘 4 根，腹缘 3 根，末端 4 根	0.225~0.250	桡足幼体Ⅳ	5	3	0.793~0.825（雌） 0.677~0.769（雄）
无节幼体Ⅴ	背缘 6 根，腹缘 4 根，末端 4 根	0.271~0.300	桡足幼体Ⅴ	5	3（雌） 4（雄）	0.933~1.033（雌） 0.800~0.861（雄）
无节幼体Ⅵ	背缘 8 根，腹缘 4 根，末端 4 根	0.305~0.320	成体	4	3（雌） 4（雄）	1.095~1.193（雌） 0.947~1.042（雄）

二、温度对双齿许水蚤发育和幼体存活率的影响

1. 发育时间

由表 4-2、图 4-8 和图 4-9 可见，在 15~35℃范围内，随着温度的升高，双齿许水蚤的幼体期发育所需的时间越少。在无节幼体期，30℃和 35℃所需时间最少，皆为 66 h；15℃时所需时间最长，达到 294 h。在桡足幼体期，35℃发育到成体需时是 114 h，比最慢的 15℃快了 520 h。双齿许水蚤幼体期，当温度是 35℃时，其幼体期发育时间最短，为 180 h；15℃最长，为 928 h，是 35℃的 5.16 倍。由此可见，低温会降低桡足类发育速度。

表 4-2　双齿许水蚤在不同温度下幼体期的发育时间　　　（单位：h）

幼体期	不同温度下的发育时间				
	15℃	20℃	25℃	30℃	35℃
无节幼体Ⅱ	54	24	18	12	12
无节幼体Ⅲ	60	24	18	12	12
无节幼体Ⅳ	60	32	18	12	12

续表

幼体期	不同温度下的发育时间				
	15℃	20℃	25℃	30℃	35℃
无节幼体Ⅴ	60	32	18	12	12
无节幼体Ⅵ	60	32	24	18	18
无节幼体Ⅱ-Ⅵ	294	144	96	66	66
桡足幼体Ⅰ	80	30	24	18	18
桡足幼体Ⅱ	112	42	36	24	24
桡足幼体Ⅲ	128	48	36	30	24
桡足幼体Ⅳ	144	54	42	36	24
桡足幼体Ⅴ	170	66	42	36	24
桡足幼体Ⅰ-Ⅵ	634	240	180	144	114
幼体期时间	928	384	276	210	180

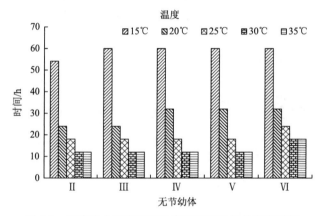

图 4-8　双齿许水蚤在不同温度下无节幼体的发育时间

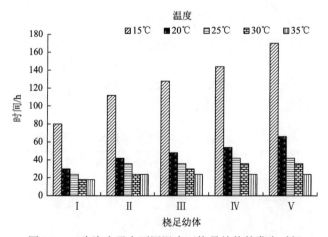

图 4-9　双齿许水蚤在不同温度下桡足幼体的发育时间

2. 生长参数

由表 4-3 和表 4-4 可见，温度对相同龄期幼体的体长和体重影响不大。其中，在无节幼体期，体重增长的幅度较小，但在进入桡足幼体期后，幼体体重变化的幅度开始增大。

由图 4-10 和图 4-11 可见，在 15～30℃范围内，高温组的各龄期的生长率总是高于低温组，在 CV 期，35℃、30℃、25℃和 20℃的生长率分别比 15℃的快了 6.35 倍、3.72 倍、3.05 倍、2.81 倍，这与各龄期的发育相符合。主要是因为在高温下，桡足类幼体的代谢加快从而加速了生长率。

表 4-3　温度对双齿许水蚤无节幼体生长的影响

龄期	指标	15℃	20℃	25℃	30℃	35℃
NII	体长/μm	165	170	165	170	170
	体重/μg C	0.058 2	0.061 8	0.058 2	0.061 8	0.060 0
	发育时间/d	2.25	1.00	0.75	0.50	0.50
	生长率/(μg C·d^{-1})	0.020 1	0.037 0	0.051 7	0.072 3	0.075 9
NIII	体长/μm	220	215	213	214	216
	体重/μg C	0.103 5	0.098 8	0.097 0	0.097 9	0.100 0
	发育时间/d	2.50	1.00	0.75	0.50	0.50
	生长率/(μg C·d^{-1})	0.012 1	0.029 5	0.039 0	0.046 4	0.034 6
NIV	体长/μm	250	245	243	238	234
	体重/μg C	0.133 6	0.128 3	0.126 2	0.121 1	0.120 0
	发育时间/d	2.50	1.33	0.75	0.50	0.50
	生长率/(μg C·d^{-1})	0.016 0	0.020 6	0.053 6	0.102 8	0.103 5
NV	体长/μm	285	270	279	284	281
	体重/μg C	0.173 7	0.155 9	0.166 4	0.172 4	0.170 0
	发育时间/d	2.50	1.33	0.75	0.50	0.50
	生长率/(μg C·d^{-1})	0.020 9	0.048 3	0.077 4	0.095 7	0.097 5
NVI	体长/μm	325	321	324	321	319
	体重/μg C	0.225 8	0.220 3	0.224 4	0.220 3	0.220 0
	发育时间/d	2.50	1.33	1.00	0.75	0.75
	生长率/(μg C·d^{-1})	0.060 5	0.060 3	0.052 7	0.117 9	0.110 8

表 4-4　温度对双齿许水蚤桡足幼体生长的影响

龄期	指标	15℃	20℃	25℃	30℃	35℃
C I	体长/μm	420	375	360	380	375
	体重/μg C	0.219 5	0.159 6	0.142 3	0.165 7	0.160 0
	发育时间/d	3.33	1.25	1.00	0.75	0.75
	生长率/(μg C·d⁻¹)	0.044 2	0.127 4	0.200 0	0.235 5	0.182 4
C II	体长/μm	504.3	479.7	492	492	467
	体重/μg C	0.366 9	0.318 8	0.342 3	0.342 3	0.300 0
	发育时间/d	4.666 7	1.75	1.50	1.00	1.00
	生长率/(μg C·d⁻¹)	0.058 7	0.199 7	0.196 0	0.164 7	0.190 2
CIII	体长/μm	615	614	613	566	558
	体重/μg C	0.640 8	0.668 2	0.696 3	0.507 0	0.490 0
	发育时间/d	5.33	2.00	1.50	1.25	1.00
	生长率/(μg C·d⁻¹)	0.082 8	0.213 3	0.318 5	0.335 3	0.351 0
CIV	体长/μm	741.075	744.15	768.75	701.1	677
	体重/μg C	1.082 2	1.094 9	1.114 0	0.926 1	0.840 0
	发育时间/d	6.00	2.25	1.75	1.50	1.00
	生长率/(μg C·d⁻¹)	0.083 7	0.246 5	0.268 7	0.438 7	0.682 9
C V	体长/μm	849	861	849	849	836
	体重/μg C	1.584 2	1.649 5	1.584 2	1.584 2	1.520 0
	发育时间/d	7.08	2.75	1.75	1.50	1.00
	生长率/(μg C·d⁻¹)	0.111 4	0.424 6	0.451 7	0.526 1	0.818 9

注：CIV～CV 的体长是以雄性为标准计算。

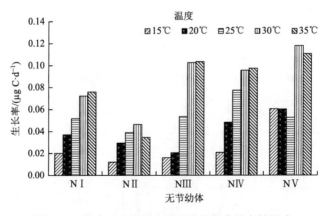

图 4-10　温度对双齿许水蚤无节幼体生长率的影响

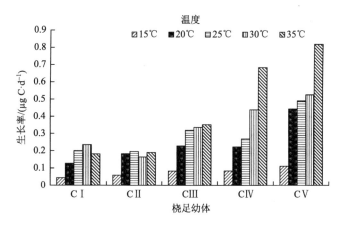

图 4-11　温度对双齿许水蚤桡足幼体生长率的影响

3. 幼体存活率

由图 4-12 可见，温度对双齿许水蚤存活率有显著的影响（$P<0.05$）。在 15℃～ 30℃的范围内，高温组的存活率总是高于低温组。在无节幼体期和桡足幼体期，存活率先随着温度的升高而升高，在 30℃达到最高峰，分别为 80% 和 67.5%，当温度大于 30℃时，存活率又下降。

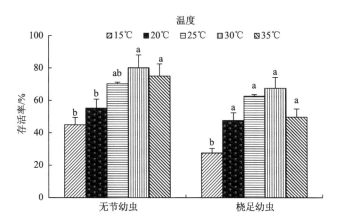

图 4-12　温度对双齿许水蚤幼体期存活率的影响

均值比较显示，双齿许水蚤无节幼体期在 30℃、35℃时存活率显著高于 15℃ 和 20℃（$P<0.05$）；桡足幼体期，20～35℃的存活率显著高于 15℃（$P<0.05$），30℃的存活率比 15℃的高出 1.45 倍。可以看出，双齿许水蚤的较适生长温度为 20～35℃左右。

水温是影响海洋无脊椎动物生存、生长发育的主要因子之一，温度影响其体内的新陈代谢强度及耗氧量，进而影响其对外界环境变化的抵抗力。温度过高时，新陈代谢加快，耗氧量增加，蛋白质消耗过多，导致存活率下降。温度对双齿许水蚤的幼体期发育时间、存活率和生长率的影响显著。随着温度的升高，双齿许水蚤的幼体期发育所需的时间越少，各龄期的生长率越高；在 15～30℃内，存活率随温度的升高而升高。但也并不是温度越高就越有利于桡足类生长，在 35℃时，幼体的存活率有所下降。在温度对双齿许水蚤发育影响的实验中，随着温度的降低，幼体的发育越慢。桡足类在发育过程中有三个敏感期，即从受精卵发育到无节幼体，从无节幼体Ⅲ期发育到Ⅳ期（开始摄食），从无节幼体Ⅵ期发育到桡足幼体Ⅰ期。在此期间对环境变化比较敏感，较易死亡。而发育所需时间越长，就越容易使敏感期延长，从而导致双齿许水蚤幼体发生死亡，15℃下，整个幼体期发育需 33 d，因此死亡率较高。

在本实验温度范围内，双齿许水蚤无节幼体和桡足幼体体长和体重没有明显的差别。有研究表明，在较低的温度条件下得到的成体体长最长（浦新明，2003）；大的体重对应较长的发育时间（Hirst et al.，2002）。在本实验中，不同温度下，相同龄期幼体的体长没有明显的差别，而大的体重也没有对应较长的发育时间，可能是因为他们的研究是现场调查，而本次实验中只是短期的不同温度的处理，而温度需要经过几个世代的长期处理才能显著影响体长。

三、盐度对双齿许水蚤发育和幼体存活率的影响

1. 发育时间

在五个不同盐度梯度下培养双齿许水蚤，从表 4-5、图 4-13 和图 4-14 看出，盐度对无节幼体期及桡足幼体期的发育时间影响不大。盐度为 23.0 的无节幼体期的发育时间为 60 h，比盐度为 36.4 的快 23.08%。

幼体发育最快的盐度是 23.0，所需发育时间为 150 h；其次是 16.3 组和 9.6 组，为 178 h；发育最慢的是 36.4 组，为 198 h，比盐度为 23.0 时桡足幼体期的时间多出 32%。双齿许水蚤的幼体期的发育周期随着盐度的增高而逐渐缩短，但当盐度大于 23.0 时，随着盐度的增高发育周期又逐渐延长。

表 4-5　不同盐度下培养双齿许水蚤幼体期各个发育阶段的历时　（单位：h）

幼体期	不同盐度下的历时				
	9.6	16.3	23.0	29.7	36.4
无节幼体Ⅱ	12	12	12	12	12
无节幼体Ⅲ	12	12	12	12	12
无节幼体Ⅳ	12	12	12	18	18

续表

幼体期	不同盐度下的历时				
	9.6	16.3	23.0	29.7	36.4
无节幼体Ⅴ	18	18	12	18	18
无节幼体Ⅵ	18	18	12	18	18
无节幼体时间（Ⅱ～Ⅵ）	72	72	60	78	78
桡足幼体Ⅰ	18	18	18	20	24
桡足幼体Ⅱ	20	18	18	24	24
桡足幼体Ⅲ	20	20	18	24	24
桡足幼体Ⅳ	24	24	18	24	24
桡足幼体Ⅴ	24	24	18	24	24
桡足幼体时间（Ⅰ～Ⅴ）	106	106	90	116	120
幼体期	178	178	150	194	198

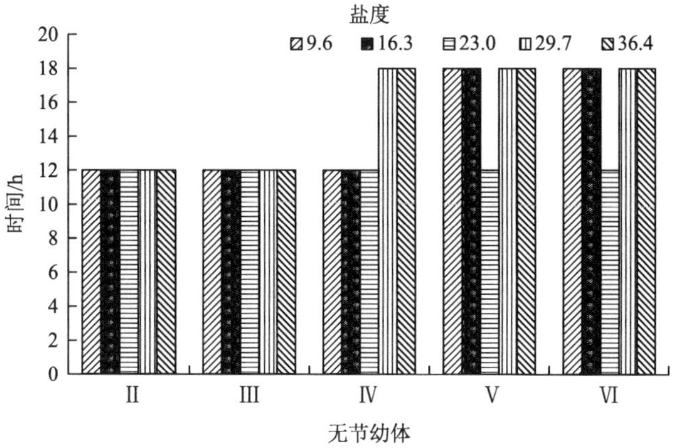

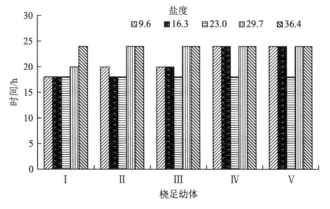

图 4-13 双齿许水蚤无节幼体在不同盐度下的发育时间

图 4-14 双齿许水蚤桡足幼体在不同盐度下的发育时间

2. 幼体存活率

由图 4-15 可见，盐度对双齿许水蚤发育期存活率的影响不显著（$P > 0.05$）。在本实验条件下，盐度 9.6～36.4 范围内，皆是双齿许水蚤生长发育的适宜盐度范围。这也证明了双齿许水蚤是一种广盐性种类，能抵抗不同盐度的影响。

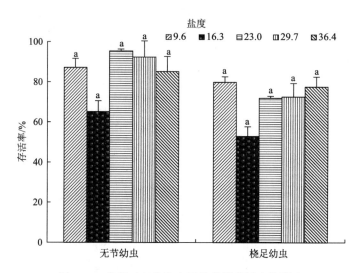

图 4-15　盐度对双齿许水蚤幼体期存活率的影响

盐度在 9.6～36.4 范围内对双齿许水蚤发育的影响不显著。盐度 23.0 组幼体发育周期最短，为 150 h，盐度 36.4 组幼体的发育周期最长，为 198 h，23.0 组比 36.4 组发育快了 24.24%。幼体期发育周期先随着盐度的升高而缩短，但当盐度大于 23.0 时，随着盐度的升高发育周期又变长。刺尾纺锤水蚤的桡足类幼体的发育周期随着盐度的升高逐渐缩短，但当盐度高于 23.7 时，随着盐度的升高发育周期又逐渐延长（林利民等，1998）。这与本实验结果相似。

盐度对双齿许水蚤发育期存活率的影响不显著（$P > 0.05$）。每一种桡足类有一定的盐度适应范围，包括耐盐的高、低域值。在其适盐范围内，盐度的变化并不影响动物的存活率，但超过了这一范围，存活率会不同程度地下降。对九龙江口桡足类和盐度的关系研究表明：在盐度 0～28.2 桡足类有较高成活率，而且变化幅度不大（黄加棋等，1984）。河口动物适应盐度的变化是与渗透压和离子调节机制密切相关，在正常环境中，动物体内的体腔液、血液与体外液保持渗透压和离子浓度的平衡；当盐度改变时，动物可以通过呼吸和排泄器官的调节机制来调节渗透压和离子浓度，使之进行正常的生理活动。河口和沿岸类群的桡足类其适盐范围较广，能抵抗不同盐度的影响。盐度在 5.17～27.11 范围内，细巧华哲水蚤可存活近 4 个月（林霞等，2001）。这些都说明了沿岸河口桡足类对盐度的变化具有较强的适应能力。实验结果显示，双齿许水蚤对盐度变化范围的适应能力较强，应属广盐性桡足类。

四、饵料浓度对双齿许水蚤发育和幼体存活率的影响

1. 发育时间

由表 4-6、图 4-16 和图 4-17 看出，饵料浓度对无节幼体的发育时间没影响，由无节幼体 II 发育到无节幼体 VI 皆需 66 h。而在桡足幼体期，饵料细胞密度为 3×10^5 cells·mL^{-1} 时的发育时间最短，为 108 h；饵料细胞密度为 5×10^4 cells·mL^{-1} 时的发育时间最长，为 174 h，比细胞密度为 3×10^5 cells·mL^{-1} 组的发育时间增加了 61%。当饵料细胞密度为 3×10^5 cells·mL^{-1} 时，双齿许水蚤的幼体发育最快，所需发育时间为 174 h，比 5×10^4 cells·mL^{-1} 组和 1.7×10^6 cells·mL^{-1} 组的发育时间缩短了 26% 左右。因此，饵料浓度过多或过少均不利于双齿许水蚤的幼体发育。

表 4-6　双齿许水蚤在不同饵料细胞密度下幼体期的发育时间　（单位：h）

幼体期	饵料细胞密度/(10^4 cells·mL^{-1})				
	5	30	60	120	170
无节幼体 II	12	12	12	12	12
无节幼体 III	12	12	12	12	12
无节幼体 IV	12	12	12	12	12
无节幼体 V	12	12	12	12	12
无节幼体 VI	18	18	18	18	18
无节幼体 II-VI	66	66	66	66	66
桡足幼体 I	18	12	18	18	18
桡足幼体 II	24	18	24	30	36
桡足幼体 III	24	18	24	30	36
桡足幼体 IV	42	30	30	30	36
桡足幼体 V	66	30	30	30	42
桡足幼体 I-VI	174	108	126	138	168
幼体期时间	240	174	192	204	234

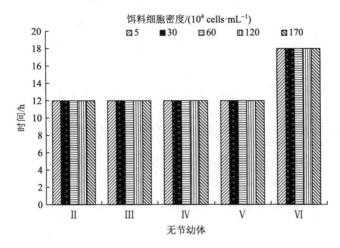

图 4-16　双齿许水蚤在不同饵料细胞密度下无节幼体的发育时间

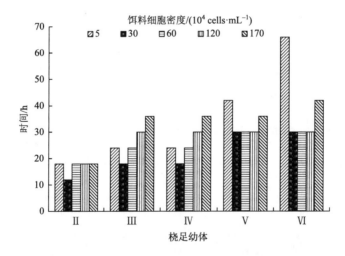

图 4-17　双齿许水蚤在不同饵料细胞密度下桡足幼体的发育时间

2. 生长参数

饵料浓度对双齿许水蚤无节幼体和桡足幼体体长和体重影响见表 4-7 和表 4-8。无节幼体期的体长和体重没有明显的差别；在桡足幼体期，除 CI 桡足幼体期，1.7×10^6 cells·mL^{-1} 组的体重比其他各浓度组要小 70%左右。

由图 4-18 和图 4-19 看出，饵料浓度对无节幼体期的生长率无影响，对桡足幼体期生长率有影响。在桡足幼体期，在 $3 \times 10^5 \sim 1.2 \times 10^6$ cells·mL^{-1} 范围内，其生长率的总体趋势较高。表明在本实验条件下，$3 \times 10^5 \sim 1.2 \times 10^6$ cells·mL^{-1} 是适于双齿许水蚤的饵料细胞密度范围。

表 4-7 不同饵料细胞密度对双齿许水蚤无节幼体生长的影响

龄期	指标	饵料细胞密度/(10^4 cells·mL^{-1})				
		5	30	60	120	170
N II	体长/μm	168	170	167	166	169
	体重/μg C	0.058	0.062	0.058	0.062	0.062
	发育时间/d	0.5	0.5	0.5	0.5	0.5
	生长率/(μg C·d^{-1})	0.073	0.069	0.088	0.082	0.07
NIII	体长/μm	213	212	220	216	212
	体重/μg C	0.103	0.099	0.097	0.098	0.100
	发育时间/d	0.5	0.5	0.5	0.5	0.5
	生长率/(μg C·d^{-1})	0.067	0.064	0.050	0.063	0.071
NIV	体长/μm	247	245	245	248	248
	体重/μg C	0.134	0.128	0.126	0.121	0.117
	发育时间/d	0.5	0.5	0.5	0.5	0.5
	生长率/(μg C·d^{-1})	0.044	0.079	0.055	0.026	0.037
N V	体长/μm	267	280	270	260	265
	体重/μg C	0.174	0.156	0.166	0.172	0.169
	发育时间/d	0.5	0.5	0.5	0.5	0.5
	生长率/(μg C·d^{-1})	0.093	0.076	0.086	0.101	0.097
NVI	体长/μm	315	310	305	302	305
	体重/μg C	0.226	0.220	0.224	0.220	0.218
	发育时间/d	0.75	0.75	0.75	0.75	0.75
	生长率/(μg C·d^{-1})	0.150 7	0.127 0	0.115 0	0.141 0	0.136 0

表 4-8 不同饵料细胞密度对双齿许水蚤桡足幼体生长的影响

龄期	指标	饵料细胞密度/(10^4 cells·mL^{-1})				
		5	30	60	120	170
C I	体长/μm	390	375	365	380	375
	体重/μg C	0.178	0.160	0.148	0.166	0.182
	发育时间/d	0.75	0.50	0.75	0.75	0.75
	生长率/(μg C·d^{-1})	0.252	0.318	0.259	0.236	0.182
C II	体长/μm	504.3	479.7	492	492	467.4
	体重/μg C	0.367	0.319	0.342	0.342	0.127
	发育时间/d	1.00	0.75	1.00	1.25	1.50
	生长率/(μg C·d^{-1})	0.274	0.429	0.354	0.132	0.127
CIII	体长/μm	615.0	615.0	633.5	565.8	557.6
	体重/μg C	0.641	0.641	0.696	0.507	0.234
	发育时间/d	1.00	0.75	1.00	1.25	1.50
	生长率/(μg C·d^{-1})	0.441	0.605	0.503	0.335	0.234

续表

龄期	指标	饵料细胞密度/(10^4 cells·mL^{-1})				
		5	30	60	120	170
CIV	体长/μm	741.1	744.2	768.8	701.1	676.5
	体重/μg C	1.082	1.095	1.200	0.926	0.455
	发育时间/d	1.75	1.25	1.25	1.25	1.50
	生长率/(μg C·d^{-1})	0.147	0.444	0.308	0.526	0.455
CV	体长/μm	799.5	861.0	848.7	848.7	836.4
	体重/μg C	1.339	1.650	1.584	1.584	0.396
	发育时间/d	2.75	1.25	1.25	1.25	1.75
	生长率/(μg C·d^{-1})	0.297	0.601	0.653	0.653	0.396

注：CIV～CV的体长是以雄性为标准计算。

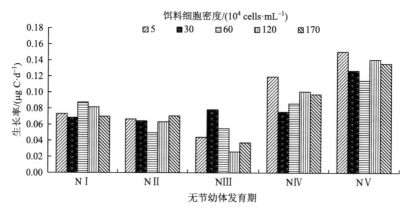

图 4-18　饵料细胞密度对双齿许水蚤无节幼体生长率的影响

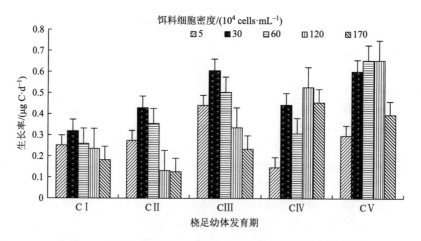

图 4-19　饵料细胞密度对双齿许水蚤桡足幼体生长率的影响

3. 幼体存活率

饵料浓度对双齿许水蚤发育期存活率有显著的影响（$P<0.05$）（图 4-20）。双齿许水蚤的存活率随着饵料浓度的升高而降低。在桡足幼体期，3×10^5 cells·mL^{-1} 的存活率最高，其次是 6×10^5 cells·mL^{-1}，分别为 82.5% 和 80%，比存活率最低的 1.7×10^6 cells·mL^{-1} 组高出 2 倍左右，表明饵料细胞密度越高，其存活率就越低。

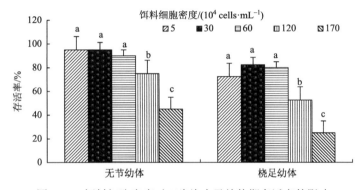

图 4-20　饵料细胞密度对双齿许水蚤幼体期存活率的影响

在双齿许水蚤幼体期，5×10^4 cells·mL^{-1}、3×10^5 cells·mL^{-1}、6×10^5 cells·mL^{-1} 的存活率显著高于 1.2×10^6 cells·mL^{-1}、1.7×10^6 cells·mL^{-1}，而 1.2×10^6 cells·mL^{-1} 的存活率也显著高于 1.7×10^6 cells·mL^{-1}。按此实验结果分析，在本实验条件下，双齿许水蚤幼体最适饵料细胞密度范围为 $5\times10^4\sim6\times10^5$ cells·mL^{-1}，最佳饵料细胞密度为 3×10^5 cells·mL^{-1}。

饵料是影响桡足类生长繁殖的一个重要因子，饵料过多或过少都会对桡足类生长、繁殖不利。食物浓度越高，双刺纺锤水蚤的桡足类发育速度越快（李捷等，2006）。本实验中，较高细胞密度组（$3\times10^5\sim1.2\times10^6$ cells·mL^{-1}）的双齿许水蚤的发育时间明显快于最低细胞密度组（5×10^4 cells·mL^{-1}），表明充足的饵料能显著提高桡足类的生长速度。饵料不足会导致桡足类发育的推迟。近亲真宽水蚤在最低饵料细胞密度下（10^3 cells·mL^{-1}）所需的发育时间是最高浓度组的 2 倍（Ban，1994），该结果与本实验一致。本实验中，双齿许水蚤发育至桡足幼体期时，细胞密度最低组（5×10^4 cells·mL^{-1}）所需的发育时间最长，比发育最快的细胞密度组 3×10^5 cells·mL^{-1} 慢了 2.75 d。在低浓度饵料下，浮游动物将分配较少的能量用于生长和繁殖上，而增加用于呼吸、甲壳形成等维持代谢的能量，因此生长率较慢。本实验中，虽然低细胞密度组（5×10^4 cells·mL^{-1}）在桡足幼体期发育速度明显比高细胞密度组（$3\times10^5\sim1.2\times10^6$ cells·mL^{-1}）要慢得多，但是各浓度组在无节幼体期时的发育速度则无差异（表 4-7）。笔者认为，无节幼体在早期阶段（NⅠ-NⅢ）并不需要进行摄食或者摄食量非常少，直至无节幼体 NⅣ 期时，才开始正式摄食，故此，双齿许水蚤在无节幼体期摄食量较少，低细胞密度 5×10^4 cells·mL^{-1} 组的饵料也能满足无节幼体的生长发育，而到了桡足幼体期，随着生长发育，所需的能量及营养要求越高，低浓度组的桡足幼体补充不到充足的营养，发育所需时间就越长。饵料浓度过大也不利于桡足类的生长，尖额真猛水蚤在饵料细胞密度高达 $8.5 \times 10^6 \sim 1.68 \times 10^4$ cells·mL^{-1} 时，其生长繁殖受到抑制（陈世杰，1988）。本研究也发现同样的现象，在 $3 \times 10^5 \sim 1.7 \times 10^6$ cells·mL^{-1} 范围内，双齿许水蚤幼体的发育时间随饵料浓度的增大而延长，细胞密度最高组（1.7×10^6 cells·mL^{-1}）的发育时间为 234 h，与发育最慢的最低细胞密度组（5×10^4 cells·mL^{-1}）几乎相同。因此，饵料浓度过高或过低都不利于桡足类的生长发育。本实验中，双齿许水蚤生长发育的最适饵料细胞密度为 $3 \times 10^5 \sim 1.2 \times 10^6$ cells·mL^{-1}。

在一定范围内，桡足类的存活率随着饵料浓度的增加而增加，饵料缺乏会导致存活率下降。尖额真猛水蚤的最适饵料细胞密度为 $8 \times 10^5 \sim 10^6$ cells·mL^{-1}，当饵料细胞密度上升至 $8.5 \times 10^6 \sim 1.68 \times 10^7$ cells·mL^{-1} 以上时，死亡率急剧升高（陈世杰，1988）。本实验中，双齿许水蚤幼体期的存活率在细胞密度为 $5 \times 10^4 \sim 6 \times 10^5$ cells·mL^{-1} 时最高，之后随着食物浓度的升高而逐渐降低，证明食物浓度过高是不可取的（图 4-20）。而笔者在之前对双齿许水蚤摄食率的研究中也发现，当饵料细胞密度为 $5 \times 10^4 \sim 5 \times 10^5$ cells·mL^{-1} 时，双齿许水蚤的滤食率随着饵料浓度的增加而增大，但是当饵料浓度继续增大，双齿许水蚤的滤食率却明显下降。这表明高浓度饵料带来的缺氧或代谢物过多分泌等问题会影响双齿许水蚤正常的生理活动，而过高的饵料浓度也会堵塞桡足类的滤食器官，导致桡足类死亡，因此过高的饵料浓度不利于双齿许水蚤的存活。本实验中，最利于双齿许水蚤存活的最适饵料细胞密度范围为 $5 \times 10^4 \sim 6 \times 10^5$ cells·mL^{-1}。

五、饵料种类对双齿许水蚤发育和幼体存活率的影响

1. 发育时间

无节幼体期，当饵料是牟氏角毛藻时幼体的发育时间最短，为 60 h；饵料是小球藻、湛江等鞭金藻和扁藻时，发育时间皆为 72 h；饵料是小环藻时，发育最慢，需时 96 h。桡足幼体期，饵料是角毛藻时幼体发育最快，其次是扁藻和小环藻；当饵料是小球藻时，发育到桡足幼体Ⅳ期就全部死亡。双齿许水蚤的幼体发育最快的是牟氏角毛藻作为饵料时，所需发育时间为 168 h；发育最慢的是小环

藻，为 222 h，比牟氏角毛藻组慢了 32%，这可能是因为小环藻外被坚硬的硅质壳，幼体对其的消化吸收需要更长的时间（表 4-9）。

表 4-9　双齿许水蚤在不同饵料下幼体的发育时间　　（单位：h）

幼体期	小球藻	湛江等鞭金藻	牟氏角毛藻	扁藻	小环藻
无节幼体 II	12	12	12	12	12
无节幼体 III	12	12	12	12	18
无节幼体 IV	12	12	12	12	18
无节幼体 V	18	18	12	18	24
无节幼体 VI	18	18	12	18	24
无节幼体 II～VI	72	72	60	72	96
桡足幼体 I	42	18	18	18	18
桡足幼体 II	48	24	18	18	18
桡足幼体 III	48	24	18	24	24
桡足幼体 IV	死亡	30	24	30	30
桡足幼体 V		42	30	36	36
桡足幼体 I～VI		138	108	126	126
幼体期时间		210	168	198	222

2. 生长参数

饵料种类对双齿许水蚤桡足幼体体长和体重无显著影响（表 4-10）。但是饵料种类对双齿许水蚤幼体期的生长率有显著的影响（$P < 0.5$）（图 4-21）。无节幼体期时，扁藻组与牟氏角毛藻组的生长率达 0.05 μg C·d^{-1} 以上，均显著高于湛江等鞭金藻、小球藻及小环藻组，比最慢的小环藻组快了 2.4 倍；湛江等鞭金藻组的幼体生长率显著高于小球藻及小环藻组；小球藻组的生长率显著高于小环藻组。桡足幼体期时，牟氏角毛藻组的幼体的生长率显著高于其他饵料组，比湛江等鞭金藻、扁藻及小环藻组快了 14%～27%；湛江等鞭金藻、扁藻及小环藻组的桡足幼体生长率差异不明显，生长率为 0.143 1～0.158 9 μg C·d^{-1}。

表 4-10　饵料种类对双齿许水蚤桡足幼体生长的影响

龄期	指标	饵料种类			
		湛江等鞭金藻	牟氏角毛藻	扁藻	小环藻
C I	体长/μm	395	397.5	425	365
	体重/μg C	0.184 688	0.187 991	0.226 868	0.147 925
	发育时间/d	0.75	0.75	0.75	0.75
	生长率/(μg C·d^{-1})	0.178 823	0.172 057	0.132 744	0.197 918

龄期	指标	饵料种类			
		湛江等鞭金藻	牟氏角毛藻	扁藻	小环藻
CII	体长/μm	479.7	478.75	483.75	467.4
	体重/μg C	0.318 805	0.317 034	0.326 426	0.296 364
	发育时间/d	1.00	0.75	0.75	0.75
	生长率/(μg C·d⁻¹)	0.262 414	0.354 081	0.311 825	0.253 64
CIII	体长/μm	594	594.5	586.3	557.6
	体重/μg C	0.581 219	0.582 595	0.560 295	0.486 594
	发育时间/d	1.00	0.75	1.00	1.00
	生长率/(μg C·d⁻¹)	0.344 846	0.387 061	0.307 247	0.351 036
CIV	体长/μm	701.1	686.5	685.0	676.5
	体重/μg C	0.926 066	0.872 891	0.867 542	0.837 631
	发育时间/d	1.25	1.00	1.25	1.25
	生长率/μg C·d⁻¹	0.578 767	0.711 270	0.625 586	0.583 009
CV	体长/μm	861.0	848.7	861.0	845.3
	体重/μg C	1.649 525	1.584 161	1.649 525	1.566 392
	发育时间/d	1.75	1.25	1.5	1.5
	生长率/(μg C·d⁻¹)	0.496 815	0.653 135	0.500 704	0.556 125

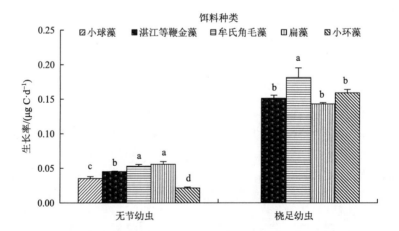

图 4-21　饵料种类对双齿许水蚤无节幼体、桡足幼体生长率的影响

3. 幼体存活率

饵料种类对双齿许水蚤幼体期存活率有显著的影响（图 4-22）（$P < 0.5$）。无节幼体期，饵料为牟氏角毛藻、湛江等鞭金藻及扁藻时，无节幼体的存活率最高，

为 87.5%～95%，显著高于小球藻及小环藻组；小球藻组及小环藻组的存活率较低，为 65%～75%。桡足幼体期，牟氏角毛藻、湛江等鞭金藻及扁藻组的桡足幼体存活率显著高于小环藻组，为 85%～92.5%，比小环藻组高了 55%～68%；小环藻组的幼体存活率显著高于小球藻组。小球藻组的幼体在发育至桡足幼体Ⅲ期时全部死亡。

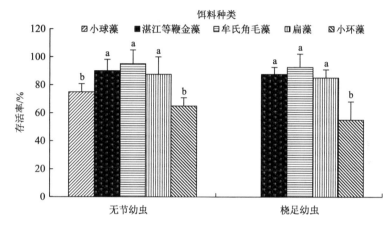

图 4-22　饵料种类对双齿许水蚤幼体期存活率的影响

　　饵料是影响桡足类生长繁殖的重要因素。适宜的饵料能提高幼体的存活率和发育速度，低质量饵料会导致幼体需要更长的时间获取足够营养发育甚至死亡。同样的，双齿许水蚤幼体的发育速度、存活率与其饵料的质量有关。

　　桡足类属于滤食性动物，通过滤食器官两侧的刚毛过滤食物，粒径太小的颗粒无法被滤食刚毛所截留。无节幼体在小球藻组时的存活率达 75%，但是随着幼体个体的增大，粒径太小的小球藻无法被桡足类所摄食。小型桡足类无节幼体可摄食的饵料粒径下限为 3～5 μm（Hargrave et al.，1970）。本实验中，小球藻的粒径为 1.8 μm，远低于小型桡足类可摄食的最小粒径范围，因此，小球藻组的双齿许水蚤无法发育至成体即全部死亡。在对中华哲水蚤、双刺纺锤蚤的研究中也发现类似的现象，当以粒径最小的眼点拟球藻（粒径为 3.1 μm）为饵料时，两者分别在发育至无节幼体Ⅵ期、桡足幼体Ⅰ期后全部死亡，尽管眼点拟球藻营养价值高，富含高不饱和脂肪酸 EPA，但是其仍不是桡足类的适口饵料（李捷等，2006）。因此，桡足类可摄食的最小饵料粒径与其发育阶段及种类有关。本实验发现小球藻不是双齿许水蚤幼体适宜的饵料。而牟氏角毛藻、湛江等鞭金藻、扁藻、小环藻的粒径均属于双齿许水蚤可摄食的粒径范围，均能支持桡足类幼体的正常生长发育。金藻门的湛江等鞭金藻常被认为是浮游动物的优良饵料。本实验中，扁藻组、牟氏角毛藻组及湛江等鞭金藻组的幼体均具有较高的生长率及存活率。

有学者认为硅藻不是桡足类无节幼体发育的理想饵料（Poulet et al.，2007）。柱形宽水蚤在以硅藻海链藻、中肋骨条藻及三角褐指藻为食时，幼体无法发育至成体，死亡率比非硅藻饵料高，可能原因是硅藻能分泌一种醛类物质阻止桡足类发育（Carotenuto et al.，2002）。当桡足类以牟氏角毛藻为饵料时，发育慢且具有高的死亡率，所以不是幼体的适口饵料（Koski et al.，2008）。然而本实验中却发现相反的结果，硅藻门的牟氏角毛藻及小环藻均可支持双齿许水蚤幼体的生长发育。其中，牟氏角毛藻是双齿许水蚤幼体生长发育的最适生物饵料，该组幼体发育速度、生长率及存活率显著高于绿藻门的扁藻及金藻门的湛江等鞭金藻。在对猛水蚤的摄食研究也发现，其对牟氏角毛藻具有较高的摄食率，并且发育速度较快（许捷等，2012）。小环藻组的幼体虽然在无节幼体的发育时间最长且生长率显著低于其他饵料组，但是在桡足幼体时其发育速度、生长率与湛江等鞭金藻、扁藻无显著差异，且超过半数的幼体均能发育至成体。因此，小环藻作为饵料，不适于无节幼体的生长，但是适用于桡足幼体的生长发育。笔者认为小环藻外被坚硬的硅质壳，无节幼体对其消化吸收需要更长的时间，从而降低了无节幼体的发育速度。

第三节　生态因子对双齿许水蚤生殖的影响

一般说来，桡足类发育快，生殖周期短，而且是广温、广盐和广分布，生活力较强，食物链较短的近岸半咸水种类较易培养成功。带卵囊桡足类的卵因得到带体卵囊的保护而保持了高孵化率和幼体存活率，从而具有较强的抵抗外界恶劣环境的能力，并能够进行高密度培养以获得高的无节幼体产量，因此，带卵囊桡足类水蚤更适于作为海水鱼类育苗开口活饵料的来源。

双齿许水蚤是广东沿海海水养殖池塘中常见的一种优势种群，属近岸半咸水种类，与大多数桡足类直接将卵产于水体不同，双齿许水蚤是挂卵生殖种类，故此选择它做培养对象。双齿许水蚤的生殖最佳条件的确定，是大规模开展双齿许水蚤培养工作的前提和基础。这次实验拟从各种生态因子的角度，对双齿许水蚤无节幼体到桡足幼体的生长发育和存活率、成体后的配对、生命周期的存活曲线、生殖这一完整的过程进行研究探讨，并根据所得数据，构建双齿许水蚤种群生命表，比较研究其种群增长的主要参数，以确定双齿许水蚤的最适生长条件，以期对桡足类种群变化进行更全面的研究，也为利用桡足类调控养殖水环境奠定一定的基础。

一、温度对双齿许水蚤生殖的影响

1. 生殖参数

双齿许水蚤的寿命和孵化时间均随着温度的升高而变短，35℃时的平均寿命和孵化时间最短，分别为 41.3 d、1.02 d，分别比 20℃的寿命和孵化时间少了 64.46%、60.77%。在 20～30℃范围内，每雌一生中产幼量和繁殖次数随温度的增加而增加，当温度大于 30℃则下降，最高平均产幼量和最高繁殖次数均出现在 30℃，分别为 480.25 个/雌、30 次；其次为 25℃。因此，双齿许水蚤的生殖最佳温度范围为 25～30℃左右（表 4-11）。

表 4-11　不同温度下双齿许水蚤的发育生殖参数

生长发育指标	温度/℃			
	20	25	30	35
产前发育期/d	16.00	11.50	8.75	7.50
生殖期/d	100.2	54.00	46.5	33.8
寿命范围/d	84～119	41～79	37～64	39～45
平均寿命/d	116.2	65.5	55.3	41.3
每雌总产幼量范围/个	72～467	199～447.5	255～583	1～20
每雌平均总产幼量/个	195.13	316.75	480.25	3.88
一生繁殖次数/次	20	26	30	0.5
每胎平均生殖量/个	9.58	12.18	16.00	7.75
孵化时间/天	2.60	2.05	1.20	1.02

2. 生殖力生命表

当温度为 30℃时，双齿许水蚤的内禀增长率（r_m）、周限增长率（λ）及净增殖率（R_0）均最高，分别为 0.195 d^{-1}、1.215、264.000；25℃组次之，为 0.154 d^{-1}、1.166 和 163.000；最低的是 35℃，为 0.076 d^{-1}、1.079 和 3.300。25℃和 30℃下双齿许水蚤的种群倍增时间分别为 4.500 d 和 3.570 d，均少于 20℃和 35℃。双齿许水蚤的世代时间 T 则随着温度的升高而减少，35℃时最短为 15.740 d；最长为 20℃，为 58.450 d，是 35℃（时）的 3.71 倍（表 4-12、表 4-13）。因此，25～30℃是其种群增长的最适温度范围。

表 4-12　不同温度下双齿许水蚤的生殖力生命表

年龄 (x)/d	存活比（l_x）				平均产幼量（m_x）/个				$l_x \cdot m_x$				$x \cdot l_x \cdot m_x$			
	20℃	25℃	30℃	35℃	20℃	25℃	30℃	35℃	20℃	25℃	30℃	35℃	20℃	25℃	30℃	35℃
1	1.00	1.00	1.00	1.00	0.00	0.00	0.00	0.00	0.00	0.00	0.00	0.00	0.00	0.00	0.00	0.00
3		0.75	0.80	0.75		0.00	0.00	0.00		0.00	0.00	0.00		0.00	0.00	0.00
6	0.60		0.68	0.45		0.00	0.00	0.00		0.00	0.00	0.00		0.00	0.00	0.00
11	0.60	0.63	0.68	0.45	0.00	0.00	9.71	3.00	0.00	0.00	6.60	1.35	0.00	0.00	72.63	14.85
12	0.60	0.63	0.68	0.45	0.00	6.67	4.43	0.00	0.00	4.20	3.01	0.00	0.00	50.43	36.15	0.00

年龄(x)/d	存活比（l_x)				平均产幼量(m_x)/个				$l_x·m_x$				$x·l_x·m_x$			
	20℃	25℃	30℃	35℃	20℃	25℃	30℃	35℃	20℃	25℃	30℃	35℃	20℃	25℃	30℃	35℃
13	0.60	0.63	0.68	0.45	0.00	7.67	8.71	2.00	0.00	4.83	5.92	0.90	0.00	62.82	77.00	11.70
14	0.60	0.63	0.68	0.45	0.00	5.75	0.00	0.00	0.00	3.62	0.00	0.00	0.00	50.72	0.00	0.00
15	0.60	0.63	0.68	0.45	0.00	9.83	12.30	0.00	0.00	6.19	8.36	0.00	0.00	92.89	125.46	0.00
17	0.48	0.63	0.68	0.45	0.00	16.30	33.70	0.00	0.00	10.27	22.92	0.00	0.00	174.57	389.57	0.00
18	0.48	0.63	0.68	0.45	0.00	0.00	17.60	1.00	0.00	0.00	11.97	0.45	0.00	0.00	215.42	8.10
19	0.48	0.63	0.68	0.45	0.00	12.20	14.30	0.00	0.00	7.69	9.72	0.00	0.00	146.03	184.76	0.00
21	0.48	0.63	0.68	0.45	0.00	12.50	32.50	0.00	0.00	7.88	22.10	0.00	0.00	165.38	464.10	0.00
22	0.48	0.63	0.68	0.45	3.38	3.33	18.80	0.00	1.62	2.10	12.78	0.00	35.69	46.15	281.25	0.00
24	0.46	0.59	0.63	0.45	5.88	14.80	18.80	0.00	2.70	8.73	11.84	0.00	64.92	209.57	284.26	0.00
26	0.46	0.59	0.63	0.45	8.88	16.50	37.80	0.00	4.08	9.74	23.81	0.00	106.20	253.11	619.16	0.00
27	0.46	0.59	0.63	0.32	9.75	3.17	17.80	2.00	4.49	1.87	11.21	0.64	121.10	50.50	302.78	17.28
29	0.46	0.59	0.57	0.28	0.00	12.20	15.80	0.00	0.00	7.20	9.01	0.00	0.00	208.74	261.17	0.00
31	0.46	0.59	0.52	0.28	14.10	17.70	36.30		6.49	10.44	18.88		201.07	323.73	585.16	
33	0.46	0.59	0.52	0.24	11.60	10.30	18.50	0.00	5.34	6.08	9.62	0.00	176.09	200.54	317.46	0.00
35	0.46	0.55	0.52	0.20	6.38	15.00	19.00	0.00	2.93	8.25	9.88	0.00	102.72	288.75	345.80	0.00
37	0.46	0.55	0.46	0.12	9.00	17.30	25.00	0.00	4.14	9.52	11.50	0.00	153.18	352.06	425.50	0.00
39	0.46	0.48	0.46	0.10	6.38	13.50	19.70	0.00	2.93	6.48	9.06	0.00	114.46	252.72	353.42	0.00
41	0.46	0.48	0.46	0.05	13.50	15.60	12.70	0.00	6.21	7.49	5.84	0.00	254.61	307.01	239.52	0.00
43	0.46	0.44	0.39	0.05	8.50	13.60	20.70	0.00	3.91	5.98	8.07	0.00	168.13	257.31	347.14	0.00
45	0.46	0.44	0.39	0.03	5.00	4.40	22.00	0.00	2.30	1.94	8.58	0.00	103.50	87.12	386.10	0.00
47	0.46	0.37	0.33	0.00	10.60	15.00	17.00	0.00	4.88	5.55	5.61	0.00	229.17	260.85	263.67	0.00
49	0.46	0.29	0.33		7.63	16.00	13.30		3.51	4.64	4.39		171.98	227.36	215.06	
50	0.46	0.29	0.33		2.63	8.40	5.33		1.21	2.44	1.76		60.49	121.80	87.95	
52	0.46	0.29	0.33		0.00	13.00	9.67		0.00	3.77	3.19		0.00	196.04	165.94	
53	0.46	0.24	0.26		10.30	7.80	6.00		4.74	1.87	1.56		251.11	99.22	82.68	
56	0.46	0.24	0.26		6.25	15.00	14.30		2.88	3.60	3.72		161.00	201.60	208.21	
59	0.46	0.24	0.20		13.00	25.50	18.00		5.98	6.12	3.60		352.82	361.08	212.40	
61	0.46	0.24	0.13		4.00	5.33	3.00		1.84	1.28	0.39		112.24	78.03	23.79	
64	0.46	0.24	0.00		7.67	7.33	0.00		3.53	1.76	0.00		225.80	112.59	0.00	
66	0.44	0.21			6.50	7.33			2.86	1.54			188.76	101.59		
68	0.42	0.12			3.88	3.67			1.63	0.44			110.81	29.95		
70	0.42	0.09			5.13	3.00			2.15	0.27			150.82	18.90		
71	0.40	0.03			4.00	0.33			1.60	0.01			113.60	0.70		
74	0.40	0.03			8.75	2.50			3.50	0.08			259.00	5.55		
77	0.40	0.03			7.00	0.00			2.80	0.00			215.60	0.00		

续表

年龄 (x)/d	存活比（l_x）				平均产幼量(m_x)/个				$l_x·m_x$				$x·l_x·m_x$			
	20℃	25℃	30℃	35℃	20℃	25℃	30℃	35℃	20℃	25℃	30℃	35℃	20℃	25℃	30℃	35℃
79	0.40	0.00			2.63	0.00			1.05	0.00			83.11	0.00		
84	0.36				19.90				7.16				601.78			
89	0.34				10.90				3.71				329.83			
91	0.34				10.50				3.57				324.87			
94	0.32				6.83				2.19				205.45			
98	0.32				7.33				2.35				229.87			
103	0.32				10.70				3.42				352.67			
104	0.32				2.50				0.80				83.20			
105	0.28				0.00				0.00				0.00			
106	0.28				1.00				0.28				29.68			
108	0.28				2.80				0.78				84.67			
110	0.28				1.60				0.45				49.28			
112	0.28				7.20				2.02				225.79			
114	0.28				6.00				1.68				191.52			
117	0.14				0.00				0.00				0.00			
118	0.08				0.00				0.00				0.00			
119	0.05				0.00				0.00				0.00			
120	0.00				0.00				0.00				0.00			

注：x 为按年龄或一定时间划分的单位时间间距；l_x 为 x 年龄阶段存活个体的百分比 = x 期存活个数/1 龄存活个数；m_x 为 x 年龄阶段雌性平均产仔数（常将种群当作雌体产生更多的雌体来处理，从而暂不考虑性比问题）。

制作双齿许水蚤在各因子下的实验种群生命表，计算公式如下：

净增殖率： $R_0 = \Sigma l_x m_x$ （4-1）

种群经历 1 个世代的生长周期： $T = \Sigma x l_x m_x / R_0$ （4-2）

内禀增长率： $r_m = \ln R_0 / T$ （4-3）

周限增长率： $\lambda = e^{r_m}$ （4-4）

种群倍增时间： $t = (\ln 2) / r_m$ （4-5）

表 4-13 不同温度下双齿许水蚤的实验种群生命表的参数

参数	温度/℃			
	20	25	30	35
净增殖率（R_0）	119.700	163.000	264.000	3.300
种群世代生长周期（T）/d	58.450	33.100	28.690	15.740
内禀增长率（r_m）/d^{-1}	0.082	0.154	0.195	0.076
种群倍增时间（t）/d	8.470	4.500	3.570	9.140
周限增长率（λ）	1.085	1.166	1.215	1.079

3. 世代存活率曲线

35℃的存活曲线最陡也最短，25℃和30℃的曲线趋势差不多，20℃的曲线最长（图4-23），这与它们的生命周期相对应。

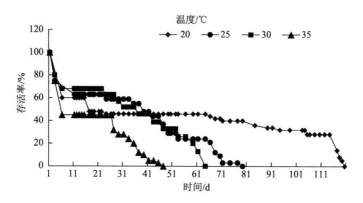

图4-23　双齿许水蚤在不同温度下的世代存活率曲线

在较高温度时，尖额真猛水蚤的雄性成体与雌性桡足幼体抱接个体比较明显增加，抱接时间缩短（陈世杰，1988）。但温度过高也会带来负面影响，如右突歪水蚤的生殖量随温度的升高先增后降，在24℃达到最高峰（李少菁等，1989）。所以总的来说，桡足类的生殖量随着温度升高而加速，但超过最适温度，就开始下降，而最适温度则随种类而异。本实验条件下，温度对双齿许水蚤成体寿命、生殖的影响是极显著的。随着温度的升高，双齿许水蚤的寿命和孵化时间变短；每雌一生中产幼量和繁殖次数先随温度的增加而增加，当温度大于 30℃时，则下降，在 30℃达到最高峰，35℃的产幼量和繁殖次数均最少。因此，在适温范围内，偏高的水温能促进桡足类繁殖，增加怀卵次数和个数以及缩短产卵周期与孵化时间。

在本次实验条件下，双齿许水蚤种群增长和繁育的最佳温度在25～30℃。其中30℃的内禀增长率、周限增长率、净增殖率都最高，而且个体发育和生殖参数也较高。在 30℃下，双齿许水蚤从无节 II 期到成体约需 210 h（8.75 d），发育到成体存活率80%。平均寿命 55.3 d，平均总产幼量 480.25 个/雌，一生可生殖 30 次，每次产幼 16.00 个（表4-11）。种群生命参数为：$R_0 = 264.000$，$T = 28.690$ d，$r_m = 0.195$ d^{-1}，$\lambda = 1.215$，$t = 3.570$ d（表4-13），这表明，在排除外界作用因子的条件下，双齿许水蚤种群的内禀增长率为 0.195 d^{-1}，1 个世代的平均历期为 28.690 d，1 个世代的幼体数量将为上代幼体数的 264.000 倍，种群平均每经 1 d

为原数量的 1.215 倍，在成体繁殖期间，只要经过 3.570 d，种群数量就可增长 1 倍。由此可见，双齿许水蚤在适温范围内的种群繁殖能力的强大。

此处有个问题值得探讨，在本次实验条件下，35℃的内禀增长率 r_m（0.076 d^{-1}）与20℃的内禀增长率 r_m（0.082 d^{-1}）差别不大，但是笔者认为，这并不表明在 35℃和20℃条件下，双齿许水蚤的种群增长也差别不大。35℃的净增殖率 R_0 为 3.300，也即 1 个世代的幼体数量将为上代幼体数量的 3.3 倍；20℃的净增殖率 $R_0 = 119.700$，也即 1 个世代的幼体数量将为上代幼体数量的 119.7 倍，且 35℃的每雌平均产幼量为 3.88 个/雌（表 4-11）。20℃（195.13 个/雌），所以综合净增殖率 R_0 来看，本实验条件下，20℃比 35℃更适宜双齿许水蚤繁殖和生存。

对于 35℃，在预实验中，曾采用 60 mL 的广口玻璃瓶培养幼体至其成体后孵化幼体，孵化率都很高，甚至和30℃相差不远。而在本次实验中，同样的光照度、温度和盐度，用 15 mL 试管做实验容器，35℃则挂卵失败，偶尔挂卵 1～2 个，也是卵形态不正常，孵不出幼体，但是成体的活性挺好。对于这个现象，笔者认为是容器大小、光照度、温度等因素共同作用的结果，由于本次实验中试管比较小，透光性也大，导致光照度的增大，再加上高温，就导致了在本次实验中，35℃组的成体配对中，雌性挂卵的失败。因此，笔者认为除了温度外，光照度、容器大小对双齿许水蚤的生殖也有重大的影响，对于此，还有待下一步探讨。

二、盐度对双齿许水蚤生殖的影响

盐度对双齿许水蚤的寿命、每雌产幼量和繁殖次数有影响，当盐度为 9.6～29.7 时的平均寿命为 26.40～37.4 d，产幼量和繁殖次数分别为 205.8～392 个/雌、12～21.2 次；当盐度在 36.4 时，其寿命最短为 21.2 d，产幼量和繁殖次数最少，分别为 121.25 个/雌、6.4 次。但是每胎平均生殖量在各个盐度下变化不大。本实验条件下，双齿许水蚤生殖的盐度较适范围为 9.6～29.7，最佳盐度为 29.7（表 4-14）。

表 4-14　不同盐度下双齿许水蚤的发育生殖参数

生长发育指标	盐度				
	9.6	16.3	23	29.7	36.4
产前发育期/d	7.42	7.33	6.25	8.08	8.25
生殖期/d	23.75	19.07	20.35	29.32	12.95
寿命范围/d	27～38	20～33	20～31	21～45	15～26
平均寿命/d	31.17	26.40	26.60	37.40	21.20
每雌总产幼量范围/个	159～361	143～369	80～317	135～553	21～175
每雌平均总产幼量/个	269.50	233.60	205.80	392.00	121.25
一生繁殖次数/次	15.4	12.0	11.6	21.2	6.4
每胎平均生殖量/个	17.500 0	19.466 7	17.741 4	18.490 6	18.945 3

盐度对亲体的怀卵量、受精卵的孵化率和幼体发育的成活直接相关。但是有研究发现盐度对海洋桡足类小伪哲水蚤孵卵时间没有影响，可能原因是一些桡足类的卵有比较不易渗透的绒毛膜，因此受盐度变化的影响较小（McLaren et al.，1968）。本研究表明盐度对双齿许水蚤的生殖有影响，盐度 29.7 组的平均生殖期最长，平均产卵次数最多，产卵总量最大。这可能是盐度 29.7 组与驯化培养用玻璃缸里的海水盐度接近的缘故。

三、饵料浓度对双齿许水蚤生殖的影响

1. 生殖参数

不同饵料浓度对双齿许水蚤的平均寿命的影响不大，平均寿命都在 40 d 以上。每雌平均总产幼量和一生繁殖次数在饵料细胞密度为 $3 \times 10^5 \text{ cells·mL}^{-1}$ 时达到最大，分别为 608.200 个/雌和 31.0 次，随后则随着饵料浓度的增加而减少。当饵料细胞密度为 $1.70 \times 10^6 \text{ cells·mL}^{-1}$ 时每雌平均总产幼量为 170.670 个/雌，繁殖次数为 16 次均为最低。因此，较高的饵料浓度不适于其生殖，$3 \times 10^5 \text{ cells·mL}^{-1}$ 是其生殖的最适饵料细胞密度。饵料浓度对孵化时间无影响，皆为 1.25 d 左右（表 4-15）。

表 4-15　不同饵料细胞密度下双齿许水蚤的发育生殖参数

生长发育指标	饵料细胞密度/($10^4 \text{ cells·mL}^{-1}$)				
	5	30	60	120	170
产前发育期/d	10.00	7.25	8.00	8.50	9.75
生殖期/d	38.60	47.75	41.80	47.25	31.92
寿命范围/d	23～59	49～59	44～57	53～59	33～46
平均寿命/d	48.60	55.00	49.80	55.75	41.67
每雌总产幼量范围/个	218～327	473～792	327～675	315～499	55～286
每雌平均总产幼量/个	263.165	608.200	464.200	431.500	170.670
一生繁殖次数/次	19.5	31.0	23.8	25.0	16.0
每胎平均生殖量/个	13.50	19.62	19.50	17.26	10.67
孵化时间/d	1.25	1.25	1.25	1.25	1.25

2. 生殖力生命表

双齿许水蚤在牟氏角毛藻细胞密度为 $5\times10^4\sim1.7\times10^6$ cells·mL^{-1} 均能完成世代（表 4-16、表 4-17）。6×10^5 cells·mL^{-1} 时内禀增长率和周限增长率均最高，种群倍增时间最短；其次是 3×10^5 cells·mL^{-1} 组；1.7×10^6 cells·mL^{-1} 时内禀增长率和周限增长率均最低，种群倍增时间最长。净增殖率 R_0 先随着饵料浓度的增加而增加，当饵料细胞密度大于 3×10^5 cells·mL^{-1} 时，则随着饵料浓度的增加而减少，饵料细胞密度为 3×10^5 cells·mL^{-1} 的 R_0 最大，其次为 6×10^5 cells·mL^{-1} 组；细胞密度为 1.7×10^6 cells·mL^{-1} 的 R_0 最小。在本实验条件下，$3\times10^5\sim6\times10^5$ cells·mL^{-1} 是双齿许水蚤种群增长的最佳饵料细胞密度范围，高浓度不利于双齿许水蚤种群的增长。

表 4-16　不同饵料浓度下双齿许水蚤的生殖力生命表

年龄(x)/d	存活比(l_x)					平均产幼量(m_x)/个					$l_x \cdot m_x$					$x \cdot l_x \cdot m_x$				
	5	30	60	120	170	5	30	60	120	170	5	30	60	120	170	5	30	60	120	170
1	1.00	1.00	1.00	1.00	1.00	0.0	0.0	0.0	0.0	0.0	0.00	0.00	0.00	0.00	0.00	0.00	0.00	0.00	0.00	0.00
3	0.95	0.95	0.90	0.75	0.45	0.0	0.0	0.0	0.0	0.0	0.00	0.00	0.00	0.00	0.00	0.00	0.00	0.00	0.00	0.00
7		0.83	0.80	0.75			0.0	0.0	0.0			0.00	0.00	0.00			0.00	0.00	0.00	
9		0.83	0.80	0.75			36.7	29.3	0.0		0.00	30.46	23.44	0.00	0.00	0.00	274.15	210.96	0.00	0.00
10	0.73	0.83	0.80	0.53	0.25	0.0	0.0	0.0	12.0	0.0	3.32	0.00	0.00	6.36	0.00	33.20	0.00	0.00	63.60	0.00
11	0.73	0.83	0.80	0.53	0.25	0.0	18.5	14.3	11.5	18.8	0.00	15.36	11.44	6.10	4.70	0.00	168.91	125.84	67.05	51.70
12	0.73	0.83	0.80	0.53	0.25	0.8	22.8	14.8	6.9	7.5	0.58	18.92	11.84	3.66	1.88	7.01	227.09	142.08	43.88	22.50
14	0.73	0.83	0.80	0.53	0.25	7.4	36.5	38.7	8.0	15.8	5.40	30.30	30.96	4.24	3.95	75.63	424.13	433.44	59.36	55.30
15	0.73	0.83	0.80	0.45	0.21	3.2	23.3	14.0	20.3	4.3	2.34	19.34	11.20	9.14	0.90	35.04	290.09	168.00	137.03	13.55
17	0.73	0.83	0.76	0.45	0.17	10.4	35.7	27.0	32.5	10.7	7.59	29.63	20.52	14.63	1.82	129.06	503.73	348.84	248.63	30.92
19	0.73	0.78	0.76	0.45	0.17	20.0	36.3	39.5	31.5	7.0	14.60	28.31	30.02	14.18	1.19	277.40	537.97	570.38	269.33	22.61
20	0.73	0.78	0.71	0.45	0.17	8.2	22.5	16.0	17.3	3.3	5.99	17.55	11.36	7.79	0.56	119.72	351.00	227.20	155.70	11.22
22	0.73	0.78	0.71	0.45	0.17	12.4	25.8	27.6	20.5	14.0	9.05	20.12	19.60	9.23	2.38	199.14	442.73	431.11	202.95	52.36
23	0.73	0.78	0.71	0.45	0.17	18.3	15.2	10.0	17.5	4.7	13.36	11.86	7.10	7.88	0.80	307.26	272.69	163.30	181.13	18.38
24	0.73	0.78	0.66	0.41	0.17	31.8	14.0	15.0	18.5	6.0	23.21	10.92	9.90	7.59	1.02	557.14	262.08	237.60	182.04	24.48
26	0.73	0.78	0.66	0.41	0.17	19.5	28.0	36.6	22.0	13.3	14.24	21.84	24.16	9.02	2.26	370.11	567.84	628.06	234.52	58.79
28	0.73	0.78	0.61	0.32	0.17	26.5	34.8	21.6	19.8	1.7	19.35	27.14	13.18	6.34	0.29	541.66	760.03	368.93	177.41	8.09
30	0.73	0.78	0.56	0.32	0.17	13.3	36.6	19.8	21.3	11.7	9.71	28.55	11.09	6.82	1.99	291.27	856.44	332.64	204.48	59.67
32	0.73	0.78	0.51	0.32	0.17	11.0	25.0	27.6	14.3	7.7	8.03	19.50	14.08	4.58	1.31	256.96	624.00	450.43	146.43	41.89
33	0.73	0.78	0.51	0.32	0.13	8.5	22.2	2.8	14.0	3.5	6.21	17.32	1.43	4.48	0.46	204.77	571.43	47.12	147.84	15.02
35	0.73	0.68	0.51	0.32	0.13	11.0	28.6	19.4	21.8	4.5	8.03	19.45	9.89	6.98	0.59	281.05	680.68	346.29	244.16	20.48

续表

年龄(x)/d	存活比(l_x) 5	30	60	120	170	平均产幼量(m_x)/个 5	30	60	120	170	$l_x·m_x$ 5	30	60	120	170	$x·l_x·m_x$ 5	30	60	120	170
37	0.73	0.68	0.51	0.32	0.13	11.5	32.8	15.8	19.0	12.5	8.40	22.30	8.06	6.08	1.63	310.62	825.25	298.15	224.96	60.13
39	0.73	0.68	0.51	0.32	0.13	3.5	21.6	12.2	16.0	11.0	2.56	14.69	6.22	5.12	1.43	99.65	572.83	242.66	199.68	55.77
42	0.62	0.68	0.51	0.27	0.13	7.0	32.4	22.6	31.3	12.0	4.34	22.03	11.53	8.45	1.56	182.28	925.34	484.09	354.94	65.52
44	0.62	0.68	0.46	0.27	0.13	3.0	11.0	9.5	4.3	0.0	1.86	7.48	4.37	1.16	0.00	81.84	329.12	192.28	51.08	0.00
46	0.52	0.60	0.40	0.27	0.00	12.5	18.0	1.3	7.0		6.50	10.80	0.52	1.89	0.00	299.00	496.80	23.92	86.94	0.00
49	0.52	0.53	0.40	0.27		0.7	21.7		17.3		0.36	11.50		4.67		17.84	563.55	0.00	228.88	
51	0.31	0.53	0.34	0.27		7.3	9.7		10.5		2.26	5.13	0.00	2.84	0.00	115.41	261.38	0.00	144.59	0.00
53	0.31	0.45	0.29	0.23		5.0	10.7	37.0	13.3		1.55	4.82	10.73	3.06		82.15	255.20	568.69	162.13	0.00
54	0.21	0.38	0.23	0.18		5.0	2.3	4.0	0.0		1.05	0.87	0.92	0.00		56.70	47.20	49.68	0.00	
57	0.21	0.30	0.17	0.09		5.0	7.7		7.0		1.05	2.31	0.00	0.63		59.85	131.67	0.00	35.91	0.00
59	0.09	0.08	0.00			0.0	0.0				0.00	0.00	0.00			0.0	0.0	0.0		

注：x 为按年龄或一定时间划分的单位时间间距；l_x 为 x 年龄阶段存活个体的百分比 = x 期存活个数/1 龄存活个数；m_x 为 x 年龄阶段雌性平均产仔数（常将种群当作雌体产生更多的雌体来处理，从而暂不考虑性比问题）。

表 4-17 不同饵料浓度下双齿许水蚤的实验种群生命表的参数

参数	饵料细胞密度/(10^4 cells·mL^{-1}) 5	30	60	120	170
净增殖率（R_0）	177.61	471.81	303.54	162.86	30.70
种群世代生长周期（T）/d	27.92	25.98	23.36	26.12	22.42
内禀增长率（r_m）/d^{-1}	0.186	0.237	0.245	0.195	0.153
种群倍增时间（t）/d	3.74	2.92	2.83	3.56	4.54
周限增长率（$λ$）	1.204	1.267	1.277	1.215	1.165

3. 世代存活率曲线

在双齿许水蚤的整个生命周期中，死亡主要发生在幼体阶段（前 10 d），成体后的存活率逐渐趋于缓慢下降的过程（图 4-24）。饵料浓度越高，双齿许水蚤的世代存活率曲线越低，生命周期越短（图 4-24）。$5×10^4$ cells·mL^{-1} 组、总体来看，$3×10^5$ cells·mL^{-1} 组和 $6×10^5$ cells·mL^{-1} 组的世代存活率曲线明显高于高细胞密度组 $1.2×10^6$ cells·mL^{-1} 和 $1.7×10^6$ cells·mL^{-1}。$5×10^4$ cells·mL^{-1} 组、$3×10^5$ cells·mL^{-1} 组和 $6×10^5$ cells·mL^{-1} 组的存活率在 20 d 时均达 75%以上，生命周期达 60 d。细胞密度 $1.7×10^6$ cells·mL^{-1} 组的世代存活率曲线最低，在实验的第 46 d 时已全部死亡。

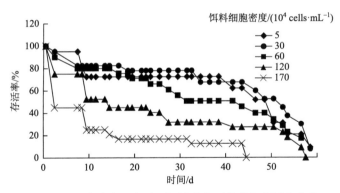

图 4-24　双齿许水蚤在不同饵料浓度下的世代存活率曲线

饵料浓度是影响桡足类种群增长的重要因素之一。对桡足类的雌性成体，饥饿不仅会影响到其在短时间内的产卵量，还影响其体内的蛋白质和脂类的含量，并影响其连续产卵的能力（Alonzo et al.，2001）。咸水北镖水蚤在饥饿的情况下无法繁殖后代（Jiménez-Melero et al.，2012），而在低饵料浓度下，雌性成体需要花费更多的时间来累积足够的能量来进行繁殖，因此，饵料缺乏会造成桡足类的挂卵时间延后，从而限制桡足类种群增长。低饵料细胞密度培养的雌体的挂卵时间比高饵料浓度下的雌性要滞后 5～8 d（Niehoff，2004）。本研究中，细胞密度最低组（5×10^4 cells·mL^{-1}）的一生繁殖次数比细胞密度较高的 3×10^5 cells·mL^{-1} 组的繁殖次数平均少了 11.5 次，证明在低饵料浓度下，双齿许水蚤的产卵间隔延长了。在饵料缺乏的情况下，雌性成体会减少所产卵囊的大小，这也是桡足类的生殖策略（Jiménez-Melero et al.，2012）。且低浓度组的孵化率显著低于较高细胞密度组（3×10^5～6×10^5 cells·mL^{-1}），表明充足的饵料供应能促进桡足类的生殖能力。

一定范围内，饵料浓度越高，桡足类的孵化率越高（Zamora-Terol et al.，2013）。本文中，双齿许水蚤的孵化率随着饵料浓度的增加而增加，但是当浓度继续升高达到 17×10^5 cells·mL^{-1} 时，桡足类的孵化率则显著下降。在对标准胸刺水蚤的研究中发现，当饵料浓度达到上限后，饵料浓度越大产卵量越低（Guerrero et al.，1997）。当硅藻浓度很高时，桡足类孵化率显著降低，出现大量未孵化的卵和畸形无节幼体（李捷等，2006）。本研究中，3×10^5 cells·mL^{-1} 细胞密度组及 6×10^5 cells·mL^{-1} 细胞密度组的孵化率（每雌平均总产幼量）显著高于最低细胞密度组（5×10^4 cells·mL^{-1}）及最高细胞密度组（1.7×10^6 cells·mL^{-1}），证明饵料浓度过高或者过低均不适于双齿许水蚤的繁殖。本实验条件下，双齿许水蚤生殖的最适饵料细胞密度范围为 3×10^5～1.2×10^6 cells·mL^{-1}。

尖额真猛水蚤在饵料充足的情况下，其净生殖率为 70.89，内禀增长率为 0.161 d^{-1}，孵化率为 355.5 个/雌，种群世代生长周期为 26.5 d（Zurlini et al.，1978）。本研究

中生长情况最佳的 3×10^4 cells·mL^{-1} 细胞密度组的双齿许水蚤净增殖率达 471.81，内禀增长率为 0.237 d^{-1}，孵化率高达 608.20 个/雌，种群增殖能力显著高于尖额真猛水蚤。即在排除外界作用因子的条件下，细胞密度为 3×10^5 cells·mL^{-1} 的双齿许水蚤的内禀增长率为 0.237 d^{-1}，1 个世代的平均历期为 25.98 d，1 个世代的幼体数量将为上代幼体数的 471.81 倍，种群平均每经 1 d 为原数量的 1.267 倍，在成体繁殖期间，只要经过 2.92 d，种群数量就可增长 1 倍（表 4-16、表 4-17）。因此，双齿许水蚤具有较高的种群增殖能力。双齿许水蚤为带卵囊生殖的种类，得到带体卵囊的保护而具有较高的孵化率和幼体存活率，具有较强的抵抗外界恶劣环境的能力，因此双齿许水蚤更适于作为海水鱼类育苗所需开口活饵料的来源。

四、饵料种类对双齿许水蚤生殖的影响

1. 生殖参数

由表 4-18 可见，当饵料为牟氏角毛藻时，水蚤的产前发育期最短，为 7.00 d，比扁藻组、湛江等鞭金藻组及小环藻组快了 1.25～2.25 d；其次是扁藻及湛江等鞭金藻组；小环藻组的产前发育期最长，达 9.25 d。牟氏角毛藻组、湛江等鞭金藻及小环藻组的生殖期较长，达 35 d 以上，扁藻组的生殖期最短，仅为 23.75 d。

牟氏角毛藻、湛江等鞭金藻及小环藻组之间的孵化率差异不显著（$P > 0.05$），均达 430 个/雌以上，显著高于扁藻组，是扁藻组的 7.47 倍左右。牟氏角毛藻、湛江等鞭金藻及小环藻组的繁殖次数和每胎平均生殖量较高，分别为 26～29 次、15.7～19.5 个，而扁藻组的繁殖次数和每胎平均生殖量最低，为 12 次、4.8 个。

表 4-18　不同饵料种类下双齿许水蚤的发育生殖参数

生长发育指标	饵料种类			
	湛江等鞭金藻	牟氏角毛藻	扁藻	小环藻
产前发育期/d	8.75	7.00	8.25	9.25
生殖期/d	35.68	46.5	23.75	39.35
孵化率/（个/雌）	430.0±173.6[a]	566.6±117.7[a]	57.6±15.6[b]	440.1±71.7[a]
繁殖次数/次	26±5.7	29±4.3	12±2.1	28±5.3
每胎平均生殖量/个	16.5	19.5	4.8	15.7

2. 生殖力生命表

由表 4-19 和表 4-20 可见，饵料为牟氏角毛藻时，双齿许水蚤的净增殖率、内禀增长率、周限增长率均最高，其次是湛江等鞭金藻，扁藻组最低。饵料为牟

氏角毛藻的净增殖率比扁藻高了 17.4 倍。种群倍增时间则刚好相反，扁藻组的种群倍增所需时间最长，牟氏角毛藻组最短，比扁藻快了 1.22 d。小环藻、牟氏角毛藻和湛江等鞭金藻的种群世代生长周期 T 在 23.86～25.73 d，扁藻最短，为 19.69 d。牟氏角毛藻、湛江等鞭金藻和小环藻都是双齿许水蚤生殖的适宜饵料。

表 4-19　不同饵料种类下双齿许水蚤的生殖力生命表

年龄 (x)/d	存活比(l_x)				平均产幼量(m_x)/个				$l_x·m_x$				$x·l_x·m_x$			
	金藻	角毛藻	扁藻	小环藻	金藻	角毛藻	扁藻	小环藻	金藻	角毛藻	扁藻	小环藻	金藻	角毛藻	扁藻	小环藻
1	1.00	1.00	1.00	1.00	0.0	0.0	0.0	0.0	0.00	0.00	0.00	0.00	0.00	0.00	0.00	0.00
3	0.90	0.95	0.88	0.65	0.0	0.0	0.0	0.0	0.00	0.00	0.00	0.00	0.00	0.00	0.00	0.00
8		0.93			0.0	36.7	0.0	0.0	0.00	34.13	0.00	0.00	0.00	273.05	0.00	0.00
9	0.88	0.93	0.78	0.55	16.7	4.0	0.0	4.6	14.70	3.72	0.00	2.53	132.26	33.48	0.00	22.77
11	0.88	0.93	0.69	0.55	6.9	18.5	3.6	18.9	6.07	17.21	2.46	10.40	66.79	189.26	27.10	114.35
12	0.88	0.93	0.69	0.55	26.0	22.8	0.0	32.0	22.88	21.20	0.00	17.60	274.56	254.45	0.00	211.20
14	0.88	0.93	0.69	0.55	31.0	36.5	5.6	8.7	27.28	33.95	3.84	4.79	381.92	475.23	53.81	66.99
15	0.88	0.93	0.65	0.55	18.3	23.3	4.1	8.4	16.10	21.67	2.69	4.62	241.56	325.04	40.37	69.30
17	0.83	0.93	0.48	0.55	25.3	35.7	8.4	41.4	21.00	33.20	4.05	22.77	356.98	564.42	68.79	387.09
19	0.83	0.87	0.45	0.55	39.9	36.3	5.7	17.6	33.12	31.58	2.57	9.68	629.22	600.04	48.82	183.92
20	0.78	0.87	0.45	0.55	13.4	22.5	6.0	14.3	10.45	19.58	2.70	7.87	209.04	391.50	54.00	157.30
22	0.78	0.87	0.45	0.55	24.0	25.8	2.6	13.4	18.72	22.45	1.16	7.37	411.84	493.81	25.44	162.14
23	0.78	0.87	0.45	0.55	19.6	15.2	3.9	14.6	15.29	13.22	1.74	8.03	351.62	304.15	39.95	184.69
24	0.73	0.87	0.45	0.55	10.9	14.0	6.1	37.6	7.96	12.18	2.76	20.68	190.97	292.32	66.31	496.32
26	0.73	0.87	0.36	0.54	39.3	28.0	1.4	27.4	28.69	24.36	0.51	14.80	745.91	633.36	13.38	384.70
28	0.63	0.87	0.36	0.54	21.8	34.8	0.7	41.0	13.73	30.28	0.26	22.14	384.55	847.73	7.16	619.92
30	0.63	0.87	0.32	0.54	21.8	36.6	8.0	34.3	13.73	31.84	2.56	18.52	412.02	955.26	76.80	555.66
32	0.63	0.87	0.27	0.54	26.7	25.0	3.4	19.0	16.82	21.75	0.92	10.26	538.27	696.00	29.38	328.32
33	0.58	0.87	0.18	0.50	2.8	22.2	1.8	31.9	1.62	19.31	0.32	15.95	53.59	637.36	10.69	526.35
35	0.58	0.76	0.18	0.50	19.4	28.6	0.0	34.6	11.25	21.74	0.00	17.30	393.82	760.76	0.00	605.50
37	0.58	0.76	0.09	0.50	15.8	32.8	0.0	17.0	9.16	24.93	0.00	8.50	339.07	922.34	0.00	314.50
39	0.58	0.76	0.00	0.50	12.2	21.6	0.0	12.3	7.08	16.42	0.00	6.15	275.96	640.22	0.00	239.85
42	0.58	0.76		0.46	22.6	32.4		9.2	13.11	24.62		4.23	550.54	1034.21		177.74
44	0.49	0.70		0.43	9.2	11.0		1.3	4.51	7.70		0.56	198.35	338.80		24.60
46	0.49	0.70		0.43	1.3	18.0		0.0	0.64	12.60		0.00	29.30	579.60		0.00
49	0.36	0.51		0.29	6.0	21.7		0.0	2.16	11.07		0.00	105.84	542.28		0.00
51	0.23	0.51		0.18	8.0	9.7		37.0	1.84	4.95		6.66	93.84	252.30		339.66
53	0.23	0.45		0.14	23.0	10.7		4.0	5.29	4.82		0.56	280.37	255.20		29.68
54	0.18	0.38		0.07	4.0	2.3		0.0	0.72	0.87		0.00	38.88	47.20		0.00
57	0.17	0.30			6.0	7.7			1.02	2.31		0.00	58.14	131.67		0.00
59	0.09	0.08			3.0	0.0			0.27	0.00		0.00	15.93	0.00		0.00
60	0.00				0.0				0.00	0.00		0.00	0.00	0.00		0.00

注：x 为按年龄或一定时间划分的单位时间间距；l_x 为 x 年龄阶段存活个体的百分比 =x 期存活个数/1 龄存活个数；m_x 为 x 年龄阶段雌性平均产仔数（常将种群当作雌体产生更多的雌体来处理，从而暂不考虑性比问题）。

表 4-20　　不同饵料种类下双齿许水蚤的实验种群生命表的参数

参数	饵料种类			
	湛江等鞭金藻	牟氏角毛藻	扁藻	小环藻
净增殖率（R_0）	325.21	523.64	28.54	241.95
种群世代生长周期（T）/d	23.86	25.73	19.69	25.64
内禀增长率（r_m）/d^{-1}	0.242	0.243	0.170	0.214
种群倍增时间（t）/d	2.86	2.85	4.07	3.24
周限增长率（λ）	1.274	1.276	1.186	1.239

3. 世代存活率曲线

牟氏角毛藻组的世代存活率曲线最高（图 4-25），存活率在实验的第 33 d 前保持平衡的趋势，之后才逐渐下降，生命周期长达 60 d；其次是湛江等鞭金藻组；小环藻组在幼体阶段（前 10 d）存活率下降较快，但是成体后死亡率非常低，很长一段时期都呈现水平直线的趋势；扁藻组则呈逐渐下降的趋势，在实验的第 37 d 全部死亡；小球藻组的存活率曲线最低，在实验的第 8 d 全部死亡。

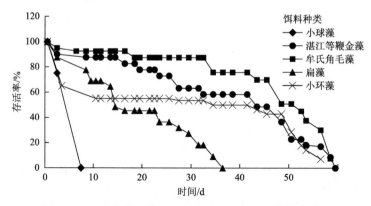

图 4-25　双齿许水蚤在不同饵料种类下的世代存活率曲线

饵料中高不饱和脂肪酸，尤其是 DHA 和 EPA 的含量将直接影响到桡足类的生殖、发育及存活。含有较高不饱和脂肪酸的饵料能提高桡足类的生殖率。藻类是自然界少数几类靠自身合成有意义含量 EPA 和 DHA 的生物，对于不同的藻类，其体内营养成分的种类和含量是有差别的，因此用不同的藻类培养同一种桡足类，有显著不同的生殖力、发育率和存活率。本实验中，牟氏角毛藻、湛江等鞭金藻及小环藻组培养的双齿许水蚤成体的世代存活率、孵化率、生殖期及繁殖次数显著高于扁藻组，这与其饵料的营养成分不同有关。

桡足类体内的油脂块富含不饱和脂肪酸，而不饱和脂肪酸的获得主要依赖于饵料。在发育过程实验中，作者观察到不同的饵料下培养的幼体的体内油脂含量不一样。在桡足幼体期可看到，湛江等鞭金藻和牟氏角毛藻所培养的幼体体内油脂块明显较多，其次是小环藻，绿藻门的扁藻和小球藻所培养的桡足类的体内没观察到油脂块的存在，这可能是因为每种饵料的营养成分不同。有研究结果表明，牟氏角毛藻具有较高的 EPA 含量，占脂肪酸总量的比例分别为 21.45%；湛江等鞭金藻富含 DHA。（陆开宏等，2001；蒋霞敏等，2003）。这与本实验结果也一致，牟氏角毛藻和湛江等鞭金藻实验组的存活、发育速度和生殖都较高。几乎所有的硅藻都含有 EPA，因此，含 EPA 较高的牟氏角毛藻和小环藻、含 DHA 较高的湛江等鞭金藻，这三种藻类下培养起来的双齿许水蚤体内的油脂块含量多，繁殖能力强。本实验中，牟氏角毛藻、湛江等鞭金藻及小环藻的孵化率达 430～566.6 个/雌，显著高于扁藻组（57.6 个/雌）。因此，牟氏角毛藻、小环藻和湛江等鞭金藻则是双齿许水蚤生殖的适宜的饵料。

　　桡足类在不同发育阶段对饵料的需求是不同的。桡足类幼体主要需要蛋白质和碳水化合物进行身体发育，而成熟雌体在产卵过程需要较多的脂类。某些适于桡足类发育的饵料并不一定利于桡足类的生殖，而某些利于桡足类生殖的饵料却又有可能不适于桡足类的生长和存活，发育最快的饵料组，其孵化率并不是最高的（Murray et al.，2002）。本实验中，扁藻虽然在前期的幼体发育速度、存活率上比较高，但是在繁殖期孵化率低，寿命短，表明扁藻只适于在幼体发育期，而不适用于对成体的繁殖，虽然桡足类偏爱摄食粒径较大的运动的扁藻，但是由于扁藻营养价值低，不利于桡足类的生殖。值得一提的是小环藻，虽然它在桡足幼虫期存活率为 55%，显著低于其他饵料组，但是以小环藻为饵料培养起来的雌性成体的繁殖率（440.1 个/雌）与优质饵料牟氏角毛藻（566.6 个/雌）及湛江等鞭金藻组（430.0 个/雌）差异不显著，而且小环藻持续旺盛产幼的时间比其他各组长，成体后的存活率高。因此，小环藻虽然不适于幼体的生长存活，但是适用于成体的生殖阶段。我们也可以尝试用小环藻来做双齿许水蚤的培养饵料。

　　在相应的发育阶段投喂合适的饵料，能显著促进桡足类的发育、存活和繁殖。笔者认为对于双齿许水蚤来说，在无节幼体生长阶段，可投喂粒径较小的小球藻作为开口饵料；桡足幼体生长阶段，则需要提供粒径稍大的饵料，如小环藻、扁藻、牟氏角毛藻、湛江等鞭金藻等，在桡足类繁殖阶段，则需投喂营养价值高，富含 EPA、DHA 的饵料，如牟氏角毛藻、湛江等鞭金藻及小环藻等。而牟氏角毛藻及湛江等鞭金藻则是桡足类的优良饵料，均有利于桡足类整个生命阶段的生长繁殖。

五、几种浮游动物营养与生殖力比较

　　通过对比蒙古裸腹蚤（何志辉等，1988）、双齿许水蚤和晶囊轮虫（代红梅，2002）

的生殖参数（表 4-21）比较发现，在 28℃下，双齿许水蚤的产幼前发育期虽然比蒙古裸腹蚤和晶囊轮虫多了几天，但是它的平均寿命（55.0 d）比蒙古裸腹蚤（8.0 d）和晶囊轮虫（6.5 d）长得多，每雌一生中总产幼量（608.20 个/雌）是蒙古裸腹蚤和晶囊轮虫的 29 倍左右；繁殖次数（31.0 次）比蒙古裸腹蚤多了 28.2 次、比轮虫多了 25.8 次，每胎平均生殖量、种群世代生长周期（T）等均比蒙古裸腹蚤和晶囊轮虫要高很多。净增殖率 R_0（470.000）更是蒙古裸腹蚤（24.834）的 18.93 倍、是晶囊轮虫的 43.52 倍。

表 4-21　蒙古裸腹蚤、双齿许水蚤和晶囊轮虫的生殖参数

28℃	蒙古裸腹蚤	双齿许水蚤	晶囊轮虫
产幼前发育期/d	4.00	7.25	1.19
平均寿命/d	8.0	55.0	6.5
每雌平均总产幼量/个	20.70	608.20	21.87
每雌繁殖次数/次	2.8	31.0	5.2
每雌每次平均生殖量/个	7.39	19.62	4.20
产幼间隔期/d	1.00	1.25	0.73
内禀增长率（r_m）/d^{-1}	0.438 0	0.237 0	0.620 8
种群世代生长周期（T）/d	6.089 0	25.980 0	3.833 3
净增殖率（R_0）	24.834	470.000	10.800

不同的饵料生物有不同的营养效应，这已为业界人士所共识。桡足类和蒙古裸腹蚤的花生四烯酸和 EPA 等高度不饱和脂肪酸的含量都高于卤虫无节幼虫和褶皱臂尾轮虫，桡足类含有 DHA 高不饱和脂肪酸，这在蒙古裸腹蚤、卤虫无节幼虫和皱褶臂尾轮虫中并未检出，卤虫无节幼虫和褶皱臂尾轮虫的脂肪酸组成中，二十碳以上的不饱和脂肪酸含量很低，特别是海水鱼类生长发育所需的 EFA（EPA 和 DHA）几乎检测不到，综上所述，从脂肪酸的含量及组成方面看，桡足类含有较为全面的脂肪酸，应是优良饵料生物。以前通常有一种观点认为，桡足类发育期过长、繁殖力低，难以进行人工培养（楼宝等，2004）。然而笔者在室内对双齿许水蚤进行了连续一年半的培养，发现双齿许水蚤的繁殖力高、种群增殖率高。

笔者在实验观察中发现，双齿许水蚤一雌体的一生中产幼量达 792 个，可见双齿许水蚤种群的繁殖能力之强。双齿许水蚤的种群世代生长时间（25.980 0 d）是蒙古裸腹蚤（6.089 0 d）的 4 倍，世代时间较长，意味着种群变动较平衡，并可维持较长的高峰期，这对于工厂化连续培养具有重要的意义。轮虫虽然种群增殖能力很强，但是在它达到繁殖高峰期时，常会猛然间种群数量急剧减少。

根据笔者在实验室中对双齿许水蚤进行了长达一年半的连续培养的经验来看，对双齿许水蚤进行培养时，只需控制好温度 25～30℃、投饵饵料种类：牟氏角毛藻、湛江等鞭金藻和小环藻、饵料浓度 $3 \times 10^5 \sim 6 \times 10^5$ cells·mL^{-1}，适当换水，双齿许水蚤的种群可以一直保持旺盛期。对双齿许水蚤进行大规模人工培养应该不难，这有待下一步探讨和实践。

第四节　双齿许水蚤对亚热带池塘铜和锌的富集及其影响因子

近年来，养殖业的迅猛发展，养殖废水的大量排放，导致许多地区的养殖水体平衡失调、水质污染恶化，引起多种养殖疾病暴发，水产品养殖，尤其是对虾养殖越来越困难。为了提高对虾的养殖成功率，在养殖过程中，不断地使用农药来控制水质，减少疾病发生，其中，一些含铜、锌等药物由于能杀死有害藻类、控制病原菌而经常使用，导致养殖环境中重金属离子污染。

双齿许水蚤是浮游桡足类的一个常见种，也是广东沿海对虾养殖池塘中常见的一种优势种群，在池塘食物链中占有重要的位置。作为浮游动物，它们可以富集水体或富集食物中的重金属离子，并可以作为饵料，传递给对虾，使虾体内富集重金属离子，影响对虾的生长，产品的品质，甚至引起食品安全事故。本节主要介绍了双齿许水蚤对铜、锌的富集动力学及温度和盐度条件对富集效果影响的研究，总结了双齿许水蚤对金属离子的富集规律。

一、双齿许水蚤对铜和锌的富集动力学

1. 双齿许水蚤对铜的富集动力学

双齿许水蚤对水体中 1 mg·L^{-1} 的铜有显著的富集作用，并经历了快速、慢速和富集平衡的过程（图 4-26）。当双齿许水蚤暴露在含铜的水中，24 h 即可达到富集平衡。双齿许水蚤在铜质量浓度为 1 mg·L^{-1} 时的吸收速率常数 k_1、排出速率常数 k_2，双齿许水蚤对铜的富集的其他动力学参数 BCF 和 C_{max} 的结果见表 4-22。本实验虽然达到富集平衡的状态，但是释放实验由于双齿许水蚤大量死亡，而未能顺利进行，只能利用富集实验的数据非线性拟合，获得生物富集动力学参数。

表 4-22　双齿许水蚤对铜的富集动力学参数

	C_W/(mg·L^{-1})	C_0/(mg·kg^{-1})	k_1	k_2	BCF	C_{max}
铜	1.000	0.110	0.077	0.223	0.344	0.454

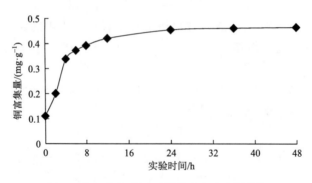

图 4-26　双齿许水蚤对铜的富集动力学曲线

2. 双齿许水蚤对锌的富集动力学

双齿许水蚤对水体中的锌的富集经历了快速、慢速和富集平衡的过程（图 4-27）。快速富集和慢速富集的富集量与富集时间近似于线性关系，分别对其进行线性拟合，得线性方程分别为 $y = 0.191\,4x + 0.170\,5$（$R^2 = 0.992\,6$），$y = 0.038\,8x + 1.354\,9$（$R^2 = 0.995\,3$）；在暴露 24 h 左右可达到富集平衡。双齿许水蚤对锌生物富集的动力学参数 k_1、k_2、BCF 和 $C_{\max}$ 的结果见表 4-23。本实验生物富集动力学参数是利用富集实验的数据非线性拟合获得。

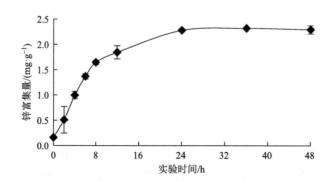

图 4-27　双齿许水蚤对锌的富集动力学曲线

表 4-23　双齿许水蚤对锌的富集动力学参数

	$C_W/(\text{mg·L}^{-1})$	$C_0/(\text{mg·kg}^{-1})$	k_1	k_2	BCF	$C_{\max}$
锌	1.000	0.161	0.272	0.121	2.252	2.412

Yu 等（2002）研究表明，浮游动物主要通过三种途径富集重金属离子：①从周围水体中直接富集金属离子，不同动物种类和金属离子差别很大，如浮游动物体

内的锌有 90%都来自周围水体，但是通过这种方式对镉和硒的积累却很少；
②食物同化，即食物链传递，食物同化很大程度上依赖食物种类或食物中金属含
量和形态；③生殖传递，通过这种方式传递的只有少数特定的金属，如生命活动
必需金属硒、锌等，非必需金属汞等，传递给下一代的能力很强，而对于镉却不
能通过此种方式迁移。本实验，双齿许水蚤直接从水体中富集铜、锌，达到富集
平衡时的富集量分别为 0.454 mg·g^{-1}、2.412 mg·g^{-1}。双齿许水蚤对锌最大富集量
大于对铜，可能是由于双齿许水蚤对水体中的锌具有更强的富集能力。

生物吸收速率常数 k_1 代表了生物吸收金属离子的快慢程度，水体中金属离子
浓度一定条件下，生物浓缩因子（bioconcentration factor，BCF）可以表示生物对
金属离子的富集能力。当环境周围的金属离子浓度相同时，单齿螺对铜、铅的富
集动力学参数 $k_{1(铜)}>k_{1(铅)}$，单齿螺对铜的富集比铅快，BCF$_{(铜)}<$BCF$_{(铅)}$，单齿螺
对铅的富集较强（郭远明等，2008）。本实验研究表明，双齿许水蚤对铜、锌的动
力学参数，$k_{1(铜)}=0.077<k_{1(锌)}=0.272$，BCF$_{(铜)}=0.344<BCF_{(锌)}=2.252$，说明了双
齿许水蚤对锌富集速度比铜快，且对锌的富集能力较强。

二、温度对双齿许水蚤富集铜和锌的影响

由图 4-28，低温（10℃）和高温（≥35℃）均降低了双齿许水蚤对铜的富集。
在 10～15℃范围内，双齿许水蚤对铜的富集量增加了 29.09%；当温度为 15～30℃
时，由多重比较，双齿许水蚤对铜的富集量变化不显著（$P>0.05$）；当温度大于
30℃时，富集量快速下降，到温度为 35℃时，富集量降低到 0.26 mg·g^{-1}。不同温
度下，双齿许水蚤对铜的富集量经单因子方差分析表明差异极显著（$P<0.01$）。

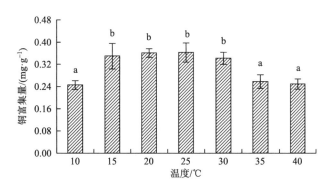

图 4-28 温度对双齿许水蚤富集铜的影响

如图 4-29 所示，随着温度的增加，双齿许水蚤对锌富集量先增大后减小。温
度为 35℃时，富集量达到最大，值为 2.55 mg·g^{-1}；当温度升高到 40℃时，双齿许

水蚤对锌富集量显著下降，此时的富集量为 1.34 mg·g^{-1}；当温度为 10℃时，蚤对锌富集量为 1.84 mg·g^{-1}。不同温度下，双齿许水蚤对锌的富集量经方差分析差异显著（$P<0.05$）；多重比较显示，温度为 15～35℃，双齿许水蚤对锌的富集量差异不显著（$P>0.05$）。

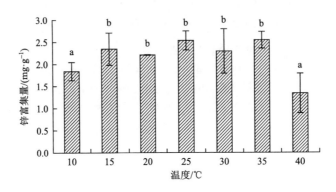

图 4-29　温度对双齿许水蚤富集锌的影响

浮游动物对金属离子富集受到各种环境因素的影响，如酸碱度、硬度、金属离子浓度和温度（Yu et al.，2002）。温度不仅会影响水生动物生理和新陈代谢，而且对富集或排除污染物的路径和效率有很大影响。温度对重金属离子的吸收与金属或生物种类有关，如温度为 14℃时，大型水蚤汞和甲基汞的富集率比 24℃分别降低了 32%、73%（Martin et al.，2004）。在没有进行驯化的情况下，温度从 10℃上升到 26℃，浮游动物对镉富集显著增加（Heugens et al.，2003）。本实验研究结果显示，当温度为 10～15℃时，双齿许水蚤对铜、锌的富集量显著上升（$P<0.05$），当温度为 15～30℃时，双齿许水蚤对铜、锌的富集量变化不显著，为最佳温度富集范围；当温度大于 30℃时，富集量就会下降。可能是由于高于 30℃，双齿许水蚤不能进行正常的生命活动，影响了对铜、锌的富集。

三、盐度对双齿许水蚤富集铜和锌的影响

随着盐度的变化，双齿许水蚤对铜富集量先增加后减小（图 4-30）。当盐度为 25 时，双齿许水蚤对铜富集达到最大，其值为 0.38 mg·g^{-1}；低盐（<15）或高盐（>35）均可以降低双齿许水蚤对铜富集量。不同盐度下，双齿许水蚤对铜的富集量经单因子方差分析表明差异不显著。

随着盐度的增加，双齿许水蚤对锌的富集量随盐度的增加先增加后减小（图 4-31）。当盐度达到 25 时，富集量达到最大，为 2.54 mg·g^{-1}；盐度增加到 40，富集量下降到最低，值为 1.07 mg·g^{-1}；当盐度为 5 时，富集量为 1.96 mg·g^{-1}。在不同盐

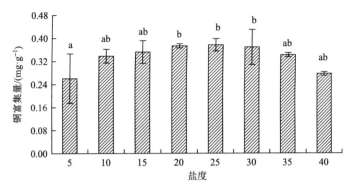

图 4-30　盐度对双齿许水蚤富集铜的影响

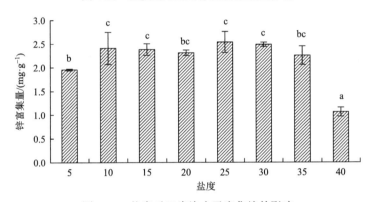

图 4-31　盐度对双齿许水蚤富集锌的影响

度下，双齿许水蚤对锌的富集量经单因子方差分析表明差异极显著（$P<0.01$）；多重比较结果显示，盐度为 10～35 范围内，富集量差异不显著，且富集量较大，能够更好地富集锌。

　　盐度能影响水生生物对重金属离子的富集。盐度变化可能会影响水生生物正常的生命活动，也可能促使水体金属形态和离子间的相互作用，从而影响金属的生物可利用性。不同盐度对贻贝富集锌没有影响，贻贝对镉、铜的富集随盐度的升高而降低，对铅的富集随盐度的升高而增加（Phillips et al.，1986）。盐度对棘刺牡蛎富集镉和铅有显著的影响，低盐度组牡蛎的镉和铅含量明显地高于高盐度组（Denton et al.，1981）。随着水体中钠离子浓度的增加，显著影响了大型水蚤对银的富集（Wang et al.，1999）。

　　本实验结果表明，当盐度低于 35 时，盐度对双齿许水蚤富集铜、锌的影响不显著（$P>0.05$）；当盐度为 40 时，双齿许水蚤对铜、锌富集显著下降，原因可能是此时盐度已经超过了双齿许水蚤生存的范围，影响了双齿许水蚤正常的生命活动，进而使双齿许水蚤对金属离子富集同化能力下降；也可能是由于离子对富集位点相互竞争导致富集量下降。

双齿许水蚤是广东沿海对虾养殖池塘中常见的一种优势种群，作为对虾养殖池塘食物链中的中间类群，对于保持池塘生物种群动态平衡、改善养殖水质起着重要作用。温度和盐度均是引起桡足类生理活动变化的重要因素。温度为 25～30℃时，双齿许水蚤的摄食率和孵化率均较高；双齿许水蚤最佳的摄食盐度为 25～30，但盐度对孵化率没有显著影响。亚热带地区对虾高位池养殖池塘常年水温在 22～32℃范围内，养殖的海水相对密度大约为 1.010～1.020，均能满足双齿许水蚤生存的需求。

第五章　虾池常见微藻培养的生态条件

第一节　卵囊藻培养的生态条件

卵囊藻（*Oocystis* sp.）是从对虾高位池分离出来的，作为微藻生态调控改善养殖水体、防止对虾疾病的一种藻种，隶属于绿藻门（Chlorophyta），绿藻纲（Chlorophyceae），绿球藻目（Chlorococcales），卵囊藻科（Oocystaceae），卵囊藻属（*Oocystis*）。由 2 个、4 个、8 个细胞以群体形式生活，群体外有一层明显胶质包被，群体中细胞呈椭圆形或略呈卵形，两端广圆，色素体片状，幼小细胞常为 1 片，成熟细胞 2～4 片，各有一个蛋白核。细胞宽 9～13 μm，长 10～19 μm。一般情况下产生 2 个、4 个、8 个或 16 个似亲孢子营孢子生殖。在一定的生态环境中，固有的生物结构具有明显的排他性与复原性的特点，作为养殖生态系统，具有合理的生物组成和优化环境的功能。引入生物技术和改变养殖水域中微小生物群落的结构与功能的生态调控防病技术，是生态防病的重要内容之一。本节对对虾养殖池塘中卵囊藻这一优良藻株培养的生态条件进行了研究，以期为对虾养殖水域微藻生态调控防病技术的研究和应用提供参考资料。

一、环境因子对卵囊藻生长的影响

1. 不同起始浓度下卵囊藻的生长规律

以不同起始细胞密度（3.15×10^8 cells·L^{-1}，4.76×10^8 cells·L^{-1}，6.03×10^8 cells·L^{-1}，8.98×10^8 cells·L^{-1} 和 1.271×10^9 cells·L^{-1}，分别记为 1～5 组）接种 12 d 的培养过程中，卵囊藻无显著的指数增长期，其种群在相对较长时间持续增长，如图 5-1 所示。起始藻液细胞密度是 3.15×10^8 cells·L^{-1} 时，其 K 值为 0.116，起始藻液细胞密度是 1.271×10^9 cells·L^{-1} 时，其 K 值为 0.026，高起始浓度组的相对增殖率低于低起始浓度组。

2. 光照度对卵囊藻生长的影响

如图 5-2 所示，在无光照的情况下卵囊藻停止生长，随光照时间的增加，其生长率明显增大，光照时间从 12 h 增加到 24 h，其平均增长率提高了 437.74%。结果

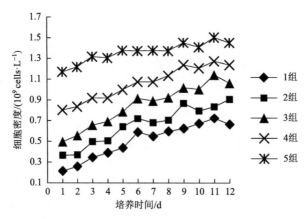

图 5-1　不同起始细胞密度下卵囊藻的生长情况

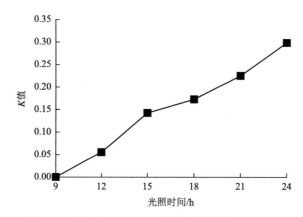

图 5-2　不同光照时间对卵囊藻平均增长率的影响

表明，卵囊藻的生长与光照时间的长短有密切关系，光照时间的长短可有效地控制卵囊藻种群的增长。

　　如图 5-3 所示，光照度从 400 lx 增加到 800 lx 时，其平均增长率提高了 27.04%，增长速度较快。当光照度从 800 lx 增加到 2000 lx 时，其平均增长率提高 14.98%。结果表明，平均增长率与光照度呈正相关。

3. 盐度对卵囊藻生长的影响

　　如图 5-4 所示，培养液相对密度在 1.004～1.020 的范围，卵囊藻均能正常生长繁殖。当相对密度从 1.004 上升到 1.008 时，平均增长率与培养液密度成正相关，平均增长率提高了 28.14%；培养液相对密度从 1.008 上升 1.016 时平均增长率无显著变化；高于 1.016 时，其平均增长率显著下降。结果表明，卵囊藻适合的海水相对密度范围是 1.008～1.016。

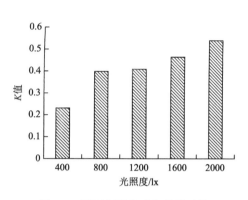

图 5-3　不同光照度对卵囊藻平均
　　　　增长率的影响

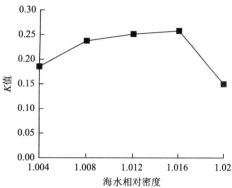

图 5-4　不同盐度对卵囊藻平均增长率的影响

4. 温度对卵囊藻生长的影响

如图 5-5 所示，温度从 10℃上升到 20℃时平均增长率有所提高；从 20℃上升到 25℃时，平均增长率提高了 41.45%，提高幅度较大；温度从 25℃上升到 30℃时，其增殖率不变；高于 30℃其平均增长率反而下降。结果表明，卵囊藻在 10～32℃都能正常生长繁殖，适合生长的温度范围是 25～30℃。

5. pH 对卵囊藻生长的影响

如图 5-6 所示，pH 为 5.0 时藻类几乎停止生长；pH 在 5.0～9.0 的范围内，其平均增长率与 pH 呈正相关；从 5.0 上升到 7.5 时，平均增长率提高了 25 倍，提高幅度较大；从 7.5 上升到 9.0 时，平均增长率无明显有提高；pH 高于 9.0 时，平均增长率有显著下降的趋势，生长受抑制。结果表明，卵囊藻生长适合的 pH 范围是 7.5～9.0。

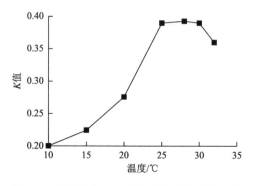

图 5-5　不同温度对卵囊藻平均增长率的影响

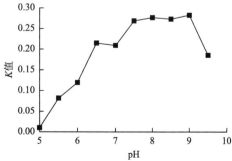

图 5-6　不同 pH 对卵囊藻平均增长率的影响

　　对虾的养殖过程中，池塘养殖水体的好坏在很大程度上取决于浮游植物种群的稳定性。许多学者的研究表明，微藻在种群持续稳定时，通过光合作用一方面能降低或消除养殖水体中的有机污染和其他有害物质；另一方面为水体提供充足的氧气，保持养殖生态系统良性循环，改善水质。若种群不稳定，则导致养殖生态系统破坏，引起水质恶化。因此，作为调控水质，稳定水体的微藻种群必须具备种群稳定、持续时间长，并能形成良好水色的特点。现选育的人工培养的饵料微藻，如小球藻、扁藻、角毛藻等，都具有种群增长速度快的特点，这必然导致种群数量在短期内达到一个峰值，影响种群的稳定性。卵囊藻在培养过程中无显著的指数增长期，且较高起始密度组的种群增长率低于低起始密度组，可能与其藻体结构和繁殖方式有密切关系，这种相对稳定的特点，有利于养殖水体的稳定，从而达到改善水质的目的。

　　卵囊藻对光照时间和光照度都有一定的要求，24 h 的光照比 12 h 的光照，平均增长率提高了 437.74%，因此，对虾养殖池塘在自然光照时间的条件下，在一定程度上可有效控制卵囊藻种群的快速生长，这对对虾池塘浮游植物群落结构的相对稳定具有积极作用，有利于养殖生态系统的稳定，但为扩大培养，可适当增加光照时间。卵囊藻在进行扩大培养时，其光照度只要高于 800 lx，就能得到良好的生长效果。卵囊藻在实验温度、盐度和 pH 范围内均能正常生长。最适生长温度是 25～30℃，最适合的海水相对密度范围是 1.008～1.016，最适的 pH 范围是 7.5～9.0。南方对虾高位池养殖池塘常年养殖水温在 22～32℃，养殖中后期的海水相对密度范围是 1.010～1.020，pH 范围是 7.9～9.2，均能满足卵囊藻生长的需求。因此，卵囊藻种群在对虾养殖池塘具有一定的竞争能力。

　　高位池对虾养殖是一种集约化的养殖模式，养殖密度高，对虾养殖的病害防治时普遍使用大量的化学药物，化学药物的不断积累对水体造成污染，同时又抑制有益藻类的繁殖。生态防病应用是对虾养殖可持续发展的前提，养殖水域生态系统的稳定性，在很大程度上取决于水域的微藻群落结构。水体中的有机污染是普遍存在的，并且随着养殖时间的延续会不断升高，从而使养殖水体中的氨氮、亚硝酸氮、硫化氢等有毒物质逐渐增多。氨氮可以使对虾各种与抗病有关的酶活性降低，也可以增加水生动物对氧的消耗。各种病毒感染或细菌性感染疾病，是由生态系统的破坏而导致的生态失衡所致。养殖过程中调节好生态系统，保持良好的水质，可增强对虾抗病力。对虾养殖的主要技术之一，就是调节好池塘生态系统。引入和定向培育优良微藻，优化浮游植物群落的结构与功能，保持生态系统的动态平衡和良好的养殖环境，是对虾高位池微藻生态调控防病的主要途径。笔者认为，卵囊藻具种群稳定、在对虾养殖池塘有较强竞争力的特点，可作为微藻生态调控的优良藻种。

二、营养元素对卵囊藻生长的影响

1. 氮对卵囊藻生长的影响

如表 5-1 所示，当磷酸盐磷质量浓度固定为 1.032 mg·L^{-1} 时，硝酸盐氮质量浓度从 5.660 mg·L^{-1} 增加到 11.32 mg·L^{-1} 时，其 K 值和比增长率最大值 μ_{MAX} 逐渐增加，而 G 值有缩短趋势；硝酸盐氮质量浓度从 11.32 mg·L^{-1} 增加到 33.96 mg·L^{-1} 时，其 K 值和 μ_{MAX} 值有逐渐减少趋势，而 G 值有延长的趋势；因此，硝酸盐氮质量浓度为 11.32 mg·L^{-1} 时，其 K 值和 μ_{MAX} 值表现出明显的峰值，而 G 值最短，相对湛水 107-13 培养液配方组，K 值增加 15.79%，G 值减少 13.29%，μ_{MAX} 增加了 12.02%，为最适浓度值。

表 5-1　不同硝酸盐氮质量浓度下卵囊藻的生长情况

磷酸盐磷 /(mg·L^{-1})	硝酸盐氮 /(mg·L^{-1})	初始光密度值	最终光密度值	平均增长率 (K)	平均倍增时间（G）/d	μ_{MAX}
2.070[*]	22.64[*]	0.073	0.158	0.190	1.58	2.663（5）
1.032	5.660	0.078	0.177	0.197	1.53	2.803（6）
1.032	11.32	0.069	0.172	0.220	1.37	2.983（4）
1.032	22.64	0.078	0.180	0.201	1.67	2.848（4）
1.032	28.30	0.076	0.170	0.194	1.77	2.788（4）
1.032	33.96	0.071	0.157	0.191	1.92	2.773（4）

注：括号内数字表示 μ_{MAX} 出现时间（单位：d），*表示湛水 107-13 培养液配方组。

2. 磷对卵囊藻生长的影响

如表 5-2 所示，当硝酸盐氮的质量浓度固定在 22.64 mg·L^{-1} 时，磷酸盐磷的质量浓度从 0.207 mg·L^{-1} 增加至 3.096 mg·L^{-1}，在磷酸盐磷质量浓度为 1.032 mg·L^{-1} 时，K 和 μ_{MAX} 都出现明显的峰值，相对湛水 107-13 培养液配方组，其 K 值增加 14.29%，G 减少了 12.99%，μ_{MAX} 增加了 10.67%。此时卵囊藻的生长繁殖速度最快，在生态位中的竞争能力也最强。之后，随磷酸盐磷浓度增加，其 K 值和 μ_{MAX} 先升高后下降，G 值先延长后缩短。μ_{MAX} 在第二天出现，比其他各实验组要快。

表 5-2　　卵囊藻在不同磷酸盐磷质量浓度下的生长情况

硝酸盐氮 /(mg·L^{-1})	磷酸盐磷 /(mg·L^{-1})	初始光密度值	最终光密度值	平均增长率 (K)	平均倍增时间 (G)/d	μ_{MAX}
22.64	0.207	0.090	0.197	0.189	1.59	3.154（4）
22.64	1.032	0.082	0.208	0.224	1.34	3.258（2）
22.64*	2.070*	0.076	0.172	0.196	1.54	2.944（3）
22.64	3.096	0.100	0.217	0.186	1.62	2.983（5）
22.64	4.128	0.084	0.211	0.221	1.36	3.258（3）

注：括号内数字表示 μ_{MAX} 出现时间（单位：d），*表示湛水 107-13 培养液配方组。

3. 不同氮、磷组合对卵囊藻生长的影响

如表 5-3 所示，实验 3 组、5 组、7 组和 9 组的 K 值比其他各实验组有明显增加，而 G 值比其他各组减少，但这 4 组相互间的 K 值和 G 值无明显差异。从表 2-3 可以看出，实验 7 组的 μ_{MAX} 相对于其他各实验有显著增加，并且存在着较为明显差异，实验 7 组相对于实验 3 组增加了 2.68%，相对实验 5 组增加了 2.19%，即硝酸盐氮为 11.32 mg·L^{-1} 和磷酸盐磷为 1.290 mg·L^{-1} 是卵囊藻生长繁殖的最适质量浓度组合，最佳生态位条件。此时，藻类生长繁殖的速度最快，在生态位中的竞争能力也最强。

表 5-3　　卵囊藻在不同氮、磷质量浓度组合下的生长情况

组号	硝酸盐氮 /mg·L^{-1}	磷酸盐磷 /mg·L^{-1}	初始光密度值	最终光密度值	平均增长率 (K)	平均倍增时间 (G)/d	μ_{MAX}
1	14.15	0.774	0.056	0.177	0.277	1.09	3.091（3）
2	11.32	0.774	0.055	0.172	0.274	1.10	3.168（3）
3	14.15	1.032	0.053	0.170	0.280	1.08	3.135（3）
4	8.49	0.774	0.057	0.168	0.260	1.16	3.091（3）
5	11.32	1.032	0.056	0.178	0.278	1.08	3.150（4）
6	14.15	1.290	0.056	0.170	0.267	1.13	3.135（4）
7	11.32	1.290	0.056	0.176	0.275	1.09	3.219（4）
8	8.49	1.032	0.058	0.173	0.263	1.14	3.020（5）
9	8.49	1.290	0.050	0.170	0.294	1.02	3.091（5）

注：括号内数字表示 μ_{MAX} 出现时间（单位：d）。

亚心扁藻对硝酸盐氮和磷酸盐磷最适质量浓度分别为 14.0 mg·L^{-1} 和 1.29 mg·L^{-1}，盐藻为 140.0 mg·L^{-1} 和 22.4 mg·L^{-1}（成永旭，2005），而卵囊藻的最适硝酸盐氮和磷酸盐磷浓度为 11.32 mg·L^{-1} 和 1.29 mg·L^{-1}，处于相对低值。各种藻类对营养盐

的要求是有差别的，各有其特殊性，不同种微藻对营养盐配方的要求当然也应该不同，只有较好地符合培养种类需要的配方，才能获得理想的效果。因此，可通过最适的营养盐配方研究来调控卵囊藻种群在虾池微生态系统中的竞争力。

第二节　条纹小环藻培养的生态条件

一、环境因子对条纹小环藻生长的影响

对虾养殖过程中多数疾病的发生与水体平衡失调、水质恶化有密切关系。对虾养成的主要技术之一就是调节好池塘生态系统平衡。在对虾养殖系统中，微藻对于维持池塘生态系统的正常功能、稳定池塘环境不可缺少。通过优良藻种的引入来优化浮游植物群落的结构与功能，保持生态系统的动态平衡和良好的养殖环境，是对虾高位池微藻生态调控防病的一种重要方式。条纹小环藻（*Cyclotella striata*）隶属于硅藻门（Bacillariophyceae），中心硅藻纲（Centricae），盘状硅藻目（Discoidales），圆筛藻科（Coscinodiscaceae），小环藻属（*Cyclotella*），是对虾养殖中后期池塘常见的优势种。它有利于对虾生长，可通过条纹小环藻的定向培育进行对虾的生态养殖。本节主要研究温度和光照度对条纹小环藻生长影响，为条纹小环藻的大规模培养和微藻生态调控的研究提供基础资料。

1. 温度对小环藻生长的影响

如图 5-7 所示，小环藻在培养前期的 1～2 d，为快速生长期，曲线斜率较大，之后进入另一阶段的缓慢生长期，曲线较平缓；在低温条件下的生长速度慢于高温

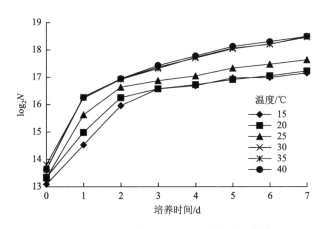

图 5-7　不同温度下条纹小环藻的生长曲线

条件。方差分析表明不同温度的比增长率和叶绿素 a 含量差异极显著（$P<0.01$）。邓肯多重比较结果表明：30～40℃时条纹小环藻生长最快，叶绿素 a 含量最高，25℃时次之，15～20℃时生长最慢，但叶绿素 a 含量在 25℃及以下无显著差异（表 5-4）。

表 5-4　不同温度下条纹小环藻的比增长率和叶绿素 a 质量浓度

温度/℃	μ/d^{-1}	叶绿素 a 质量浓度/($\mu g \cdot L^{-1}$)
15	0.270 5±0.001 8[a]	344.1±0[a]
20	0.269 2±0.004 2[a]	345.9±52.3[a]
25	0.304 0±0.001 9[b]	585.9±27.6[a]
30	0.370 2±0.001 6[c]	1178.9±279.6[b]
35	0.371 2±0.004 4[c]	1084.4±13.6[b]
40	0.377 1±0.005 9[c]	1214.2±52.4[b]

注：表中的 M±SD 表示平均数±标准差，a、b、c 表示同一列的差异显著，无上标表示差异不显著。

环境温度的变化，迅速导致藻细胞新陈代谢和细胞生长的化学反应速率的变化，直观表现为细胞比增长率和叶绿素 a 含量的变化。根据藻在不同温度下的生长和叶绿素 a 的积累能力，依据其最适生长温度可将藻归类。如喜、耐低温的小新月菱形藻、三角褐指藻、铲状菱形藻，其最适生长温度在 20℃以下（成永旭，2005；周洪琪等，1996）；喜、耐中温的中肋骨条藻、亚心形扁藻，其最适生长温度为 20～25℃（唐兴本等，2005；张学成等，1994）；耐高温的湛江等鞭金藻、牟氏角毛藻、盐藻，其最适生长温度为 25～33℃（张学成等，2006）；喜高温种钝顶螺旋藻，最适生长温度达 30℃以上（成永旭，2005）；最适温度从 15～30℃的广温性种绿色巴夫藻、微绿球藻等（蒋霞敏等，2007；蒋霞敏，2002）。而小环藻的最适生长温度为 30～40℃，属喜高温性种。

2. 光照对条纹小环藻生长的影响

如图 5-8 所示，条纹小环藻在 9.75 $\mu mol \cdot m^{-2} \cdot s^{-1}$ 低光照下，第一天出现明显的下滑后开始正常生长，而在高于 29.25 $\mu mol \cdot m^{-2} \cdot s^{-1}$ 的较高光照时一直正常生长。方差分析结果表明：不同光照的比增长率和叶绿素 a 含量差异极显著（$P<0.01$）。邓肯多重比较结果表明：29.25 $\mu mol \cdot m^{-2} \cdot s^{-1}$ 及以上时生长较快，9.75 $\mu mol \cdot m^{-2} \cdot s^{-1}$ 下生长最慢，但从 29.25～146.25 $\mu mol \cdot m^{-2} \cdot s^{-1}$ 比增长率差异不显著；叶绿素 a 含量反而在 9.75～58.5 $\mu mol \cdot m^{-2} \cdot s^{-1}$ 较低光照下显著高于 87.75 $\mu mol \cdot m^{-2} \cdot s^{-1}$ 及以上，29.25～146.25 $\mu mol \cdot m^{-2} \cdot s^{-1}$ 时，光照越强，叶绿素 a 含量越低，如表 5-5 所示。

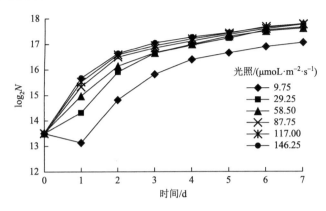

图 5-8　不同光照下条纹小环藻的生长曲线

表 5-5　不同光照下条纹小环藻的比增长率和叶绿素 a 质量浓度

光照/($\mu mol \cdot m^{-2} \cdot s^{-1}$)	μ/d^{-1}	叶绿素 a 质量浓度/($\mu g \cdot L^{-1}$)
9.75	0.248 4±0.008 4[a]	709.7±2.5[c]
29.25	0.304 4±0.003 8[bc]	731.8±11.3[c]
58.5	0.302 5±0.006 4[b]	717.7±13.6[c]
87.75	0.315 6±0.002 3[c]	663.4±13.7[b]
117.0	0.313 1±0.001 2[bc]	624.1±13.6[a]
146.25	0.315 6±0[a]	608.2±13.7[a]

注：表中的 M±SD 表示平均数±标准差，a、b、c 表示同一列的差异显著，无上标表示差异不显著。

　　光照是影响藻生长的另一个重要的生态因子。一般浮游硅藻适应光照相对一些绿藻低。刘青等（2006）在对小球藻、湛江等鞭金藻、青岛大扁藻、绿色杜氏藻从 9.75～195 $\mu mol \cdot m^{-2} \cdot s^{-1}$ 光照度实验中发现，它们在 9.75 $\mu mol \cdot m^{-2} \cdot s^{-1}$ 时生长率和叶绿素 a 含量均最低。笔者对小环藻的实验发现比增长率亦为 9.75 $\mu mol \cdot m^{-2} \cdot s^{-1}$ 最低，但叶绿素 a 含量则较高，比增长率与叶绿素 a 不一致。其原因可能有两个：一是小环藻在 28℃的较高温度下，生长繁殖较快，开始时，较低的叶绿素 a 积累足以满足小环藻的光合作用所需，但随着藻密度的增加，细胞之间遮光效果致使一部分藻细胞捕捉光能、转换光能的效率降低，该部分藻细胞则采取了增强合成叶绿素 a 的机制以增加效率。这与 Sukenik 等（1987）认为在较低光照下，为了增加光吸收和光的利用效率，类囊体膜的表面积及膜上色素蛋白复合体的数量均有所增加的观点一致。这就解释了低光照下，尽管细胞数量增加慢，比增长率较小，但叶绿素 a 含量却较高的现象。二是光合色素的功能和各种色素合成条件的差异。大部分叶绿素 a 为天线色素，具有捕获光能的作用，而另一小部分特殊状态的叶绿素 a 则为中心色素，是光能的捕捉器和转换器，这是光合作用的核心。但除了大部分叶绿素 a 以外，全部的叶绿素 b、胡萝卜素、叶黄素、藻红蛋白、藻蓝蛋白等都是天线色素（李合生，2006）。只要作为中心色素的叶绿素 a 含量不变，其他的天线色素取代叶绿素 a，藻的光合作用过程并不会受阻。硅藻富含类胡萝卜素，它不但是一种聚光色素，而且具有防护光照伤害叶绿素的功能。一旦光照度增加，叶绿素 a 合成受抑，藻细胞则大量合成类胡萝卜素取代叶绿素 a。因此，较高光照度下，尽管细胞数量增加快，比增长率增大，但叶绿素 a 含量并无显著增加。

3. 温度、光照度正交实验对条纹小环藻生长的影响

正交实验因子与水平见表 5-6。直观分析结果表明影响小环藻比增长率（μ）的因素的主次顺序是温度＞光照；影响叶绿素 a 含量的因素的主次顺序是光照度＞温度（表 5-7）。方差分析结果显示（表 5-8，表 5-9），温度对小环藻比增长率的影响显著（$P<0.05$），光照影响不显著（$P>0.05$）；温度对叶绿素 a 含量的影响不显著（$P>0.05$），光照对叶绿素 a 含量的影响显著（$P<0.05$）。两种分析方法对同一指标分析的结果一致。但同一条件下比增长率和叶绿素 a 含量两个指标结果不一致。对于比增长率，35℃，87.75 $\mu mol\cdot m^{-2}\cdot s^{-1}$ 组合时值最大；对于叶绿素 a 含量，30℃，29.25 $\mu mol\cdot m^{-2}\, s^{-1}$ 组合时值最大（表 5-7）。

在微藻生态调控过程中，将微藻的生长繁殖限制在一定范围内可以保持水体微藻种群的稳定和动态平衡。如果繁殖过快，营养物质迅速消耗尽，微藻种群崩溃，生态系统的平衡遭到破坏，致使养殖环境不利于经济动物的生存生长。小环藻是喜高温、喜中等光照的种类，对于华南地区应用该藻进行微藻生态调控具有指导意义。湛江地区对虾养殖水体水温最高可达 35℃，且养殖中后期的水体透光性差，水中光照较低，十分有利于条纹小环藻的定向培育，构建多样性微藻生态系统，维持水质稳定和对虾健康生长。在室外小型池塘培养小环藻时，应配备遮光设备，保持水温不超过 40℃，光照不超过 146.25 $\mu mol\cdot m^{-2}\cdot s^{-1}$。条纹小环藻是喜高温种，可根据小环藻的生长特点，充分利用热带地区高温晴朗天气进行室外大规模培养，以便用于对虾养殖池塘中的水质调控及其他生产应用。

表 5-6　条纹小环藻正交实验因子与水平表

因子	水平 1	水平 2	水平 3
A：温度/℃	25	30	35
B：光照/（$\mu mol\cdot m^{-2}\cdot s^{-1}$）	29.25	87.75	146.25

表 5-7 条纹小环藻正交实验结果的直观分析

实验号	因素		结果	
	A	B	比增长率 μ/d^{-1}	叶绿素 a 质量浓度/$(\mu\mathrm{g}\cdot\mathrm{L}^{-1})$
1	水平 1	水平 1	0.371 8	1413.8
2	水平 1	水平 2	0.378 8	1067.8
3	水平 1	水平 3	0.394 2	1060.0
4	水平 2	水平 1	0.392 4	1746.6
5	水平 2	水平 2	0.418 4	1355.5
6	水平 2	水平 3	0.398 2	1054.5
7	水平 3	水平 1	0.425 6	1604.4
8	水平 3	水平 2	0.440 2	1304.2
9	水平 3	水平 3	0.417 0	1006.9
$\alpha 1$	0.381 6	0.396 6		
$\alpha 2$	0.403 0	0.412 5		
$\alpha 3$	0.427 6	0.403 1		
R_α	0.046 0	0.015 9		
$\beta 1$	1180.5	1588.3		
$\beta 2$	1034.5	1242.5		
$\beta 3$	1305.2	1040.5		
R_β	270.70	547.80		

注：$\alpha 1$、$\alpha 2$、$\alpha 3$ 在每列中的值表示不同温度和光照条件下比增长率平均值，R_α 表示极差。$\beta 1$、$\beta 2$、$\beta 3$ 在每列中的值表示不同温度和光照条件下叶绿素 a 浓度平均值，R_β 表示极差。

表 5-8 条纹小环藻正交实验比增长率方差分析

差异来源	平方和	自由度	标准差	F	P
矫正模型	0.004	4	0.001	6.734	0.046
温度	0.003	2	0.002	12.025	0.020
光照	0.000	2	0.000	1.443	0.337
误差	0.001	4	0.000		
总和	0.004	8			

注：$P<0.05$ 表示该因素对藻比增长率的影响差异显著。

表 5-9 条纹小环藻正交实验叶绿素 a 质量浓度方差分析

差异来源	平方和	自由度	标准差	F	P
矫正模型	524 719.111	4	131 179.778	12.917	0.015
温度	63 990.889	2	31 995.444	3.151	0.151
光照	460 728.222	2	230 364.111	22.684	0.007
误差	40 621.111	4	10 155.278		
总和	565 340.222	8			

注：$P<0.05$ 表示该因素对藻比增长率的影响差异显著。

二、营养元素对条纹小环藻生长的影响

1. 氮对条纹小环藻生长的影响

如图 5-9 所示，接种开始后第一天条纹小环藻的细胞密度快速增加，随后藻的细胞密度呈现较缓慢的增长，说明藻在接种后迅速适应新的培养条件并进入指数增长期，但从第二天开始受限制而逐渐进入生长稳定期。

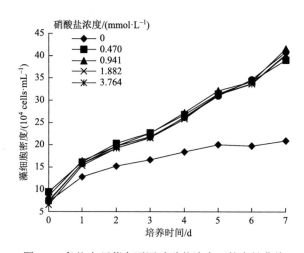

图 5-9　条纹小环藻在不同硝酸盐浓度下的生长曲线

如图 5-10 所示，生长过程中，条纹小环藻的指数生长期从初始至第 1 天，故比增长率以培养后的第一天与初始两时间点计算。不同硝酸盐浓度下比增长率从 $0.60 \sim 0.85$ d^{-1} 随着营养盐浓度的增加而先增后趋于稳定。硝酸盐添加组与不添加硝酸盐的对照组之间，比增长率差异极显著（$P < 0.001$）。其中，硝酸盐浓度为 1.882 mmol·L^{-1} 时条纹小环藻的比增长率最大，达 0.85 d^{-1}；但超过该浓度后（$1.882 \sim 7.528$ mmol·L^{-1}），比增长率差异不显著（$P > 0.05$）。

条纹小环藻在添加了硝酸盐的培养液中培养到第 7 天后，其最大藻细胞密度 N_{max} 极显著高于不添加硝酸盐的对照组（$P < 0.001$）。当硝酸盐浓度为 0.941 mmol·L^{-1} 时，条纹小环藻的 N_{max} 最高，达到 419 000 cells·mL^{-1}，比不添加硝酸盐的对照组高出 99%；而当硝酸盐浓度 $\geq$1.882 mmol·L^{-1} 时 N_{max} 较 0.941 mmol·L^{-1} 略有下降，但超过该浓度后差异不显著。条纹小环藻的叶绿素 a 质量浓度亦在硝酸盐浓度为 0.941 mmol·L^{-1} 时最高，达 1.61 mg·L^{-1}；硝酸盐超过该浓度后（$0.941 \sim 7.528$ mmol·L^{-1}），叶绿素 a 含量差异不显著（$P > 0.05$）。

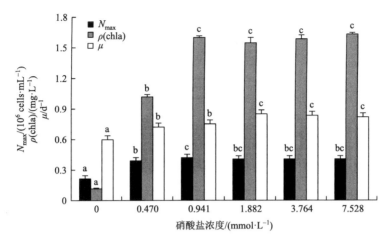

图 5-10　不同硝酸盐浓度下条纹小环藻的最大藻细胞密度（N_{max}）、
叶绿素 a 含量（ρ）和比增长率（μ）

2. 磷对条纹小环藻生长的影响

如图 5-11 所示，接种开始后至第 3 天，条纹小环藻的细胞密度快速增加，呈现近似直线的增长模式，随后藻的细胞密度呈现比较缓慢的增长趋势，说明藻在接种后迅速适应新的培养条件并进入指数增长期，但从第 4 天开始受限制而逐渐进入缓慢生长期。

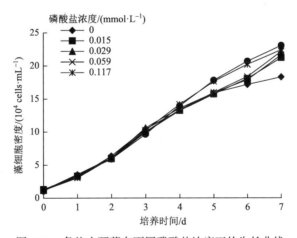

图 5-11　条纹小环藻在不同磷酸盐浓度下的生长曲线

如图 5-12 所示，与硝酸盐因子实验不同的是，磷酸盐因子实验的初始接种密度由约 60 000 cells·mL^{-1} 减少到约 10 000 cells·mL^{-1}，条纹小环藻的指数生长期相应地由 1 天延长到 3 天。故比增长率 μ 以培养后的第 3 天与初始两时间点计算。不同磷酸盐梯度下 μ 变化范围在 $0.46\sim0.51\ d^{-1}$，随着添加的磷酸盐浓度的升高，μ 先增大后减小，在磷酸盐浓度为 $0.029\ mmol\cdot L^{-1}$ 时最大，而磷酸盐浓度添加最高的组 μ 反而最小。

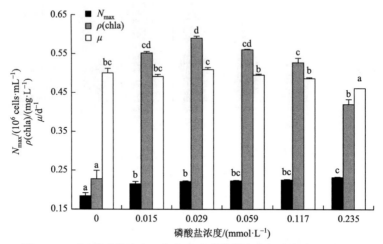

图 5-12　不同磷酸盐浓度下条纹小环藻的最大藻细胞密度（N_{max}）、叶绿素 a 含量（ρ）和比增长率（μ）

培养到第 7 天，条纹小环藻在添加了磷酸盐的培养液中的 N_{max} 极显著高于不添加磷酸盐的对照组（$P<0.001$）。N_{max} 随着添加的磷酸盐的增加而增大，当磷酸盐浓度最高时，条纹小环藻的 N_{max} 最高，达到 $228\ 000\ cells\cdot mL^{-1}$，比不添加磷酸盐的对照组高出 25%。随着磷酸盐浓度的增加，条纹小环藻叶绿素 a 含量则呈现先升后减的变化趋势。当磷酸盐浓度为 $0.029\ mmol\cdot L^{-1}$ 时，条纹小环藻的叶绿素 a 含量最高，达 $0.59\ mg\cdot L^{-1}$，随后叶绿素 a 含量随着磷酸盐的添加而减小。

3. 硅对条纹小环藻生长的影响

如图 5-13 所示，条纹小环藻的半对数生长曲线显示：以约 $10\ 000\ cells\cdot mL^{-1}$ 的接种浓度开始，不同硅酸盐浓度下条纹小环藻生长曲线差异明显，其指数生长期随着硅酸盐浓度的增加而延长。不添加硅酸盐的对照组，指数生长期至第 1 天，之后进入缓慢增长阶段；硅酸盐浓度为 $0.018\ mmol\cdot L^{-1}$ 和 $0.035\ mmol\cdot L^{-1}$ 组，指数生长期延长至第 2 天；而 $0.070\sim0.280\ mmol\cdot L^{-1}$ 的 3 组，条纹小环藻指数生长期延长至第 3 天。

如图 5-13、图 5-14 所示，在指数生长期内，条纹小环藻的细胞密度快速增加，呈现近似直线的增长模式，随后藻的细胞密度呈现比较缓慢的增长趋势，说明硅酸盐的添加，大大延长了条纹小环藻的种群增长时间。因而，不同硅酸盐浓度组

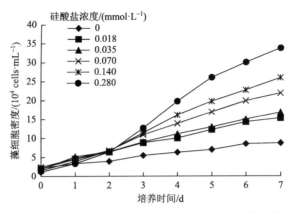

图 5-13　条纹小环藻在不同硅酸盐浓度下的生长曲线

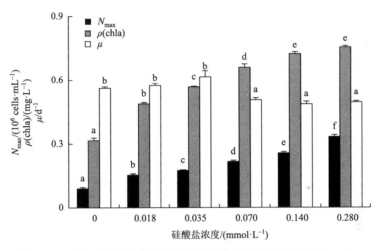

图 5-14　不同硅酸盐浓度下条纹小环藻的最大藻细胞密度（N_{max}）、
叶绿素 a 含量（ρ）和比增长率（μ）

的比增长率 μ 相应地以指数生长期的最后时间点与初始两时间点计算。不同硅酸盐浓度下 μ 变化范围在 0.49～0.61 d^{-1}。随着添加的硅酸盐浓度的升高，μ 先增大后减小，在硅酸盐浓度为 0.035 $mmol·L^{-1}$ 时最大，而硅酸盐浓度添加超过 0.070 $mmol·L^{-1}$ 后 μ 反而减小。总体而言，条纹小环藻在硅酸盐低添加组的比增长率 μ 显著高于高硅酸盐添加组。

　　培养到第 7 天，添加硅酸盐组中条纹小环藻的 N_{max} 极显著高于不添加硅酸盐的对照组（$P<0.01$）。N_{max} 随着添加的硅酸盐的增加而增大，当硅酸盐浓度最高时，条纹小环藻的 N_{max} 最高，达到 337 000 $cells·mL^{-1}$，比不添加硅酸盐的对照组高出 2.83 倍。

　　条纹小环藻叶绿素 a 含量亦随着硅酸盐浓度的增加而增加，但硅酸盐浓度增加到 0.140 mmol·L^{-1} 后叶绿素 a 含量差异不显著。当硅酸盐浓度为 0.280 mmol·L^{-1} 时，条纹小环藻的叶绿素 a 质量浓度最高，达 0.76 mg·L^{-1}。

4. 比增长率（μ）最大藻细胞密度（N_{max}）、叶绿素 a 含量与营养元素的关系

比增长率（μ）最大藻细胞密度（N_{max}）和叶绿素 a 含量均可在特定程度上反映条纹小环藻的生长状况，但它们所表征的侧重点不同。在描述一个种群的生长特征时，比增长率（μ）是表征该种群在特定环境条件下生长潜力的一个参数。它是基于单一浮游植物种群的增长符合 $N_t = N_0 e^{\mu t}$ 的指数增长模型的情况下推导出来的（孙军等，2005），因而比增长率 μ 的估算必须建立在种群的指数增长时期。依据比增长率 μ 的推导理论，每种浮游植物在其最佳生长条件下，只有唯一对应的比增长率 μ，即最大比增长率，且不同浮游植物的最大比增长率不同，这就为许多浮游植物种类共存于特定的水生生态系统提供了必要的条件。换言之，比增长率的大小直接反应该种群在特定生境中的竞争力，以及相应的环境和营养条件对种群的贡献大小或限制能力强弱。本研究结果表明，相似初始接种浓度下，条纹小环藻的 μ 在硅营养盐下较磷营养盐下范围宽（分别为 0.49～0.61 d^{-1} 和 0.46～0.51 d^{-1}），这意味着硅比磷营养盐对条纹小环藻的生长具有更强的调控能力，另一角度则说明条纹小环藻种群的生长更易受硅营养盐而非磷营养盐的限制。尽管氮营养盐因子实验较另两因子实验的初始接种密度大，使得其指数生长期较短，因而在估算条纹小环藻 μ 时与后两实验差异较大，但条纹小环藻 μ 在氮营养盐浓度下范围较宽（0.60～0.85 d^{-1}），意味着条纹小环藻种群生长受氮营养盐的限制较强。另外，本研究亦证实高初始接种密度会大大缩短藻种群的指数生长期，藻快速进入高密度的稳定生长阶段，有利于藻类的快速培养及应用；但低初始接种密度更有利于藻各生长阶段的实验研究。

最大藻细胞密度 N_{max} 和叶绿素 a 含量是培养终点的指标，可表征藻在该培养阶段的总生长情况。在相同外界环境条件下，N_{max} 越大，说明藻的生长情况越好，适宜将其作为规模化培养的判定指标。叶绿素 a 含量在某种程度上与 N_{max} 有一定的相关性。例如，本研究氮、硅营养盐实验中，叶绿素 a 含量与 N_{max} 变化趋势一致，随着氮营养盐的升高，叶绿素 a 含量与 N_{max} 均增加。然而，磷营养盐实验中，尽管 N_{max} 随着磷营养盐的升高而增大，但叶绿素 a 含量却先升高后减小。这可能与高浓度磷酸盐下条纹小环藻生长受氮限制有关。叶绿素 a 的分子式为 $C_{55}H_{72}O_5N_4Mg$，在叶绿素 a 的合成过程中氮的缺乏会造成叶绿素 a 的合成减少，但其他非含氮色素如类胡萝卜素（$C_{40}H_{56}$）、叶黄素（$C_{40}H_{56}O_2$）等可以取代部分叶绿素 a 的功能，对短期条纹小环藻的生长繁殖可能不会产生大的影响，因而出现尽管叶绿素 a 含量减小，但细胞密度依然增加的情况。本研究中氮浓度大于

0.941 mmol·L^{-1}时，叶绿素 a 含量均大于 1.5 mg·L^{-1}，远远大于其他营养盐实验组，亦可作为氮营养盐的加富可促进叶绿素 a 合成的佐证。实际应用过程可根据需要参照上述不同的指标或参数予以判定，在藻类大规模培养时可依据指标最大藻细胞密度 N_{max} 和叶绿素 a 含量，而藻类应用于生态调控等领域时则可参照参数比增长率 μ。

5. 条纹小环藻对各营养盐的需求

氮是细胞代谢形成氨基酸、嘌呤、氨基糖和胺类化合物的基本元素，磷是合成 ATP、GTP、核酸、磷脂、辅酶的基本元素（Seppälä et al., 1999）。微藻生长繁殖可利用无机氮（氨氮、硝酸盐氮、亚硝酸盐氮，最主要是硝酸盐氮）和无机磷（磷酸盐磷）。不同品系的三角褐指藻短期培养 7 天时，每个品系对氮、磷的最适需求不同，浙江品系（ZS008）为 10 mg·L^{-1} 的氮和 1 mg·L^{-1} 的磷；厦门品系（XS003）为 60 mg·L^{-1} 的氮和 3 mg·L^{-1} 的磷，而更长期培养 14 d 时，高浓度的氮（60 mg·L^{-1}）和磷（3 mg·L^{-1}）更有利于藻的持续生长（林霞等，2000）。纤细角毛藻进行光合作用和生长的最适氮浓度是 1760 μmol·L^{-1}（尹翠玲等，2007）。通过对比发现，条纹小环藻是适宜在中氮量下培养的种类，由此可推断其最大生物量可能不会太高。而笔者多次实验发现，条纹小环藻的最大生物量最大达到细胞密度 500 000 cells·mL^{-1}，且在现有的培养条件下很难突破该密度。根据这一原理，并非在培养液中添加越多的氮，藻类收获时就能获得越大的生物量。

不添加磷时条纹小环藻有一定的潜在生长能力。原因可能有以下几方面：一是条纹小环藻对磷营养盐的需求较低；二是条纹小环藻对磷营养盐可能具有较强的吸收效率，而利用率或同化率却较低。Tilman 等（2010）认为大多数微藻可以储存过多的磷酸根，在细胞质中形成直径 30～50 μm 的多聚磷颗粒，当在磷限制的环境中，磷可以从多聚磷颗粒释放出来，保持其供应，满足细胞生长繁殖之需。尽管条纹小环藻的细胞体积较小，但很有可能具有类似的对磷吸收和存储的机制，所以，在接种到不添加磷浓度的培养液中，条纹小环藻仍然可以与添加磷营养盐浓度组一样生长到第 6 天。而条纹小环藻是否具有相似的储存机制仍需要进一步研究。

硅是硅藻合成细胞壁的必需元素。海洋微藻对硅营养盐的吸收主要有 SiO(OH)$_3$ 和 Si(OH)$_4$ 两种形式，后者是许多硅藻可直接利用的硅营养盐形式（Amo & Brzezinski，2015）。低硅条件下，牟氏角毛藻和海链藻的生长不受显著影响，而三角褐指藻和新月菱形藻受到显著的抑制，可见不同硅藻种类对硅浓度的需求不同（王大志等，2003）。孙凌等（2007）在新开湖设置了添加硅酸盐的围隔实验，研究结果表明：随着硅酸盐浓度的增加，硅藻的生物量提高，其种类所占比例明显增加，且当原子比 N：Si：P = 16：8：1 和 N：Si：P = 16：16：1 时，处理组中出现了对照组不能检出的尺骨针杆藻、细齿菱形藻、针状拟菱形藻、缢缩异极藻头状变种、橄榄形异极藻等硅藻种类。可见，硅营养盐是硅藻生长的必不可缺的元素，同时也是制约硅藻生长的因素之一。本研究中不同营养盐对条纹小环藻比增长率影响表明：条纹小环藻较易受氮、硅营养盐限制，而对磷营养盐有一定的储备能力而不会成为短期培养的限制因子。

在微藻生态调控过程中，将微藻的生长繁殖限制在一定范围内可保持水体中微藻种群乃至群落的稳定和动态平衡。若繁殖过快，营养物质迅速消耗，微藻种群崩溃，养殖生态系统平衡遭到破坏，致使养殖环境不利于经济动物的生存生长。条纹小环藻是喜高温、喜中等光照的种类，且对其他有机物有一定的吸收利用能力，加之本研究结果证实条纹小环藻较易受氮、硅营养盐限制，而对磷营养盐有一定的储备能力而不会成为短期培养的限制因子。这些研究结果为将条纹小环藻应用于华南地区进行微藻生态调控提供依据。实践中，一方面可根据条纹小环藻对氮、磷和硅营养盐的需求，进行室内外小型池单种培养提供藻种。另一方面可在养殖对虾、鱼类经济动物池塘定向引入条纹小环藻，构建多样性的微藻生态系统，维持水质稳定和养殖经济动物的健康生长。

三、金属元素对条纹小环藻生长的影响

1. 铜对条纹小环藻生长的影响

图 5-15、图 5-16 表明，一定含量的铜（2.50 mg·dm^{-3}、0.50 mg·dm^{-3}、0.10 mg·dm^{-3}、0.02 mg·dm^{-3}、4.00×10^{-3} mg·dm^{-3}，分别记为 1~5 组；6 组为对照组）对条纹小环藻的生长有明显的抑制作用，且对藻细胞生长抑制率随着铜含量的升高而增大。在实验最初的 24 h 内，各含量组藻细胞含量均增大，即生长呈上升趋势。当铜质量浓度为 4.00×10^{-3} mg·dm^{-3} 时，对藻细胞的生长基本没有影响；当铜质量浓度为 0.02 mg·dm^{-3} 时，藻细胞的生长速度在一定程度上有所下降，铜对其抑制率为 14.42%；当铜质量浓度为 0.50 mg·dm^{-3} 时，对藻细胞生长的抑制率为 78.68%；当铜质量浓度为 2.50 mg·dm^{-3} 时，对藻细胞生长的抑制率最大，为 82.83%。经单因素方差分析表明，铜对条纹小环藻生长的影响极显著（$P<0.01$）；由多重比较可知第 1 组和第 2 组、第 3 组和第 4 组、第 5 组和第 6 组之间不存在显著差异（$P>0.05$），而其他组之间均存在显著差异（$P<0.05$）。对藻细胞含量对数及相应铜含量条件下抑制率的概率单位进行一元线性回归分析，得出回归方程为

$$y = 1.20x + 5.70 \quad R^2 = 0.936 \tag{5-1}$$

式中：y 为抑制率的概率单位，x 为含量的对数，当 $y=5$ 时，铜对条纹小环藻的半抑制质量浓度为 0.26 mg·dm^{-3}。

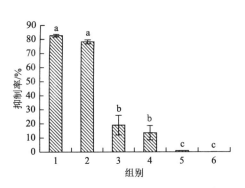

图 5-15　铜对条纹小环藻生长的抑制率

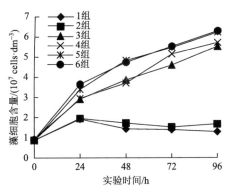

图 5-16　铜对条纹小环藻生长的影响

2. 锌对条纹小环藻生长的影响

图 5-17、图 5-18 显示，一定含量的锌（100.00 mg·dm^{-3}、10.00 mg·dm^{-3}、1.00 mg·dm^{-3}、0.10 mg·dm^{-3}、0.01 mg·dm^{-3}，分别记为 1~5 组；6 组为对照组）对条纹小环藻的生长有明显的抑制，且其抑制率随锌含量的增加而明显增大。在实验开始的 24 h 内，锌对条纹小环藻生长的抑制并不明显，各含量组藻细胞含量明显增加；当锌质量浓度低于 0.10 mg·dm^{-3} 时，对藻细胞生长的抑制不明显，特别是当锌质量浓度为 0.01 mg·dm^{-3} 时反而能促进藻细胞的生长，其抑制率为 –1.04%；当锌质量浓度为 1.00~100.00 mg·dm^{-3} 时，藻细胞生长曲线趋于平缓，其生长速度明显下降，表现出了明显的抑制。其中，当锌质量浓度为 100.00 mg·dm^{-3} 时，对条纹小环藻生长的抑制最强，其抑制率为 81.84%，藻细胞的生长几乎停滞。经单因素方差分析表明，锌对条纹小环藻生长的影响极显著（$P<0.01$）；由多重比较，除第 4 组、5 组和第 6 组之间不存在显著差异（$P>0.05$），其他各组间均存在显著差异（$P<0.05$）；对藻细胞含量对数及相应锌含量下抑制率的概率单位进行一元线性回归分析，得出回归方程为

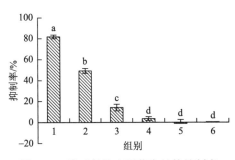

图 5-17　锌对条纹小环藻生长的抑制率

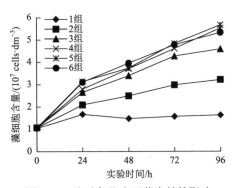

图 5-18　锌对条纹小环藻生长的影响

$$y = 0.94x + 4.02 \quad R^2 = 0.997 \qquad\qquad (5\text{-}2)$$

式中：y 为抑制率的概率单位，x 为含量的对数，当 $y = 5$ 时，锌对条纹小环藻的半抑制含量为 11.17 mg·dm^{-3}。

3. 铜锌对条纹小环藻的联合影响

由表 5-10 可知，所有实验组对藻细胞的生长均有不同程度的抑制作用，但各组藻细胞生长均没有发现停滞现象。从抑制率的大小来看，实验 1 组的抑制率最大，平均为 72.28%，实验 9 组的抑制率最小，平均为 13.68%。铜和锌含量在实验水平 1（铜质量浓度为 1.00 mg·dm^{-3}，锌质量浓度为 50.00 mg·dm^{-3}）上抑制率的均值分别为 65.93% 和 54.51%，在实验水平 2（铜质量浓度为 0.30 mg·dm^{-3}，锌质量浓度为 10.00 mg·dm^{-3}）上抑制率的均值分别为 58.27% 和 48.65%，在实验水平 3（铜质量浓度为 5.00×10^{-3} mg·dm^{-3}，锌质量浓度为 0.10 mg·dm^{-3}）上抑制率的均值分别为 22.54% 和 43.58%；直观分析的极差值分别为 43.39% 和 10.93%，通过极差值比较，铜对藻细胞生长的抑制大于锌。

表 5-10　铜锌对条纹小环藻联合影响正交实验结果与直观分析

实验组	铜质量浓度 /(mg·dm^{-3})	锌质量浓度 /(mg·dm^{-3})	抑制率 1/%	抑制率 2/%	平均抑制率/%
1	1.00	50.00	70.71	73.84	72.28
2	1.00	10.00	64.12	63.80	63.96
3	1.00	0.10	63.95	59.17	61.56
4	0.30	50.00	63.60	56.62	60.11
5	0.30	10.00	60.14	58.21	59.18
6	0.30	0.10	58.23	52.79	55.51
7	5.00×10^{-3}	50.00	30.85	31.42	31.13
8	5.00×10^{-3}	10.00	21.84	23.76	22.80
9	5.00×10^{-3}	0.10	17.16	10.21	13.69

有研究称，铜和锌共存的藻类培养体系中，金属离子毒性减弱或加强，分别呈拮抗作用或协同作用（况琪军等，1996）。正交实验中，当铜质量浓度为 5.00×10^{-3} mg·dm^{-3} 和锌质量浓度为 0.10 mg·dm^{-3} 混合时，对条纹小环藻的生长抑制率比各自单一重金属离子在相应含量下的要大，联合毒性效应表现为协同作用；当铜质量浓度为 1.00 mg·dm^{-3} 和锌质量浓度为 50.00 mg·dm^{-3} 混合时，却表现为拮抗作用。铜和锌对条纹小环藻的联合毒性效应因浓度的不同而不同。当二者浓度相对较高时表现为拮抗作用，当二者浓度相对较低时表现为协同作用。

第三节　北方娄氏藻培养的生态条件

近几年，我国对虾养殖业的快速发展引发了水体富营养化、养殖生态环境失衡、虾病频发等问题，寻求一种高效、生态的解决方法迫在眉睫。微藻是养殖水体环境的重要组成部分，对维持对虾养殖池塘生态系统的正常运转，稳定对虾养殖池塘环境有重要作用。选用优良藻种进行微藻生态调控对于水产养殖产业的健康发展具有重要意义。北方娄氏藻（*Lauderia borealis*）隶属于硅藻门（Bacillariophyta），中心硅藻纲（Centricae），圆筛藻目（Coscinodiscales），骨条藻科（Skeletonemaceae），娄氏藻属（*Lauderia*）。调查发现，北方娄氏藻常见于对虾养殖中后期池塘，具有藻相稳定、持续时间长等特点，有利于形成良好的水质环境，促进对虾健康生长。本章主要介绍了北方娄氏藻适宜的生长条件，不同环境因子、营养元素、微量元素及辅助生长物质对北方娄氏藻的生长和光合色素含量的影响，为北方娄氏藻的规模化培养和养殖环境调控提供科学依据。

一、环境因子对北方娄氏藻生长的影响

1. 温度对北方娄氏藻生长的影响

温度对北方娄氏藻的生长和叶绿素 a 含量的影响见图 5-19 和表 5-11。接种后各组藻细胞数均不同程度地增加。随温度的升高，藻细胞比增长率呈先升后降趋势，30℃时的藻细胞增长速度最快，比增长率 μ 最大，为 0.207 8 d^{-1}，分别是 15℃和 35℃时的 1.36、1.47 倍。叶绿素 a 质量浓度同样在 30℃时达到最大，为1.663 2 $mg\cdot L^{-1}$，是 15℃时的 3.85 倍。方差分析及多重比较表明，温度对北方娄氏藻比增长率 μ 和叶绿素 a 含量的影响有统计学意义（$P<0.05$），30℃时生长速度和叶绿素 a 含量均最高，20℃和 25℃次之，15℃和 35℃时最低。因此，20~30℃是北方娄氏藻适宜的生长温度，以 30℃最为适宜。

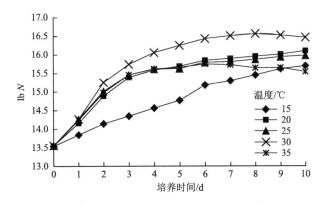

图 5-19　不同温度下北方娄氏藻的生长曲线

表 5-11 不同温度下北方娄氏藻的比增长率和叶绿素 a 含量

温度/℃	μ/d^{-1}	ρ(chla)/(mg·L^{-1})
15	$0.152\,7\pm0.003\,3^b$	$0.431\,5\pm0.010\,1^a$
20	$0.181\,9\pm0.003\,8^c$	$0.891\,8\pm0.041\,3^b$
25	$0.173\,9\pm0.000\,7^c$	$0.806\,0\pm0.023\,5^b$
30	$0.207\,8\pm0.002\,9^d$	$1.663\,2\pm0.064\,2^c$
35	$0.141\,4\pm0.000\,3^a$	0^d

注：同列数据相同字母者表示差异无统计学意义（$P>0.05$）。

温度是影响微藻生长和增殖的重要生态因子之一，可通过影响藻细胞内酶活性而影响微藻的光合作用和呼吸作用。在一定温度范围内，温度越高，藻细胞内酶活性越大，代谢速率加快，所吸收营养物质越多，藻类生长越快；而温度超出藻类的最适生长范围时，则导致藻细胞内酶活性降低甚至失去活性，不利于藻细胞的呼吸作用和对营养物质的吸收，从而影响微藻的生长。同样的，低温和高温均不利于小球藻的生长和物质积累（卢碧林等，2014）。本研究表明，北方娄氏藻适宜温度是 20～30℃，表明该藻属喜高温种，与中肋骨条藻的最适生长温度 24～28℃（霍文毅等，2001）相似，与旋链角毛藻的最适温度 20℃（茅华等，2007）及海链藻的最适温度 15～21℃（朱明等，2003）有一定差异，表明北方娄氏藻可适应热带与亚热带地区的较高水温，在华南地区具有定向培育的潜在价值。

2. 盐度对北方娄氏藻生长的影响

如图 5-20 和表 5-12 所示，接种 1 d 时，各组藻细胞均呈指数增长，其中盐度 20 组、25 组增长速度最快；3 d 后，盐度 25、30、35 时藻细胞生长趋势相近，随盐度的增加藻细胞增长速度明显加快，其中盐度 35 时的比增长率 μ 最大，为 $0.185\,1\,d^{-1}$，分别是盐度为 15 和 20 时的 1.41 倍和 1.46 倍。盐度 30 时，叶绿素 a 质量浓度最大，为 $2.414\,4\,mg·L^{-1}$，分别是盐度为 15、20 时的 10.14 倍、8.29 倍。方差分析及多重比较表明，盐度对北方娄氏藻比增长率和叶绿素 a 含量影响均有统计学意义（$P<0.05$），盐度 30 组、35 组均高于其他盐度组（$P<0.05$），但组间差异无统计学意义；盐度 25 组生长速度和叶绿素 a 含量仅次于盐度 30、35 组，高于盐度 15 组和 20 组（$P<0.05$）；盐度 20 组、15 组的北方娄氏藻生长最慢，叶绿素 a 含量最低，且两组间差异无统计学意义（$P>0.05$）。可见，北方娄氏藻适宜生长的盐度范围为 25～35。

盐度在一定程度上影响细胞的渗透压和营养盐吸收，藻体生长环境盐度的升高或降低会导致细胞渗透压的上升或下降，藻体通过调节离子浓度进行渗透压调

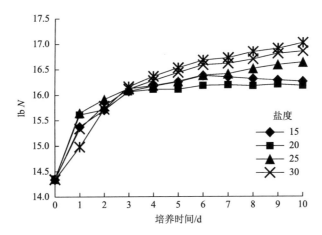

图 5-20 不同盐度下北方娄氏藻的生长曲线

表 5-12 不同盐度下北方娄氏藻的比增长率和叶绿素 a 含量

盐度	μ/d^{-1}	ρ(chla)/(mg·L^{-1})
15	0.131 7±0.004 9[a]	0.238 0±0.004 1[a]
20	0.126 9±0.002 8[a]	0.291 2±0.006 3[a]
25	0.158 7±0.001 2[b]	2.127 4±0.058 2[b]
30	0.174 3±0.006 2[c]	2.414 4±0.071 2[c]
35	0.185 1±0.007 1[c]	2.382 9±0.063 7[c]

注：同列数据相同字母者表示差异无统计学意义（$P>0.05$）。

节（Darley，1983）。不同藻种的渗透压调节能力不同。海水盐度在 15～35 范围内对海链藻影响不大，盐度为 20 时生长率最大（朱明等，2003）。在盐度为 25 时，旋链角毛藻保持较高的种群增长率和细胞数，而盐度升至 30 时，旋链角毛藻的生长受到明显抑制（茅华等，2007）。简单双眉藻最适生长盐度为 15～20（黄海立等，2011）。本研究表明，北方娄氏藻虽然在盐度 15～35 均可生长，但盐度为 25～35 时，其比增长率 μ 和叶绿素 a 含量随着盐度的上升而明显增大，在盐度为 35 时生长状况良好，表明北方娄氏藻更适宜高盐度环境，属于喜高盐性种类。为此，在室内培养北方娄氏藻过程中，可适当提高培养液盐度以加快藻生长，而华南地区对虾高位池塘养殖中后期海水盐度较高，更适于北方娄氏藻生长。

3. 光照度对北方娄氏藻生长的影响

如图 5-21 和表 5-13 所示，接种后，各光照度组北方娄氏藻均可快速适应培养环境，细胞呈指数增长，且生长趋势基本一致。总体来看，随光照度的增加，北方娄氏藻生长速度基本呈先增后减趋势。3000 lx 组、4000 lx 组比增长率平均值差异最大，前者是后者的 1.16 倍。叶绿素 a 含量 1200 lx 组最高，平均为 3.613 6 mg·L^{-1}，随光照度的升高叶绿素 a 含量先下降后升高，4000 lx 组降至最低，平均1.344 9 mg·L^{-1}，前者是后者的 2.69 倍。方差分析及多重比较表明，光照度对北方娄氏藻比增长率和叶绿素 a 含量影响有统计学意义（$P<0.05$），不同光照度组藻叶绿素 a 含量差异显著，光照度为 2500～3500 lx 组比增长率较大，但组间差异无统计学意义，3000 lx 组高于 1200 lx 组、2000 lx 组、4000 lx 组和 4500 lx组，差异有统计学意义（$P<0.05$）。结合比增长率和叶绿素 a 含量结果，北方娄氏藻生长最适的光照度为 2500～3500 lx。

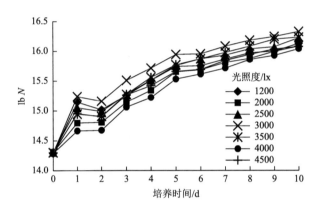

图 5-21　不同光照度北方娄氏藻的生长曲线

表 5-13　不同光照度下北方娄氏藻的比增长率和叶绿素 a 含量

光照度/lx	μ/d^{-1}	$\rho(\mathrm{chla})/(\mathrm{mg·L}^{-1})$
1 200	0.127 0±0.002 2[b]	3.613 6±0.011 7[a]
2 000	0.124 7±0.002 9[b]	3.125 2±0.179 0[ab]
2 500	0.133 6±0.002 4[ab]	2.914 7±0.233 2[bc]
3 000	0.141 3±0.002 3[a]	2.060 0±0.226 8[d]
3 500	0.134 5±0.004 1[ab]	1.442 5±0.136 6[e]
4 000	0.121 3±0.004 8[b]	1.344 9±0.132 3[e]
4 500	0.123 9±0.007 4[b]	2.474 9±0.205 5[cd]

注：同列数据相同字母者表示差异无统计学意义（$P>0.05$）。

光照度是影响微藻生长的重要生态因子，可通过影响藻类叶绿素 a 合成而影响其光合作用，同时对微藻的生长速率有重要影响。通常情况下，在一定光照度范围内，随光照度的增加微藻光合作用增强，藻细胞增殖速率加快；光照度超过适宜范围时，藻细胞光合作用强度反而减弱甚至受到抑制（于萍等，2006）。光照度为 1500 lx 时角毛藻 SHOU-B98 生长较快，且细胞脂肪酸营养价值高（黄旭雄等，2016）。曼氏骨条藻的最适照度为 3000 lx，低光照度（1000 lx）更利于总脂肪的合成（高秀芝等，2014）。本研究亦有类似现象：北方娄氏藻叶绿素 a 含量在低光照度下最高，这是由于为适应低光照度环境，藻类囊体膜表面积和膜上色素蛋白复合体均增加。但是，光照度过高和光照时间过长引起了光抑制现象，使藻体内的色素体发生光解褪色，变为黄白色。本研究的北方娄氏藻叶绿素 a 含量随光照度增加而降低亦是此观点的佐证。虽然北方娄氏藻在不同光照度下比增长率不同，但总体增长趋势基本保持一致，这也为室外培养北方娄氏藻创造了有利条件。

4. 正交实验

由表 5-14、表 5-15、表 5-16 可见，温度、盐度和光照度对北方娄氏藻比增长率和叶绿素 a 含量影响的差异均有统计学意义（$P<0.05$），影响北方娄氏藻比增长率 μ 的最主要因素是温度，其次是盐度光照度，温度 25℃、盐度 30、光照度 3000 lx 组合条件下北方娄氏藻比增长率最大；影响北方娄氏藻叶绿素 a 含量最主要因素是盐度，其次是光照度，最后是温度，温度 30℃、盐度 35、光照度 2500 lx 组合条件下北方娄氏藻叶绿素 a 含量最大。因此，北方娄氏藻适宜生长的最优组合条件为温度 25~30℃、盐度 35~35、光照度 2500~3000 lx。

表 5-14 温度、盐度和光照度对北方娄氏藻比增长率和叶绿素 a 含量影响正交实验 L9（3^3）结果

序号	因素水平			结果	
	温度/℃	盐度	光照度/lx	x μ/d^{-1}	k $\rho(\mathrm{chla})/(\mathrm{mg}\cdot\mathrm{L}^{-1})$
1	25（1）	25（1）	2500（1）	0.178 0	1.708 1
2	25（1）	30（2）	3000（2）	0.182 3	1.627 3
3	25（1）	35（3）	3500（3）	0.168 8	1.498 3
4	30（2）	25（1）	3000（2）	0.145 7	0.999 2
5	30（2）	30（2）	3500（3）	0.154 5	0.874 6
6	30（2）	35（3）	2500（1）	0.170 6	1.818 7
7	35（3）	25（1）	3500（3）	−0.015 5	0.004 1
8	35（3）	30（2）	2500（1）	0.033 8	0.591 9
9	35（3）	35（3）	3000（2）	0.143 7	1.355 2

续表

序号	因素水平			结果	
	温度/℃	盐度	光照度/lx	x μ/d^{-1}	k $\rho(\text{chla})/(\text{mg}\cdot\text{L}^{-1})$
x_1	0.176 4	0.102 8	0.127 5		
x_2	0.157 0	0.123 5	0.157 2		
x_3	0.054 0	0.161 1	0.102 6		
R_x	0.124	0.058 3	0.054 6		
k_1	1.611 3	0.903 8	1.372 7		
k_2	1.230 8	1.031 0	1.327 2		
k_3	1.355 2	1.557 4	0.792 3		
R_k	0.380 5	0.653 6	0.580 5		

注：x_1、x_2、x_3 与 k_1、k_2、k_3 分别表示不同水平下北方娄氏藻比增长率和叶绿素 a 含量的平均值，R_x 和 R_k 分别表示 x 和 k 的极差值。

表 5-15 北方娄氏藻正交实验比增长率方差分析

差异来源	平方和	自由度	均方	F	P
修正模型	8.257	8	1.032	43.982	0.000
温度	4.217	2	2.108	89.841	0.000
盐度	2.161	2	1.081	46.049	0.000
光照度	1.875	2	0.937	39.947	0.000
误差	0.422	18	0.023		
总计	45.267	27			
修正后总计	8.680	26			

表 5-16 北方娄氏藻正交实验叶绿素 a 含量方差分析

差异来源	平方和	自由度	均方	F	P
修正模型	0.107	8	0.013	16.921	0.000
温度	0.078	2	0.039	49.163	0.000
盐度	0.016	2	0.008	9.929	0.001
光照度	0.013	2	0.007	8.501	0.003
误差	0.014	18	0.001		
总计	0.572	27			
修正后总计	0.121	26			

二、营养元素对北方娄氏藻生长的影响

1. 氮浓度对北方娄氏藻生长的影响

图 5-22 显示，在实验范围内，随着氮浓度的升高，北方娄氏藻比增长率先增大然后减小，其中，氮质量浓度为 26.35 mg·L^{-1} 时北方娄氏藻比增长率 μ 最大，为 0.021 4 d^{-1}，分别是对照组与氮质量浓度为 52.46 mg·L^{-1} 组的 1.91 倍和 3.63 倍。图 5-23 显示，各组叶绿素 a 含量几乎相同，并未随藻的生长而上升或下降，其中对照组叶绿素 a 质量浓度最大，为 0.733 mg·L^{-1}，略高于其余的实验组。方差分析和邓肯多重比较结果表明：氮对北方娄氏藻比增长率影响显著（$P<0.05$），在 6.56～26.35 mg·L^{-1} 时，藻比增长率维持在最高水平且组间无差异，但显著高于其他组（$P<0.05$）；各组叶绿素 a 含量差异不明显，说明实验范围内氮对北方娄氏藻叶绿素 a 含量影响不显著（$P>0.05$）。因此，北方娄氏藻适宜生长的氮质量浓度范围为 6.56～26.35 mg·L^{-1}。

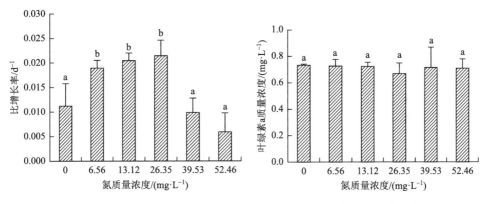

图 5-22　不同氮质量浓度对北方娄氏藻比　　　图 5-23　不同氮质量浓度对北方娄氏藻
　　　　　增长率的影响　　　　　　　　　　　　　　　　叶绿素 a 质量浓度的影响

氮是硅藻生长的主要限制因子。叶绿素、氨基酸、嘌呤等的合成离不开氮的参与，微藻的生长与增殖需要吸收大量的氮元素，因此，培养液中氮浓度的高低会影响微藻种群的密度。披针舟形藻对低氮条件较敏感，氮缺乏会限制其种群正常生长（马美荣等，2009）。牟氏角毛藻喜较高氮的环境，氮质量浓度为 35 mg·L^{-1} 长势最佳（于瑾等，2006）。本实验研究发现，不添加氮营养盐时，北方娄氏藻比增长率较低，氮质量浓度在 6.56～26.35 mg·L^{-1} 范围内，北方娄氏藻的比增长率最大，显著高于对照组，这说明北方娄氏藻适宜生长的氮质量浓度范围是 6.56～

26.35 mg·L^{-1}，且低浓度氮和高浓度氮均不利于北方娄氏藻的增殖。氮浓度会影响微藻脂肪和色素的积累，当氮源缺乏时，细胞会感受胁迫，促进色素或脂肪的产生（Chelf，1990）。本实验发现氮对叶绿素 a 含量并未有显著性影响，可能是由于北方娄氏藻叶绿素的合成对氮的需求量很少，自然海水中的氮的浓度足以满足需求。

2. 磷浓度对北方娄氏藻生长的影响

图 5-24 和图 5-25 显示，随着磷浓度的增大，藻比增长率和叶绿素 a 含量均呈现出先增加后降低的趋势，其中，磷质量浓度为 1.82 mg·L^{-1} 时的藻比增长率 μ 和叶绿素 a 质量浓度同时达到最大，分别为 0.024 6 d^{-1} 和 1.039 3 mg·L^{-1}，分别是对照组的 2.87 和 1.41 倍。方差分析和邓肯多重比较结果表明：磷对北方娄氏藻比增长率 μ 和叶绿素 a 含量影响显著（$P < 0.05$），磷质量浓度在 0.91～3.65 mg·L^{-1} 范围内，藻比增长率最大并组间无差异，显著高于对照组（$P < 0.05$）；同样在 0.91～3.65 mg·L^{-1} 范围时，北方娄氏藻的叶绿素 a 含量虽有差异但均维持在较高水平，显著高于其他实验组（$P < 0.05$）。因此，北方娄氏藻适宜生长的磷质量浓度范围为 0.91～3.65 mg·L^{-1}。

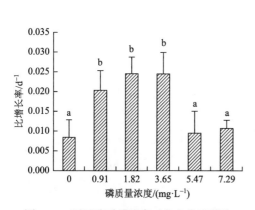 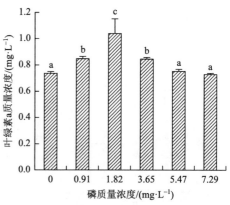

图 5-24　不同磷质量浓度对北方娄氏藻比　　　　　图 5-25　不同磷质量浓度对北方娄氏藻
增长率的影响　　　　　　　　　　　　　　叶绿素 a 质量浓度的影响

磷是大量营养元素之一，不仅是细胞膜和细胞器膜的重要组成成分，而且还参与细胞的物质交换和能量传递，有些磷酸盐对酸碱度也起到一定的缓冲和调节作用。细胞从外界吸收可溶性无机磷源，合成磷化物，参与微藻的代谢活动。不同的微藻对磷的吸收有所不同。培养液中磷浓度越大，矮小卵形藻细胞数增加越快，二者为强烈的正相关关系（郭峰等，2005）。磷质量浓度为 0.5～1 mg·L^{-1} 时直链藻的生长速度最快（王珺等，2013）。本实验结果显示：磷质量浓度在 0.91～

3.65 mg·L^{-1} 范围内，藻比增长率最大，叶绿素 a 含量较高，并显著高于对照组，说明该磷浓度条件下适于北方娄氏藻的生长。过低或过高的磷浓度均不利于北方娄氏藻的生长和叶绿素 a 积累，这与以往报道相一致（马美荣等，2009；吕颂辉等，2006），说明北方娄氏藻更喜较高磷浓度的环境，因此，笔者建议在北方娄氏藻的培养过程之中，可适当提高磷的浓度。

3. 硅浓度对北方娄氏藻生长的影响

图 5-26 和图 5-27 显示，实验范围内，各组的比增长率都有不同程度的升高。硅质量浓度为 0.79 mg·L^{-1} 时，北方娄氏藻比增长率 μ 最大，为 0.017 9 d^{-1}，是对照组 2.88 倍。硅质量浓度小于等于 1.58 mg·L^{-1} 时，硅浓度越高，叶绿素 a 含量越大，表现为正相关关系，硅质量浓度在 1.58 mg·L^{-1} 时，北方娄氏藻叶绿素 a 含量达到最大，为 0.806 0 mg·L^{-1}，是对照组的 1.23 倍。方差分析和邓肯多重比较结果表明：硅对北方娄氏藻的比增长率 μ 和叶绿素 a 含量影响显著（$P<0.05$），在 0.79～1.58 mg·L^{-1} 时，藻比增长率最大且无差异性，但显著高于对照组（$P<0.05$）；硅在 1.58～3.15 mg·L^{-1} 时，藻叶绿素 a 含量显著高于对照组（$P<0.05$）。因此，北方娄氏藻生长的最适硅质量浓度为 1.58 mg·L^{-1}。

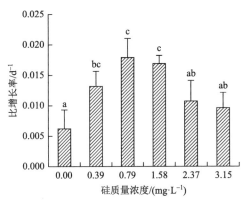

图 5-26　不同硅质量浓度对北方娄氏藻比
增长率的影响

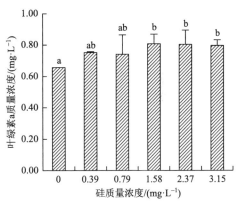

图 5-27　不同硅质量浓度对北方娄氏藻
叶绿素 a 质量浓度的影响

硅藻利用硅元素合成细胞壁，同时硅藻核酸和叶绿素等的合成也需要硅的参与，不同的藻对硅的吸收和利用情况不同。三角褐指藻和新月菱形藻对硅的需求量较大，培养液中硅浓度过低会使二者生长受限，然而，同样条件下对海链藻和牟氏角毛藻影响则较小（王大志等，2003）。足量的硅盐可促进硅藻的持续增殖，当硅缺乏时，硅藻细胞分裂繁殖仅能维持一段时间（Shifrin，2010）。缺硅不利于矮小卵形藻的生长，而亚历山大菱形藻却可以正常生长，二者最适硅质量浓度分别为 0.5 mg·L^{-1} 和

1 mg·L^{-1}（郭峰等，2005）。在一定范围内硅酸盐浓度越大，硅藻的生物量越高（孙凌等，2007）。适量的硅浓度利于细胞的生长，同时也有利于生化成分和脂肪酸含量的提高（Chu et al.，1996）。由此可见，不同的藻对硅的吸收有多不同。

本实验结果显示：培养液中不添加硅时，北方娄氏藻生长速度较低，叶绿素 a 含量不大，当硅添加升至 0.39 mg·L^{-1} 时，北方娄氏藻的生长速度加快，并显著高于对照组，说明本实验中自然海水种中的硅浓度并不能满足北方娄氏藻高密度培养的需要，一定程度上限制了北方娄氏藻生长。当硅的添加量超过 1.58 mg·L^{-1} 时，随着硅浓度的增大，北方娄氏藻的生长速度开始下降，但仍高于对照组，可能的原因是硅浓度过高和培养液体积过小抑制了藻的生长。北方娄氏藻适宜生长的硅质量浓度为 1.58 mg·L^{-1} 左右，这与简单双眉藻（黄海立等，2011）的 0.8～1.6 mg·L^{-1} 相近，但远远低于直链藻（王珺等，2013）的 10～20 mg·L^{-1} 和菱形藻（钱振明，2008）的 22.95 mg·L^{-1}，说明北方娄氏藻属喜低硅类物种，而且适宜的硅浓度范围较窄，这可能是该藻在实验室长期驯化的结果，因此在培养过程中要注意检测和控制硅的浓度，并做适当调整。

4. 正交实验

根据氮磷硅正交的实验结果，对北方娄氏藻的平均比增长率和叶绿素 a 含量做进一步的极差分析与比较，结果见表 5-17。影响北方娄氏藻比增长率 μ 的最主要的因子是磷，其次是硅和氮，氮 26.35 mg·L^{-1}，磷 3.65 mg·L^{-1}，硅 1.58 mg·L^{-1} 是其最优组合，该组合条件下北方娄氏藻比增长率最大。影响北方娄氏藻叶绿素 a 含量最主要因子亦是磷，其次是氮，最后是硅，氮 6.56 mg·L^{-1}，磷 1.82 mg·L^{-1}，硅 1.58 mg·L^{-1} 是其最优组合，该组合时北方娄氏藻叶绿素 a 含量最大。

表 5-17　氮磷硅正交实验 L9（3^3）结果

序号	因素水平			结果	
	氮质量浓度 /(mg·L^{-1})	磷质量浓度 /(mg·L^{-1})	硅质量浓度 /(mg·L^{-1})	x μ/d^{-1}	k ρ(Chla)/mg·L^{-1}
1	6.56（1）	0.91（1）	0.79（1）	0.074 3	1.549 4
2	6.56（1）	1.82（2）	1.58（2）	0.097 8	2.643 7
3	6.56（1）	3.65（3）	2.37（3）	0.106 3	2.636 0
4	13.12（2）	0.91（1）	1.58（2）	0.075 8	1.895 0
5	13.12（2）	1.82（2）	2.37（3）	0.100 8	2.546 7
6	13.12（2）	3.65（3）	0.79（1）	0.102 5	2.590 8
7	26.35（3）	0.91（1）	2.37（3）	0.077 5	1.990 2
8	26.35（3）	1.82（2）	0.79（1）	0.094 7	2.328 1
9	26.35（3）	3.65（3）	1.58（2）	0.114 9	2.325 0

续表

序号	因素水平			结果	
	氮质量浓度 /(mg·L^{-1})	磷质量浓度 /(mg·L^{-1})	硅质量浓度 /(mg·L^{-1})	x μ/d^{-1}	k ρ(Chla)/mg·L^{-1}
x1	0.092 8	0.075 9	0.090 5		
x2	0.093 0	0.097 8	0.096 2		
x3	0.095 7	0.107 9	0.094 9		
Rx	0.002 9	0.032	0.005 7		
k1	2.276 4	1.811 4	2.289 4		
k2	2.344 2	2.506 2	2.287 9		
k3	2.214 4	2.517 2	2.391 0		
Rk	0.129 8	0.705 8	0.103 1		

许多学者普遍认为，磷对水体初级生产力的限制作用往往比氮更强，且氮和磷的作用是相互影响的。水体中氮、磷浓度及二者比例对藻类的代谢活动和生长速率有很大影响。水体中的氮、磷浓度及氮磷比对硅藻种群的种类及丰度有显著影响。在低氮条件下，磷质量浓度为 2 mg·L^{-1} 时谷皮菱形藻比生长速率最大，在高氮条件下，磷质量浓度为 0.1 mg·L^{-1} 时谷皮菱形藻比生长速率最大，说明氮磷相互影响并按一定比例进行（徐婷婷等，2014）。Rhee（1978）认为浮游植物对氮磷的吸收比例在 10～20，基本上遵照 Redfield 比例 16∶1（Redfield，1960），但此前提是其他营养物质足量，且不影响浮游植物正常生长，然而实际情况并非如此。牟氏角毛藻最适生长的氮与磷浓度比为 23∶1，换算为原子比约为 58∶1，远远偏离 Redfield 比值（于瑾等，2006）。咖啡形双眉藻最佳的氮磷铁硅原子配比为 18∶3∶2∶7（李雅娟等，1998）。本文得出的氮磷硅原子比为 47～94∶9∶3 左右，且氮磷硅正交实验的结果高于单因子实验，甚至高出一个数量级，分析其可能的原因是初始接种密度不同，或者是正交实验中营养盐之间的交互作用促进了藻的生长，但这不影响本实验的结果。因此，笔者认为，在北方娄氏藻室内外培养过程中需要考虑营养盐配比。

三、金属元素和辅助生长物质对北方娄氏藻生长的影响

1. 铁浓度对北方娄氏藻生长的影响

图 5-28 显示，实验范围内随铁浓度的增大，北方娄氏藻的比增长率稳定上升，二者为正相关关系。其中，铁质量浓度为 1.82 mg·L^{-1} 时，比增长率 μ 升至最大，为 0.109 8 d^{-1}，是对照组的 1.12 倍。如图 5-29 所示，未添加铁时北方娄氏藻叶绿素 a 含量最低，但随铁添加量的增大，叶绿素 a 含量稳中有升，铁在 1.37 mg·L^{-1} 时，藻叶绿素 a 质量浓度最大，为 2.655 3 mg·L^{-1}，是对照组的 2.54 倍。方差分析和邓肯多重比较结果表明：铁对北方娄氏藻比增长率 μ 和叶绿素 a 含量影响显

著（$P<0.05$），在 0.91～1.82 mg·L^{-1} 时，藻比增长率最大并显著高于未添加铁的对照组（$P<0.05$）；类似地，叶绿素 a 质量浓度亦在 0.91～1.82 mg·L^{-1} 铁的范围内保持较高水平，并显著高于其他实验组（$P<0.05$）。因此，北方娄氏藻最适生长的铁质量浓度范围为 0.91～1.82 mg·L^{-1}。

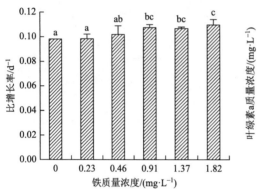

图 5-28　不同铁质量浓度对北方娄氏藻比　　　图 5-29　不同铁质量浓度对北方娄氏藻
　　　　　 增长率的影响　　　　　　　　　　　　　　　　叶绿素 a 质量浓度的影响

　　铁是微藻生长和繁殖过程中重要的元素，叶绿素和某些酶的合成也需要铁元素，铁的缺乏可能会影响微藻的物质交换和代谢活动，抑制细胞的生长和繁殖。三角褐指藻叶绿素 a 的合成受铁影响显著，适量的铁能提高 1/3 左右的叶绿素含量，缺铁会使细胞内叶绿素含量降低，原因有二：一是含铁的氧化酶过少，减少了原叶绿素酸酯的生成，二是在叶绿素合成的初期，缺铁会降低 δ-氨基乙酰丙酸的合成量（朱明远等，2000）。本实验也得出类似结果：随着铁浓度的增大，北方娄氏藻生长速度加快，添加铁时的叶绿素 a 含量比对照组显著提高，这说明铁可以促进北方娄氏藻的生长和叶绿素 a 的合成。北方娄氏藻适宜生长的铁质量浓度范围为 0.91～1.82 mg·L^{-1}，高于之前的相关报道，说明北方娄氏藻属于喜高铁浓度型硅藻，因此在北方娄氏藻的室内外培养过程中，要及时补充铁盐，防止藻密度过大后缺铁从而限制北方娄氏藻的生长。

2. 铜浓度对北方娄氏藻生长的影响

　　图 5-30 和图 5-31 显示，接种后，随着铜浓度的增大，藻的比增长率表现出先增加后降低的趋势，铜质量浓度为 $2.98×10^{-4}$～$3.725\,0×10^{-2}$ mg·L^{-1} 时，藻比增长率均大于对照组，其中，铜质量浓度为 $7.450×10^{-3}$ mg·L^{-1} 时藻的比增长率 μ 最大，为 0.151 6 d^{-1}，分别是对照组和 0.931 250 mg·L^{-1} 时的 1.22 倍和 6.83 倍，

铜质量浓度大于 0.186 250 mg·L^{-1} 时，藻的比增长率下降并低于对照组。同样地，随着铜浓度的增大，叶绿素 a 含量也表现出先增加后降低的趋势，当铜质量浓度为 7.450×10^{-3} mg·L^{-1} 时，藻的叶绿素 a 质量浓度最大，为 1.746 0 mg·L^{-1}，分别是对照组和 0.931 250 mg·L^{-1} 时 1.23 倍和 11.11 倍。方差分析和邓肯多重比较结果表明：不同浓度的铜对北方娄氏藻比增长率 μ 和叶绿素 a 含量影响显著（$P<0.05$），铜质量浓度为 2.98×10^{-4}～3.725 0×10^{-2} mg·L^{-1}，藻比增长率显著高于对照组（$P<0.05$），铜质量浓度在 2.98×10^{-4}～7.450×10^{-3} mg·L^{-1} 范围时，各组之间叶绿素 a 含量最大且基本无差异，但均显著高于对照组（$P<0.05$），因此，北方娄氏藻适宜生长的铜质量浓度范围为 2.98×10^{-4}～7.450×10^{-3} mg·L^{-1}。

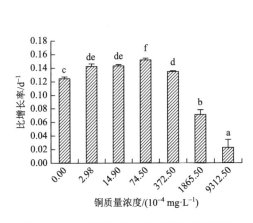

图 5-30　不同铜质量浓度对北方娄氏藻比增长率的影响

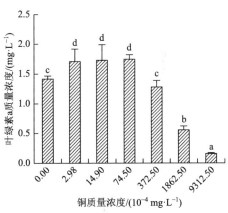

图 5-31　不同铜质量浓度对北方娄氏藻叶绿素 a 质量浓度的影响

　　铜是构成微藻细胞内某些氧化酶和代谢酶的成分，一定浓度的铜离子对微藻的增殖与生长有促进作用，一旦超过这个范围，极可能会对藻细胞生理活动产生毒害作用，影响微藻生长与繁殖。不同的藻对铜的需求和耐受性不同。Coale（1991）发现补充适量的铜，可以提高北太平洋海区浮游植物的生产力、叶绿素 a 含量及细胞密度。高浓度的铜对球等鞭金藻产生毒性（孙颖颖等，2005）。铜质量浓度为 0.1 mg·L^{-1} 时，牟氏角毛藻可快速生长，超过 1 mg·L^{-1} 时，其细胞增殖速度明显下降，生长严重受阻（杨彦豪等，2009）。当铜质量浓度在 1～100 μg·L^{-1} 时，斜生栅藻细胞可快速增殖；然而一旦铜质量浓度过大，在 1～100 mg·L^{-1} 时，斜生栅藻细胞繁殖速度严重下降，并出现不同程度的毒理反应（李慧敏等，2007）。

　　本实验也得出类似的结论，铜质量浓度在 2.98×10^{-4}～3.725 0×10^{-2} mg·L^{-1} 范围时能不同程度地促进北方娄氏藻的生长，铜质量浓度为 7.450×10^{-3} mg·L^{-1} 时的促生长效果最佳，但铜浓度一旦过高并超过 0.186 250 mg·L^{-1}，北方娄氏藻细胞的生长速度和叶绿素 a 含量都受到严重抑制，浓度越高，抑制作用越强，原因可能是铜浓度过高，其累积效应严重抑制了叶绿素氨基-Y-戊酮酸与酸醋还原酶的合成，叶绿体膜系统结构遭到破坏，从而影响叶绿素 a 的合成，导致叶绿素含量下降，另一个原因可能是由于高浓度铜胁迫使叶绿素相关酶活性升高，加快了叶绿素 a 的降解。本实验说明北方娄氏藻对高浓度铜较敏感，铜浓度过高会对北方娄氏藻产生了毒害作用。

3. 锌浓度对北方娄氏藻生长的影响

图 5-32 和图 5-33 显示，接种后，锌质量浓度在 $3.84 \times 10^{-4} \sim 4.800\ 0 \times 10^{-2}\ \mathrm{mg \cdot L^{-1}}$ 范围时，相对于对照组，北方娄氏藻比增长率均有提高，其中，锌质量浓度为 $3.84 \times 10^{-4}\ \mathrm{mg \cdot L^{-1}}$ 时比增长率 μ 最大，为 $0.140\ 3\ \mathrm{d^{-1}}$，分别是对照组和锌质量浓度为 $1.2\ \mathrm{mg \cdot L^{-1}}$ 时的 1.12 倍和 1.54 倍。锌质量浓度为 $3.84 \times 10^{-4}\ \mathrm{mg \cdot L^{-1}}$ 时叶绿素 a 质量浓度最大，为 $1.472\ 3\ \mathrm{mg \cdot L^{-1}}$，分别是对照组和锌质量浓度为 $1.2\ \mathrm{mg \cdot L^{-1}}$ 时的 1.04 倍和 2.66 倍。方差分析和邓肯多重比较结果表明：锌对北方娄氏藻比增长率 μ 和叶绿素 a 含量影响显著（$P < 0.05$），锌质量浓度为 $1.2\ \mathrm{mg \cdot L^{-1}}$ 时北方娄氏藻比增长率 μ 最低，显著低于对照组（$P < 0.05$），说明此时的锌浓度抑制了北方娄氏藻的生长；锌质量浓度在 $3.84 \times 10^{-4} \sim 4.800\ 0 \times 10^{-2}\ \mathrm{mg \cdot L^{-1}}$ 时，藻的比增长率 μ 明显高于对照组（$P < 0.05$）；在锌质量浓度为 $0 \sim 0.24\ \mathrm{mg \cdot L^{-1}}$ 时，叶绿素 a 含量无显著性差异，但显著高于 $1.2\ \mathrm{mg \cdot L^{-1}}$ 时的叶绿素 a 含量（$P < 0.05$）。因此，北方娄氏藻适宜生长的锌质量浓度范围为 $3.84 \times 10^{-4} \sim 4.800\ 0 \times 10^{-2}\ \mathrm{mg \cdot L^{-1}}$。

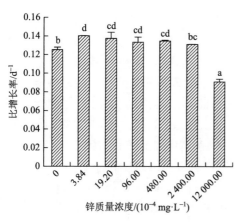

图 5-32　不同锌质量浓度对北方娄氏藻比增长率的影响

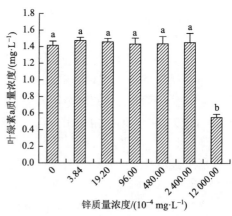

图 5-33　不同锌质量浓度对北方娄氏藻叶绿素 a 质量浓度的影响

不同微藻对锌需求量往往有所不同，适量的锌可以提高细胞内酶的表达量，促进细胞生长和繁殖。锌缺少时会导致叶绿素 a 合成受阻（李合生，2006），但锌浓度过高也会抑制藻细胞的生长，重金属离子浓度过高会使藻细胞壁松散，呈剥落状（周宏等，1998）。藻类细胞壁上带有亲和力较强的负电荷、羟基和氨基等官能团，能有效吸附带正电荷的金属离子，金属离子浓度越高，结合概率越大，结合产生的络合物会使官能团活性丧失，从而影响微藻正常的物质代谢和生理生化反应，最终导致细胞生长受阻（王琳等，2015）。北方娄氏藻可能也有类似的官能团，当锌质量浓度为 1.2 mg·L^{-1} 时，超出了北方娄氏藻生长的最佳锌浓度范围，导致速率和叶绿素 a 含量均显著下降。总之，在锌质量浓度为 $3.84 \times 10^{-4} \sim 4.800\,0 \times 10^{-2}$ mg·L^{-1} 范围内，北方娄氏藻生长良好，说明北方娄氏藻对锌具有一定的吸附和耐受能力，该结果对于北方娄氏藻的室内培养和养殖池塘中重金属的吸附有一定的指导意义。

4. 锰浓度对北方娄氏藻生长的影响

图 5-34 显示，方差分析结果表明，实验范围内锰浓度对比增长率 μ 的影响不显著（$P > 0.05$）。当锰质量浓度为 3.468 75 mg·L^{-1} 藻的比增长率最大，为 0.139 9 d^{-1}，仅是对照组的 1.02 倍，邓肯多重比较结果表明锰质量浓度在 0～3.468 75 mg·L^{-1} 范围时，藻比增长率均无显著性差异（$P > 0.05$）；图 5-35 显示，当锰质量浓度为 0.138 75 mg·L^{-1} 时叶绿素 a 质量浓度最大，为 1.723 5 mg·L^{-1}，分别是对照组和 3.468 75 mg·L^{-1} 时的 1.22 和 1.33 倍，方差分析和邓肯多重比较结果表明：锰对北方娄氏藻叶绿素 a 含量影响显著（$P < 0.05$），不同实验组的叶绿素 a 含量虽有差异，但锰并未促进北方娄氏藻比增长率的明显增大。

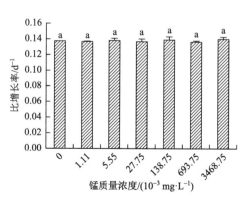

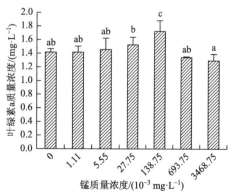

图 5-34　不同锰质量浓度对北方娄氏藻比　　　图 5-35　不同锰质量浓度对北方娄氏藻
　　　　　增长率的影响　　　　　　　　　　　　　叶绿素 a 质量浓度的影响

锰是微藻生命活动中不可或缺的微量元素，它参与叶绿体的构成和浮游植物光合作用的水的光解过程，锰的缺乏和过量都可能会影响藻的生长。适量的锰可以促进聚生角毛藻的生长（Sunda et al.，1981）。铁、锰质量浓度的升高可以不同程度地促进 3 种微藻的生长，是赤潮发生的重要原因之一（黄邦钦等，2000）。当锰质量浓度小于 5.5×10^{-5} mg·L^{-1} 或大于 0.55 mg· L^{-1} 时，斜生栅藻细胞生长速率均受到限制（Knauer et al.，1999）。小球藻的类囊体结构与锰有关，锰缺乏时其结构被破坏，叶绿素合成受阻，含量迅速下降，最终导致该藻生长繁殖受阻（Kessler，1970）。但对旋链角毛藻的研究表明添加锰盐未能显著促进其生长，原因可能是自然海水中有一定量的锰元素，可满足旋链角毛藻生长的需要，或者旋链角毛藻有类似于锰元素富集的功能，可吸收适量锰并加以利用，促进自身生长（曹春晖等，2009）。由此推测北方娄氏藻可能也具有此功能，在低锰质量浓度（即未添加锰的对照组）和高浓度时，北方娄氏藻的生长速率大小几乎相同，并无显著差异。本实验中设置的锰质量浓度范围是 0～3.468 75 mg·L^{-1}，虽然包含了一般硅藻生长所需的锰的最佳浓度范围，但可能北方娄氏藻对锰的吸附和耐受性更高，此范围并未达到其生长限制的阈值，因此高浓度的锰并未抑制北方娄氏藻的生长。

5. 维生素 B_1 和 B_{12} 对北方娄氏藻生长的影响

图 5-36 和图 5-37 显示，实验范围内，随着维生素 B_1 浓度梯度的升高，藻比增长率呈现出逐渐增大的趋势，其中，维生素 B_1 质量浓度为 1000.00 μg·L^{-1} 时藻的比增长率 μ 最大，为 0.136 5 d^{-1}，是对照组的 1.35 倍。随着维生素 B_1 浓度的升高，叶绿素 a 含量逐渐下降，其中，对照组不添加维生素 B_1，此时的北方娄氏藻叶绿

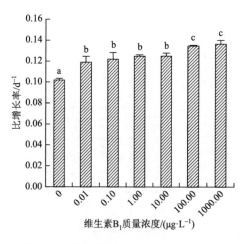

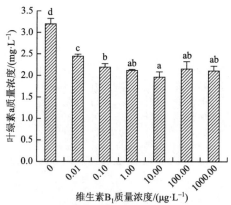

图 5-36　不同维生素 B_1 质量浓度对北方　　　图 5-37　不同维生素 B_1 质量浓度对北方
娄氏藻比增长率的影响　　　　　　　　娄氏藻叶绿素 a 质量浓度的影响

素 a 质量浓度最大，为 3.196 9 mg·L^{-1}，维生素 B$_1$ 升至 10 μg·L^{-1} 时，叶绿素 a 质量浓度降至最低，为 1.962 1 mg·L^{-1}，仅为对照组的 0.61 倍。方差分析和邓肯多重比较结果表明：维生素 B$_1$ 对北方娄氏藻比增长率 μ 和叶绿素 a 含量影响显著（$P<0.05$），维生素 B$_1$ 在 100.00～1000.00 μg·L^{-1} 时，藻的比增长率 μ 显著高于其他实验组（$P<0.05$）；维生素 B$_1$ 添加量为 0 μg·L^{-1} 时，叶绿素 a 含量显著高于其他组（$P<0.05$），随着维生素 B$_1$ 质量浓度的增加，叶绿素 a 含量逐渐下降，但此时藻增长率 μ 并未受限，综合分析认为，北方娄氏藻适宜生长的维生素 B$_1$ 质量浓度为 100.00～1000.00 μg·L^{-1}。

图 5-38 和图 5-39 显示，与维生素 B$_1$ 类似，随着维生素 B$_{12}$ 浓度的增大，北方娄氏藻比增长率 μ 稳定上升，维持在较高水平，维生素 B$_{12}$ 质量浓度升至 50.00 ng·L^{-1} 时，比增长率 μ 最大，为 0.137 6 d^{-1}，是对照组的 1.35 倍。维生素 B$_{12}$ 质量浓度在 0 g·L^{-1} 时，北方娄氏藻叶绿素 a 质量浓度最大，为 3.309 6 mg·L^{-1}，然而，随着维生素 B$_{12}$ 浓度的增加，叶绿素 a 含量反而下降，50.00 ng·L^{-1} 时藻叶绿素 a 质量浓度下降值最低，为 1.718 4 mg·L^{-1}，仅是对照组的 0.52 倍，50.00 ng·L^{-1} 之后叶绿素 a 含量稳定在低水平状态，说明高浓度维生素并不利于色素的积累。方差分析和邓肯多重比较结果表明：维生素 B$_{12}$ 对北方娄氏藻比增长率 μ 和叶绿素 a 含量影响显著（$P<0.05$），在 0.05～5000.00 ng·L^{-1} 质量浓度范围内，藻比增长率显著高于对照组（$P<0.05$）；维生素 B$_{12}$ 浓度在 0 ng·L^{-1} 时，叶绿素 a 含量显著高于其他实验组（$P<0.05$），随着维生素 B$_{12}$ 浓度的增加，叶绿素 a 含量虽然降低，但并未抑制藻的比增长率的增加，综合分析认为，北方娄氏藻适宜生长的维生素 B$_{12}$ 质量浓度范围为 0.05～5000.00 ng·L^{-1}。

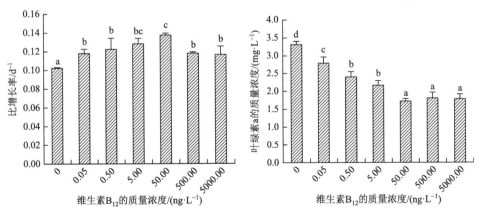

图 5-38　不同 VB$_{12}$ 质量浓度对北方娄氏藻比　　　图 5-39　不同 VB$_{12}$ 质量浓度对北方娄氏藻
增长率的影响　　　　　　　　　　　　　　　　叶绿素 a 质量浓度的影响

维生素对浮游植物生长和繁殖具有重要的作用。等鞭金藻细胞增殖速度与维

生素 B_{12} 添加质量浓度有很大关系（Ford，1958）。随着维生素 B_{12} 质量梯度的增大，需要维生素 B_{12} 的藻类（例如中肋骨条藻等）的生长繁殖速度就会加快（林昱等，1994）。维生素 B_{12} 添加量为 10 μg·L^{-1} 时，可明显增加四爿藻的比增长率（欧阳叶新等，2003）。徐轶肖报道维生素 B_1、维生素 B_6 和维生素 B_{12} 均能促进塔玛亚历山大藻的生长，添加质量浓度分别为 500 μg·L^{-1}、500 μg·L^{-1}、1.0 μg·L^{-1} 时，玛亚历山大藻的相对增长率最大（徐轶肖等，2005）。维生素 B_1、维生素 B_{12} 和维生素 B_6 亦能促进杜氏盐藻的生长，但影响效果不同，依次为 $B_{12}>B_1>B_6$，最适质量浓度依次为 50 ng·L^{-1}、100 ng·L^{-1}、20 μg·L^{-1}（汪本凡等，2008）。本研究表明维生素 B_1 和维生素 B_{12} 均可促进北方娄氏藻的生长，随着维生素质量浓度的增大，北方娄氏藻的比增长率显著增大，二者最适的范围分别为 100.00～1000.00 μg·L^{-1}、0.05～5000.00 ng·L^{-1}，相对以上报道，北方娄氏藻适应的维生素 B_1 和维生素 B_{12} 范围较宽，这可能是微藻种类和培养条件的不同所致。需要注意的是，北方娄氏藻叶绿素 a 并未随维生素添加量的增大而增大，相反，却随着比增长率的增大而减少，这与米氏凯伦藻研究结果类似，同一时间内，其单位细胞的叶绿素荧光值随着维生素 B_1 质量浓度升高而降低，推测是由于叶绿体合成速度太慢且与细胞增殖速率不成比例（雷强勇等，2010）。

第四节　威氏海链藻培养的生态条件

威氏海链藻（*Thalassiosira weissflogii*）隶属于中心硅藻纲（Centricae）海链藻属（*Thalassiosira*），是我国南方养殖池塘的优势藻种之一。其富含多不饱和脂肪酸尤其是 EPA 和 DHA，可促进对虾幼体的生长发育，可作为对虾开口饵料或桡足类等浮游动物营养强化饵料，已广泛应用于对虾育苗。威氏海链藻可有效去除养殖水体中的氨氮，有净化养殖水质的功能。利用威氏海链藻和侧孢短芽孢杆菌组成的菌藻联合体吸收水体氨氮，威氏海链藻为菌藻复合体吸收氨氮的主要贡献体，其最高贡献率可达 84%。盐度是微藻生长的重要生态因子，本研究分析在不同盐度条件下威氏海链藻生长和生化组分变化，为定向培育威氏海链藻并应用于养殖池塘水体水质调控提供参考。

一、盐度对威氏海链藻生长和生化组分的影响

1. 盐度对威氏海链藻生长的影响

图 5-40 可见，盐度对威氏海链藻生长影响显著（$P<0.05$），不同盐度条件下，威氏海链藻 8 d 时各组藻细胞密度达到最高，培养 6 d 时，盐度 25 组威氏海链藻细胞数显著高于盐度 5 组和 45 组（$P<0.05$）；培养 8 d 时，盐度 25 组和盐度 35 组

细胞密度均为 $2.0 \times 10^{6} \, \text{mL}^{-1}$，是实验初始密度（$9 \times 10^{5} \, \text{mL}^{-1}$）的 2.2 倍。但培养期间，盐度变化对比增长率影响无统计学意义（$P > 0.05$）。

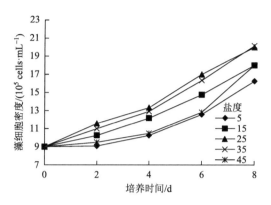

图 5-40　不同盐度下威氏海链藻细胞密度的变化

可见，盐度 25 时藻细胞生长最佳，盐度 5 组和盐度 45 组生长较慢，盐度 15 组、盐度 35 组、盐度 45 组藻细胞密度在培养 8 d 时达到最大。这与新月筒柱藻的研究结果一致（陈长平等，2006）。盐度 25 组与盐度 5 组、盐度 35 组培养期间，藻细胞密度无显著差异（$P > 0.05$），但当盐度变化对藻细胞形成胁迫时，藻细胞生长速度则显著降低。当硅藻细胞受到盐度胁迫时，藻细胞可通过主动运输将离子输送出细胞膜或进入液泡，以及通过细胞渗透调节剂来减少盐胁迫的影响，这些细胞活动均需耗能，因此盐度胁迫可延缓或抑制细胞分裂（Krell et al.，2007）。同时高盐等不良环境易导致硅藻细胞产生一种细胞外多聚物的黏性物质 EPS，可在细胞遭遇不良环境时起保护作用，有抗失水、防止细胞硅质壁溶解、减少渗透压的作用，还有稳定群落组成功能（Peterson，1987）。综上，盐度过高或者过低均会对微藻细胞增长产生抑制作用，但威氏海链藻细胞有硅质细胞壁，可在一定程度上抵抗外界渗透压改变对藻细胞造成的影响。细胞自身有一定的渗透压调节能力，所以在培养 8 d 时，各盐度环境下威氏海链藻细胞密度均可达到较高水平。

2. 盐度对威氏海链藻生化组分的影响

（1）盐度对威氏海链藻色素含量的影响

图 5-41 表明，盐度对威氏海链藻叶绿素 a 含量有显著影响（$P < 0.05$），培养 2～6 d 期间各组叶绿素 a 含量均呈现不同程度积累，且盐度 45 组叶绿素 a 含量显著低于盐度 15 组和 25 组（$P < 0.05$）。盐度 15 时，培养 6 d 时叶绿素 a 质量浓度平均值最高，为 3.481 4 $\mu \text{g} \cdot \text{mL}^{-1}$，是初始值 2.218 3 $\mu \text{g} \cdot \text{mL}^{-1}$ 的 1.6 倍，显著高于

盐度 45 组。推测当盐度处于 45 时，盐度胁迫对藻细胞的光合系统产生抑制作用，导致其光合色素合成受抑制。高盐度会影响叶绿体内囊体膜的稳定性，同时细胞内的钠离子和氯离子增加，影响叶绿素和叶绿素蛋白的亲和性，同时激活叶绿素酶活性，加速叶绿素分解（刘凤歧等，2015）。

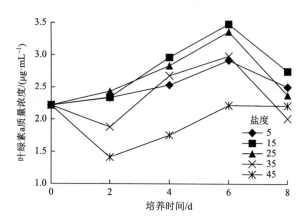

图 5-41　不同盐度下威氏海链藻叶绿素 a 质量浓度的变化

如图 5-42 所示，培养期间各实验组类胡萝卜素含量均呈现上升趋势，盐度 15 组培养 8 d 时类胡萝卜素质量浓度平均值最高，为 2.354 9 μg·mL^{-1}，是初始值 1.079 3 μg·mL^{-1} 的 2.2 倍，显著高于盐度 5 组和盐度 45 组（$P < 0.05$）。类胡萝卜素是威氏海链藻的重要色素组成，可反映藻细胞的生长状态，同时有抗氧化作用，可清除氧化自由基。在一定范围内提高盐度可增加藻类类胡萝卜素的积累（Boussiba et al.，1991）。但当盐度过高或过低而对藻细胞形成胁迫时，类胡萝卜素的合成将受到明显抑制。

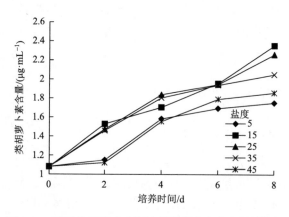

图 5-42　不同盐度下威氏海链藻类胡萝卜素含量的变化

（2）盐度对威氏海链藻总糖含量的影响

图 5-43 可见，实验期间各组藻细胞可溶性总糖含量均呈先降后升的趋势，且不同盐度环境对藻细胞总糖积累效果有显著影响（$P<0.05$）。这与陈长平等（2006）对新月筒柱藻的研究一致。实验 0~2 d，各组总糖含量均呈下降趋势，推测此时藻细胞处于接种后的恢复期，需分解糖类为细胞正常生理活动提供能量。盐度 25 组在培养 4~6 d 期间，总糖含量积累显著优于盐度 5 组和盐度 45 组（$P<0.05$）。盐度 15 组培养 8 d 时总糖质量浓度平均值最大，为 123.17 μg·mL^{-1}，是初始值 40.430 μg·mL^{-1} 的 3.0 倍。盐度 45 组培养 0~4 d 总糖含量持续下降，推测是细胞处于接种后高盐状态，生长受到抑制，需持续以糖类为供能物质，培养 4 d 后呈上升趋势，藻细胞出现补偿性生长效应，藻细胞可溶性总糖含量上升，且藻细胞增加糖类合成可维持细胞渗透压稳定，是藻类应对盐度环境改变的一种生理调节反应（Ben-Amotz et al.，1983）。

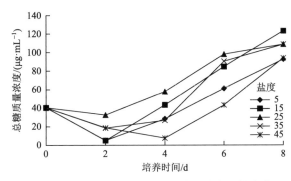

图 5-43 不同盐度下威氏海链藻总糖含量的变化

（3）盐度对威氏海链藻可溶性蛋白质的影响

如图 5-44 所示，盐度 35 组培养 6 d 时可溶性蛋白质质量浓度显著高于其他实验组（$P<0.05$），均值为 142.9 μg·mL^{-1}，是初始值 61.28 μg·mL^{-1} 的 2.3 倍，且盐度 45 组可溶性蛋白质含量显著低于其他实验组。在培养过程中，盐度 5 组可溶性蛋白质含量在 0~2 d 时呈现下降趋势，2~6 d 时呈现升高趋势，而盐度 45 组则在培养 2~4 d 时出现明显下降，在 4~8 d 期间呈逐渐升高趋势，推测这可能是威氏海链藻细胞应对低盐和高盐的不同策略。当外界盐度过高或过低时，藻细胞渗透压发生改变，细胞短期大量积累脯氨酸、牛磺酸等渗透保护剂、硫代甜菜碱等有机硫化合物以及其他氨基酸以维持细胞内环境的相对稳定，抵消渗透胁迫（Lavoie et al.，2018）。细胞内脯氨酸积累在稳定生物大分子结构、降低细胞酸性、解除氨毒及作为能量库调节细胞氧化还原势等方面有重要作用，隐秘小环藻藻细

胞内游离脯氨酸浓度增加是缓解高渗透胁迫的主要机制（Hellebust，1985）。渗透胁迫可诱导小环藻甘氨酸甜菜碱和硫代甜菜碱合成，且该诱导在转录本和蛋白质水平上均受到调控（Kageyama et al.，2018）。

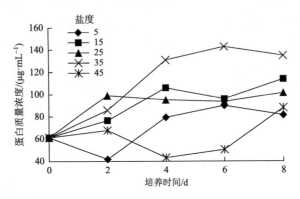

图 5-44　不同盐度下威氏海链藻可溶性蛋白质含量的变化

（4）盐度对威氏海链藻中性脂含量的影响

如图 5-45 所示，实验期间各组中性脂含量均呈上升趋势。盐度 5 组，培养 2～6 d 时，中性脂荧光强度明显高于其他实验组（$P<0.05$），盐度 45 组，培养 4～8 d 时中性脂的积累速度高于其他实验组（$P<0.05$），培养 8 d 时中性脂荧光强度平均值达到最高，较初始荧光强度增加 4 倍，且显著高于盐度 15 组和盐度 25 组（$P<0.05$）。推测盐度 45 组藻细胞培养 0～4 d 时处于接种后的恢复期，细胞处于高盐环境，增长速度慢，培养 4～8 d，细胞持续受到高盐胁迫，中性脂积累速度加快。盐度对微藻中性脂含量有显著影响，硅藻主要脂肪酸为中性脂质，主要是软脂酸和 EPA 等，随着盐度增加，三角褐指藻和新月菱形藻单不饱和脂肪酸增加，

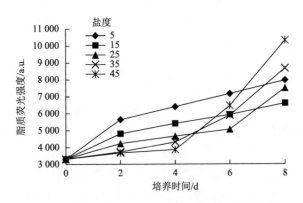

图 5-45　不同盐度下威氏海链藻中性脂含量的变化

纤细角毛藻和细柱藻单不饱和脂肪酸减少（梁英等，2000）。高盐环境使盐生杜氏藻藻细胞生长受到抑制，进而积累中性脂肪储能（宫钰莹，2017）。盐度升高可显著促进胶球藻 C-169 中性脂含量的积累。所以，盐度变化可导致藻细胞中性脂质的积累（魏东等，2016）。

二、盐度对威氏海链藻抗氧化系统相关酶的影响

1. 盐度对威氏海链藻的超氧化物歧化酶活性的影响

由图 5-46 可知，盐度对威氏海链藻超氧化物歧化酶活性具有显著影响。在培养 6 h 时，盐度 5 组威氏海链藻藻细胞超氧化物歧化酶活性显著高于其他实验组（$P<0.05$）。在培养 18 h 时，盐度 45 组藻细胞超氧化物歧化酶活性显著高于盐度 5～25 组（$P<0.05$）。在培养 120 h 时，盐度 5 组和盐度 45 组超氧化物歧化酶活性显著高于盐度 25～35 组（$P<0.05$）。实验期间，各组培养 18 h 与 6 h 相比，除了盐度 5 组外，其他实验组超氧化物歧化酶活性均显著提高（$P<0.05$）。培养 36 h 与培养 18 h 相比，各实验组超氧化物歧化酶活性均显著下降（$P<0.05$）。当盐度 45、培养 18 h 时，藻细胞超氧化物歧化酶活性达到最大，为 239.8 ± 51.22 U·mg^{-1}。

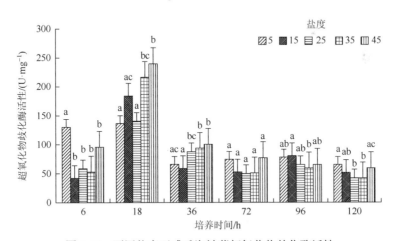

图 5-46　不同盐度下威氏海链藻超氧化物歧化酶活性

当外界环境条件对藻细胞形成轻微胁迫时，会对细胞造成氧化胁迫，此时，细胞内超氧化物歧化酶活性会相应提高，以解除细胞的活性氧胁迫，而当藻细胞受到严重的胁迫环境条件时，超氧化物歧化酶活性又会显著降低，细胞内活性氧积累而对细胞造成氧化损伤。而且随着暴露于胁迫条件下时间的延长，微藻细胞

中抗氧化相关酶的活性呈现逐渐降低趋势，进而积累过量的活性氧对藻细胞造成氧化损失（Chen et al.，2015）。本研究结果中，各个实验组超氧化物歧化酶活性普遍呈现先上升（6~18 h）后下降（18~120 h）的趋势。不同盐度下藻细胞接种后超氧化物歧化酶出现短时间内显著上升的原因主要是细胞处于新环境条件的适应阶段，细胞出现一定的氧化应激反应。培养 18~120 h 期间，各盐度组超氧化物歧化酶活性逐渐下降至较低水平的原因推测是细胞出现了一定程度的盐度适应性，且细胞处于营养丰富的培养基中，细胞生长增殖和代谢旺盛，可以通过合成一些渗透调节剂来提高藻细胞的耐盐性。但是，接种后 0~6 h 高盐（盐度 45）组和低盐（盐度 5）组的超氧化物歧化酶活性均明显高于盐度 15~35 组，且低盐组显著高于其他实验组，且在培养 120 h 时，高盐组和低盐组超氧化物歧化酶活性仍处于明显较高水平。表明低盐和高盐环境在 0~120 h 培养过程中对威氏海链藻造成持续胁迫，藻细胞通过提高超氧化物歧化酶活性来清除活性氧缓解氧化损伤，进而提高细胞耐盐性。低盐组超氧化物歧化酶活性 18~36 h 时显著下降至较低水平，推测低盐时藻细胞活性氧过度积累，对超氧化物歧化酶活性造成破坏。这与漂浮浒苔和缘管浒苔高盐胁迫下超氧化物歧化酶活性显著提高的结果相同（高兵兵，2013）。盐生杜氏藻也会通过提高超氧化物歧化酶活性来适应短期高盐胁迫环境（魏思佳，2016）。

2. 盐度对威氏海链藻的过氧化氢酶活性的影响

由图 5-47 可知，不同盐度条件对过氧化氢酶活性具有显著影响（$P < 0.05$）。盐度 5 组在培养 6 h、36 h、72 h 时威氏海链藻藻细胞过氧化氢酶活性均显著高于盐度 25~35 组（$P < 0.05$），在培养 36 h 和培养 96 h 时藻细胞过氧化氢酶活性显著高于盐度 15 组（$P < 0.05$）。盐度 45 组在培养 6 h、36 h、72 h、96 h 时藻细胞的过氧化氢酶活性均显著高于盐度 25~35 组（$P < 0.05$）。盐度 15 组在培养6 h 时与盐度 25 和 35 组相比藻细胞内过氧化氢酶活性显著较高（$P < 0.05$）。另，实验培养 6~120 h 过程中，盐度 25 组与盐度 35 组过氧化氢酶活性差异不显著（$P > 0.05$）。当盐度为 5、培养 36 h 时，藻细胞内过氧化氢酶活性达到最大，为 32.59 ± 8.798 U·mg^{-1}。

一般认为过氧化氢酶是细胞清除活性氧机制中的第二道防线，可以将超氧化物歧化酶代谢产物过氧化氢氧化为水和氧气起到解毒抗氧化作用。所以，过氧化氢酶活性常常伴随超氧化物歧化酶酶活性提高而提高。在中心圆筛藻、条斑紫菜和石莼的盐度胁迫研究中已有相关报道。在一定的盐度胁迫范围内，微藻细胞内过氧化氢酶活性一般随着高盐胁迫强度的提高而相应提高，但极端盐度胁迫下过氧化氢酶活性则显著下降（郑逸等，2019）。本研究中，低盐组和高盐组在培

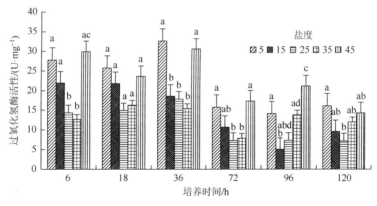

图 5-47　不同盐度下威氏海链藻过氧化氢酶活性

养过程中其过氧化氢酶活性均明显高于盐度 15～35 组，在培养 36 h 时差异性显著（$P<0.05$）。表明低盐和高盐都对威氏海链藻产生了持续性的高盐和低盐胁迫，导致细胞出现氧化胁迫反应，细胞通过提高超氧化物歧化酶和过氧化氢酶活性来清除活性氧，维持藻细胞内环境稳态。而且随着胁迫时间的延长，过氧化氢酶活性也出现一定程度降低，推测细胞对于低盐和高盐胁迫会出现一定的适应性反应。

3. 盐度对威氏海链藻的谷胱甘肽活性的影响

由图 5-48 可知，不同盐度条件对威氏海链藻谷胱甘肽含量具有显著影响（$P<0.05$），培养过程中，盐度 5 组和盐度 15 组威氏海链藻细胞内谷胱甘肽含量均显著低于其他实验组（$P<0.05$）。培养过程中，盐度 25 组藻细胞内谷胱甘肽含量显著低于盐度 45 组（$P<0.05$）。另，培养 6～96 h 期间，盐度 25 组藻细胞内谷胱甘肽含量显著低于盐度 35 组（$P<0.05$）。培养过程中，盐度 45 组藻细胞内谷胱甘肽含量均显著高于其他实验组（$P<0.05$）。

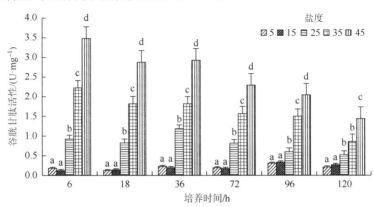

图 5-48　不同盐度下威氏海链藻谷胱甘肽含量

还原型谷胱甘肽是普遍存在于植物体细胞质、叶绿体和线粒体中的响应非生物胁迫的重要的过氧化氢清除剂和细胞氧化还原缓冲液（Zagorchev et al.，2013）。谷胱甘肽在植物中的作用主要涉及植物抗病、细胞增殖、耐盐性、抗寒性，以及重金属的代谢解毒过程，其中，抗坏血酸-谷胱甘肽循环在植物体活性氧代谢过程中起着重要作用，脱氢抗坏血酸还原酶消耗还原型谷胱甘肽以产生抗坏血酸，然后将其用于过氧化氢的解毒（Galant et al.，2011）。此外，谷胱甘肽/氧化型谷胱甘肽氧化还原对之间的相互转化对于不同环境下细胞维持内环境稳态具有重要意义，植物细胞在氧化胁迫条件下，谷胱甘肽可被谷胱甘肽过氧化物酶转化为氧化型谷胱甘肽同时清除活性氧。细胞通过光合作用产生的还原型辅酶II驱动氧化型谷胱甘肽在谷胱甘肽还原酶的催化下转化为谷胱甘肽（韩键等，2020）。本实验中，盐度对威氏海链藻细胞谷胱甘肽含量具有显著影响，低盐（盐度5和15）组谷胱甘肽含量显著下降，而高盐（盐度45）组谷胱甘肽含量显著高于其他盐度组，表明低盐和高盐对威氏海链藻都会形成渗透胁迫，但其适应机制存在差异。随着渗透胁迫增强，铜绿微囊藻谷胱甘肽过氧化物酶和谷胱甘肽还原酶活性增加，代表着谷胱甘肽和氧化型谷胱甘肽之间的转化效率提高，代表着活性氧的清除效应增强（Chen et al.，2015）。转基因拟南芥谷胱甘肽转移酶基因过表达，诱导谷胱甘肽向氧化型谷胱甘肽转化，从而提高了其盐度耐受性（戚元成等，2004）。番茄幼苗在盐碱胁迫下其谷胱甘肽含量、谷胱甘肽/氧化型谷胱甘肽比例降低，其抗坏血酸含量和超氧化物歧化酶活性上升（Zhang et al.，2016）。所以，推测威氏海链藻低盐胁迫下谷胱甘肽含量显著下降的原因是低盐胁迫下谷胱甘肽与氧化型谷胱甘肽或者抗坏血酸-谷胱甘肽的路径被显著激活，导致谷胱甘肽的消耗，同时，细胞内还原型辅酶II合成或者谷胱甘肽还原酶活性受到抑制，导致氧化型谷胱甘肽与谷胱甘肽的转化受到抑制。本研究中盐度45时，谷胱甘肽含量显著上调，可能意味着其不同于低盐胁迫的适应机制。在对漂浮浒苔和缘管浒苔高盐胁迫适应性报道中，发现其超氧化物歧化酶、过氧化氢酶活性，谷胱甘肽含量在高盐胁迫下显著上升（高兵兵，2013）。推测高盐胁迫下，威氏海链藻通过增强还原型辅酶II合成或提高谷胱甘肽还原酶活性，使谷胱甘肽/氧化型谷胱甘肽氧化还原对向合成更多谷胱甘肽倾斜，细胞通过合成更多的谷胱甘肽来清除活性氧，维持细胞正常的氧化还原缓冲环境。

三、不同盐度下威氏海链藻转录组的分析

1. 转录组测序质量控制和组装

将测序得到的原始序列（raw reads）进行质控得到过滤序列（clean reads），结果见表5-18。9个样本共获得340 270 622条raw reads，去除接头和低质量的序

列，共得到 339 035 822 条 clean reads，GC 比例在 48.66%～49.68%，质量值≥20 的碱基比例（Q20）和质量值≥30 的碱基比例（Q30）均在 91%以上，表明本次威氏海链藻转录组测序数据质量控制整体较好，满足后续分析要求。

表 5-18 威氏海链藻转录组数据过滤统计表

样品	原始数据	过滤数据	Q20/%	Q30/%	GC 比例/%
S5-1	37 912 348	37 769 160	97.46	92.89	49.68
S5-2	36 293 508	36 164 544	97.23	92.42	49.49
S5-3	36 563 728	36 427 692	97.28	92.51	49.19
S25-1	37 694 190	37 562 898	97.38	92.67	49.26
S25-2	39 016 662	38 884 286	97.32	92.62	49.49
S25-3	36 289 062	36 175 366	97.52	92.98	48.66
S35-1	38 435 510	38 273 084	97.54	93.04	48.81
S35-2	38 545 834	38 394 650	96.98	91.83	49.05
S35-3	39 519 780	39 384 142	97.35	92.69	49.07
合计	340 270 622	339 035 822	—	—	—

由转录组组装质量统计（表 5-19）可知，威氏海链藻转录组数据组装出的单基因（Unigene）数量为 19 939 个，基因平均长度为 1794 bp，N50 长度为 2702 bp，长度大于 1000 bp 的单基因共计 17 577 个。

表 5-19 威氏海链藻的转录组组装质量统计

基因数/个	GC 比例/%	N50 数量/个	N50 长度/bp	最大长度/bp	最小长度/bp	平均长度/bp	总组装数/个
19 939	46.316 8	4 122	2 702	20 212	201	1 794	35 787 260

2. 功能注释

目前威氏海链藻全基因组测序尚未完成，故对威氏海链藻转录本的 19 939 条基因序列通过 blastx 比对到蛋白质数据库 NR、SwissProt、KEGG 和 COG/KOG（evalue＜0.000 01），得到与给定单基因具有最高序列相似性的蛋白质，从而得到该 Unigene 的蛋白质功能注释信息。结果如图 5-49，由图可知，本研究转录组数据组装出的所有基因数量为 19 939 个，与四大数据库基因比对上数量为 15 767 个，其中，NR 数据库比对上基因数量为 15 195 个，KEGG 数据库比对上基因数量为 7688 个，KOG 数据库的比对上基因数量为 5987 个，SwissProt 数据库比对上基因数量为 7492 个。

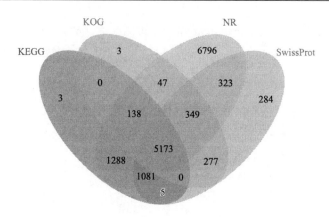

图 5-49　威氏海链藻 Unigene 数据库注释维恩图

利用 NR 对拼接好的 Unigene 序列进行比对，发现各个不同物种中的同源序列数量。比对结果见图 5-50，其中，与假微型海链藻（*Thalassiosira pseudonana* CCMP1335）、柱状脆杆藻（*Fragilariopsis cylindrus* CCMP1102）、管状藻（*Fistulifera solaris*）、大洋海链藻（*Thalassiosira oceanica*）比对上的基因数量分别为 5031 个、1634 个、1467 个、1041 个，其中与假微型海链藻比对上的序列数目最多，达到威氏海链藻注释序列的 43.93%，比对结果符合威氏海链藻分类上硅藻门，海链属的分类地位。

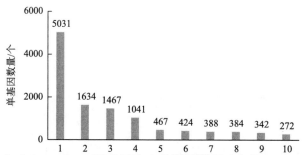

1. 假微型海链藻（*Thalassiosira pseudonana* CCMP1335）；2. 柱状脆杆藻（*Fragilariopsis cylindrus* CCMP1102）；3. 管状藻（*Fistulifera solaris*）；4. 大洋海链藻（*Thalassiosira oceanica*）；5. 微小共生藻（*Symbiodinium microadriaticum*）；6. 微拟球藻（*Nannochloropsis gaditana*）；7. 三角褐指藻（*Phaeodactylum tricornutum* CCAP 1055/1）；8. 破囊壶菌（*Hondaea fermentalgiana*）；9. *Rhodamnia argentea*；10. 变形虫（*Capsaspora owczarzaki* ATCC30864）

图 5-50　威氏海链藻 Unigene NR 数据库比对物种数量统计图

3. 基因功能分类

（1）GO 功能分析

通过与 GO 数据库的比对和搜索，威氏海链藻转录本 Unigene GO 功能注释到生物学过程（biological processes）、细胞组分（cellular components）及分子功能（molecular functions），GO 二级分类结果可见，代谢过程（metabolic process）富集显著为 3559 个 Unigene，细胞过程（cellular process）注释到 3504 个 Unigene，单细胞过程（single-organism process）注释到 2993 个 Unigene，刺激应答（response to stimulus）注释到 1605 个 Unigene，催化活性（catalytic activity）注释到 2804 个 Unigene，细胞（cell）注释到 3263 个 Unigene，细胞部分（cell part）注释到 3245 个 Unigene，剪接体（spliceosome）注释到 Unigene 2226 个。

（2）KEGG 通路富集分析

Unigene KEGG 通路注释如图 5-51，该图展示了五大 KEGG A 级通路里中分别包含的 B 级通路，以及注释到 B 级通路的基因数目。其中，全局及概要图（global and overview maps）富集到 1603 个 Unigene，其次翻译（translation）富集到 571 个，碳水化合物代谢（carbohydrate metabolism）富集到 537 个，能量代谢（energy metabolism）和氨基酸代谢（amino acid metabolism）分别富集到 400 个和 389 个。威氏海链藻 KEGG 共富集 3055 个 Unigene 到 132 个通路，富集数量前 10 的通路数据列于表 5-20 其中，代谢途径（metabolic pathways）富集了 1571 个 Unigene，次级代谢产物的生物合成（biosynthesis of secondary metabolites）富集了 761 个，核糖体（ribosome）和碳代谢（carbon metabolism）分别富集了 319 个和 309 个。

表 5-20　威氏海链藻 Unigene KEGG 富集数量前 10 的通路

代谢通路	数目/个	通路 ID
代谢途径	1571	ko01100
次级代谢产物的生物合成	761	ko01110
核糖体	319	ko03010
碳代谢	309	ko01200
氨基酸生物合成	261	ko01230
糖酵解/糖异生	176	ko00010
内质网中的蛋白质加工	166	ko04141
氧化磷酸化	144	ko00190
嘌呤代谢	118	ko00230
丙酮酸代谢	113	ko00620

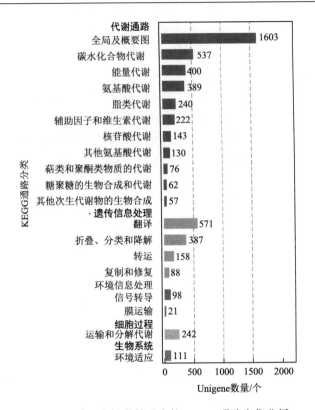

图 5-51　威氏海链藻转录本的 KEGG 通路富集分析

（3）KOG 分析

威氏海链藻 Unigene 的同源蛋白簇（KOG）分析结果表明，在 26 类 KOG 功能分类中，富集蛋白序列数量最多的有一般功能预测（general function prediction only），共富集到 981 个 Unigene。富集基因数量第二多的是蛋白质翻译后修饰、蛋白质转换和分子伴侣（posttranslational modification、protein turnover and chaperones）。共注释到 890 个 Unigene。细胞信号转导机制（signal transduction mechanisms）注释到 653 条序列。另外，蛋白质翻译、核糖体结构和生物发生（translation，ribosomal structure and biogenesis）注释到 649 个 Unigene，能量产生与转化（energy production and conversion）注释到 499 个 Unigene，碳水化合物的运输与代谢（carbohydrate transport and metabolism）注释到 383 个 Unigene，氨基酸运输与代谢（amino acid transport and metabolism）注释到 382 个 Unigene，脂质运输与代谢（lipid transport and metabolism）注释到 343 个 Unigene，从 KOG 分析结果可知，不同盐度条件下，威氏海链藻细胞转录本序列在蛋白质合成和蛋白质、碳水化合物、脂质的代谢等相关功能的相关基因数量较多，表明威氏海链藻处于新陈代谢较旺盛阶段，所以在 KOG 功能分类中，与细胞新陈代谢相关的基因数量较高。

4. 不同盐度组的差异表达基因分析

不同盐度处理下差异表达基因统计结果如图 5-52，由图可知，不同盐度处理对威氏海链藻转录组基因表达量影响显著，与盐度 25 相比，盐度 5 时，转录组 520 个基因表达量显著上调，277 个基因表达量显著下调；与盐度 25 相比，盐度 35 时，转录组有 152 个基因表达量显著上调，141 个基因表达量显著下调。与盐度 35 相比，盐度 5 时，转录组有 1297 个基因表达量显著上调，986 个基因表达量显著下调。

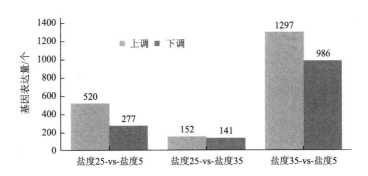

图 5-52　不同盐度组下威氏海链藻差异表达基因统计

不同盐度处理组转录组差异表达基因维恩图（图 5-53）可直观看出，具有差异表达的基因在不同处理组中的数量。其中重叠部分表明该部分基因在重叠组中表达量具有显著差异。由图可知，有 31 个基因在不同处理组中表达量具有显著差异。

（1）盐度 5 组相较于盐度 25 组差异表达基因分析

GO 富集分析结果（图 5-54）表明，盐度 5 组相较于盐度 25 组差异表达基因主要富集于三个大类：生物学过程、分子功能和细胞组分。其中，在生物学过程中，富集到基因数量占比较高的子类别有：细胞进程（cellular process，84 个

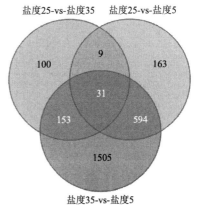

图 5-53　不同盐度下威氏海链藻
差异基因维恩图

上调，44 个下调），单生物进程（single-organism process，79 个上调，41 个下调），代谢进程（metabolic process，72 个上调，46 个下调），应激反应（response to stimulus，41 个上调，20 个下调）定位（localization，36 个上调，12 个下调）。在分子功能一类，富集到基因数量占比较高的子类别有：催化活性（catalytic activity，88 个上调，43 个下调），结合（binding，52 个上调，27 个下调）。在细胞组分类别中，富集到基因数量占比较高的子类别有：细胞（cell，84 个上调，35 个下调），细胞部分（cell part，84 个上调，35 个下调），细胞器（organelle，67 个上调，25 个下调），膜（membrane，48 个上调，16 个下调），细胞器部分（organelle part，40 个上调，11 个下调）。

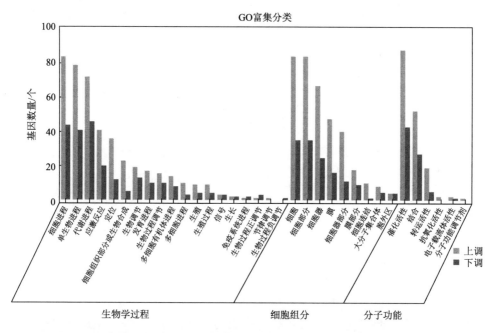

图 5-54　威氏海链藻盐度 5 组相较于盐度 25 组差异表达基因 GO 富集分析

在 KEGG 富集分析中，盐度 5 组相较于盐度 25 组差异表达的基因有 112 个，q 值表示富集显著性的大小，q 值越小，富集越显著。具有显著性（$P < 0.05$）富集的前 20 个代谢通路（图 5-55）中，富集基因数量占比较高的通路有：代谢途径（metabolic pathways，85 个），次级代谢产物的生物合成（biosynthesis of secondary metabolites，40 个），碳代谢（carbon metabolism，20 个）。

（2）盐度 35 组相较于盐度 25 组差异表达基因分析

GO 富集分析结果表明（图 5-56），盐度 35 组相较于盐度 25 组差异表达基因主要富集于三个大类：生物学过程，分子功能和细胞组分。其中，在生物学过程这一

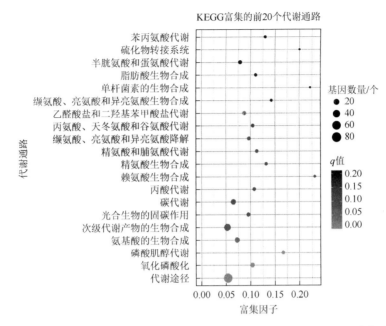

图 5-55　威氏海链藻盐度 5 组相较于盐度 25 组差异表达基因的 KEGG 富集分析

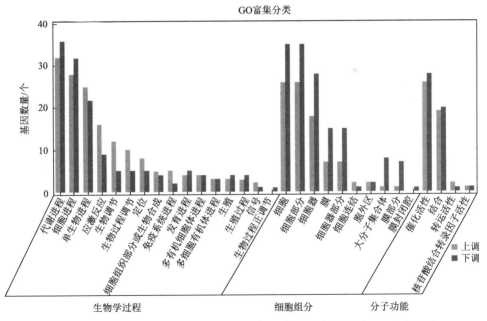

图 5-56　威氏海链藻盐度 35 组相较于盐度 25 组差异表达基因 GO 富集分析

类别中，富集到基因数量占比较高的子类别有：代谢进程（metabolic process，32 个上调，36 个下调），细胞进程（cellular process，28 个上调，32 个下调）和单生物进程（single-organism process，25 个上调，22 个下调）。在分子功能一类，富集到基因数量占比较高的子类别有：催化活性（catalytic activity，26 个上调，19 个下调）和结合（binding，19 个上调，20 个下调）。在细胞组分类别中，富集到基因数量占比较高的子类别有：细胞部分（cell part，26 个上调，35 个下调），细胞（cell，26 个上调，35 个下调）和细胞器（organelle，18 个上调，28 个下调）。

　　在 KEGG 富集分析中，盐度 35 组相较于盐度 25 组差异表达的基因有 47 个，具有显著性富集的代谢通路有 5 个（$P<0.05$）（图 5-57），其中，富集基因数量占比较高的通路有，代谢途径（metabolic pathways，33 个），光合作用-天线蛋白（photosynthesis-antenna proteins，4 个），过氧化氢（peroxisome，4 个），缬氨酸、亮氨酸和异亮氨酸的生物合成（valine，leucine and isoleucine biosynthesis，2 个），类胡萝卜素的生物合成（carotenoid biosynthesis，2 个）。

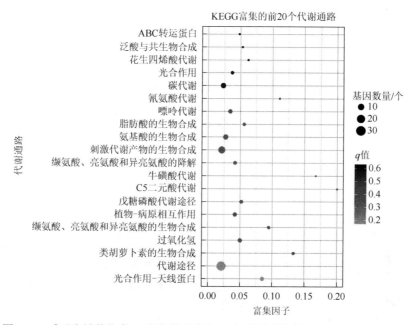

图 5-57　威氏海链藻盐度 35 组相较于盐度 25 组差异表达基因的 KEGG 富集分析

（3）盐度 35 组相较于盐度 5 组差异表达基因分析

　　GO 富集分析结果表明（图 5-58），盐度 35 组相较于盐度 5 组差异表达基因主要富集于三个大类为生物学过程，分子功能和细胞组分。其中，在生物学过程这一类别中，富集到基因数量占比较高的子类别有：代谢进程（metabolic process，278 个上调，163 个下调），细胞进程（cellular process，263 个上调，163 个下调），单生物进程（single-organism process，220 个上调，157 个下调），应激反应（response to stimulus，97 个上调，58 个下调）。在分子功能一类，富集到基因数量占比较高的子类别有：催化活性（catalytic activity，243 个上调，142 个下调）和结合（binding，172 个上调，98 个下调）。在细胞组分类别中，富集到基因数量占比较高的子类别有：细胞（cell，244 个上调，132 个下调），细胞部分（cell part，240 个上调，131 个下调），细胞器（organelle，181 个上调，106 个下调），膜（membrane，80 个上调，50 个下调），细胞器部分（organelle part，75 个上调，51 个下调）。

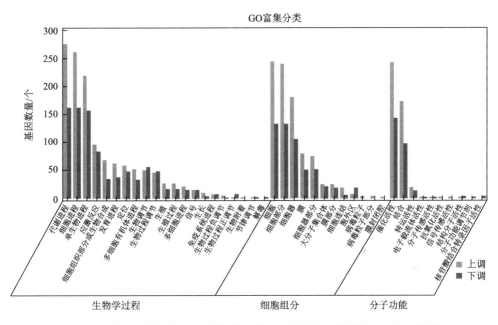

图 5-58　威氏海链藻盐度 35 组相较于盐度 5 组差异表达基因 GO 富集分析

在 KEGG 富集分析图中，盐度 35 组相较于盐度 5 组有 336 个差异表达基因，具有显著性富集的代谢通路有 19 个（$P < 0.05$）（图 5-59），其中，富集基因数量占比较高的通路有：代谢途径（metabolic pathways，203 个），次级代谢产物的生物合成（biosynthesis of secondary metabolites，111 个），氨基酸的生物合成（biosynthesis of amino acids，48 个），真核生物中核糖体生物形成（ribosome biogenesis in eukaryotes，30 个），嘌呤代谢（purine metabolism，25 个），生物光合作用碳固定（carbon fixation in photosynthetic organisms，17 个）甘氨酸、丝氨酸和苏氨酸代谢（glycine, serine and threonine metabolism，14 个）。

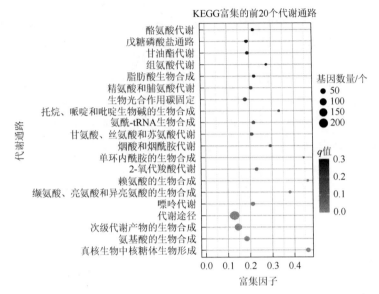

图 5-59　威氏海链藻盐度 35 组相较于盐度 5 组差异表达基因的 KEGG 富集分析

5. 不同盐度下差异表达基因趋势分析

对差异表达基因按照盐度 5、盐度 25、盐度 35 顺序进行趋势分析得到 7 种趋势（图 5-60），有 3 个趋势基因集合（profile0、profile1 和 profile7）下的差异基因随着盐度的升高具有显著差异（$P < 0.05$）：profile0 中富集到的 125 个基因随着盐度的升高而出现表达显著下调；profile1 中富集到 54 个基因在盐度 5 时有较高表达，盐度 25 时表达下降并与盐度 30 时表达无显著差异；而 profile7 中富集到 56 个基因随着盐度的升高表达量显著上调。

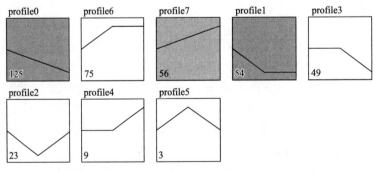

图 5-60　盐度 5-盐度 25-盐度 35 差异表达基因趋势分析

组间差异分析结果表明，三个不同盐度处理样本间差异表达基因用 KEGG 富集到 112 个通路共富集到 394 个基因。

（1）profile 0 趋势集中目标基因分析

经 GO 富集分析，profile0 中富集到的 125 个差异基因中有 85 个基因被归类到 GO 三个大类（生物学过程、分子功能和细胞成分）中，其中，主要的生物学过程包括细胞代谢过程（68 个），含氮化合物代谢过程（41 个），生物合成过程（40 个）。分子功能主要包含催化活性（70 个），氧化还原酶活性（17 个），裂解酶活性（10 个），阴离子配位（7 个）。细胞组分主要包含有细胞质（52 个），细胞器（52 个）和质体（33 个）。

profile0 中的基因经 KEGG 富集分析共注释到 84 条通路中，前 20 条代谢通路如图 5-61 所示，其中显著（$P<0.05$）激活的代谢通路有 12 条，包含遗传信息处理和代谢两大类型通路，如次级代谢产物的生物合成注释到 42 个基因，真核生物中核糖体生物形成注释到 21 个基因，氨基酸的生物合成注释到 20 个基因，组氨酸代谢、赖氨酸的生物合成分别注释到 5 个和 3 个基因。

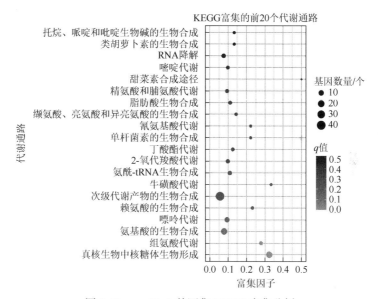

图 5-61　profile 0 基因集 KEGG 富集分析

（2）profile 1 差异表达基因分析

经 GO 富集分析，profile1 中富集到的 54 个差异基因中有 36 个基因被归类到 GO 三个大类中，其中，主要的生物学过程包括有机物生物合成（21 个），含氮化合物代谢过程（21 个），小分子代谢过程（20 个）。分子功能主要包含催化活性（34 个），小分子连接（14 个）和嘌呤核酸质体部分（9 个）。细胞组分主要包含有质体部分（9 个），质体间质（8 个）和胞器膜（8 个）。

profile1 中的基因经 KEGG 富集分析共注释到 59 条代谢通路中，前 20 条代谢通路如图 5-62 所示，含有 8 条显著差异表达的通路（$P<0.05$）。富集基因数量较多的通路有氨基酸的生物合成，氧化磷酸化，2-氧代羧酸代谢，赖氨酸的生物合成，精氨酸生物合成，丙氨酸、天冬氨酸和谷氨酸代谢，这些通路富集的基因数量分别是 13（24.07%）、7（12.96%）、5（9.259%）、3（5.555%）、4（7.407%）和 4（7.407%）。

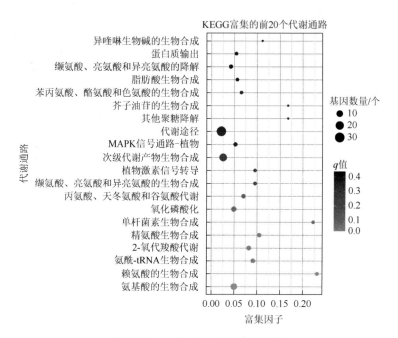

图 5-62　profile1 KEGG 富集分析

（3）profile 7 差异表达基因分析

经 GO 富集分析，profile7 中富集到的 56 个差异基因中有 40 个基因被归类到 GO 三个大类中，其中，主要的生物学过程包括有单细胞代谢过程（30 个），小分子代谢过程（21 个）和有机酸代谢过程（15 个）。分子功能主要包含催化活性（37 个），氧化还原酶活性（11 个）和金属离子结合（9 个）。细胞组分主要包含有胞外膜（2 个），类囊体膜（2 个），线粒体外膜（1 个）。

Profile7 中的基因经 KEGG 富集分析共注释到 56 个代谢通路中，前 20 个代谢通路如图 5-63 所示，显著富集的通路有 4 条（$P<0.05$）。分别是代谢途径、光合作用、咖啡因代谢和泛素介导的蛋白质水解，富集的基因数量分别是 40（71.429%）、4（7.143%）、1（1.786%）和 4（7.143%）。

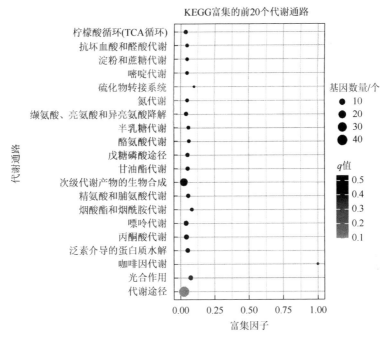

图 5-63　profile7 KEGG 富集分析

6. 代谢通路分析

（1）氧化磷酸化通路

氧化磷酸化指生物氧化伴随着 ATP 生成的过程，属于能量代谢途径，发生于细胞线粒体内膜上（Smeitink et al.，2001）。线粒体内膜电子传递链由四种蛋白质复合物组成，分别是 NADH 脱氢酶、琥珀酸脱氢酶、细胞色素 c 还原酶、细胞色素 c 氧化酶。一般认为，线粒体电子传递链中产生 ATP 的部位在复合物Ⅰ、复合物Ⅲ和复合物Ⅳ，来自 NADH 的电子由复合物Ⅰ传递给辅酶 Q，同时将 4 个质子从线粒体基质转移到膜间隙。或者来自 FADH2 的电子经过复合物Ⅱ传递给辅酶 Q，但此过程不转移质子，然后进一步传递给复合物Ⅲ，复合物Ⅲ催化电子从辅酶 Q 传递到细胞色素 C，每转移一对电子，会将 4 个质子从线粒体基质泵到膜间隙，然后传递给复合物Ⅳ，最后传递给氧气生成水，每转移一对电子，基质会消耗 2 个质子，同时将 2 个质子泵到膜间隙。ATP 合成由复合物Ⅴ来完成，同时将膜间隙的质子转移回线粒体基质中（翟中和等，2007）。

藻类细胞通过电子传递形成活性氧。当藻细胞受到非生物胁迫时，细胞中复合物Ⅱ的 *SDHC* 基因表达量的显著上调可以表明细胞处于氧化胁迫中（Niemann et al.，2000）。复合物Ⅴ是呼吸链氧化磷酸化最后一步，线粒体膜间隙与线粒体基质形成的质子电化学梯度驱动质子通过 ATP 合酶从膜间隙转移到线粒体基质以维持呼吸链膜电位平衡，此过程伴随着 ATP 合酶将 ADP 磷酸化合成 ATP（Ishii et al.，2005）。本研究中，盐度 25 组与 35 组氧化磷酸化通路基因表达差异不显著（$P>0.05$）；盐度 5 时相较于盐度 25 和盐度 35，氧化磷酸化通路显著激活，其氧化磷酸化途径中，复合物Ⅰ中，NADH-泛醌氧化还原酶相关基因（$ND4$、$NdhB$）显著上调；复合物Ⅱ中，琥珀酸脱氢酶基因（$SDHC$）显著上调，推测盐度 5 时，威氏海链藻受到低渗胁迫产生了过量的 ROS，对细胞造成损伤。此外，复合物Ⅲ中，泛醌-细胞色素 c 还原酶细胞色素 b 亚基（$CYTB$）显著上调；复合物Ⅳ中，细胞色素 c 氧化酶亚基 2（$COX2$）显著上调；复合物Ⅴ中，F 型 H$^+$转运 ATP 酶亚基 a（$ATPeF0A$）、H$^+$运转 ATP 酶（$PMA1$）显著上调，表明细胞 ATP 合成效率被显著上调，细胞合成更多的 ATP 来为维持细胞稳态提供能量。

（2）过氧化物酶体

过氧化物酶体（Peroxisome）是真核生物体中普遍存在的一种重要的单层膜细胞器。过氧化物酶体参与脂肪酸 α-氧化，超长链脂肪酸的 β-氧化，嘌呤的分解代谢以及甘油酯和胆汁酸的生物合成，是细胞内活性氧产生和清除的重要细胞器，其具有超过 50 种酶，其中过氧化氢酶是过氧化物酶体的标志酶（Schrader et al.，2006）。

线粒体内膜蛋白 MPV17 是一种广泛表达的蛋白质（Wi et al.，2020）。MPV17 可以预防线粒体功能障碍和凋亡，并调节活性氧含量，MPV17 具有四个疏水区域的膜蛋白，能够在膜上形成一个通道，使小分子能够通过该膜（Löllgen et al.，2015）。有研究认为，它是一种非选择性的线粒体通道蛋白，在线粒体损伤条件下开放，通过降低膜电位来维持线粒体稳态，从而调节活性氧的形成（Alonzo et al.，2018）。Wi 等（2020）发现条斑紫菜 $PyMPV17$ 基因响应活性氧处理而增加。本研究中，相较于盐度 25 和盐度 35 组，盐度 5 组的过氧化物酶体合成通路中，MPV17（Mpv17 蛋白），过氧化氢酶的表达量显著上调。而盐度 35 相较于盐度 25 组，其过氧化氢酶表达量差异不显著（$P>0.05$），这与图 5-47 中，低盐组（盐度 5 组）时威氏海链藻过氧化氢酶活性明显高于盐度 25 和盐度 35 相互佐证。综上，盐度 5 时，细胞受到明显低渗胁迫，MPV17 表达量显著上调，产生了过量的活性氧，导致 CAT 基因表达量显著上调，从而解除或减轻胁迫产生的氧化应激。

（3）光合作用-天线蛋白通路、光合作用固碳通路

植物通过叶绿体进行光合作用合成有机物，类囊体是叶绿体中细胞捕获光能进行光合作用光反应的部位。类囊体膜上有光系统Ⅱ（PSⅡ）和光反应Ⅰ（PSⅠ），是光吸收的功能单位。光系统上在光驱动下发生水的光解产生氧气，同时伴随着

电子传递。植物光系统均由捕光复合物（LHC）和反应中心复合物构成。PSⅠ捕光复合物为 LHCⅠ，其组成由天线色素和多肽构成，即天线蛋白。LHCⅠ的功能是利用吸收的光能或者从传递来的激发能在类囊体膜叶绿体基质一侧还原 $NADP^+$ 形成 NADPH（翟中和等，2007）。本实验中，盐度 35 相较于盐度 25，PSⅠ天线蛋白相关基因（*LHCSR3.1*、*FCPF*、*Unigene0006137*、*Unigene0015887*）显著下调，表明 PSⅠ对于光能捕获效率下降。

然而在光合磷酸化通路中，PSⅠ上的铁氧还蛋白-$NADP^+$还原酶（FNR）基因（*petH*）表达显著上调，在碳固定通路中，磷酸甘油酸激酶基因（*PGK*）和Ⅱ型果糖 1,6 二磷酸醛缩酶基因（*FBA*）显著上调。磷酸甘油酸激酶进化上高度保守，是糖酵解关键酶，催化 1,3-二磷酸甘油酸转变为 3-磷酸甘油酸，同时生成 ATP（魏兰珍等，2006）。FBA 蛋白是控制光合碳同化速率的重要酶之一，可以催化 CO_2 固定后由 3C 化合物转化为 6C 化合物（魏兰珍等，2006）。*petH* 是光合电子传递链的关键基因之一，可以催化电子从铁氧还蛋白传递到 $NADP^+$ 形成 NADPH，NADPH 被在叶绿体基质中进行的暗反应碳同化所利用（Arakaki et al.，1997）。NADPH 可以为生物合成的酶促反应提供还原力，具有驱动作用。番茄在盐度胁迫下，添加外源性 NADPH 增强细胞二氧化碳固定通路，同时提高了硫氧还蛋白相关基因表达，使细胞内 NADPH 和 GSH 的含量以及 GSH/GSSG 的比值提高，从而缓解盐度胁迫（莘冰茹，2016）。在蓝藻模式生物集胞藻 PCC 6803 中，高盐胁迫条件下 *petH* 表达量上升（Thor et al.，1998）。坛紫菜和条斑紫菜高盐胁迫下 *petH* 基因表达量也出现显著上调（陈天翔等，2019；Yu et al.，2018）。

本实验中，在盐度 35 时，相较于盐度 25，PSI 捕光复合物 LHCⅠ相关基因表达量下调，同时，*petH* 基因表达量显著上调，碳固定通路 *FBA* 和 *PGK* 基因表达量显著上调。这可能表明了威氏海链藻对于盐度提高的适应机制，当盐度提高时，威氏海链藻通过提高 *petH* 基因的表达量来增强 NADPH 的合成，同时缓解或者抵消因盐度提高，PSI 天线蛋白合成下降而对 NADPH 合成造成的不良影响，同时增强二氧化碳的同化效率，缓解或抵消随着盐度提高造成的氧化胁迫，从而提高细胞的耐盐性。

第六章　活性浓缩微藻制品产业化关键技术

第一节　营养盐对卵囊藻沉降的影响

无论是作为替代饵料还是水质改良剂，微藻应用于水产养殖业的研究早已引起国内外学者的重视。随着微藻产业的快速发展，微藻采收在整个产业链中的重要性逐渐凸显，但由于微藻个体微小，培养浓度低，细胞易损伤破裂，大部分藻细胞还因表面带有负电荷而均匀悬浮于水中，给采收带来了很大的困难。据估算，微藻采收成本约占微藻产业生产成本的20%～30%，有的甚至高达50%（Barros et al.，2015）。因此，寻求一种高效率、低成本的采收方法是当前微藻产业亟须解决的问题。

卵囊藻在对虾高位池养殖水质的改善中取得了良好成效，但卵囊藻的活体浓缩工艺制约着其在对虾养殖中推广应用。卵囊藻的自沉降特性对藻类活体浓缩有重要意义，研究其自沉降效率的影响因子以及自沉降机理，一方面可推进卵囊藻的产业化，另一方面可为微藻活体浓缩技术的开发提供科学依据。藻细胞沉降受细胞大小、形状、特性和生长状况等内部因素以及光照度、温度、盐度和营养盐等外部因素的影响。其中，营养盐浓度可直接影响藻细胞的组分和密度，进而影响微藻的上浮和下沉（Zhu et al.，2015）。因此，本节介绍了不同氮、碳浓度对卵囊藻生长、生化组分含量及沉降变化的影响，分析其沉降、生长及生化组分的关系；同时运用代谢组学解析卵囊藻响应氮浓度的内在调控规律，初步探究卵囊藻自沉降的生物学机制，为卵囊藻的产业化发展奠定基础。

一、碳对卵囊藻沉降、生长和生化组分的影响

微藻通过光合作用新陈代谢，在体内合成脂质、糖类和蛋白质等生物大分子，改变微藻细胞密度，进而影响微藻在水中的上浮和下沉。在影响微藻的重要营养盐元素中，不同的微藻对不同碳源和浓度具有不同的响应，细胞组分会随之产生变化（Kim，2014）。当向小球藻中添加葡萄糖作为碳源时，小球藻生物量和叶绿素含量降低，同时，元素组成也发生明显变化（Huang et al.，2019）。碳浓度的变化也会改变微藻的沉降速度。因此，本部分通过研究碳浓度对卵囊藻的生物量、叶绿素、脂质、蛋白质、总糖含量与沉降的影响，进一步探究卵囊藻的沉降影响因子，为卵囊藻的开发利用提供参考。

1. 碳浓度对卵囊藻沉降率的影响

　　在不同碳浓度下培养卵囊藻 9 d 后进行沉降率的测定。由图 6-1 可知，碳浓度显著影响卵囊藻沉降（$P<0.05$）。沉降 4 h 起卵囊藻的沉降率随碳浓度的增加而增加，高碳组（49.57 mg·L^{-1}）的沉降率高于其他浓度组；沉降 10 h 起，高碳组沉降率显著高于 0 mg·L^{-1} 组、3.14 mg·L^{-1} 组、6.14 mg·L^{-1} 组（$P<0.05$），显著性差异持续到 24 h，但与正常培养组（24.79 mg·L^{-1}）始终无显著差异。沉降 4 h 后，无碳组（0 mg·L^{-1}）卵囊藻沉降最慢，8 h 沉降率显著低于高碳组，10 h 沉降率显著低于正常培养组和高碳组。18 h 前各组卵囊藻沉降较快，随后逐渐趋于平稳，其中低碳组（3.14 mg·L^{-1} 和 6.14 mg·L^{-1}）沉降相对于其他组呈缓慢增加趋势，但二者无显著差异。沉降 30 h 各组的沉降率在 70.29%～81.15%，无碳组沉降率极显著低于其他组（$P<0.01$）。碳质量浓度在 24.79 mg·L^{-1} 和 49.57 mg·L^{-1} 时，卵囊藻的自沉降效率最佳，10 h 沉降率分别为 64.34% 和 66.21%（图 6-1B），24 h 沉降率可达 77.17% 和 81.41%。因各组在沉降 10 h 时已有显著差异，之后沉降趋势相同，所以选择 10 h 时的沉降率数据进行后续沉降分析。

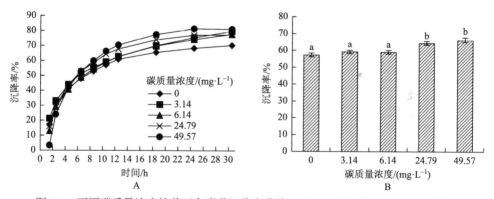

图 6-1　不同碳质量浓度培养下卵囊藻沉降率曲线（A）及 10 h 时沉降率比较（B）

2. 碳浓度对卵囊藻生长的影响及其生物量与沉降的相关性

　　图 6-2A 可见，碳浓度对卵囊藻生长影响显著（$P<0.05$），卵囊藻细胞密度与碳浓度呈正相关。无碳组（0 mg·L^{-1}）和 3.14 mg·L^{-1} 组卵囊藻生长最慢，两组无显著差异，且从第 5 d 起均极显著低于其他浓度组（$P<0.01$）。高碳组（49.57 mg·L^{-1}）卵囊藻生长最快，其细胞密度从培养第 2 d 起，极显著高于 0 mg·L^{-1} 组、3.14 mg·L^{-1} 组和 6.14 mg·L^{-1} 组，从培养第 5 d 起，极显著高于上述三组及正常培养组（24.79 mg·L^{-1}）。经一元回归分析，沉降率与生物量呈显

著正相关关系（图 6-2B），生物量积累越多，卵囊藻沉降速度越快。沉降 10 h 时卵囊藻率与生物量的线性方程：

$$y = 7.106\,3x + 51.606 \quad R^2 = 0.761 \tag{6-1}$$

相同的结果也在其他微藻中有发现，如对球等鞭金藻（王星宇等，2016）和栅藻 CCNM 1077（Pancha et al.，2015）的研究同样发现，培养液中添加碳酸氢钠后，微藻细胞生长速率改变，生物量显著增加；而藻细胞生长速率变化，会改变其沉降率（周贝等，2014）。

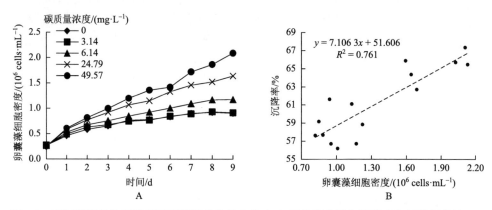

图 6-2　不同碳质量浓度培养下卵囊藻的生长曲线（A）及其生物量与沉降率之间的相关性（B）

3. 碳浓度对卵囊藻叶绿素含量的影响及其与沉降的相关性

图 6-3A 可见，不同碳浓度对卵囊藻叶绿素含量的影响显著（$P < 0.05$），培养 9 d 时，随着碳浓度增加，卵囊藻叶绿素含量增加；碳质量浓度在 49.57 mg·L^{-1} 的叶绿素质量浓度最高，为 0.678 pg·cell^{-1}，显著高于 3.14 mg·L^{-1} 组和 6.14 mg·L^{-1} 组（$P < 0.05$）。经一元回归分析，沉降 10 h 时沉降率与叶绿素含量存在正相关关系（图 6-3B）。10 h 沉降率与叶绿素含量的线性方程如下：

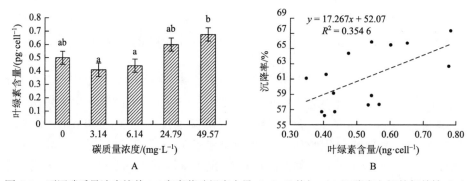

图 6-3　不同碳质量浓度培养 9 d 卵囊藻叶绿素含量（A）及其与 10 h 沉降率之间的相关性（B）

$$y = 17.267x + 52.07 \quad R^2 = 0.354\ 6 \qquad (6\text{-}2)$$

4. 碳浓度对卵囊藻脂质含量的影响及其与沉降率的相关性

图 6-4A 可见，不同碳浓度对卵囊藻脂质含量的影响显著（$P<0.05$）。卵囊藻脂质含量随着碳浓度的升高而降低。培养 9 d 时，碳质量浓度在 $0\sim6.14\ \text{mg·L}^{-1}$ 范围内，脂质含量显著高于 $24.79\ \text{mg·L}^{-1}$ 组和 $49.57\ \text{mg·L}^{-1}$ 组，表明低碳条件有利于卵囊藻积累脂质。一元回归分析表明，10 h 沉降率与脂质含量之间呈负相关关系（图 6-4B），脂质含量越少，沉降速度越快。10 h 沉降率与脂质含量的线性方程：

$$y = -0.000\ 4x + 66.818 \quad R^2 = 0.627\ 9 \qquad (6\text{-}3)$$

碳浓度可以影响微藻细胞内脂肪含量。微绿球藻总脂肪酸含量随着 CO_2 浓度的升高而降低（徐芳等，2004）。球等鞭金藻添加碳酸氢钠后藻细胞多不饱和脂肪酸（PUFA）含量显著降低（$P<0.05$）（王星宇等，2016）。碳源限制能明显促进异养小球藻细胞内油脂合成（Chen et al.，1991）。脂质密度小，藻细胞脂质含量增加导致藻细胞密度减小，是细胞沉降率减小的重要原因。

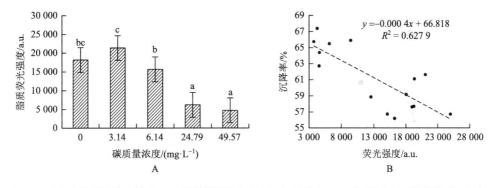

图 6-4　不同碳质量浓度培养 9 d 卵囊藻脂质含量（A）及其与 10 h 沉降率之间的相关性（B）

5. 碳浓度对卵囊藻总糖含量的影响及其与沉降率的相关性

图 6-5 可见，不同碳浓度对卵囊藻总糖含量无显著影响（$P>0.05$）。一元回归分析表明，沉降率与总糖含量没有发现显著线性关系。

6. 碳浓度对卵囊藻的蛋白质含量的影响及其与沉降率的相关性

由图 6-6A 表明，不同碳浓度对卵囊藻蛋白质含量有显著性影响（$P<0.05$）。培养 9 d 时，随碳浓度增加卵囊藻的蛋白质含量呈先增加后减少趋势；当碳

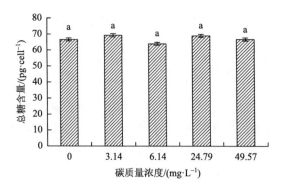

图 6-5　不同碳质量浓度培养 9 d 卵囊藻的总糖含量

质量浓度为 3.14 mg·L^{-1} 时，蛋白质含量最高为 286.89 pg·cell^{-1}，显著高于其他组（$P<0.01$）。经回归分析，沉降 10 h 时沉降率与蛋白质含量存在先减后增的抛物线关系（图 6-6B）。10 h 沉降率与蛋白质含量的线性方程如下：

$$y = 0.000\,5x^2 - 0.228\,8x + 84.709 \quad R^2 = 0.523\,2 \qquad (6\text{-}4)$$

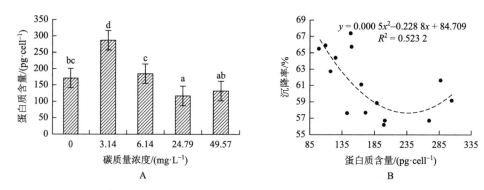

图 6-6　不同碳质量浓度培养 9 d 卵囊藻蛋白质含量（A）及其与 10 h 沉降率之间的相关性（B）

　　微藻总糖和蛋白质含量同样会受到碳浓度的影响，进而影响藻细胞的沉降率。小球藻单细胞平均蛋白质含量和单细胞总糖含量在低碳（CO_2 浓度 0.03%～0.04%）培养条件下高于高碳（15% CO_2）培养（陆贻超等，2013）。在蓝藻中发现总糖增加使细胞下沉，蛋白质增加使细胞上浮（张永生等，2010）。一般来说，总糖和蛋白质密度大，它们的积累可使细胞沉降率增加，但是，在本研究结果中，蛋白质含量与沉降率具有显著负相关关系，总糖含量没有相关关系，推测是由于碳浓度变化使细胞中总糖和脂肪含量改变，并且种类也出现不同差异，卵囊藻细胞结构可能发生变化，导致藻细胞的浮力和重力变化，影响藻细胞自身沉降率。总的来说，沉降率与总糖和蛋白质具有相关性，但不仅仅是含量变化的关系，还包括了其在细胞中的种类和功能，具体原因还需进一步深入研究。

7. 卵囊藻沉降率与生长及细胞组分的皮尔逊相关性分析

沉降率与卵囊藻的生物量、叶绿素、脂质、总糖和蛋白质相关性分析结果如表 6-1 所示。皮尔逊系数越接近 1 或–1，则相关性越显著，总体来说，卵囊藻的沉降与其生长及生化组分有显著的关系（$P<0.05$）。由表 6-1 可知，沉降率与生物量有极显著正相关性（$P<0.01$），皮尔逊相关系数 r 为 0.872；与叶绿素有显著正相关性（$P<0.05$），皮尔逊相关系数 r 为 0.595；与脂质有极显著负相关性（$P<0.01$），皮尔逊相关系数 r 为–0.748；与蛋白质有显著负相关性（$P<0.05$），皮尔逊相关系数 r 为–0.554，而与总糖无相关性。结果表明，卵囊藻生长状态越好，脂质和蛋白质含量越少的情况下，沉降效果越好。

表 6-1　卵囊藻 10 h 沉降率与生长及细胞组分的相关性

皮尔逊相关系数	生物量	叶绿素	脂质	总糖	蛋白质
r	0.872**	0.595*	–0.748**	0.042	–0.554*

注：**表示在 0.01 水平上显著相关；*表示在 0.05 水平上显著相关。

二、氮对卵囊藻沉降、生长和生化组分的影响

氮是微藻生长繁殖的必需成分，也是影响微藻生长和生化组分的重要因素之一，氮浓度变化会改变藻细胞的生长速率，同时改变细胞内总糖、蛋白质和脂质含量（Zhu et al.，2015）。此外，有学者证明藻细胞的脂质含量与沉降率具有相关性，脂质含量会改变微藻的沉降速率（Sargent，1976），但不全是负相关关系（Griffiths et al.，2012）。本部分选择细胞重要元素之一的氮元素，研究其与卵囊藻的生物量、叶绿素、脂质、蛋白质、总糖含量、沉降的关系，以期了解卵囊藻沉降的影响因子，为卵囊藻的开发利用提供参考。

1. 氮浓度对卵囊藻沉降率的影响

在不同氮浓度下培养卵囊藻 9 d 后进行沉降率的测定。由图 6-7A 可知，氮浓度对卵囊藻沉降影响显著（$P<0.05$）。12 h 前各氮浓度组卵囊藻沉降较快，随后逐渐趋于平稳。沉降效果最好的是常规培养组（12.32 mg·L^{-1}），极显著高于无氮组（0 mg·L^{-1}）和最高氮组（862.40 mg·L^{-1}）（$P<0.01$），但与其他氮浓度组无显著差异；氮质量浓度在 6.16～492.80 mg·L^{-1} 时，卵囊藻 6 h 沉降率为 70.47%～74.44%（图 6-7B），12 h 沉降率为 83.72%～85.85%，24 h 沉降率可

达 91.22%～93.34%。沉降效果最差的是无氮组，极显著低于其他氮浓度组（$P<0.01$），其次是最高氮组（862.40 mg·L^{-1}），在 2～18 h 间的沉降率极显著低于其他含氮浓度组（$P<0.01$），两组 6 h 沉降率为 53.48% 和 58.94%（图 6-7B），12 h 沉降率为 72.44% 和 78.41%，24 h 沉降率为 86.42% 和 89.20%。因各组在沉降 6 h 时已有显著差异，之后沉降趋势相同，所以选择 6 h 时的沉降率数据进行后续沉降分析。

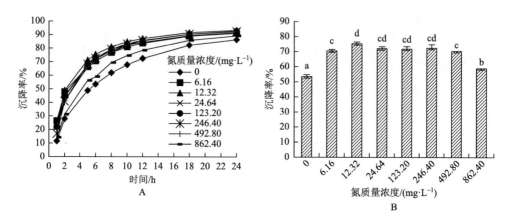

图 6-7　不同氮质量浓度培养下卵囊藻沉降率曲线（A）及 6 h 沉降率比较（B）

2. 氮浓度对卵囊藻生长的影响及其生物量与沉降率的相关性

图 6-8A 可见，氮浓度对卵囊藻生长影响显著（$P<0.05$），无氮组（0 mg·L^{-1}）的卵囊藻在培养的前 5 d 增长最快，极显著高于高氮组（862.40 mg·L^{-1}）（$P<0.01$），但与其他氮浓度组无显著差异；5 d 后，无氮组的卵囊藻生长开始减慢，从培养第 7 d 起与高氮组无显著差异，但极显著低于其他氮浓度组（$P<0.01$）。6.16～492.80 mg·L^{-1} 组的卵囊藻在培养期持续生长，且从培养 5 d 起出现差异，培养末期，6.16～24.64 mg·L^{-1} 组的卵囊藻生长较好。862.40 mg·L^{-1} 高氮组卵囊藻虽呈持续生长状态，但极显著低于其他氮浓度组（$P<0.01$）。经一元回归分析，沉降率与生物量呈显著正相关关系（图 6-8B），生物量积累越多，卵囊藻沉降速度越快。沉降 6 h 时卵囊藻率与生物量的线性方程：

$$y = 29.399x + 10.052 \quad R^2 = 0.824\,3 \tag{6-5}$$

在受到外界环境因子的影响（如营养盐限制）时，微藻生长状态不好，因而影响沉降率。许多硅藻有一定的沉降特性，海区硅酸盐含量限制微藻生长，降低浮游植物的沉降率（李晓倩，2017）。同样的研究证明氮限制影响硅藻生长，降低了硅藻的沉降率（Harrison et al.，1986）。本研究同样发现，氮质量浓度在 6.16～

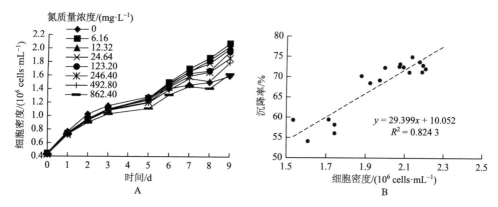

图 6-8　不同氮质量浓度培养下卵囊藻的生长曲线（A）及其生物量与沉降率之间的相关性（B）

$123.20\ mg\cdot L^{-1}$ 范围时，卵囊藻生物量和叶绿素含量高，沉降率也高，且生长状态越好，生物量积累越多，沉降度越高，此外，卵囊藻的生长在无氮及高氮（$862.40\ mg\cdot L^{-1}$）条件下受到了极显著的抑制，此时的沉降率最低。

3. 氮浓度对卵囊藻叶绿素含量的影响及其与沉降率的相关性

图 6-9A 可见，不同氮浓度对卵囊藻叶绿素含量的影响显著（$P<0.05$），培养 9 d 时，随着氮浓度增加，卵囊藻叶绿素含量增加；含氮培养的卵囊藻叶绿素含量显著高于无氮组（$0\ mg\cdot L^{-1}$）（$P<0.05$），其中，$492.80\ mg\cdot L^{-1}$ 组的卵囊藻单细胞叶绿素含量最高达 $1.4\ ng\cdot cell^{-1}$。经回归分析，沉降 6 h 时沉降率与叶绿素含量存在先增后减的抛物线关系（图 6-9B）。6 h 沉降率与叶绿素含量的线性方程如下：

$$y = -58.587\,6x^2 + 0.115\,5x + 16.926 \quad R^2 = 0.819\,8 \qquad (6\text{-}6)$$

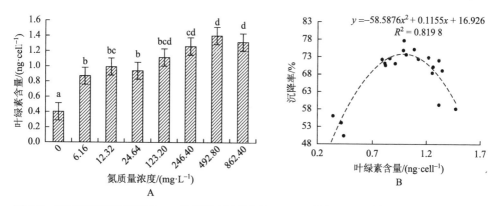

图 6-9　不同氮质量浓度培养 9 d 卵囊藻叶绿素含量（A）及其与 6 h 沉降率之间的相关性（B）

4. 氮浓度对卵囊藻脂质含量的影响及其与沉降率的相关性

图 6-10A 可见，不同氮浓度对卵囊藻脂质含量的影响显著（$P<0.05$）。在培养基中加入硝酸钠后，卵囊藻脂质含量随着氮浓度的升高而升高，培养 9 d 时，高氮组（246.40 mg·L^{-1}、492.80 mg·L^{-1}、862.40 mg·L^{-1}）的卵囊藻脂质含量显著高于其他氮浓度组（$P<0.05$），但高氮组组间差异不显著。卵囊藻在无氮 0 mg·L^{-1}条件下的脂质含量极显著高于含氮组（$P<0.01$），表明无氮胁迫条件有利于卵囊藻积累脂质。一元回归分析表明，沉降率与脂质含量之间呈负相关关系（图 6-10B），脂质含量越少，沉降速度越快。沉降率与脂质含量的线性方程：

$$y = -0.002\,3x + 93.885 \quad R^2 = 0.770\,5 \tag{6-7}$$

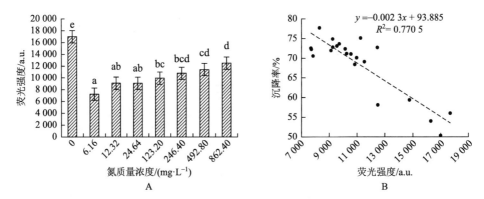

图 6-10　不同氮质量浓度培养 9 d 卵囊藻脂质含量（A）及其与 6 h 沉降率之间的相关性（B）

一般来说，脂质密度较小，脂质的增加导致藻细胞密度减小，细胞上浮。但对镰形纤维藻、栅藻、扁藻、钝顶螺旋藻等随着脂肪含量升高，沉降率降低，而富油新绿球藻、筒柱藻、三角褐指藻则随着脂肪含量升高，沉降率升高，不同微藻脂质含量影响沉降的效果不同，可能与微藻自身细胞的形状大小、内部形态结构和细胞组分有关（Griffiths et al.，2012）。本研究中，卵囊藻脂质含量与沉降率呈负相关关系，卵囊藻在氮质量浓度 12.32 mg·L^{-1} 时脂质含量显著较低，沉降率最高，6 h 即可达到 75%，而脂质含量最高的 0 mg·L^{-1} 和 862.40 mg·L^{-1} 实验组 6 h 的沉降率最低。

5. 氮浓度对卵囊藻总糖含量的影响及其与沉降率的相关性

图 6-11A 可见，不同氮浓度对卵囊藻总糖含量影响显著（$P<0.05$）。9 d 时，6.16～24.64 mg·L^{-1} 组以及高氮组（862.40 mg·L^{-1}）间总糖含量无显著差异，但

显著高于 123.2～492.8 mg·L^{-1} 组（组间无差异）总糖含量（$P<0.05$）。0 mg·L^{-1} 组总糖含量最高，为 16.693 pg·cell^{-1}，极显著高于其他氮浓度组（$P<0.01$）。一元回归分析表明，沉降率与总糖含量之间呈负相关关系（图 6-11B），总糖含量越少，沉降速度越快。沉降率与总糖含量的线性方程：

$$y = -2.821\,6x + 102.72 \quad R^2 = 0.609\,4 \tag{6-8}$$

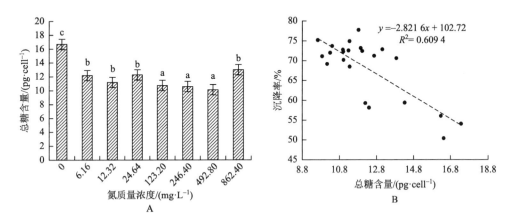

图 6-11　不同氮质量浓度培养 9 d 卵囊藻总糖含量（A）及其与 6 h 沉降率之间的相关性（B）

不同氮浓度下微藻细胞壁多糖含量和种类会发生变化（Cheng et al.，2011）。卵囊藻在不同培养条件，总糖含量和成分同样有显著变化（韩谦，2018）。微藻多糖会影响微藻的沉降率，糖的积累使细胞密度增大，是细胞下沉的主要原因（金相灿等，2008），但铜绿微囊藻沉降率与糖含量成反比（周贝等，2014）；此外有研究发现自絮凝微藻细胞壁多糖可使游离微藻絮凝沉降，这是多糖通过增加胞间黏附性而使得细胞群体重力增加从而下沉（Alam et al.，2014）。本研究中，卵囊藻在生长受到显著抑制的无氮 0 mg·L^{-1} 和高氮 862.4 mg·L^{-1} 条件下的总糖积累显著升高，其中无氮胁迫下的多糖积累更明显，表明了卵囊藻在胁迫及生长不适条件下通过多糖的积累执行自我保护，但卵囊藻总糖积累下的沉降反而变慢了。

6. 氮浓度对卵囊藻的蛋白质含量的影响及其与沉降率的相关性

不同氮浓度对卵囊藻蛋白质含量有显著性影响（$P<0.05$）（图 6-12）。培养 9 d 时，随氮浓度增加卵囊藻的蛋白质含量增加；当氮质量浓度增加到 492.80～862.40 mg·L^{-1} 后，蛋白质含量显著高于其他组，分别为 16.584 ng·cell^{-1} 和 15.595 ng·cell^{-1}。一元回归分析表明，沉降率与蛋白质含量没有发现显著线性关系。

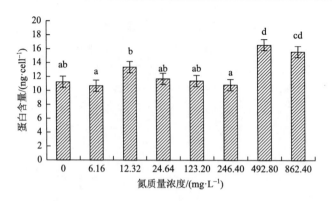

图 6-12　不同氮质量浓度培养 9 d 卵囊藻蛋白质含量

　　微藻蛋白质含量也会影响细胞的沉降，研究表明，蓝藻细胞的蛋白质含量增加时，细胞沉降率减少，这是因为蛋白质是伪空泡的唯一组成成分，增加的蛋白质含量的重力不足以抵消伪空泡产生的浮力，但当蓝藻细胞处于缺氮条件下，体内伪空泡会变小甚至破裂，细胞浮力减小，使沉降率增加，而铜绿微囊藻的沉降率与蛋白质含量成正比（张永生等，2010）。本研究中，高氮（862.4 mg·L^{-1}）组中的总糖和蛋白质含量显著升高，而沉降率显著下降，推测可能是细胞产生的蛋白质用于合成细胞中某些囊泡结构提供了浮力，此外还有脂质增加提供的浮力，总糖和蛋白质增加的重力不能够抵消细胞产生的浮力，导致沉降率减小。

7. 卵囊藻沉降率与生长及细胞组分的相关性

　　沉降率与卵囊藻的生物量、叶绿素、脂质、总糖和蛋白质相关性分析结果如表 6-2 所示，总体来说，卵囊藻的沉降与其生长及生化组分有显著的关系（$P<0.05$）。皮尔逊相关系数越接近 1 或 –1，则相关性越显著，由表 2-2 可知，沉降率与生物量有极显著正相关性（$P<0.01$），皮尔逊相关系数 r 为 0.785，与叶绿素有显著正相关性（$P<0.05$），皮尔逊相关系数 r 为 0.404，沉降率与脂质和总糖有极显著负相关性（$P<0.01$），皮尔逊相关系数 r 分别为 –0.788 和 –0.731，而蛋白质与沉降率无相关性。综上，卵囊藻生长状态越好，脂质和总糖含量越少的情况下，沉降效果越好。

表 6-2　卵囊藻 6 h 沉降率与生长及细胞组分的相关性

皮尔逊相关系数	生物量	叶绿素	脂质	总糖	蛋白质
r	0.785[**]	0.404[*]	-0.788[**]	-0.731[**]	-0.098

注：**表示在 0.01 水平上显著相关；*表示在 0.05 水平上显著相关。

三、氮对卵囊藻代谢组学的影响

代谢物是细胞各种生化反应的终产物，它们的含量变化可以反映细胞响应环境因子变化而作出的代谢调控规律。代谢组学能够更深入地了解细胞内部代谢物的代谢规律，有助于微藻生物学机制研究。富油新绿藻在缺氮诱导下检测出 202 种代谢物在营养胁迫下被增强或耗尽，并注释了其中 163 个代谢物，细胞内三酰基甘油和磺基奎诺糖基二酰基甘油积累增加，叶绿素耗尽，二酰基甘油产生差异调节（Matich et al.，2016）；Ito 等（2013）利用液相色谱-质谱联用技术分别在富氮和缺氮条件下获得了椭圆假索囊藻的代谢组和脂质组图谱，发现在缺氮条件下氮同化和氮转运代谢中的氨基酸减少，中性脂类的数量显著增加。

在氮和碳浓度对卵囊藻沉降的影响中，氮浓度变化使卵囊藻的沉降差异更大，基于此，为了能更直观有效地了解不同氮浓度卵囊藻细胞代谢过程及其沉降机理，本实验选择不同氮浓度处理下的样品，利用超高效液相色谱-四极杆-轨道阱高分辨质谱联用（UPLC-QE-MS）法在正、负离子模式下分离鉴定其代谢物，通过多元变量统计方法，筛选出具有重要生物学意义和统计显著差异的代谢物，深入分析代谢标志物含量变化及涉及的代谢通路，解析代谢网络调控规律，进一步阐明氮浓度对卵囊藻的沉降影响的机制。

1. 全代谢物谱鉴定

应用 UPLC-QE-MS 技术对无氮（NS）组（0 mg·L^{-1}）、低氮（LN）组（6.16 mg·L^{-1}）、对照组（12.32 mg·L^{-1}）、高氮（HN）组（492.8 mg·L^{-1}）和高氮胁迫（HS）组（862.4 mg·L^{-1}）共 5 个氮浓度组的 30 个样本进行非靶向代谢物检测分析，正离子模式下检测到 17 392 个离子峰，负离子模式下检测到 10 948 个离子峰，分别鉴定得到 695 和 157 种代谢物，主要包括氨基酸、多肽、糖类、脂类、醇类、酸类、醛类、含氮化合物及其他小分子代谢物。

2. 多元变量统计分析

（1）主成分分析

运用主成分分析（PCA）考察卵囊藻响应不同氮浓度的代谢物谱的整体差异。将 30 个样本的正负离子模式下分别检测到的 17 392 个和 10 948 个离子峰进行 PCA 分析，得到简要拟合模型，结果如图 6-13 所示，正、负离子模式的 5 个氮浓度大部分样品都分布在不同区域，说明这 5 个氮浓度组样品间的代谢物谱有较明显差异，而高氮（HN）组与高氮胁迫（HS）组有部分重叠，说明这两组样品间的代谢物差异较小。该模型分别解释了正、负离子模式的 47.29%和 47.26%的变化。

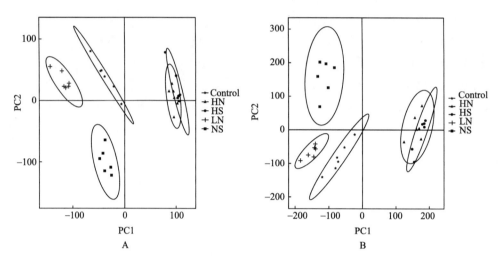

图 6-13　卵囊藻正离子（A）和负离子（B）模式的 PCA 分析

（2）OPLS-DA 正交偏最小二乘法-判别分析

由生化响应结果可知，卵囊藻细胞内代谢受到氮浓度的显著调控，为了揭示氮浓度对卵囊藻细胞的代谢物谱的具体变化并鉴定出差异代谢物，运用 OPLS-DA 分别对实验中 NS 组、LN 组、HN 组、HS 组相对于对照组的细胞中全代谢物进行分析。通过 OPLS-DA 分析，我们可以过滤掉代谢物中与分类变量不相关的正交变量，并对非正交变量和正交变量分别分析，从而获取更加可靠的代谢物的组间差异与实验组的相关程度信息。评价 OPLS-DA 模型的预测参数有 R^2X，R^2Y 和 Q^2，其中 R^2X 和 R^2Y 分别表示所建模型对 X 和 Y 矩阵的解释率，Q^2 表示模型的预测能力，这三个指标越接近于 1 时表示模型越稳定可靠，$Q^2 > 0.5$ 时可认为是有效的模型，$Q^2 > 0.9$ 时为出色的模型。

表 6-3 所示的是氮浓度组相对于对照组的 OPLS-DA 模型参数。由表 6-3 可知，正、负离子模式下的模型对 X 矩阵解释率较差，R^2Y、Q^2 的参数值都大于 0.5，表明模型对 Y 矩阵的解释率好，模型的预测可靠，可用于筛选差异代谢物。为检查 OPLS-DA 模型的可靠性，需要进行排列验证，模型的 Q^2 都小于 0.05，未出现过拟合的现象。

表 6-3　正、负离子模式的 OPLS-DA 拟合模型参数

主成分	正离子模式			负离子模式		
	R^2X/cum	R^2Y/cum	Q^2/cum	R^2X/cum	R^2Y/cum	Q^2/cum
对照组 vs NS 组	0.336	0.999	0.893	0.349	0.998	0.896
对照组 vs LN 组	0.330	0.990	0.731	0.306	0.992	0.685
对照组 vs HN 组	0.436	0.995	0.876	0.419	0.996	0.885
对照组 vs HS 组	0.423	0.996	0.863	0.408	0.999	0.884

3. 不同氮浓度下的差异代谢物数量比较

对正负离子模式下对照组相对于不同氮浓度组的差异代谢物数量进行比较。如图 6-14 所示，对照组相对于不同氮浓度组的差异代谢物数量，图中灰色表示上调差异代谢物的数量，黑色表示下调的数量。整体而言，对照组相对于无氮 NS 和低氮 LN 组的上调代谢物的数量显著高于下调差异物，而对照组相对于高氮 HN 和高氮胁迫 HS 组的下调代谢物的数量显著高于上调差异物。

正离子模式下（图 6-14A），对照组相对于无氮（NS）组中差异代谢物有 147 个，有 36 种代谢物下调，111 种代谢物上调；对照组相对于低氮（LN）组中差异代谢物有 74 个，有 5 种代谢物下调，69 种代谢物上调；对照组相对于高氮（HN）组中差异代谢物有 111 个，下调的有 95 个，上调的有 16 个；对照组相对于高氮胁迫（HS）组中差异代谢物有 132 个，下调的有 118 个，上调的有 14 个。综上，对照组相对于无氮或低氮能增加藻细胞显著上调代谢物的数量，而相对于高氮条件增加显著下调代谢物的数量，随氮浓度增加，差异代谢物上调数量增加。

负离子模式下（图 6-14B），对照组相对于无氮（NS）组中差异代谢物有 35 个，有 10 种代谢物下调，25 种代谢物上调；对照组相对于低氮（LN）组中有 18 个代谢物上调；对照组相对于高氮（HN）组中差异代谢物有 19 个，下调的有 13 个，上调的有 6 个；对照组相对于高氮胁迫（HS）组中差异代谢物有 21 个，下调的有 13 个，上调的有 8 个。结果与正离子模式一致，对照组相对于无氮或低氮增加显著上调代谢物的数量，相对于高氮条件则增加显著下调代谢物的数量，随氮浓度增加，差异代谢物上调数量增加。

以上结果表明，不同氮浓度对正负离子模式下的差异代谢物的数量具有显著影响，对照组相对于无氮（NS）组和低氮（LN）组时，卵囊藻细胞中显著上调代谢物数量增加，而相对于而高氮（HN）组和高氮胁迫（HS）组时，藻细胞中显著下调代谢物的数量增加。

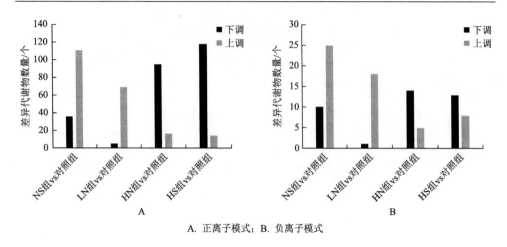

A. 正离子模式；B. 负离子模式

图 6-14　不同氮浓度下卵囊藻差异代谢物数量分析

4. 不同氮浓度下差异代谢物韦恩图分析

不同氮浓度对正负离子模式下的差异代谢物的数量具有显著影响。对照组相对于不同氮浓度组之间特有的和共有的代谢物数量如图 6-15 所示。

图 6-15A 所示，正离子模式中，对照组相对于无氮（NS）组、低氮（LN）组、高氮（HN）组和高氮胁迫（HS）组特有的差异代谢物分别有 65 个、8 个、11 个和 44 个。将对照组相对于 4 组的差异代谢物两两比较发现，NS 组 vs 对照组与 LN 组 vs 对照组之间的共有差异代谢物 46 个，与 HN 组 vs 对照组之间的共有差异代谢物 58 个，与 HS 组 vs 对照组之间的共有差异代谢物 48 个；LN 组 vs 对照组与 HN 组 vs 对照组之间的共有差异代谢物 49 个，与 HS 组 vs 对照组之间的共有差异代谢物 42 个；HN 组 vs 对照组与 HS 组 vs 对照组之间的共有差异代谢物 75 个；对照组相对于 4 组的差异代谢物中，共有的差异代谢物有 24 个。

图 6-15B 所示，负离子模式中，对照组相对于无氮（NS）组、低氮（LN）组和高氮胁迫（HS）组特有的差异代谢物分别有 17 个、2 个和 4 个，对照组与高氮（HN）组没有差异代谢物。同时，两两比较发现，NS 组 vs 对照组与 LN 组 vs 对照组之间的共有差异代谢物 14 个，与 HN 组 vs 对照组之间的共有差异代谢物 12 个，与 HS 组 vs 对照组之间的共有差异代谢物 11 个；LN 组 vs 对照组与 HN 组 vs 对照组之间的共有差异代谢物 11 个，与 HS 组 vs 对照组之间的共有差异代谢物 6 个；HN 组 vs 对照组与 HS 组 vs 对照组之间的共有差异代谢物 14 个；对照组相对于 4 组的差异代谢物中，共有的差异代谢物有 5 个。

结果表明，卵囊藻的代谢物数量和种类受到不同氮浓度的重要影响。对照组相对于无氮（NS）组和高氮胁迫（HS）组时，差异代谢物的种类和数量增加。

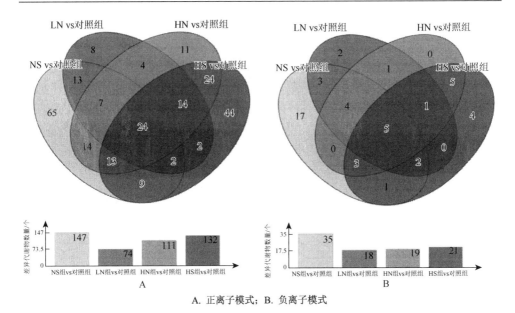

A. 正离子模式；B. 负离子模式

图 6-15　不同氮浓度下卵囊藻韦恩图分析

5. 差异代谢物的聚类分析

本实验研究了不同氮浓度对卵囊藻代谢物的影响，其正负离子模式下的代谢物热图如图 6-16 所示，图中红色表示代谢物显著上调，绿色表示下调。图 6-16A 是正离子模式下 695 个代谢物聚类结果，由图可知，低氮（LN）组和对照组聚在一起，高氮（HN）和高氮胁迫（HS）组聚在一起，表明正离子模式下这两组差异代谢物较相近，无氮 NS 组离这 4 组距离最远，表明 NS 组代谢物与其他 4 组相比，其种类和数量的差异大。正离子模式下，HS 组和 HN 组代谢物上调最多，对照组次之，LN 组和 NS 组最少。表明高氮条件对代谢物积累起重要作用。图 6-16B 是负离子模式下 157 个代谢物组分热图，与正离子模式聚类结果相似，负离子模式下，高氮胁迫（HS）和高氮（HN）组聚在一起，表明负离子模式下这两组差异代谢物较相近。HS 组和 HN 组代谢物上调最多，对照组次之，LN 组和 NS 组最少。结果表明高氮条件对代谢物的积累起重要作用。

6. 差异代谢物的分析

不同氮浓度下，各组的糖类、脂类、氨基酸及有机酸代谢物出现了不同的变化差异。对照组相对于无氮（NS）组的海藻糖、麦芽糖和蔗糖的浓度降低，磷脂酸（PA）、卵磷脂（PC）、磷脂酰乙醇胺（PE）浓度降低，色氨酸、精氨酸的浓度降

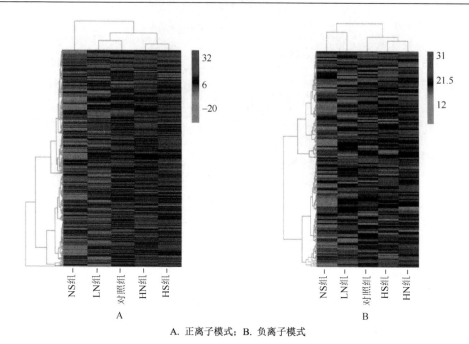

A. 正离子模式；B. 负离子模式

图 6-16　不同氮浓度下卵囊藻聚类分析（见文后彩图）

低；鼠李糖的浓度升高，PGH2、花生四烯酸、硬脂酸、2-异丙基苹果酸和甘二酯（DG）、单甘酯（MG）浓度升高，酪氨酸、谷氨酸、苯丙氨酸、蛋氨酸、异亮氨酸、脯氨酸升高。此外，有机酸如琥珀酸、丙二酸的浓度也升高。对照组相对于低氮LN 组中 2-异丙酸、棕榈油酸和单甘酯（MG）、甘油二酯（DG）、磷脂酰肌醇（PI）、精氨酸、酪氨酸、谷氨酸、苯丙氨酸、蛋氨酸、异亮氨酸、脯氨酸的浓度升高。

　　对照组相对于高氮 HN 组鼠李糖的浓度升高；2-异丙酸、棕榈油酸浓度升高，甘油二酯（DG）、磷脂酰乙醇胺（PE）升高。单甘酯（MG）、磷脂酸（PA）、卵磷脂（PC）浓度、精氨酸、苯丙氨酸、蛋氨酸、异亮氨酸、脯氨酸浓度降低。

　　对照组相对于高氮胁迫 HS 组海藻糖、鼠李糖、麦芽糖和蔗糖的浓度降低。白三烯 F4、9-HpODE、13-HpODE、12-oxo-LTB4 浓度增加，单甘脂（MG）浓度升高，甘油二酯（DG）浓度降低。精氨酸、苯丙氨酸、蛋氨酸、异亮氨酸、脯氨酸的浓度升高。

7. 差异代谢物的通路富集分析

　　为探究不同氮浓度对卵囊藻代谢通路的影响，研究了各组的代谢通路富集及其差异代谢物。结果表明，不同氮浓度对卵囊藻中代谢物参与的通路具有不同程度的影响。图 6-17 中列举了不同氮浓度下影响最显著的 20 个代谢通路。由图 6-17

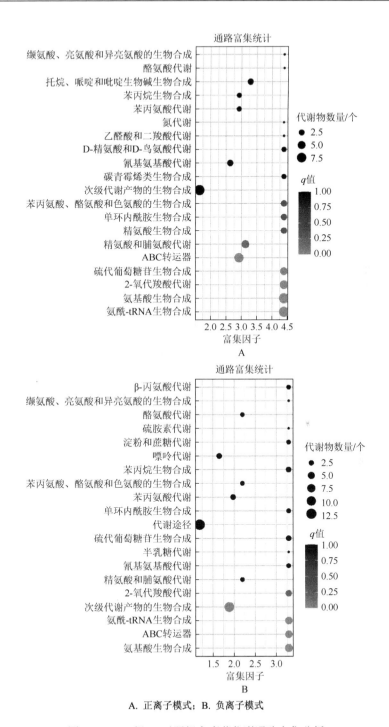

A. 正离子模式；B. 负离子模式

图 6-17 NS 组 vs 对照组卵囊藻代谢通路富集分析

中可知，对照组相对于无氮（NS）组在正负离子模式下，所有代谢通路产生了 30 种差异代谢物，氨基酸生物合成（ko01230）、氨酰-tRNA 生物合成（ko00970）、2-氧代羧酸代谢（ko01210）、硫代葡萄糖苷生物合成（ko00966）和 ABC 转运器（ko02010）的富集显著性较高，这 5 个代谢通路无氮条件下都受到显著影响（$P<$0.05）。对照组的 ABC 转运器通路中矿物有机离子转运器显著上调，低聚糖、多元醇和脂质转运器下调，磷酸和胺酸转运器有的上调有的下调。

由图 6-18 中可知对照组相对于低氮（LN）组在正负离子模式下，通路中有 23 种差异代谢物，氨基酸生物合成（ko01230）、氨酰-tRNA 生物合成（ko00970）、2-氧代羧酸代谢（ko01210）和 ABC 转运器（ko02010）等代谢通路的富集显著性高且都受到了显著影响（$P<$0.05）。对照组的 ABC 转运器通路中矿物有机离子转运器、低聚糖、多元醇和脂质转运器、磷酸和胺酸转运器都显著上调。

图 6-19 显示了对照组相对于高氮条件的（HN）组在正负离子模式下通路中有19 个差异代谢物，氨基酸生物合成（ko01230）、氨酰-tRNA 生物合成（ko00970）、托烷、哌啶和吡啶生物碱生物合成（ko00960）和精氨酸和脯氨酸代谢（ko00330）等代谢通路都受到显著影响（$P<$0.05）。对照组的 ABC 转运器通路中矿物有机离子转运器、磷酸和胺酸转运器都显著下调。

图 6-20 显示了对照组相对于高氮胁迫（HS）组在正负离子模式下通路中有 22 种差异代谢物，ABC 转运器（ko02010）和托烷、哌啶和吡啶生物碱生物合成（ko00960）

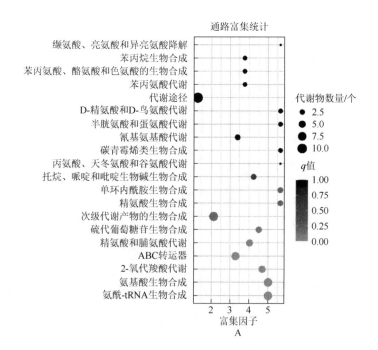

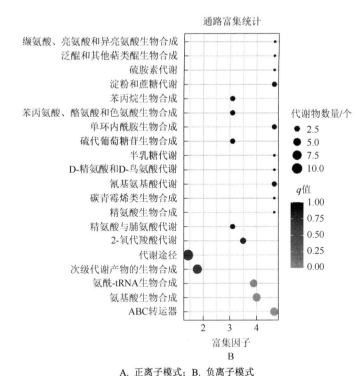

A. 正离子模式；B. 负离子模式

图 6-18 LN 组 vs 对照组卵囊藻代谢通路富集分析

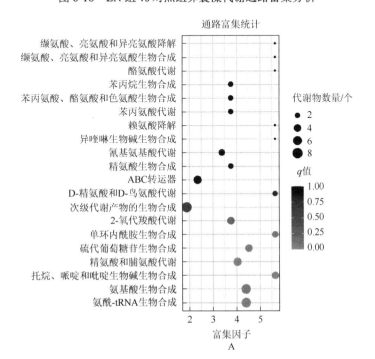

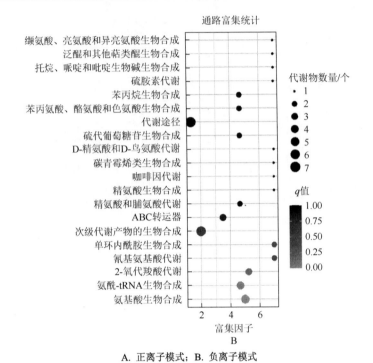

A. 正离子模式；B. 负离子模式

图 6-19　HN 组 vs 对照组卵囊藻代谢通路富集分析

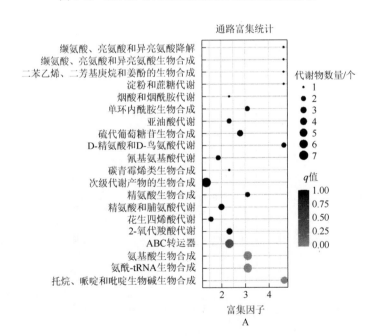

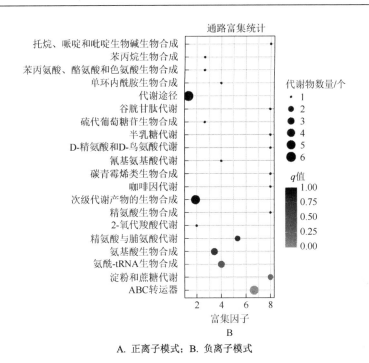

A. 正离子模式；B. 负离子模式

图 6-20　HS 组 vs 对照组卵囊藻代谢通路富集分析

代谢通路得到显著富集（$P<0.05$）。对照组的 ABC 转运器通路中矿物有机离子转运器、磷酸和胺酸转运器都显著下调，低聚糖、多元醇和脂质转运器显著上调。

　　总的来说，对照组中氨基酸生物合成（ko01230）、氨酰-tRNA 生物合成（ko00970）等氨基相关通路都受到显著影响，与物质运输相关的 ABC 转运器（ko02010）同样受到显著影响，此外，对照组富集了 2-氧代羧酸代谢通路（ko01210）和哌啶和吡啶生物碱生物合成（ko00960）代谢通路，氮浓度的变化使藻细胞内的代谢通路发生了显著变化，进一步影响藻细胞内的整体代谢变化。

8. 卵囊藻响应不同氮浓度的代谢调控网络

　　图 6-21 显示了卵囊藻不同氮浓度下，其代谢物的代谢网络调控变化，图中代谢物主要包括氨基酸、糖类、脂类等。由图可知，相对于无氮（NS）组，对照组大多数氨基酸浓度显著升高，而糖类浓度降低，TCA 循环中琥珀酸含量升高。氨基酸受氮浓度影响显著，除精氨酸、色氨酸、组氨酸之外，其他氨基酸在无氮和低氮时浓度降低，氮富余时浓度增加。对照组磷脂酰肌醇（PI）相对于无氮（NS）组和低氮（LN）组显著升高，而相对于高氮（HN）组和低氮（LN）组，卵磷脂（PC）、磷脂酸（PA）都显著降低。

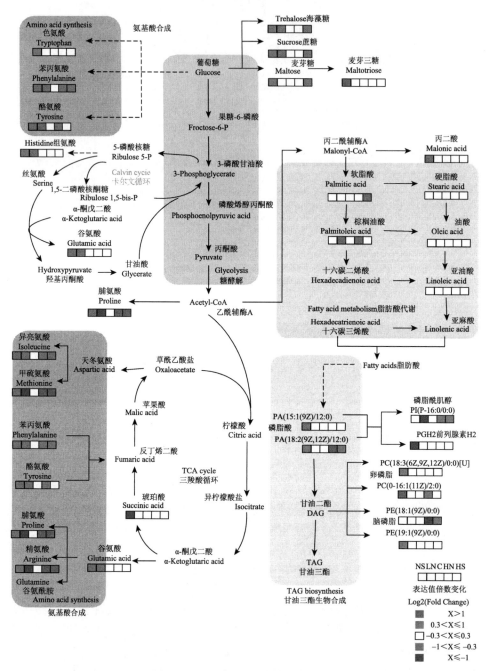

图 6-21　卵囊藻响应不同氮浓度的代谢网络图（见文后彩图）

（1）氮对卵囊藻蛋白质代谢的影响

氮浓度会影响藻细胞中氨基酸的浓度。不同氮处理组中氨酰-tRNA 生物合成、氨基酸生物合成、ABC 转运器等蛋白质合成相关的通路都受到显著富集影响，表现为低氮（LN）组表达量低，对照组开始上调，高氮（HN）组和高氮胁迫（HS）组显著上调，表明随着氮浓度增加，卵囊藻将更多的氮用于氨基酸和蛋白质等含氮物质的合成。氮同化的谷氨酸是大多数氨基酸的前体代谢物，无氮或低氮时，谷氨酸合成受阻，导致其他氨基酸浓度降低；高氮时，谷氨酸通过转氨基作用生成其他氨基酸，致使氨基酸和蛋白质浓度升高。色氨酸是植物体内生长素生物合成重要的前体物质，卵囊藻细胞为应对无氮胁迫，增加色氨酸含量，用以细胞维持生命活动。对东海原甲藻转录组研究发现缺氮会抑制精氨酸酶表达，使精氨酸分解减弱（李晶晶，2017），本研究中无氮时卵囊藻精氨酸浓度上升，与其结果一致。此外，无氮 NS 组中，ABC 转运器通路中低聚糖、多元醇和脂质的转运器和磷酸、胺酸转运器显著上调了，表明无氮时卵囊藻细胞内的糖、脂、磷酸等物质新陈代谢加速了。

　　卵囊藻细胞蛋白质含量随氮浓度增加而增加（图 6-12），代谢组分析结果氨基酸含量随氮浓度增加而增加，结果一致。无氮时，卵囊藻细胞繁殖减弱，蛋白质含量低，各类物质新陈代谢加速有可能是导致其细胞沉降率低的原因之一；而随着氮浓度的增加，在对照组的氮浓度下细胞内高密度的蛋白质/氨基酸种类和表达量明显加强，使得卵囊藻细胞沉降加速；随着细胞内蛋白质物质的进一步增多，有可能使藻细胞的结构和功能蛋白质发生变化（刘国英，2018），同时，细胞中的囊泡将合成的蛋白质转运至特定空间位置才可发挥其重要的生物学功能，囊泡结构的合成为藻细胞提供浮力，蛋白质含量增加的重力不足以抵消细胞产生的浮力（郭晓强等，2010），可能是导致高氮下卵囊藻的沉降率下降的原因，这需要进一步研究。

（2）氮对卵囊藻脂质代谢的影响

　　氮浓度改变了细胞中的脂质浓度和种类。高氮（HN）组的磷脂酸（PA）、卵磷脂（PC）和单甘酯（MG）浓度增加，研究发现单甘酯（MG）是 TAG 合成通路的中间产物（杨淼，2018）。高氮胁迫（HS）组白三烯 F4、9-HpODE、13-HpODE、12-oxo-LTB4 浓度增加，多不饱和脂肪酸增加。为应对不同氮浓度的环境，卵囊藻细胞内的脂质代谢也产生变化，已有研究表明氮限制会增加藻细胞甘油三酯含量（Ikaran et al.，2015）。本章结果中，无氮（NS）组的磷脂（PA、PC、PE）增加，磷脂的增加使甘油三酯合成途径上调，甘油三酯是细胞适应胁迫环境的储能物质，常以油滴形式储存于细胞中，对维持细胞生命活动具有重要作用（王振瑶，2019），进一步解释了无氮胁迫下卵囊藻如何适应不利环境且细胞密度减少而沉降率降低的现象。高氮和高氮胁迫时细胞中积累磷脂酸（PA）和多不饱和脂肪酸（PUFA），其中，磷脂酸是其他磷脂和 DAG 生物合成的前体物质，而磷脂是细胞内各类囊泡膜的主要组成成分，而 PUFA 是光合系统 II 中心结构的重要组成部分（Li-Beisson et al.，2016），结合高氮时卵囊藻细胞中叶绿素增加，表明此时细胞光合作用增加，更易积累蛋白质等物质，这与前面推测高氮时卵囊藻沉降率下降比较相符。而低氮 LN 和对照组相较其他氮浓度组甘油酯、脂肪酸、磷脂含量减少，导致此时细胞的沉降率增加。卵囊藻细胞中不同的脂类物质的积累导致了细胞总脂含量的变化以及引起一系列细胞结构和成分的变化，进一步影响了细胞沉降率。

（3）氮对卵囊藻碳氮代谢的影响

环境氮浓度变化，会使藻细胞内碳氮重分配。有研究表明，细胞吸收同化的氮减少，其在外界吸收的碳不会成比例减少，所以多余的碳会转向合成脂类和糖类（冯国栋，2012），为了应对缺氮环境，细胞内多余的含氮化合物会分解，转向合成脂质和糖类（Wang et al.，2015）。本研究中，无氮条件时大多数氨基酸含量降低，糖类和脂类含量升高，由于缺氮，细胞内的氨基酸和含氮有机物等合成受阻，通过卡尔文循环固定的碳将转向合成无氮的糖类和脂类。丙二酸可以合成黄酮衍生物，其在无氮（NS）组时浓度降低也表明了无氮时使含氮化合物减少。

三羧酸循环是糖、脂和蛋白质物质转换和能量流动的枢纽，琥珀酸是藻细胞内三羧酸循环的中间产物，无氮时藻细胞琥珀酸的下降导致了三羧酸循环减弱，可能导致乙酰辅酶 A 不能进入三羧酸循环，从而转向糖类、脂类合成。卵囊藻在低氮（LN）组的代谢分析结果显示，氨基酸含量减少，表明低氮环境不能为细胞提供充足氮源来合成含氮化合物，在有限的氮源环境中，细胞首先保证细胞的基础代谢，维持细胞生长。卵囊藻在对照组的氮浓度中，充足的氮源使细胞合成含氮的核酸用于细胞生长，并积累蛋白质。卵囊藻在高氮（HN）组和高氮胁迫（HS）组时细胞积累氨基酸和蛋白质，差异代谢物数量分析也表明了高氮时藻细胞积累代谢物。有研究表明谷氨酸是细胞内碳氮代谢重要代谢物，高氮时精氨酸会催化谷氨酸转化成 α-酮戊二酸（张元圣，2015），高氮时大量氨基酸经 α-酮戊二酸进入三羧酸循环，再进入糖、脂合成与代谢途径，加强了藻细胞内物质循环。卵囊藻细胞为适应高氮的环境，细胞中碳骨架参与了积累更多蛋白质等含氮有机物，另外，高氮环境对藻细胞可能有胁迫影响，碳骨架在满足细胞生命活动的生物质合成的前提下，转向合成抗逆境的糖类和脂类物质。结果分析表明氮浓度会影响细胞内碳氮重分配。无氮和低氮时，藻细胞通过蛋白质降解为细胞必需生命活动提供氮源，碳骨架首先维持生命活动，多余的碳骨架合成糖类和脂类物质；对照组的氮浓度时，充足的氮源使细胞合成含氮的核酸加速细胞生长，并积累蛋白质。高氮和高氮胁迫时，碳骨架满足细胞必需生命活动，更多的碳骨架参与蛋白质等含氮化合物的合成。

前期研究（图 6-8 至图 6-12）显示，无氮（NS）组细胞生长受到限制，含氮的叶绿素和蛋白质含量减少，而不含氮的总糖、脂质含量升高，结果和代谢组分析一致，此时沉降率最小；低氮（LN）组生长速度和叶绿素含量变化不显著，而蛋白质含量显著降低，与代谢组分析一致。在有限的氮源环境中，细胞首先保证细胞的基础代谢，维持细胞生长的结果一致。高氮（HN）组和高氮胁迫（HS）组中，含氮的叶绿素和蛋白质含量显著积累，且高氮胁迫时生长速度显著降低，细胞积累总糖和脂质。

第二节　温度对浓缩卵囊藻保存的影响

随着水产养殖业的发展，无论是作为水产饵料还是水质改良剂，对活性微藻的需求与日俱增。将浓缩的活性微藻直接投放于水产养殖系统，是水产养殖场实现活藻投喂或微藻定向培育的良好手段，且能大幅降低养殖成本。然而目前活性微藻产业化在运输过程中存在运输浓度低、运输距离短、成本高等问题，加强对浓缩微藻保存技术的研究，对活性微藻在水产养殖业的应用具有实用价值。

我国是全球首个将卵囊藻开发成微藻生态制剂产品并应用于养殖水质调控的国家，如何实现卵囊藻易贮藏、长期贮藏且维持生物活性是其产业化的关键问题。目前，常用的微藻保存方法主要有继代保存、固定化保存、干燥保存、冷藏保存和常温保存法，而前四种方法都只适合于实验室内藻种的保存，不适合商品化的微藻在市场上的大量流通、简易存放和及时使用。因此，实现浓缩卵囊藻的常温保存，对推动卵囊藻的产业化及其在水产养殖业的应用具有重要意义。本节将浓缩卵囊藻贮存于含盖塑料瓶中，探究温度（5℃、15℃、25℃和35℃）对浓缩卵囊藻保存期间生长、生化组分和复苏效果的影响，以找寻最适宜的保存温度，同时采用转录组学方法，分析卵囊藻在不同温度和不同保存时间下的差异基因转录表达情况，试图揭示保存温度和时间对卵囊藻代谢途径的影响。对浓缩卵囊藻常温保存的研究有利于实现卵囊藻的简易保存并为浓缩活性微藻的保存技术的开发提供可靠依据。

一、保存温度对浓缩卵囊藻生长、生化组分的影响

1. 保存温度对浓缩卵囊藻细胞密度的影响

如图 6-22 所示，保存温度对浓缩卵囊藻（1.20×10^7 cells·mL^{-1}）细胞密度有显著影响（$P < 0.05$）。不同保存温度下卵囊藻细胞密度呈现先上升后下降趋势，其中 15℃、25℃和 35℃下保存的卵囊藻在保存 10 d 时达到各自最高值，分别为 1.39×10^7 cells·mL^{-1}、1.38×10^7 cells·mL^{-1} 和 1.31×10^7 cells·mL^{-1}，随后，35℃下保存的卵囊藻的细胞密度呈下降的趋势，且在保存 70 d（1.13×10^7 cells·mL^{-1}）后出

现大幅下降；而在 5℃下保存下的卵囊藻生长期则延续至 30 d，细胞密度最高为 1.33×10^7 cells·mL^{-1}。保存 100 d 后，15℃和 25℃下卵囊藻细胞密度与最高值基本持平，5℃下卵囊藻细胞密度较最高值下降 5.25%，显著低于 15℃组和 25℃组，而 35℃下细胞密度下降了 26.69%，仅有 0.88×10^7 cells·mL^{-1}，极显著低于其他组（$P<0.01$）。由细胞密度来判断，浓缩卵囊藻可在 5～25℃范围内实现 100 d 的保存甚至是更久，15～25℃是最适合的保存温度，35℃保存会导致部分细胞死亡。

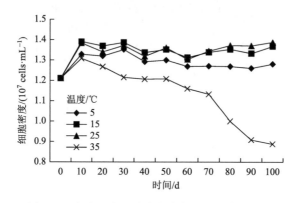

图 6-22　保存温度对浓缩卵囊藻细胞密度的影响

　　在不添加任何保护剂的情况下，浓缩卵囊藻于 5℃、15℃和 25℃下保存 100 d 的细胞密度较初始均无下降，且相较低温（5℃）保存，卵囊藻在常温（15～25℃）保存下效果更好，这种不需要添加保护剂即可在常温实现较长期保存的特性在微藻种并不常见。将浓缩微拟球藻（150 g·L^{-1}）储存于一个特定的塑料装置中，在低光照度、定期添加防腐剂和培养基的条件下，可于 4℃下保存 4 个月（Camacho-Rodríguez et al.，2016）。将小球藻浓缩后可于常温（14.5～18.5℃）保存 3 周，在 4℃下也仅可保存 8 周（陈炜等，2012）。而浓缩卵囊藻在简易装置、寡营养（未再添加培养基）和常温的条件下保存 100 d 仍可保持有较高的细胞密度。

　　低温对植物的影响最直接的伤害在生物膜类脂分子的相变上。节旋藻的低温胁迫实验表明，低温破坏质膜的结构，使质膜透性增大，低温胁迫越大，细胞内各种可溶性蛋白质和氨基酸外渗愈多（吕秀华等，2011）。侯和胜等（2011）认为植物细胞膜系统的损伤还可能与自由基和活性氧引起的膜脂过氧化和蛋白质破坏有关，自由基和活性氧在细胞内大量生成的同时无法快速降解，积累的自由基和活性氧使细胞内蛋白质变性、质膜降解。因此，低温（5℃）下卵囊藻的细胞密度降低，可能由于藻细胞内活性氧代谢平衡被打破，累积的活性氧造成细胞膜的损伤，最终导致微藻细胞密度的降低（下降 5.25%）。

　　保存温度为 35℃的卵囊藻细胞密度显著低于其他温度（5～25℃）的处理，

说明高温保存更容易引起卵囊藻的死亡，但高温组保存至 70 d 时，细胞密度仅下降 7.24%，表明浓缩卵囊藻在 35℃下至少可以保存 70 d。高温对植物的影响体现在很多方面，就光合作用来说，高温破坏植物光合反应中心的结构如类囊体膜、捕光天线系统、PSⅡ供体侧放氧复合体等，导致 PSⅡ的不可逆损伤而引起光合作用受阻（唐婷等，2012），还会影响光合反应过程中相关酶的活性，使细胞呼吸作用大于光合作用，自身贮存养分逐渐被消耗，最终微藻饥饿死亡（Jiao et al., 1996）。为抑制有害细菌的滋生，何震寰等（2013）在卵囊藻浓缩物中添加光合细菌沼泽红假单胞菌，发现添加沼泽红假单胞菌一定程度上能提高卵囊藻的存活率，但高温下卵囊藻的存活率仍相对偏低。

2. 保存温度对浓缩卵囊藻色素含量的影响

如图 6-23 所示，保存温度对浓缩卵囊藻色素含量影响显著（$P<0.05$）。整个保存周期内，不同温度保存下卵囊藻叶绿素 a 和叶绿素 b 的变化趋势相同，叶绿素含量在前 10 d 急剧下降并持续降低，且 35℃下叶绿素含量均极显著低于其他温度组（$P<0.01$）；保存 100 d 后，25℃下叶绿素 a 和 b 含量最高，但与 5℃和 15℃保存下叶绿素含量差异不显著（图 6-23A&B）。在整个保存过程中，35℃保存组的类胡萝卜素含量呈现先下降后上升的趋势，在 70 d 开始合成类胡萝卜素，其余温度组的类胡萝卜素含量持续下降（图 6-23C）。

光合色素是植物通过光合作用将光能转化为化学能的基础，在光能利用过程中具有重要作用，光合色素的变化与植物对环境的适应程度有关，一定程度上能反映植物光能利用效率。国内外对保存过程中微藻叶绿素含量的变化研究不多，多数学者认为，低温对叶绿素合成的影响更多是抑制酶的活性（侯和胜等，2011），但也有学者认为低温导致叶绿素分解是主要原因（赖素兰，2015）。相较于低温造成的损伤，高温对植物光合系统的破坏比较严重，易引起细胞不可逆的损伤（唐婷等，2012）。本研究中，5℃、15℃和 25℃下卵囊藻光合色素差异不显著，但是高温（35℃）极显著影响了浓缩卵囊藻细胞光合色素，且藻细胞在保存后期合成类胡萝卜素来抵抗高温造成的影响。

值得注意的是，随着保存时间的延长所有处理组的叶绿素含量均在持续下降，保存 100 d 后叶绿素含量最高的 25℃组的下降幅度同样大于 80%，显然，保存时间对叶绿素含量的影响大于保存温度。可能是因为在保存过程中，由于藻体沉淀，除去表层的藻体外，其他均处于低光环境中，而从原叶绿素酸酯转变为叶绿酸酯需要光，光照不足会影响植物叶绿素的生物合成。研究发现，黑暗中大多数植物无法合成叶绿素（王峰等，2019）。因此，保存时间及光照度可能是影响卵囊藻光合色素含量的重要因素。

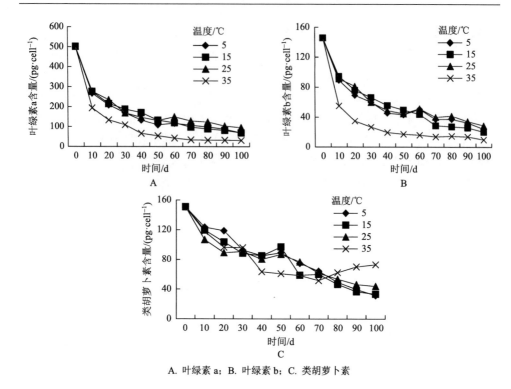

A. 叶绿素 a；B. 叶绿素 b；C. 类胡萝卜素

图 6-23　保存温度对浓缩卵囊藻色素含量的影响

3. 保存温度对浓缩卵囊藻生化组分含量的影响

（1）保存温度对浓缩卵囊藻总脂含量的影响

如图 6-24A 所示，不同保存温度下卵囊藻总脂含量均呈现先上升后下降的趋势。15℃保存组的脂质含量在保存 20 d 后达到最高值，相较于初始值上升了58.06%，随后波动下降，保存 100 d 后 15℃保存组的脂质含量仅为初始值的71.94%，显著低于其他组（$P<0.05$）。25℃保存组的脂质含量在 40 d 时达到最高值，而 5℃和 35℃保存组均在 50 d 达到最高，相较于初始值分别上升了 96.90%、123.25%和 99.39%。保存 100 d 时，5-35℃组的脂质含量分别是初始的 138.20%、71.94%、115.28%、和 106.45%。

一定化学或物理压力环境条件能刺激微藻大量积累脂质，以维持膜的流动性，抵抗环境伤害（Roleda et al.，2013）。在浓缩卵囊藻 100 d 的保存周期中，5℃、25℃和 35℃下保存的卵囊藻的脂质含量相对较高，推测卵囊藻细胞处于持续合成脂质来抵御低、高温伤害。15℃保存组的脂质含量相对较低，保存 100 d 后相较于初始值总脂含量降低了 29.06%，说明 15℃卵囊藻受到的胁迫较小从而不会大量积累脂质。

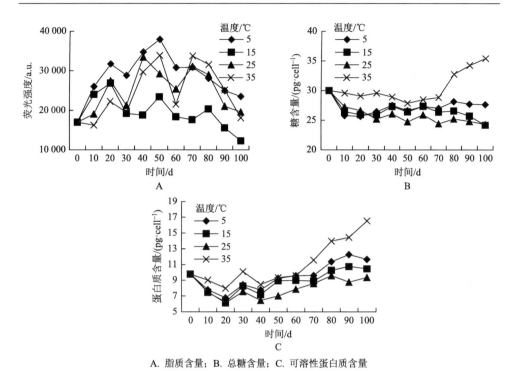

A. 脂质含量；B. 总糖含量；C. 可溶性蛋白质含量

图 6-24　保存温度对浓缩卵囊藻生化组分含量的影响

（2）保存温度对浓缩卵囊藻总糖含量的影响

　　如图 6-24B 所示，在整个保存周期内，5℃组、15℃组和 25℃组的卵囊藻总糖含量在保存前 20 d 迅速下降后基本保持平稳，在保存 100 d 后总糖含量较保存前分别降低了 7.90%、19.59% 和 18.96%；而 35℃保存下卵囊藻的总糖含量在保存前 50 d 缓慢下降，但仍较其他温度组高，在保存 70 d 后总糖含量迅速提高，保存100 d 后，卵囊藻总糖含量相比保存前上升 17.96%。

　　总糖的分泌被认为是微藻应对环境胁迫的一种响应机制。本研究中，卵囊藻在 35℃下的总糖含量一直较高，甚至在保存后期出现了分泌量急剧增加的现象，表现出对不良环境的响应过程。尽管研究表明，低温有利于正常培养条件下微藻总糖的积累（祁秋霞，2011），但 4℃下直接保存的海链藻总糖含量会下降至初始值的 70%（岳伟萍，2013）；赖素兰（赖素兰，2015）发现 4℃保存下浓缩球等鞭金藻和塔胞藻总糖含量骤降。本研究中，5℃、15℃和 25℃保存下总糖含量变化趋势比较一致，保存末期总糖含量稍下降，表明低温和常温虽对浓缩卵囊藻有影响，但并未造成胁迫，是可用于保存的温度。

（3）保存温度对浓缩卵囊藻蛋白质含量的影响

不同保存温度下卵囊藻的蛋白质含量呈先下降后波动升高的趋势（图 6-24C），均在 20 d 降到最低而分别在 80 d（25℃）、90 d（5℃和 15℃）和 100 d（35℃）达到最高；其中，35℃保存下卵囊藻的蛋白质含量均较其他温度组高，且在 70 d 呈现出显著差异（$P<0.05$）；当保存 100 d 后，35℃组的蛋白质含量相比保存前上升 69.28%，而 5℃、15℃和 25℃保存下卵囊藻的蛋白质含量较初始值分别增加了 19.45%、6.94%和降低了 4.40%。

在低温保存过程中，由于低温抑制酶的活性，尤其是呼吸作用的酶类，细胞中各项生命活动速率也相应地降低，糖类、脂肪及蛋白质的代谢能力也相应下降，同时为了适应低温环境，细胞将通过消耗氮源来合成一些在低温下有活性的酶类以维持最基本的代谢活动，所以蛋白质含量会有所升高（牛继梅，2016）。本研究中，5℃下保存 100 d 的浓缩卵囊藻蛋白质含量升高，但 35℃保存下细胞蛋白质含量较其他温度组高，且保存后期显著增加，推测是高温胁迫诱导细胞产生了一些蛋白质以保护细胞。

二、保存温度对浓缩卵囊藻存活率及复苏效果的影响

1. 保存温度对浓缩卵囊藻存活率的影响

保存 100 d 后，15℃和 25℃保存组的浓缩卵囊藻细胞存活率高达 95%，极显著高于 5℃（84.77%）和 35℃（47.70%）保存组（$P<0.01$）（图 6-25）。

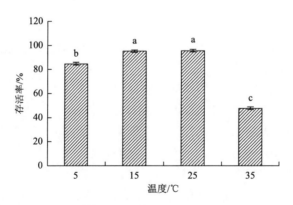

图 6-25　保存温度对保存 100 d 后浓缩卵囊藻存活率的影响

对微藻的保存研究已经广泛引起国内外学者的关注，0～5℃下保存微藻的研究相对较多，此温度范围内，藻细胞内的水分不会冻结，因此绝大部分的藻细胞

能够保持完整的细胞形态。微藻的存活率主要受到微藻抗冻能力的影响，在此之前有研究表明微藻抗冻能力与微藻种类和藻细胞年龄有关（王起华等，1999），并且静止期的微藻的抗冻性要比指数增长期要好（Day et al.，1993）。四肩突四鞭藻于 4℃下保存 115 d，细胞活力完全丧失（Montaini et al.，1995）。绿色巴夫藻和球等鞭金藻置于 4℃下保存 60 d，两种金藻的存活率均为 0（朱葆华等，2006）。絮凝微绿球藻在 5℃下保存 16 周后，其细胞存活率可高达 97%（Low et al.，2015）。将雨生红球藻置于 10℃和室温下保存，1 周后存活率分别为 41%和 38%；8 个月后存活率分别为 13%和 0%（Wang et al.，2019）。本研究中，卵囊藻在 5℃下的存活率（84.77%）普遍高于已报道的微藻种类，除了与藻种有关外，应该还与其基本处于静置状态的保存状态相关。

在较高温度（10～35℃）下对浓缩微藻的保存较为少见，主要原因是较高温度下浓缩物种微藻及细菌的代谢作用旺盛，代谢产物累积从而导致微藻保存环境的恶化，最终引起微藻的大量死亡。也有学者通过添加保护剂提高微藻在较高温度下的存活率。通过向小新月菱形藻添加 SAM8 保护液，将其在常温下存活率提高到了 76.4%（孙建华等，1998）。添加沼泽红假单胞菌后 25℃下保存一个月的卵囊藻存活率达 88%，30℃下达 76%，35℃下达 46%（何震寰等，2013）。本研究中，在不添加任何添加剂的情况下，浓缩卵囊藻在 15℃和 25℃保存下 100 d 细胞存活率高达 95%，35℃保存组的存活率为 47.70%，表明浓缩卵囊藻可以在室温状态实现中长期保存。

2. 保存温度对浓缩卵囊藻复苏效果的影响

图 6-26 和图 6-27 为不同温度下保存 30 d、50 d、70 d 和 90 d 后卵囊藻的复苏效果。不同保存温度下的卵囊藻复苏后的细胞密度和比增长率均随保存时间的增加而逐渐降低。在所有的复苏实验中，复苏前 4 d 的比增长率均较第一天有显著提高，复苏 4～5 d 后比增长率趋于平稳，除去保存 30 d 后复苏比增长率在 0.15 d^{-1} 上下波动外，均在 0.1 d^{-1} 上下波动。保存 50 d 以后，25℃组复苏后的细胞密度显著高于其他组（$P < 0.05$）。保存 90 d 后，15℃组和 25℃组在复苏过程中细胞密度均显著高于 5℃和 35℃组，表明 15℃和 25℃下的保存效果显著优于 5℃组和 35℃组，这与保存过程中细胞密度和存活率的结果相符合。35℃组在保存 30 d、50 d 和 70 d 后，复苏第一天的比增长率均显著低于其他组（$P < 0.05$），且随保存时间的增加，复苏第一天的比增长率逐渐降低，说明 35℃组的细胞活力最低，高温显著降低了细胞活力，这与 35℃组保存过程中细胞密度的下降以及保存 100 d 后存活率的结果相符合。但是即使 35℃组的卵囊藻存活率较低，仍能通过复苏增殖恢复种群活力。

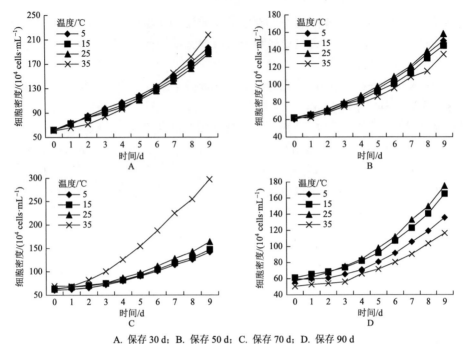

A. 保存 30 d；B. 保存 50 d；C. 保存 70 d；D. 保存 90 d

图 6-26　保存不同天数后不同温度下卵囊藻复苏生长情况

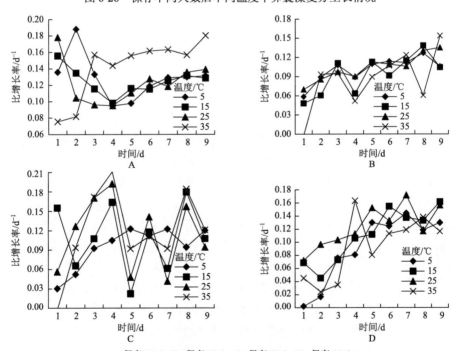

A. 保存 30 d；B. 保存 50 d；C. 保存 70 d；D. 保存 90 d

图 6-27　保存不同天数后不同温度下卵囊藻的复苏比增长率

三、不同保存温度及时间下浓缩卵囊藻转录组的分析

1. 转录组测序结果与组装

本研究利用 Illuminate HiSeq 4000 平台对 5℃、25℃ 和 35℃ 下保存了 50 d（T5D50、T25D50 和 T35D50）以及 25℃ 下分别保存了 0 d、50 d 和 90 d（T25D0、T25D50 和 T25D90）的浓缩卵囊藻进行转录组测序，其中 T25D50 为交叉样品。数据基本信息如表 6-4 和表 6-5 所示。15 个样本共获得 653 107 584 条 raw reads，去除接头和低质量的序列，共得到 651 308 396 条 clean reads，碱基 Q30 均值为 93.27%，GC 比例平均值为 60.92%，转录组测序数据量和质量都比较高。经 Trinity 组装，共得到 44 737 个 Unigene，Unigene 序列平均长度为 1178 bp，N50 长度为 2079 bp，长度大于 1000 bp 的 Unigene 共计 17 577 个（图 6-28）。

表 6-4　卵囊藻的转录组数据统计

样本	原始数据	过滤数据	Q20/%	Q30/%	GC 比例/%
T5D50-1	45 856 496	45 732 054	97.65	93.61	60.86
T5D50-2	45 962 536	45 849 060	97.63	93.47	61.13
T5D50-3	46 059 776	45 944 080	97.59	93.45	60.99
T25D50-1	36 549 360	36 463 146	97.47	93.19	61.16
T25D50-2	39 152 260	39 056 922	97.63	93.56	61.36
T25D50-3	37 234 026	37 136 650	97.39	93.05	61.19
T35D50-1	47 370 806	47 199 396	97.58	93.45	60.02
T35D50-2	46 395 356	46 235 800	97.44	93.17	60.19
T35D50-3	46 833 172	46 681 708	97.64	93.59	60.62
T25D0-1	37 686 018	37 589 822	97.36	92.95	60.94
T25D0-2	47 130 196	47 010 536	97.43	93.11	60.68
T25D0-3	38 498 920	38 411 182	97.45	93.14	60.93
T25D90-1	46 990 628	46 856 978	97.57	93.41	61.11
T25D90-2	45 273 746	45 150 730	97.32	92.85	61.21
T25D90-3	46 114 288	45 990 332	97.44	93.07	61.37
合计	653 107 584	651 308 396	—	—	—

表 6-5　卵囊藻的转录组组装质量统计

基因数/个	GC 比例/%	N50 数目/个	N50 长度/bp	最大长度/bp	最小长度/bp	平均长度/bp	总组装数/个
44 737	59.642 7	7 956	2 079	17 040	201	1 178	52 740 608

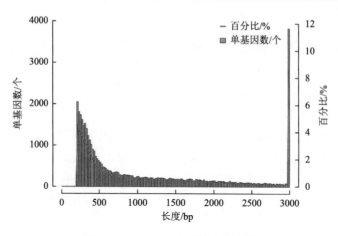

图 6-28　Unigene 序列长度分布图

2. 转录组基因功能注释

通过 BLAST 比对，共有 20 108 个 Unigene 至少被一个数据库注释，占总 Unigene 的 44.95%。NR、KEGG、SwissProt 和 KOG 数据库中分别注释到 19 910、17 276、11 673 和 10 151 个 Unigene，其中，有 9448 条 Unigene 同时被 4 个公共数据库注释，占总 Unigene 的 21.12%。

（1）与 NR 数据库比对注释的结果

Unigene 与 NR 数据库比对，可以得到 Unigene 与近缘物种基因序列的相似性以及基因功能信息。比对结果显示，有 19 910 个 Unigene 与 361 个物种基因序列高度同源，其中 4098 个 Unigene（20.58%）与胶球藻（*Coccomyxa subellipsoidea* C-169）基因序列同源，3744 个 Unigene（18.80%）与 *Auxenochlorella protothecoides* 序列同源，1580 个 Unigene（7.94%）与变异小球藻（*Chlorella variabili*）序列同源，1216 个 Unigene（6.11%）与莱茵衣藻（*Chlamydomonas reinhardtii*）序列同源（图 6-29A）。

（2）GO 功能分类

共有 32 050 个 Unigene 被归类到 GO 三个大类（生物学过程、分子功能和细胞成分）46 个功能分类中（图 6-29B）。其中，生物学过程包括 22 个功能分类，参与代谢过程（4230）和细胞过程（3595）的基因最多；细胞成分包含 13 个功能分类，细胞（2556）和细胞部分（2551）基因最多；分子功能包含 11 个功能分类，催化活性（3947）和结合（2566）基因最多。

（3）KOG 富集分析

将 Unigene 与 KOG 数据库进行比对结果如图 6-29C 所示，44 737 个 Unigene 中，共有 13 476 个被注释到 26 个 KOG 类别中，其中仅基因功能预测最多，包含 1896 个 Unigene，占被注释 Unigene 总数的 13.87%；其次是翻译后修饰、蛋白质周转和分子伴侣，注释了 1483 个 Unigene，占比 11.00%；其余依次是翻译、核糖体结构和生物发生（1004 个，7.45%），信号转导机制（999 个，7.41%）；注释到最少的是细胞运动，仅 12 个 Unigene。

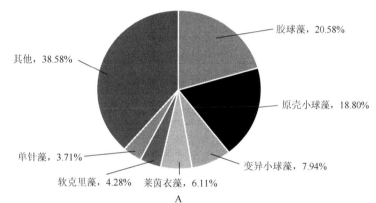

A

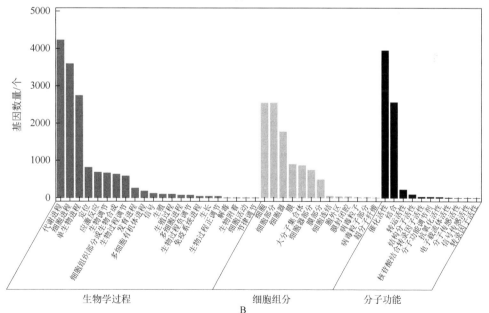

B

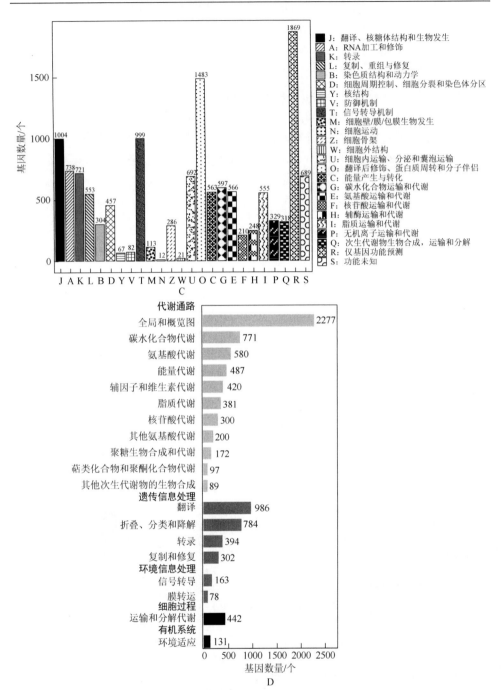

A. 基因比对物种分布；B. 基因 GO 功能分类；C. 基因 KOG 功能分类；D. 基因 KEGG 注释通路

图 6-29　不同保存温度下卵囊藻转录组信息分析

（4）KEGG 富集分析

对基因做 KO 注释后，可根据它们参与的 KEGG 通路进行分类。共有 12 331 个 Unigene 被注释，涉及 129 个通路。其中包含 Unigene 最多的通路是全局和概览图，共有 2277 个 Unigene。其次是翻译，包含 986 个 Unigene（图 6-29D）。

3. 差异基因筛选

通过 DEGseq 软件对不同保存温度以及室温保存下不同时间的浓缩卵囊藻转录组基因进行差异表达分析，筛选 FDR<0.05 且 |$\log_2$ FC|>1 的基因为显著差异表达基因（differentially expressed genes，DEGs）。如图 6-30 所示，低温（T5D50）/室温（T25D50）组检测到 13 116 个 DEGs，其中有 11 059 个（84.32%）为上调 DEGs，上调 DEGs 数目明显高于上调 DEGs 数目；室温（T25D50）/高温（T35D50）组共有 18 538 个 DEGs，其中上调基因有 15 908 个（85.81%）；低温（T5D50）/高温（T35D50）DEGs 的数目为 22 992 个，其中 20 176 个（87.75%）基因上调。通过两两比较分析，有 8679 个基因在三个保存温度组共表达（图 6-31A）。

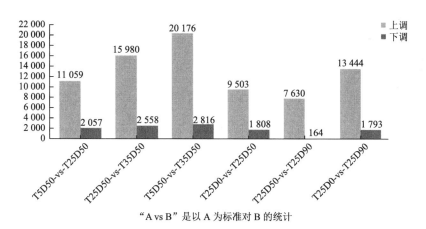

"A vs B"是以 A 为标准对 B 的统计

图 6-30　不同保存温度和时间下卵囊藻差异表达基因统计

与 25℃ 下初始保存组（T25D0）相比，保存 50 d（T25D50）和 90 d（T25D90）组分别检测到 11 312 和 15 237 个 DEGs，其中保存 50 d 组有 9504 个上调 DEGs，占比 84.01%，保存 90 d 组上调 DEGs 为 13 444 个（88.23%）。25℃ 下保存 90 d 与保存 50 d 相比，上调 7629 个 DEGs，占差异基因总数的 97.89%。有 5820 个基因在室温保存的三个时间组共表达（图 6-31B）。

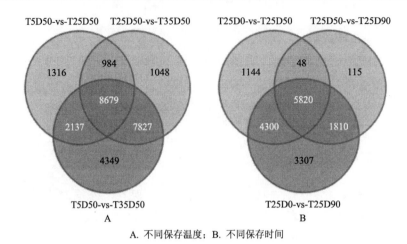

A. 不同保存温度；B. 不同保存时间

图 6-31 不同保存温度和时间下卵囊藻差异表达基因韦恩图

4. 差异基因的 GO 富集分类

（1）不同保存温度组间显著差异基因的 GO 富集分类

图 6-32 中展示了不同保存温度之间差异表达基因的 GO 注释分类。T5D50-vs-T25D50 组有 15 578 个 DEGs 分别映射到 GO 三大类的 44 个小类中，其中生物过程中的 22 个功能组注释到了 7294 个 DEGs，分子功能类的 10 个功能组注释到了 3449 个 DEGs，细胞组分类的 12 个功能组注释到了 4835 个 DEGs。T25D50-vs-T35D50 组有 17 560 个 DEGs 分别映射到生物过程的 21 个功能组（8273 个DEGs）、分子功能的 11 个功能组（3913 个 DEGs）和细胞组分的 12 个功能组（5374 个 DEGs）当中。T5D50-vs-T35D50 组有 19 305 个差异表达基因分别映射到三大类的 45 个小类中，其中生物过程中的 22 个功能组注释到了 9134 个 DEGs，分子功能类的 11 个功能组注释到了 4321 个 DEGs，细胞组分类的 12 个功能组注释到了 5850 个 DEGs。

对 T5D50-vs-T25D50 的 DEGs 进行 GO 富集分析，表 6-6 展示了 DEGs 富集到的前 20 个 GO terms，主要为生物过程相关功能。GO 注释极显著的 GO terms 有生物学过程中的质体（GO:0009536），细胞组分中的有机氮化合物代谢过程（GO:1901564）、含氧酸代谢过程（GO:0043436）、有机酸代谢过程（GO:0006082）、ncRNA 代谢过程（GO:0034660）以及分子功能中氨酰连接酶的活性（GO:0004812）等。

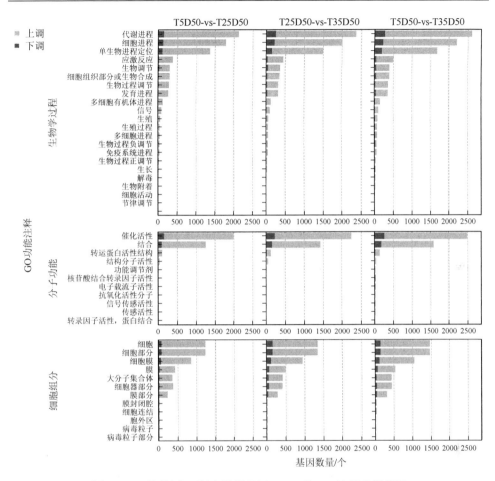

图 6-32　不同温度下保存的样品间 DEGs 的 GO 注释分类情况

表 6-6　T5D50-vs-T25D50 的差异表达基因 GO 富集 Top 20

GO ID	描述	基因数/个（比例/%）	P
GO:0009536	质体	460（31.66）	0
GO:1901566	有机氮化合物生物合成工艺	319（12.41）	0
GO:1901564	有机氮化合物代谢过程	438（17.04）	0
GO:0019752	羧酸代谢过程	387（15.06）	0
GO:0043436	含氧酸代谢过程	395（15.37）	0
GO:0006082	有机酸代谢过程	395（15.37）	0
GO:0034660	ncRNA 代谢过程	142（5.53）	0
GO:0004812	酰胺-tRNA 连接酶活性	64（2.58）	0
GO:0016875	连接酶活性，形成碳氧键	66（2.67）	0.000 001

续表

GO ID	描述	基因数/个（比例/%）	P
GO:0016876	连接酶活性，形成氨酰-tRNA 及相关化合物	66（2.67）	0.000 001
GO:0043604	酰胺生物合成过程	124（4.82）	0.000 001
GO:0043038	氨基酸活化	63（2.45）	0.000 001
GO:0043039	tRNA 氨基酰化	63（2.45）	0.000 001
GO:0006418	用于蛋白质翻译的 tRNA 氨基酰化	59（2.3）	0.000 001
GO:0006520	细胞氨基酸代谢过程	229（8.91）	0.000 001
GO:0006518	肽代谢过程	125（4.86）	0.000 001
GO:0006399	tRNA 代谢过程	86（3.35）	0.000 002
GO:0043603	细胞酰胺代谢过程	135（5.25）	0.000 002
GO:0044435	质体部分	229（15.76）	0.000 002
GO:0006778	含卟啉化合物代谢过程	65（2.53）	0.000 003

　　表 6-7 展示了 T35D50-vs-T25D50 的 DEGs 富集到的前 20 个 GO terms，主要为生物过程类和细胞组分类。GO 注释显著的 GO terms 有光合作用（GO:0015979）等生物过程，以及类囊体（GO:0009579）、色素体（GO:0009507）和光合作用膜（GO:0034357）等细胞组分。

表 6-7　T35D50-vs-T25D50 的差异表达基因 GO 富集 Top 20

GO ID	描述	基因数/个（比例/%）	P
GO:0009579	类囊体	135（8.39）	0
GO:0009507	色素体	120（7.46）	0.000 008
GO:0015979	光合作用	36（1.24）	0.000 026
GO:0019684	光合作用，光反应	28（0.97）	0.000 027
GO:0044436	类囊体部分	83（5.16）	0.000 035
GO:0044434	叶绿体部分	101（6.28）	0.000 049
GO:0034357	光合作用膜	68（4.23）	0.000 059
GO:0006091	前体代谢物和能量的产生	90（3.1）	0.000 120
GO:0044435	质体部分	238（14.79）	0.000 342
GO:0009767	光合电子传递链	17（0.59）	0.000 353
GO:0009521	光系统	57（3.54）	0.000 423
GO:0044425	膜部件	293（18.21）	0.000 864
GO:0031976	质体类囊体	56（3.48）	0.001 585
GO:0009536	质体	465（28.9）	0.001 696

续表

GO ID	描述	基因数/个（比例/%）	P
GO:0044237	细胞代谢过程	1642（56.62）	0.003 169
GO:0031984	细胞器亚室	58（3.6）	0.003 381
GO:0022900	电子传递链	26（0.9）	0.004 288
GO:0006739	NADP 代谢过程	31（1.07）	0.005 676
GO:0016020	膜	511（31.76）	0.007 040
GO:0031224	膜的固有成分	188（11.68）	0.008 440

　　T5D50-vs-T35D50 的 DEGs GO 富集分析结果如表 6-8 所示。在 DEGs 富集到的前 20 个 GO terms 不包括分子功能类，主要为生物过程类功能，包括细胞代谢过程（GO:0044237）、膜（GO:0016020）、光合作用（GO:0015979）和膜组分（GO:0044425）等以及细胞组分类的色素体（GO:0009507）等。

表 6-8　T5D50-vs-T35D50 的差异表达基因 GO 富集 Top 20

GO ID	描述	基因数/个（比例/%）	P
GO:0009579	类囊体	135（8.39）	0
GO:0009507	色素体	120（7.46）	0.000 008
GO:0015979	光合作用	36（1.24）	0.000 026
GO:0019684	光合作用，光反应	28（0.97）	0.000 027
GO:0044436	类囊体部分	83（5.16）	0.000 035
GO:0044434	叶绿体部分	101（6.28）	0.000 049
GO:0034357	光合膜	68（4.23）	0.000 059
GO:0006091	前体代谢物和能量的产生	90（3.1）	0.000 120
GO:0044435	质体部分	238（14.79）	0.000 342
GO:0009767	光合电子传递链	17（0.59）	0.000 353
GO:0009521	光系统	57（3.54）	0.000 423
GO:0044425	膜组分	293（18.21）	0.000 864
GO:0031976	质体类囊体	56（3.48）	0.001 585
GO:0009536	质体	465（28.9）	0.001 696
GO:0044237	细胞代谢过程	1642（56.62）	0.003 169
GO:0031984	细胞器亚室	58（3.6）	0.003 381
GO:0022900	电子传递链	26（0.9）	0.004 288
GO:0006739	NADP 代谢过程	31（1.07）	0.005 676
GO:0016020	膜	511（31.76）	0.007 040
GO:0031224	膜的内在成分	188（11.68）	0.008 440

（2）室温下保存不同时间组间显著差异基因的 GO 富集分类

图 6-33 有 14 308 个 DEGs 分别被映射到三大类的 44 个小类中，其中生物过程类的 22 个功能组注释到了 6687 个 DEGs，分子功能类的 10 个功能组注释到了 3154 个 DEGs，细胞组分类的 12 个功能组注释到了 4467 个 DEGs。与初始保存相比，保存 90 d 后有 17 070 个 DEGs 分别映射到生物过程的 22 个功能组（8006 个 DEGs）、分子功能的 10 个功能组（3760 个 DEGs）和细胞组分的 12 个功能组（5304 个 DEGs）当中。与保存 50 d 时相比，保存 90 d 后有 11 584 个 DEGs 分别映射到生物过程的 21 个功能组（5466 个 DEGs）、分子功能的 10 个功能组（2512 个 DEGs）和细胞组分的 12 个功能组（3606 个 DEGs）当中。

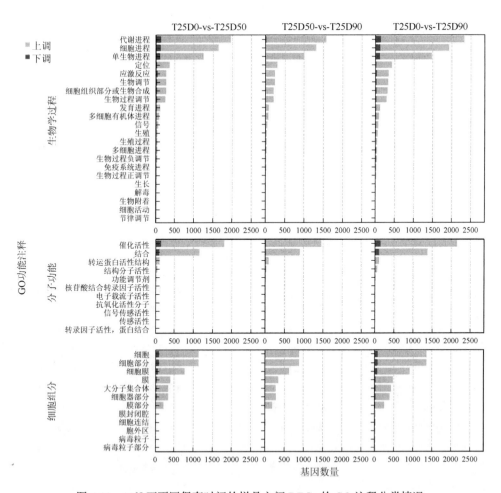

图 6-33　25℃下不同保存时间的样品之间 DEGs 的 GO 注释分类情况

对 T25D0-vs-T25D50 的 DEGs 进行 GO 富集分析，表 6-9 展示了 DEGs 富集到的前 20 个 GO terms，以生物过程类为主。GO 注释极显著的 GO terms 包括生物学过程中的有机氮化合物代谢及生物合成过程（GO:1901564；GO:1901566）、ncRNA 代谢过程（GO:0034660）和氨基酸活化（GO:0043038）等，分子功能中的含氧酸代谢过程（GO:0043436）、有机酸代谢过程（GO:0006082）和羧酸代谢过程（GO:0019752）等。

表 6-9　T25D0-vs-T25D50 的差异表达基因 GO 富集 Top 20

GO ID	描述	基因数量/个（比例/%）	P
GO:1901564	有机氮化合物代谢过程	406（17.19）	0
GO:0034660	ncRNA 代谢过程	136（5.76）	0
GO:1901566	有机氮化合物生物合成过程	293（12.4）	0
GO:0043038	氨基酸活化	61（2.58）	0
GO:0043039	tRNA 氨酰化	61（2.58）	0
GO:0006418	用于蛋白质翻译的 tRNA 氨酰化	57（2.41）	0
GO:0004812	氨酰-tRNA 连接酶活性	62（2.75）	0
GO:0016874	连接酶活性	129（5.71）	0.000 001
GO:0006399	tRNA 代谢过程	82（3.47）	0.000 001
GO:0019752	羧酸代谢过程	353（14.94）	0.000 001
GO:0043436	含氧酸代谢过程	361（15.28）	0.000 001
GO:0022613	核糖核蛋白复合物生物发生	53（2.24）	0.000 001
GO:0044271	细胞氮化合物生物合成过程	281（11.9）	0.000 002
GO:0006082	有机酸代谢过程	361（15.28）	0.000 002
GO:0043604	酰胺生物合成过程	115（4.87）	0.000 003
GO:0006518	肽代谢过程	116（4.91）	0.000 004
GO:0006412	翻译	110（4.66）	0.000 007
GO:0043043	肽生物合成过程	111（4.7）	0.000 008

表 6-10 展示了 T25D50-vs-T25D90 的 DEGs 富集到的前 20 个 GO term。与保存 50 d 相比，保存 90 d 后 DEGs 显著富集到的 GO terms 有生物学过程中的磷代谢过程（GO:0006793）、含磷酸盐化合物的代谢过程（GO:0006796）和细胞脂质代谢过程（GO:0044255）等，细胞组分中的膜部分（GO:0044425）、细胞质部分（GO:0044444）和质体部分（GO:0044435）等以及分子功能中的磷酸转移酶活性（GO:0016773）、蛋白激酶活性（GO:0004672）和激酶活性（GO:0016301）等。

表 6-10　T25D50-vs-T25D90 的差异基因 GO 富集分析 Top 20

GO ID	描述	基因数量/个（比例/%）	P
GO:0016773	磷酸转移酶活性，醇基为受体	83（4.56）	0.000 229
GO:0004672	蛋白激酶活性	77（4.23）	0.000 820
GO:0006793	磷代谢过程	282（14.77）	0.003 768
GO:0016301	激酶活性	135（7.42）	0.004 290
GO:0006796	含磷酸盐化合物代谢过程	274（14.35）	0.005 444
GO:0044425	膜部分	199（18.55）	0.006 050
GO:0044444	细胞质部分	482（44.92）	0.006 328
GO:0044435	质体部分	160（14.91）	0.006 992
GO:0044255	细胞脂质代谢过程	89（4.66）	0.007 054
GO:0005737	细胞质	492（45.85）	0.008 053
GO:0042578	磷酸酯水解酶活性	38（2.09）	0.008 655
GO:0008152	代谢过程	1 571（82.29）	0.010 240
GO:0009536	质体	313（29.17）	0.011 889
GO:0009657	质体组织	41（2.15）	0.012 470
GO:0003824	催化活性	1 457（80.1）	0.013 700
GO:0016020	膜	347（32.34）	0.013 812
GO:0006812	阳离子转运	79（4.14）	0.015 430
GO:0043436	含氧酸代谢过程	271（14.2）	0.016 579
GO:0016634	氧化还原酶活性，作用于供体的 CH-CH 基团，氧作为受体	4（0.22）	0.016 985
GO:0015078	氢离子跨膜转运蛋白活性	17（0.93）	0.017 022

T25D0-vs-T25D90 的 DEGs GO 富集分析结果如表 6-11 所示。与初始保存组相比，保存 90 d 后 DEGs 富集到的前 20 个 GO term 中主要涉及有生物过程中核糖核蛋白复合物生物合成（GO:0022613）、代谢过程（GO:0008152）和核糖体生物合成（GO:0042254）等，细胞组分中核糖体（GO:0005840）核糖体亚基（GO:0044391）等，以及分子功能中 L-苯丙氨酸转氨酶活性（GO:0070546）和催化活性（GO:0003824）等。

表 6-11　T25D0-vs-T25D90 的差异表达基因 GO 富集 Top 20

GO ID	描述	基因数量/个（比例/%）	P
GO:0022613	核糖核蛋白复合物生物合成	55（1.94）	0.000 133
GO:0008152	代谢过程	2 331（82.16）	0.001 085
GO:0042254	核糖体生物合成	21（0.74）	0.004 321

续表

GO ID	描述	基因数量/个（比例/%）	P
GO:0009225	核苷酸-糖代谢过程	7（0.25）	0.013 446
GO:0006364	rRNA 加工	18（0.63）	0.014 772
GO:0005840	核糖体	66（4.11）	0.015 758
GO:0034660	ncRNA 代谢过程	132（4.65）	0.016 039
GO:0016070	RNA 代谢过程	304（10.72）	0.016 474
GO:0070546	L-苯丙氨酸转氨酶活性	6（0.22）	0.024 599
GO:0006405	从细胞核输出 RNA	6（0.21）	0.024 896
GO:0051168	核出口	6（0.21）	0.024 896
GO:0051649	在细胞中建立定位	98（3.45）	0.030 500
GO:0016482	细胞质转运	31（1.09）	0.030 501
GO:0003824	催化活性	2 157（79.39）	0.031 772
GO:0044391	核糖体亚基	51（3.18）	0.035 895
GO:0052689	羧酸酯水解酶活性	10（0.37）	0.035 915
GO:0016627	氧化还原酶活性，作用于供体的 CH-CH 组	36（1.32）	0.039 152
GO:0046907	细胞内运输	96（3.38）	0.041 461
GO:0016772	转移酶活性，转移含磷基团	351（12.92）	0.043 443
GO:0006807	氮化合物代谢过程	832（29.33）	0.044 544

5. 差异基因的 KEGG 富集分类

（1）不同保存温度组间显著差异基因的 KEGG 富集分类

对 T5D50-vs-T25D50 差异表达基因进行 KEGG 注释，富集的前 20 个通路如图 6-34A 所示。在 KEGG 富集的 5440 个 DEGs 基因中有 2528 个被注释到 124 个代谢通路中，显著富集的代谢通路有 8 条，其中极显著相关通路为真核生物中核糖体生物形成（ko03008），卟啉和叶绿素代谢（ko00860）、次级代谢物的生物合成（ko01110）和氨酰-tRNA 生物合成（ko00970），此外，脂肪酸代谢（ko01212）、不饱和脂肪酸的生物合成（ko01040）、精氨酸与脯氨酸代谢（ko00330）和新陈代谢通路（ko01100）等通路在卵囊藻响应不同保存温度中发挥了作用。富集 DEGs 最多的是代谢通路，包含 1089 个 DEGs。

图 6-34B 展示了 T25D50-vs-T35D50 组差异表达基因 KEGG 注释结果中前 20 个通路，2791 个 DEGs 被注释到 125 个代谢通路中。显著富集的代谢通路有 4 条，依次是光合作用-天线蛋白（ko00196）、卟啉和叶绿素代谢（ko00860）、光合作用

（ko00195）和新陈代谢通路（ko01100）；其中，富集 DEGs 最多的是新陈代谢通路，包含 1200 个 DEGs。

图 6-34C 展示了 T5D50-vs-T35D50 组差异表达基因 KEGG 注释结果中前 20 个通路，3081 个 DEGs 被注释到 126 个代谢通路中。显著富集的代谢通路有 4 个，卟啉和叶绿素代谢（ko00860）、脂肪酸降解（ko00071）、新陈代谢通路（ko01100）和脂肪酸代谢（ko01212）；富集 DEGs 最多的是新陈代谢通路包含 1323 个 DEGs。

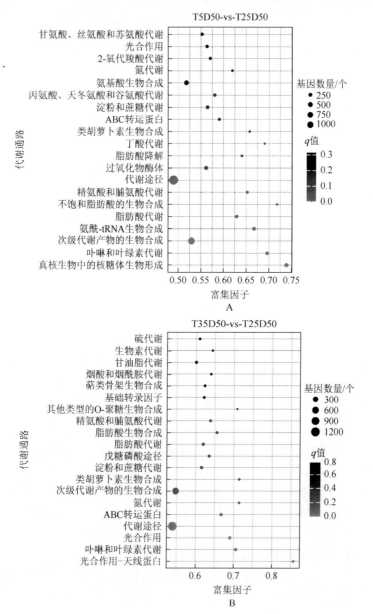

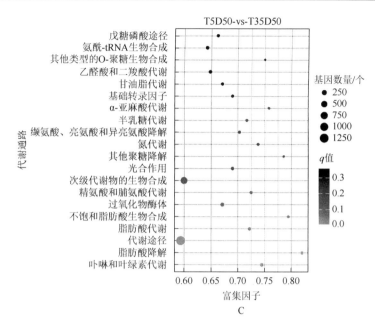

图6-34　不同保存温度组间显著差异基因的 KEGG 富集的前 20 个通路

（2）室温下保存不同时间组间显著差异基因的 KEGG 富集分类

对 T25D0-vs-T25D50 差异表达基因进行 KEGG 注释，前 20 个富集的通路如图 6-35A 所示。在 KEGG 注释的 5440 个 DEGs 中有 2326 个被注释到 124 个代谢通路中。显著富集的代谢通路有 6 个，依次为真核生物中核糖体生物形成（ko03008）、氨酰-tRNA 生物合成（ko00970）、次级代谢物的生物合成（ko01110）、卟啉和叶绿素代谢（ko00860）、脂肪酸代谢（ko01212）和 ABC 转运蛋白（ko02010）。其中，富集 DEGs 最多的是次级代谢物的生物合成包含 505 个 DEGs。

图 6-35B 展示了 T25D0-vs-T25D90 组差异表达基因 KEGG 注释结果中前 20 条通路，2785 个 DEGs 被注释到 128 个代谢通路中。显著富集的代谢通路有 3 条，为真核生物中核糖体生物形成（ko03008）、ABC 转运蛋白（ko02010）和卟啉和叶绿素代谢（ko00860）；其中，富集 DEGs 最多的是真核生物中核糖体生物形成通路，包含 120 个 DEGs。

图 6-35C 展示了 T25D50-vs-T25D90 组差异表达基因 KEGG 注释结果中前 20 条通路，1765 个 DEGs 被注释到 124 个代谢通路中。其中显著富集的代谢通路有 1 条，为其他类型的 O-聚糖生物合成（ko00514），包含 17 个 DEGs。

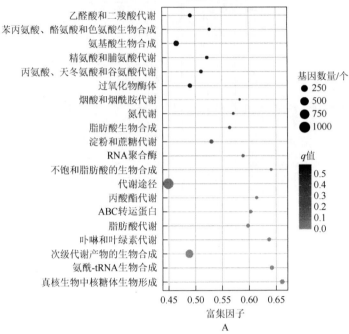

A

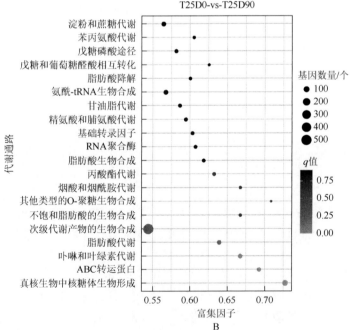

B

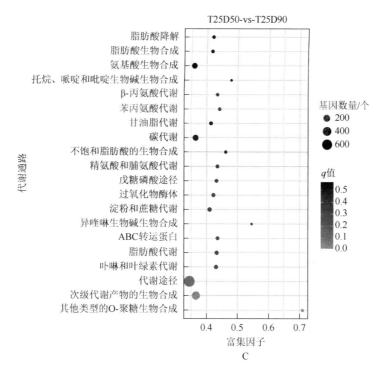

图 6-35　室温下保存不同时间组间显著差异基因的 KEGG 富集的前 20 个代谢通路

6. 保存温度和保存时间对卵囊藻部分代谢通路的影响

（1）温度对卵囊藻不饱和脂肪酸合成的影响

与 25℃保存条件相比，5℃保存的卵囊藻中去饱和酶Δ9、Δ12，还有 3-氧酰基-[酰基载体蛋白]-还原酶、3-羟基酰基-辅酶 A 脱水酶和过氧化物烯酰辅酶 A 还原酶基因全部下调，油酸和亚油酸的合成受到抑制，而亚油酸是合成不饱和脂肪酸的重要原料，表明低温通过抑制亚油酸来抑制卵囊藻不饱和脂肪酸的合成，降低了卵囊藻的抗氧化能力。而 35℃保存的卵囊藻中去饱和酶Δ9 和Δ12、3-羟基酰基-辅酶 A 脱水酶和过氧化物烯酰辅酶 A 还原酶基因全部上调，表明高温刺激多不饱和脂肪酸在卵囊藻中积累以适应高温胁迫。

（2）保存温度对卵囊藻光合作用的影响

与 25℃保存条件相比，5℃保存的卵囊藻中 PSⅡ的 D1 和 D2 蛋白基因（*PabA* 和 *PsbD*）、cp47 蛋白基因（*PsbB*）表达上调，表明低温下增强 PSⅡ反应中心的稳定性以加强内部光能传递效率；放氧增强蛋白 OEC 基因（*PsbP*）表达下调，氧气释放量减少；涉及光合电子传递的质蓝素 PC 蛋白基因（*PetE*）、铁氧还蛋白

Fd 基因（*PetF*）、Fd-NADP 还原酶基因（*PetH*）、细胞色素 b6/f 复合体蛋白基因（*PetC* 和 *PetN*）和细胞色素 c6 基因（*PetJ*）全部下调，PS I 中 P700 脱辅基蛋白 I 的 a 亚基基因（*PsaA*）、外周蛋白亚基基因（*PsaD* 和 *PsaE*）、内周蛋白亚基基因（*PsaF*、*PsaK* 和 *PsaL*）表达均下调，表明细胞色素 b6/f 复合体和 PS I 反应中心的结构蛋白的合成被显著抑制，电子传递受到抑制。F 型 ATP 合成酶的亲脂基（α、γ 和 δ）和亲水基 a 亚基基因全部下调，表明 ATP 的合成受到了抑制。

与 25℃保存条件相比，35℃保存的卵囊藻中 PS II 的 D2 蛋白基因（*PsbD*）、cp47 蛋白基因（*PsbB*）表达下调，表明 PS II 反应中心的稳定性和内部光能传递效率受到抑制；放氧增强蛋白 MSP 基因（*PsbO*）表达下调，氧气释放量减少；PS I 的 P700 脱辅基蛋白 b 亚基基因（*PsaB*）表达下调，但外周蛋白亚基基因（*PsaE*）、内周蛋白亚基基因（*PsaF*、*PsaK* 和 *PsaL*）表达均上调，表明 PS I 的关键亚基 P700 脱辅基蛋白 I 结构受到影响，但 PS I 内的电子传递可能受促进。光合电子传递链的细胞色素 c6（*PetJ*）表达上调，表明细胞色素 b6/f 复合体与 PS I 之间的电子传递过程受促进。F 型 ATP 合成酶的亲脂基 α 亚基和亲水基 a 亚基基因上调，但亲脂基 δ 亚基和亲水基 b 亚基基因下调，表明 H$^+$ 的传递及 ATP 的合成得到一定程度上的抑制。

（3）保存时间对卵囊藻光合作用的影响

与初始保存组相比，卵囊藻中细胞色素 b559 的 α 亚型基因（*PsbE*）和 PS I 的外周蛋白亚基基因（*PsaC*）表达在保存 50 d 和 90 d 后均下调，保存 90 d 后 PS II 的 D2 蛋白基因（*PsbD*）表达下调，一定程度上降低了 PS II 和 PS I 结构稳定性。但无论是保存 50 d 还是 90 d，PS II 的放氧增强蛋白（OEC）蛋白基因（*PsbP*）、细胞色素 b6/f 复合体的 *PetC* 和 *PetN* 基因上调，PS I 的 P700 脱辅基蛋白 a 亚基基因（*PsaA*）、外周蛋白亚基基因（*PsaD* 和 *PsaE*）、内周蛋白亚基基因（*PsaF*、*PsaK* 和 *PsaL*）表达均上调，光合电子传递链的质蓝素 PC（*PetE*）、铁氧还蛋白 Fd（*PetF*）、Fd-NADP 还原酶（*PetH*）和细胞色素 c6（*PetJ*）表达全部上调，表明电子传递过程受到促进，同时 NADPH 的合成受到促进。F 型 ATP 合成酶的亲脂基 α 亚基和亲水基 a 和 γ 亚基基因上调，H$^+$ 的传递及 ATP 的合成也受到促进。与保存 50 d 时相比，保存 90 d 后上述上调的基因仍显著上调，同时 PS II 的 D1 蛋白基因也显著上调，表明光合系统在保存过程中受到全面的刺激，且随保存时间的增加受到刺激的程度加大。

（4）保存温度对卵囊藻氮代谢的影响

与 25℃保存条件相比，5℃保存的卵囊藻中（亚）硝酸盐转运蛋白基因（*Nrt*）、硝酸还原酶基因（*NR*）表达下调，表明胞外硝酸盐的转运作用减弱；

铁氧化还原蛋白-亚硝酸还原酶基因（*nirA*）、一氧化氮还原酶基因（*CYP55*）表达下调，抑制了亚硝酸盐的还原作用。甲酰胺酶基因表达下调，甲酰胺对氨和甲酸的转化减弱；谷氨酸脱氢酶（*gdhA*）、谷氨酰胺合成酶（*glnA*）和谷氨酸合成酶（*gltS*）基因表达全部下调，表明低温抑制了氨的形成及其向 L-谷氨酸的转化。相比之下，35℃保存的卵囊藻中，铁氧化还原蛋白-亚硝酸还原酶基因（*nirA*）表达下调，削弱了亚硝酸盐还原成氨；同时，谷氨酸脱氢酶（*gdhA*）、谷氨酰胺合成酶（*glnA*）和谷氨酸合成酶（*gltS*）基因表达上调，氨的转化受到促进，高温下细胞内氨的缺乏导致氨基酸和其他重要化合物的合成受阻，这可能是导致细胞死亡的原因之一。

（5）保存时间对卵囊藻氮代谢的影响

与初始保存组相比，保存 50 d 时卵囊藻中（亚）硝酸盐转运蛋白基因（*Nrt*）、硝酸还原酶基因（*NR*）表达上调，胞外硝酸盐的转运作用加强，卵囊藻对无机氮的吸收能力增加；铁氧化还原蛋白-亚硝酸还原酶基因（*nirA*）、一氧化氮还原酶基因（*CYP55*）和甲酰胺酶基因表达上调，亚硝酸盐和甲酰胺转化成氨的过程受到促进；谷氨酸脱氢酶（*gdhA*）、谷氨酰胺合成酶（*glnA*）和谷氨酸合成酶（*gltS*）基因表达全部上调，表明氨转化成为 L-谷氨酸的过程受到促进。而保存 90 d 后的卵囊藻与保存 50 d 时相比，上述基因的表达仍然显著上调，说明随着保存时间的延长，卵囊藻对氮的利用能力持续受到促进，甲酸和 L-谷氨酸的合成加强。

第三节 光照度对浓缩卵囊藻常温保存的影响

在不添加任何保存剂的情况下，活性浓缩卵囊藻在室温下瓶装密封放置 3-6 个月后仍能维持生物活性，这一特性使得卵囊藻的培养与使用保留一定的时间差，对于卵囊藻生态制剂的流通应用来说是极具优势的。微藻的常温运输通常分为光照和黑暗两种方式，但在光照情况下，必须保持低的藻细胞密度（一般在 10^6 cells·mL^{-1} 以下），超过 10^7 cells·mL^{-1} 的藻细胞浓缩液 24 h 内即腐败，运输效率低，成本高。目前关于浓缩卵囊藻常温保存适宜的光照条件尚未探明，以及光照在卵囊藻保存中是如何影响其生长和代谢尚不可知，因此，本节通过模拟产业化卵囊藻常温保存的状态，探究了不同光照度对浓缩卵囊藻常温保存效果的影响，以找寻最适宜的常温保存光照条件，并基于转录组对光强影响卵囊藻常温保存的机制进行初步探索，为实现卵囊藻的长期简易保存和虾类养殖的直接投入使用提供理论依据，同时为微藻的常温保存机制研究提供理论依据。

一、保存光照对浓缩卵囊藻生长、生化组分的影响

1. 保存光照对浓缩卵囊藻生物量的影响

不同光照下卵囊藻生物量随保存时间的变化如图 6-36 所示。在前 10 d，各组藻细胞密度均有显著升高，此时培养液中的营养成分充足，卵囊藻仍处于生长期，其生长代谢过程十分旺盛。当卵囊藻处于 40 lx 光照度时，其细胞密度在 10 d 达到最大值后发生显著下降（$P<0.05$），直到 30 d 达最低值后基本趋于平稳。当卵囊藻处于 400 lx 光照度时，其细胞密度在 60 d 达到最大值后处于平稳状态。其余各组的细胞密度随时间呈现缓慢上升的趋势，且从第 10 d 起显著高于低光照度组（40～400 lx）。

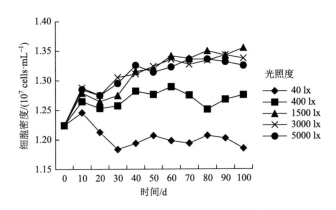

图 6-36　不同光照度下保存的卵囊藻生物量随时间的变化

由于卵囊藻在常温（25℃）下保存，藻体代谢仍处于较高水平，而弱光（40 lx）和低光（400 lx）条件藻体代谢很弱，所以生长曲线没有较大起伏，尤其弱光条件，生物量从第 10 d 后甚至出现了下降的趋势，呈现负生长状态，而其余光照度组进行光合作用所需光照得到满足，因此长势良好。将泥膏状小球藻在常温（14.5～18.5℃）下保存放置后发出刺鼻的腥臭气味，推测原因是藻细胞死亡后腐败产生一些胺类醛、酮、过氧化氢及烃类等物质（陈炜等，2012），王培磊等（2001）也有同样的发现。另外，在 15℃ 及 20℃ 下保存的三角褐指藻，在第 2 周即出现色素快速减褪以及藻液逐渐变白且浑浊等衰退现象（朱明等，2003）。对扁藻、小球藻、金藻 8701、金藻 3011、小硅藻采用静置保存法，发现在高温期（25～37℃）藻体外观色泽变差，且出现结块死细胞（王云鹏等，1997）。而本实验中常温放置 100 d 的浓缩卵囊藻未出现结块发臭等现象，且颜

色依然呈现翠绿色。显微观察发现随保存时间的增加，藻体单细胞形态出现的频率高于多细胞形态。

2. 保存光照对浓缩卵囊藻色素含量的影响

光照度对浓缩保存的卵囊藻色素含量影响显著（$P<0.05$），色素含量与光照度负相关（图 6-37）。弱光照度 40 lx 保存下浓缩卵囊藻叶绿素 a 含量最高，从保存 10 d 后，显著高于高光照度 3000 lx 和 5000 lx 保存下叶绿素含量（图 6-37A）；保存 30 d 起，5000 lx 光照度下叶绿素 b 含量最低，且显著低于 1500 lx 条件下的叶绿素 b 含量（图 6-37B）；光照度对保存卵囊藻类胡萝卜素的影响相对较小，从 60 d 之后，5000 lx 光照度下卵囊藻类胡萝卜素含量最低，显著低于 40 lx 条件下的类胡萝卜素含量（图 6-37C）。此外，各光照度组色素含量与保存时间极显著负相关（$P<0.01$）。从保存 10 d、30 d 和 20 d 后，各光照度组叶绿素 a、b 和类胡萝卜素含量极显著低于初始含量（$P<0.05$），保存末期色素含量最低，极显著低于初始色素含量（$P<0.01$）。

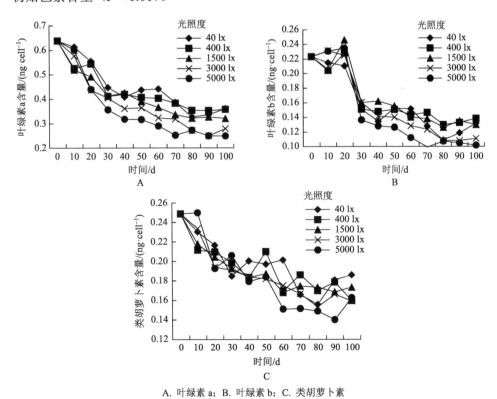

A. 叶绿素 a；B. 叶绿素 b；C. 类胡萝卜素

图 6-37　保存光照对浓缩卵囊藻色素含量的影响

类胡萝卜素/总叶绿素可以反映光系统Ⅱ（PSⅡ）的活性变化，PSⅡ的活性变化是一种很好的胁迫响应（Zhang et al.，2018）。类胡萝卜素/总叶绿素随光照度的增加而增加，说明高光照度下卵囊藻同样处于胁迫状态。浓缩卵囊藻在中长期保存状态下，其叶绿素 a、叶绿素 b 和类胡萝卜素含量均随时间呈现下降趋势，表明卵囊藻的捕光能力与光合活性正在随时间逐步下降。研究发现，藻类有潜力在各种胁迫条件下利用其色素系统作为防御机制，尤其是 β-胡萝卜素的一种 9-顺式异构体，在淬灭氧自由基，保护细胞免受氧化损伤方面起着重要作用（Sathasivam et al.，2019）。此外，雨生红球藻在盐度胁迫下，其总脂质含量的积累与虾青素含量的增加有关（Tam et al.，2012），这也证实脂质和类胡萝卜素均在胁迫条件下对藻类细胞具有保护作用。类胡萝卜素的含量随光照度的减弱而增加，表明光照度的降低导致卵囊藻的抗氧化系统被激活，对抗藻类由于光合作用不足导致的生理活性下降，以及清理各类氧化及过氧化有害物质的过程（Pancha et al.，2015）。

3. 光照度对浓缩卵囊藻生化组分含量的影响

（1）保存光照对浓缩卵囊藻总脂含量的影响

不同光照度下卵囊藻脂质荧光强度随保存时间的变化如图 6-38A 所示。随着光照度的增高，脂质荧光强度也随之增高，总的来说，在 5000 lx 下保存的卵囊藻脂质荧光最高，而 40 lx 下保存的卵囊藻脂质荧光最低。30 d 起在 5000 lx 和 3000 lx 下保存的卵囊藻脂质荧光显著高于其他组（$P<0.05$）。

微藻中性脂质的合成主要取决于营养类型和浓度（Yeesang et al.，2011），光质、强度和光周期（Jacob-Lopes et al.，2009），且不同种类的微藻的产脂能力不同。较高的光照度会导致藻类细胞产生比结构极性脂质更多的中性脂质（Khotimchenk et al.，2005）。布朗葡萄藻脂质荧光强度则随着光照度的增加而增加（Tansakul et al.，2005）。有实验证实在比较低和强光照度（即低光和光饱和条件）时脂肪含量会提高（Lv et al.，2010）。当光照度从 50 μmol·m^{-2}·s^{-1} 升高到 1200 μmol·m^{-2}·s^{-1} 时，二形栅藻的脂质含量也从 12%上升到 45%（Wang et al.，2013）。同样的，本实验中发现卵囊藻脂质荧光强度则随着光照度的增加而增加，在强光照度 5000 lx 达最大值，且在 100 d 比弱光照度 40 lx 条件下脂质荧光高出了 40.89%。推测其主要是由于在高辐射下产生更多的代谢通量，最终导致衣藻体内脂质的积累（Ramanan et al.，2013）。这也说明 5000 lx 对卵囊藻来说过高，属于压力条件，在严重压力条件下自养生长的微藻优先在氨基酸和其他特殊细胞成分（例如中性脂质）的合成方向上同化碳，因为它们需要增加脂质成分才能恢复光合作用（Pérez-Pazos et al.，2011）。

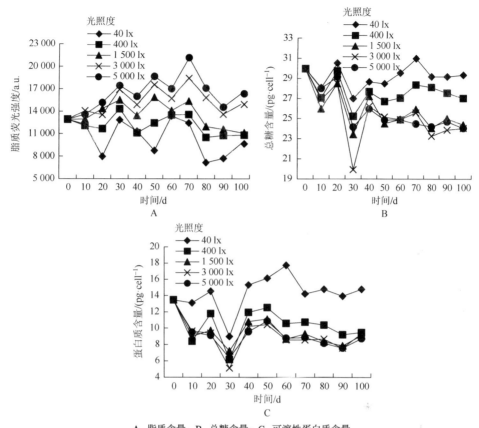

A. 脂质含量；B. 总糖含量；C. 可溶性蛋白质含量

图 6-38　保存光照对浓缩卵囊藻生化组分含量的影响

（2）保存光照对浓缩卵囊藻总糖含量的影响

不同光照度保存下卵囊藻总糖含量随保存时间的变化如图 6-38B 所示。总的来说，在弱光 40 lx 保存的卵囊藻糖含量在保存周期中与初始基本保持稳定，均高于其他光照度组，且从保存 30 d 起呈现显著性差异（$P<0.05$），其总糖含量在 70 d 达到最大值 30.97 ± 0.43 pg·cell^{-1}。而其他光照度组总糖含量则随保存时间的增加呈现下降趋势。在保存的第 10 d 和 30 d 各光照度下卵囊藻总糖含量出现两次显著下降（$P<0.05$）的情况。

在对中肋骨条藻的实验中发现，高光照度比低光照度胞内碳水化合物含量增加了 4.5%，蛋白质增加了 144.5%（周慈由等，1998），斜生栅藻 CNW-N 也在光抑制发生之前，碳水化合物的产量随着光照度的增加而显著增加（Ho et al.，2012）。而有学者（Carvalho et al.，2009）实验得出结论，没有明确的证据证实光照度与碳水化合物积累之间的正相关关系。

（3）保存光照对浓缩卵囊藻蛋白质含量的影响

不同光照下浓缩卵囊藻蛋白质含量随保存时间的变化如图 6-38C 所示。除 40 lx 组外，不同光照度下浓缩卵囊藻蛋白质含量在第 10 d 和 30 d 显著降低后又回升（$P<0.05$），总体与初始值相比为下降趋势。光强 40 lx 下的浓缩卵囊藻蛋白质含量在保存周期内一直极显著高于其他组（$P<0.01$），在 30 d 有一个显著下降后又上升，60 d 达到最大值 17.73 ± 0.44 pg·cell^{-1}。光照度 400 lx 下的浓缩卵囊藻蛋白质含量在保存后期（40～90 d）显著高于 1500 lx、3000 lx 和 5000 lx 组（$P<0.05$）。

光照度和光周期的波动是影响微藻生化成分的主要因素之一。通过 SDS-PAGE 蛋白质图谱发现随着光照度的降低，小球藻蛋白质含量逐渐升高（Freitas et al.，2017）。螺旋藻蛋白质含量也随着光照度的增加而降低（Markou et al.，2012）。在本实验中，卵囊藻蛋白质含量同样地随光照度的下降而增加，在弱光照度 40 lx 条件下始终高于其他组，且在 100 d 比强光照度 5000 lx 条件下分别高出 40.98%。在不利条件下，微藻生长停滞，光合活性降低，多余的能量可能以脂质和/或碳水化合物的形式储存。因此笔者认为，弱光可能属于一种压力因素，微藻在弱光条件下的氧化还原电位和还原能力的积累之间存在不平衡，必须将氢离子转移到储备有机化合物中以恢复平衡（George et al.，2014）。

二、保存光照对浓缩卵囊藻存活率及复苏效果的影响

1. 保存光照对浓缩卵囊藻存活率的影响

不同光照度下室温保存100 d后浓缩卵囊藻的存活率如图6-39所示。由图可知，光照度对浓缩卵囊藻的存活率有显著影响（$P<0.05$），其中 400 lx 下保存的浓缩卵囊藻存活率显著低于其他组（$P<0.05$），为 82.56%±1.72%，其他光照度下保存的卵囊藻存活率差异不显著，但是随着光照度的增加，细胞存活率会逐渐增加，在强光照度 5000 lx 下保存的卵囊存活率最高达 91.50%±0.94%。

除了受保存温度的影响，光照度也会在一定程度上影响微藻的保存效果。低温弱光的保存方法符合微藻自身培养条件规律，因为光照和温度是微藻光合自养的必备条件，当把条件控制在低温及弱光时，微藻的生长能力降低，甚至不长，从而达到藻种保存的目的（胡蓓娟等，2008）。低温弱光的方法仅控制了环境条件，无需化学手段参与，避免了添加化学物质对细胞的毒害。本实验中当光照度降低到极低光照度 40 lx 时，卵囊藻的生长呈现停滞状态，固定的碳多转化

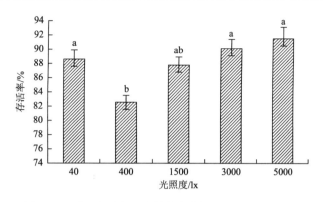

图 6-39 不同光照度下浓缩卵囊藻保存 100 d 的存活率

为糖或蛋白质作为储备能源来达到保存目的，并为复苏做营养准备，此时细胞的存活率比较理想，为 88.60%±5.46%。此外，当光照度范围是 1500～5000 lx，此时细胞的存活率为 87.78%±1.08%～91.50%±0.94%，保存效果同样比较理想，可能是由于卵囊藻处于浓缩状态，较高的光照度才能满足藻体自身光合作用的需求，当环境光照度较低（400 lx）时会同样出现呼吸作用大于光合作用，自身营养被消耗，从而存活率随之下降的现象。

2. 保存光照对浓缩卵囊藻复苏效果的影响

不同光照度保存对浓缩卵囊藻复苏藻液的比增长率变化如图 6-40 所示。由图可知，不同光照度保存的卵囊藻复苏比增长率均呈现一个波动变化的过程，光照度对卵囊藻复苏比增长率有显著影响（$P < 0.05$）。弱光照度 40 lx 以下保存 40 d、80 d、100 d 后，在复苏培养的前 2 天卵囊藻比增长率显著高于其他组，后期该优势则消失。推测可能是在弱光照度 40 lx 下的保存状态转为正常培养状态，其藻细胞经过长期的暗处理，突然接受到光照，且是营养物质充足的条件，生长与生理过程迅速响应，该藻的色素蛋白帮助细胞捕获大量光能进行光合作用，储存的糖等能量物质通过三羧酸循环转换为能量，大量的能量可用于细胞分裂，从而短期内提高了比增长率。研究发现，光抑制恢复过程的长短取决于光抑制期间的光能过剩程度和持续时间的长短，以及恢复期间的条件是否适合（刘广银等，2011），且植物恢复生长的速度因种类和生长条件不同而异，弱光比强光和黑暗条件有利于恢复（许大全，1997）。

而在强光照度 5000 lx 下保存 40 d 和 100 d 后的卵囊藻比增长率在复苏培养前 2 天显著低于其他组，之后差距逐渐缩小。强光照度 5000 lx 下保存的卵囊藻长期处于强光胁迫条件，当将其转移到正常光照时，由于其长期处于光抑制状态，

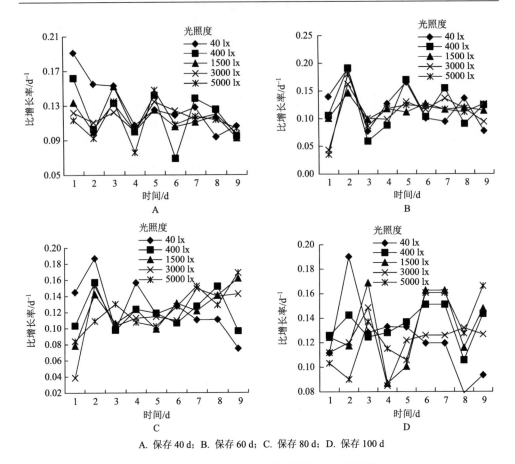

A. 保存 40 d; B. 保存 60 d; C. 保存 80 d; D. 保存 100 d

图 6-40　不同光照度保存后卵囊藻的复苏比增长率

且色素含量在强光照度下显著低于其他组（$P < 0.05$），所以恢复正常的生长生理状态有些延缓，由于在强光照度下藻细胞积累了大量的脂质，脂质作为能量源，其代谢过程要比糖复杂，因此细胞的大量分裂发生在复苏后期，此时色素的恢复增强了藻细胞的光合作用，脂肪的分解利用给藻细胞提供了大量能量，且藻细胞处于适宜的生长条件，比增长率就会显著（$P < 0.05$）高于其他组。

三、不同保存光照下浓缩卵囊藻转录组的分析

1. 转录组测序结果与组装

本研究利用 Illuminate HiSeq 4000 高通量测序技术对低光照度（40 lx）、正常光照度（1500 lx）和高光照度（5000 lx）下保存至 90 d 的卵囊藻样品进行了转录

组测序。数据基本信息如表 6-12 和表 6-13 所示。9 个样本共获得 539 707 800 条原始数据（raw reads），去除接头和低质量的序列，共得到 538 212 110 条过滤数据（clean reads），碱基 Q30 均值为 93.71%，GC 比例平均值为 60.14%，转录组测序数据量和质量都比较高。经 Trinity 组装，共得到 43 373 个 Unigenes，Unigene 平均长度为 1074 bp，N50 长度为 1891 bp，长度大于 1000 bp 的 unigenes 共计 15 278 个（图 6-41）。

表 6-12　卵囊藻的转录组数据概述

样本	原始数据	过滤数据	Q20/%	Q30/%	GC 比例/%
L40-1	67 288 834	67 084 880	97.69	93.89	61.72
L40-2	61 033 850	60 915 966	97.98	94.43	62.36
L40-3	64 374 706	64 183 084	97.62	93.74	61.89
L1500-1	46 990 628	46 856 978	97.72	93.41	61.11
L1500-2	45 273 746	45 150 730	97.74	92.85	61.21
L1500-3	46 114 288	45 990 332	97.76	93.07	61.37
L5000-1	73 373 592	73 156 912	97.45	93.93	61.97
L5000-2	66 271 200	66 080 142	97.20	94.03	61.98
L5000-3	68 986 956	68 793 086	97.32	94.02	61.96
合计	539 707 800	538 212 110	—	—	—

表 6-13　卵囊藻的转录组组装质量统计

基因数量/个	GC 比例/%	N50 数目/个	N50 长度/bp	最大长度/bp	最小长度/bp	平均长度/bp	总组装数/个
43 373	60.141 9	7 631	1 891	16 876	201	1 074	46 615 716

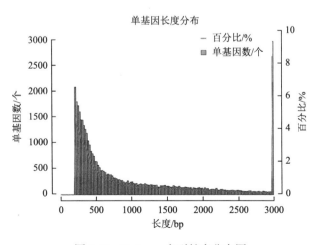

图 6-41　Unigene 序列长度分布图

2. 转录组基因功能注释

分别通过 NR、KOG、GO 和 KEGG 数据库对 43 373 个 Unigene 进行功能分类，结果如图 6-42，共有 20 145 个 Unigene（46.45%）被注释到，其中注释到 NR 数据库的最多，有 20 024 个（46.17%），注释到 Swissprot 数据库 11 183 个（25.78%），注释到 KEGG 数据库 17 179 个（39.61%），注释到 COG 数据库的 9741 个（22.46%）。

（1）与 NR 数据库比对注释的结果

利用 BLASTX 将组装出来的 Unigene 与 NR 数据库进行同源性比比对后，结果如图 6-42A 所示。卵囊藻注释的 20 024 个 Unigene 与 322 个物种基因序列同源，Unigene 与胶球藻（*Coccomyxa subellipsoidea* C-169）、产油微藻（*Auxenochlorella prototothecoides*）、小球藻（*Chlorella variabilis*）和莱茵衣藻（*Chlamydomonas reinhardtii*）的同源性比较高，分别占比 21.28%、19.72%、8.44% 和 6.30%。

（2）GO 功能分类

共有 32 367 个 Unigene 被归类到 GO 三个大类 52 个功能分类中（图 6-42B）。其中，生物学过程包括 25 个功能分类，参与代谢进程（4291）和细胞进程（3647）的基因最多；细胞成分包含 15 个功能分类，细胞（2501）和细胞部分（2497）基因最多；分子功能包含 12 个功能分类，催化活性（4153）和结合（2659）基因最多。

（3）KOG 富集分析

将 Unigene 与 KOG 数据库进行比对结果如图 6-42C 所示。12 834 个 Unigene 在 KOG 数据库注释到 24 类功能，其中仅基因功能预测的基因数最多为 1741 个占 17.87%，其次为翻译后修饰、蛋白质周转和分子伴侣，有 1358 个涉及其中，接下来是信号传导机制，翻译、核糖体结构和生物发生，RNA 加工和修饰与转录各为 993 个、926 个、744 个和 700 个。紧接着是细胞内运输、分泌和囊泡转运，碳水化合物运输和代谢，脂质运输和代谢，氨基酸运输代谢，能量产生与转化分别为 659 个、586 个、564 个、556 个和 526 个。这些基因类型的富集说明卵囊藻的生长繁殖能力强，能量代谢及生化组分合成活跃。但其中仍有 657 个基因的功能未知。

（4）KEGG 富集分析

有 17 179 个 Unigene 被 KEGG 数据库注释（图 6-42D），主要富集在 5 大通

路，其中富集较多的通路有：全局和概览图，碳水化合物代谢，氨基酸代谢，能量代谢，翻译，折叠、分类和降解。

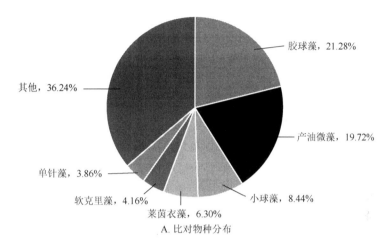

A. 比对物种分布

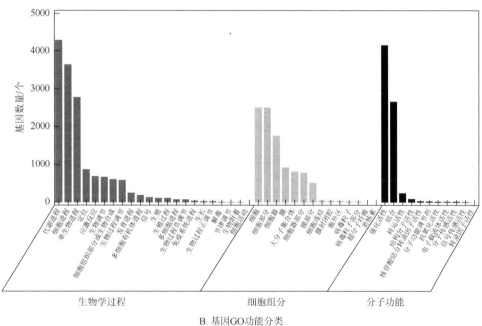

B. 基因GO功能分类

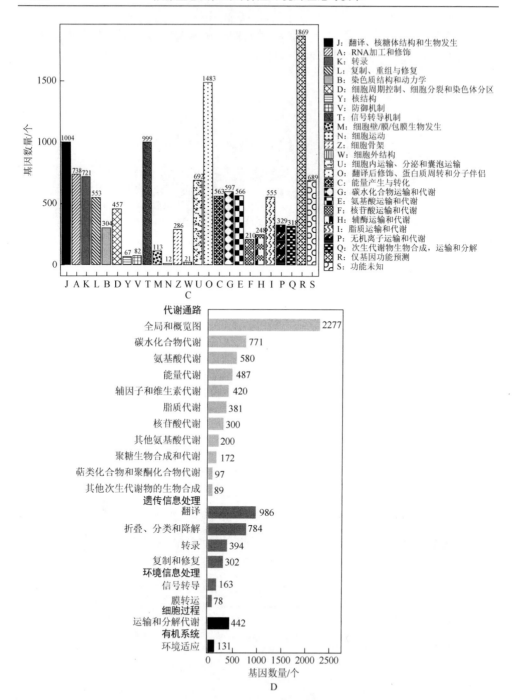

图 6-42　不同光照度保存下卵囊藻转录组信息分析

3. 差异基因筛选

通过 DEGseq 软件对不同保存温度以及室温保存下不同时间的浓缩卵囊藻转录组基因进行差异表达分析,筛选 FDR<0.05 且|log$_2$FC|>1 的基因为显著差异表达基因(Differentially expressed genes,DEGs)。如图 6-43A 所示,与正常光照组相比较,弱光保存下有 2631 个基因上调,17 382 个基因下调,在强光条件下有 241 个基因上调,7983 个基因下调。强光组较弱光组有 14 150 个基因上调,2784 个基因下调。利用韦恩图可对不同保存条件下的特有基因做进一步分析,图 6-43B 显示了三个不同光照度保存下浓缩卵囊藻差异基因共表达情况,有 7901 个基因在三个光照度组共表达。

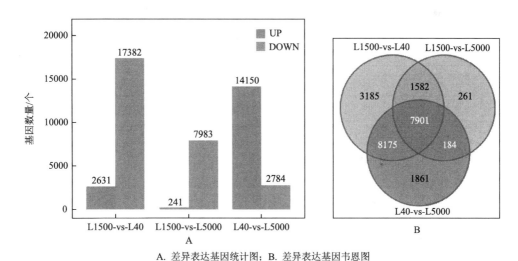

A. 差异表达基因统计图;B. 差异表达基因韦恩图

图 6-43　不同光照度保存下卵囊藻差异基因表达情况

4. 差异基因 GO 富集分类

在 L1500-vs-L40 组中,19 577 个 DEGs 富集到 GO 三种基本分类的 46 个 terms 中(图 6-44),其中 9210 个 DEGs 富集到生物过程中的 22 个功能组中,分子功能类的 11 个功能组富集了 4422 个 DEGs,细胞组分类的 13 个功能组富集了 5945 个 DEGs。表 6-14 展示了 DEGs 富集到的前 20 个 GO terms,主要涉及生物学过程中高分子分解过程(GO:0009057)、代谢过程(GO:0008152),细胞组分中的膜固有成分(GO:0031224),以及分子功能类中核苷结合(GO:0001882)、嘌呤核苷结合(GO:0001883)、核糖核苷结合(GO:0032549)、嘌呤核糖核苷结合(GO:0032550)等。

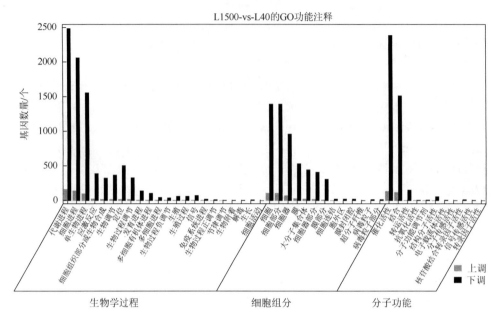

图 6-44　L1500-vs-L40 组的差异基因 GO 功能分类

表 6-14　L1500-vs-L40 组的差异表达基因 GO 富集 Top 20

GO ID	描述	基因数量/个（比例/%）	P
GO:0001882	核苷结合	614（19.28）	0.003 89
GO:0001883	嘌呤核苷结合	608（19.09）	0.005 53
GO:0032549	核糖核苷结合	608（19.09）	0.005 53
GO:0032550	嘌呤核糖核苷结合	608（19.09）	0.005 53
GO:0097367	碳水化合物衍生物结合	621（19.5）	0.008 35
GO:0009057	高分子分解过程	82（2.53）	0.009 43
GO:0031224	细胞组分中的膜固有成分	219（12.22）	0.010 53
GO:0005342	有机酸跨膜转运蛋白活性	12（0.38）	0.015 12
GO:0008152	代谢过程	2 649（81.81）	0.021 06
GO:0008514	有机阴离子跨膜转运蛋白活性	11（0.35）	0.023 09
GO:0046943	羧酸跨膜转运蛋白活性	11（0.35）	0.023 09
GO:0046983	蛋白质二聚化活性	35（1.1）	0.023 11
GO:0072329	一元羧酸分解代谢过程	16（0.49）	0.028 17
GO:0009056	分解代谢过程	125（3.86）	0.029 69
GO:0003677	DNA 结合	38（1.19）	0.030 67
GO:0009886	胚胎后形态发生	13（0.4）	0.032 39
GO:0016853	异构酶活性	97（3.05）	0.032 78
GO:0005515	蛋白质结合	115（3.61）	0.033 53
GO:0006511	泛素依赖的蛋白质分解代谢过程	10（0.31）	0.035 12
GO:0007389	模式规范过程	10（0.31）	0.035 12

在 L1500-vs-L5000 组中，12 226 个差异基因 GO 富集到三种基本分类的 49 个 terms 中（图 6-45），其中 5596 个 DEGs 富集到生物过程中的 25 个功能组中，分子功能类的 11 个功能组富集了 2599 个 DEGs，细胞组分类的 13 个功能组富集了 4031 个 DEGs。GO 富集分析差异基因显著富集部分结果如表 6-15，其中涉及的生物学过程主要是代谢过程（GO:0008152）、基因表达（GO:0010467）；细胞组分中主要富集在细胞内核糖核蛋白复合物（GO:0030529）、核糖核蛋白复合物（GO:1990904）、核糖体（GO:0005840）、核糖体亚基（GO:0044391）、质体（GO:0009536）；分子功能类主要涉及结构分子活性（GO:0005198）、异构酶活性（GO:0016853）等。

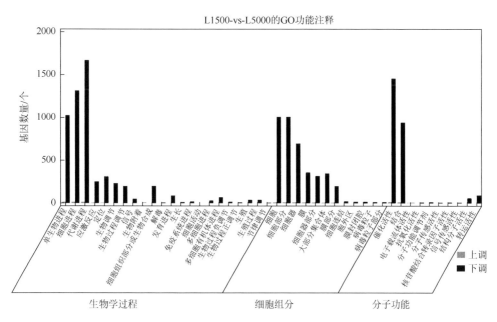

图 6-45　L1500-vs-L5000 组的差异基因 GO 功能分类

表 6-15　L1500-vs-L5000 组的差异表达基因 GO 富集 Top 20

GO ID	描述	基因数量/个（比例/%）	P
GO:0030529	细胞内核糖核蛋白复合物	199（16.81）	0
GO:1990904	核糖核蛋白复合物	199（16.81）	0
GO:0005198	结构分子活性	55（2.96）	0
GO:0008152	代谢过程	1 676（84.22）	0.000 001
GO:0005840	核糖体	60（5.07）	0.000 008
GO:0044391	核糖体亚基	46（3.89）	0.000 027
GO:0016853	异构酶活性	73（3.92）	0.000 052

续表

GO ID	描述	基因数量/个（比例/%）	P
GO:0010467	基因表达	370（18.59）	0.000 219
GO:0009536	质体	361（30.49）	0.001 117
GO:0071704	有机物代谢过程	1 235（62.06）	0.001 302
GO:0016491	氧化还原酶活性	212（11.4）	0.001 471
GO:0016859	顺反异构酶活性	23（1.24）	0.001 492
GO:0009657	质体组织	47（2.36）	0.002 951
GO:0003723	RNA 结合	66（3.55）	0.003 02
GO:0044444	细胞质部分	546（46.11）	0.003 295
GO:0044435	质体部分	184（15.54）	0.005 936
GO:0005737	细胞质	557（47.04）	0.006 473
GO:0032991	大分子复合物	351（29.65）	0.006 923
GO:0009507	叶绿体	85（7.18）	0.008 511
GO:0044710	单生物代谢过程	712（35.78）	0.009 713

在 L40-vs-L5000 组中，17 155 个差异基因 GO 富集到三种基本分类的 50 个 terms 中（图 6-46），其中 8053 个 DEGs 富集到生物过程中的 25 个功能组中，分子功能类的 11 个功能组富集了 3866 个 DEGs，细胞组分类的 14 个功能组富集了 5236 个 DEGs。GO 富集分析差异基因主要富集结果如表 6-16，其中涉及的生物

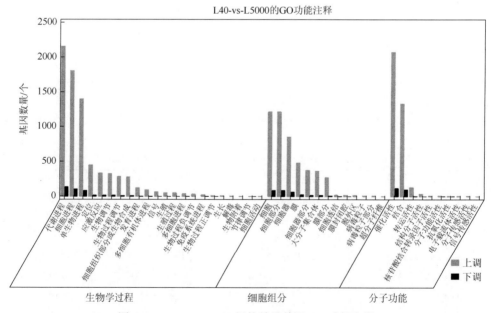

图 6-46 L40-vs-L5000 组的差异基因 GO 功能分类

学过程的主要是单体转运（GO:0044765）、单体定位（GO:1902578）、柠檬酸代谢过程（GO:0006101）、三羧酸代谢过程（GO:0072350）、碳固定（GO:0015977）、离子转运（GO:0006811）。细胞组分中主要富集在类囊体（GO:0009579）、细胞内膜结合细胞器（GO:0043231）。分子功能类主要涉及作用于供体的 CH-OH 基团，NAD 或 NADP 作为受体（GO:0016616）、氧化还原酶活性（GO:0016491），RNA 聚合酶活性（GO:0034062）等。

表 6-16　L40-vs-L5000 组的差异表达基因 GO 富集 Top 20

GO ID	描述	基因数量/个（比例/%）	P
GO:0009579	类囊体	118（7.56）	0.003 13
GO:0016616	作用于供体的 CH-OH 基团，NAD 或 ADP 作为受体	29（1.05）	0.000 54
GO:0044765	单体转运	299（10.68）	0.000 65
GO:1902578	单体定位	302（10.79）	0.000 88
GO:0006101	柠檬酸代谢过程	29（1.04）	0.001 15
GO:0072350	三羧酸代谢过程	29（1.04）	0.001 15
GO:0016491	氧化还原酶活性	299（10.82）	0.002 5
GO:0016614	氧化还原酶活性，作用于供体的 CH-OH 基团	62（2.24）	0.004 83
GO:0034062	RNA 聚合酶活性	20（0.72）	0.004 86
GO:0043231	细胞内膜结合细胞器	826（52.91）	0.005 31
GO:0015977	碳固定	11（0.39）	0.005 45
GO:0043227	膜界细胞器	836（53.56）	0.005 91
GO:0001882	核苷结合	535（19.36）	0.008 19
GO:0006811	离子转运	169（6.04）	0.009 43
GO:0016020	膜	514（32.93）	0.010 68
GO:0008152	代谢过程	2298（82.1）	0.011 18
GO:0006812	阳离子转运	111（3.97）	0.011 4
GO:0002376	免疫系统过程	28（1）	0.011 96
GO:0043648	二羧酸代谢过程	28（1）	0.011 96
GO:0001883	嘌呤核苷结合	529（19.14）	0.012 5

5. 差异基因 KEGG 富集分类

对 L1500-vs-L40 差异表达基因进行 KEGG 注释，富集的前 20 个通路如图 6-47A 所示。在 KEGG 富集的 5357 个 DEGs 中有 3130 个被注释到 127 个代谢通路中，显著富集的代谢通路有 2 条，蛋白酶体（ko03050）和光合作用-天线蛋白（ko00196），分别富集了 68 和 35 个 DEGs。

　　图 6-47B 展示了 L1500-vs-L5000 组差异表达基因 KEGG 注释结果中前 20 个通路，1871 个 DEGs 被注释到 119 个代谢通路中。其中显著富集的代谢通路有 1 个，为核糖体（ko03050）通路，包含 193 个 DEGs。

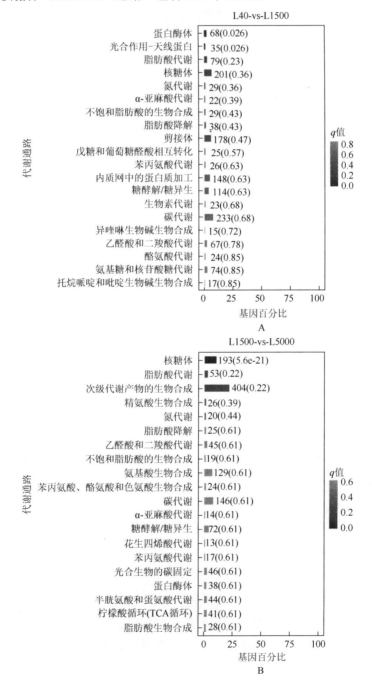

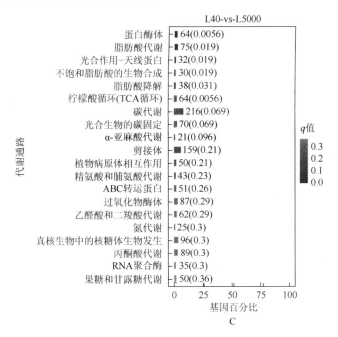

图 6-47 不同保存光照组间显著差异基因的 KEGG 富集的前 20 个代谢通路

图 6-47C 展示了 L40-vs-L5000 组差异表达基因 KEGG 注释结果中前 20 条通路，2697 个 DEGs 被注释到 127 个代谢通路中。显著富集的代谢通路有 5 条，依次为蛋白酶体（ko03050）、脂肪酸代谢（ko01212）、光合作用-天线蛋白（ko00196）、不饱和脂肪酸的生物合成（ko01040）和脂肪酸降解（ko00071）通路。

6. 保存光照对卵囊藻部分代谢通路的影响

（1）不同光照度保存对浓缩卵囊藻光合作用-天线蛋白的影响

光系统Ⅰ和Ⅱ的色素蛋白复合物是氧合光合作用的天线捕光蛋白。光合作用中光能的捕获、电子传递等一系列的光反应都是由在光合膜上的色素蛋白复合物所推动的，其中蓝藻的藻胆体中存在的天线蛋白主要是藻蓝蛋白（PC）和异藻蓝蛋白（APC），绿藻和植物光系统中存在的天线蛋白主要是捕光复合物（LHC），它与色素分子结合形成膜蛋白复合物，主要参与光合作用中光能的捕获与传递（翟玉山等，2016）。盐生杜氏藻的捕光色素蛋白基因（Lhc）在暗环境条件下转录水平也会降低，但与高光条件下的负调控存在时间上的差异，推测可能受不同的信号途径调控（魏亮，2006）。有学者认为，杜氏盐藻为了适应更高的辐照度，类囊体膜上的 Lhc 均被相应下调以减少光合系统的能量吸收和过度还原（Li et al.，2019）。同样的，莱茵衣藻在较低的光照度、较低的温度或有限的 CO_2 供应条件下，其 mRNA 水平被下调，表明当 PS 吸收的光子能量超过 CO_2 同化反应所使用的能量时，mRNA 水平被抑制（Teramoto et al.，2002）。KEGG 富集分析显示，与正常光照相比，弱光照度 40 lx 及强光照度 5000 lx 下保存的浓缩卵囊藻在光合作用-天线蛋白代谢通路中，*Lhca1*、*Lhca2*、*Lhca3*、*Lhca4*、*Lhca5*、*Lhcb1*、*Lhcb2*、*Lhcb4*、*Lhcb5* 和 *Lhcb7* 基因均显著下调，此时卵囊藻的捕光作用较弱。通过进化，藻类细胞设计了一系列适应辐照度变化的驯化机制，这些机制包括改变光合系统中天线蛋白大小和叶绿素含量（Jin et al.，2003）。强光胁迫会引起叶绿体和细胞质中的蛋白质和脂质被氧化，最终导致各种各样的光损伤，因此，植物会通过改变捕光天线的大小来减少光系统的损伤。植物中叶绿素含量与 *Lhcb* 基因家族关系密切，研究证实，缺失 *Lhcb* 基因的植物受到光抑制作用，叶绿素含量降低和叶绿素 a/b 比值升高，呈现较浅的绿色（Ulrika et al.，2004）。本研究中，强光照度（300 lx 和 5000 lx）保存条件下，*Lhbc* 基因显著下调且叶绿素含量确实也出现了降低。

（2）不同光照度保存对浓缩卵囊藻光合作用的影响

由 KEGG 富集分析可知，和对照光照度 1500 lx 以及强光照度 5000 lx 保存条件下相比，在弱光照度 40 lx 下光合作用中的关键基因都显著下调，包括编码 PSⅡ反应中心蛋白 D1 的 *psbA*，锰复合物（MSP）蛋白基因 *PsbO*、放氧复合蛋白体（OEC）基因 *PsbP* 及 *PsbQ*、*PsbR*、*PsbS*、*PsbY*、*Psb27*、*Psb28*，编码细胞色素 b6/f 复合体的 *PetC* 及 *PetN*，PSⅠ中的 *PsaA*、*PsaD*、*PsaE*、*PsaF*、*PsaG*、*PsaH*、*PsaK*、*PsaL*、*PsaN* 和 *PsaO*，ATP 合酶的 α、γ 和 b 亚基编码基因，还有编码光合作用电子传递链相关蛋白的 *PetE*、*PetF*、*PetH*、*PetJ* 基因。而 ATP 合酶 a 亚基编码基因则显著上调。这些基因的下调表明卵囊藻此时的光合作用受到了抑制，有研究表明弱光在一定程度上减弱了光合作用及相关酶活性的降低，保护了光合系统的稳定（何晓童等，2019）。而强光照度 5000 lx 较对照光照度 1500 lx 相比，编码 PSⅡ反应中心蛋白 D1 和 D2 的 *psbA*、*psbD* 基因，捕光色素蛋白亚基 cp47 的 *PsbB* 基因显著上调，而 PSⅡ和 PSⅠ蛋白复合体、细胞色素 b6/f 复合体、ATP 合酶和编码光合作用电子传递链相关蛋白的基因与弱光条件一样均显著下调，说明在此条件下，由于长期处于强光，PSⅡ受到抑制，而 PSⅡ放氧增强蛋白、Psb 蛋白下调表达降低了 PSⅡ的放氧活力，细胞色素 b6/f 复合体、铁氧还蛋白、PSⅠP700 叶绿素 a 载脂蛋白、PSⅠ亚基表达降低更加剧了光抑制。

强光下 D1 蛋白的受损导致 PSⅡ反应中心失活，这时 PSⅡ会迅速合成新的 D1 蛋白以维持 PSⅡ功能的稳定，因此 PSⅡ反应中心蛋白基因会发生上调（Koivuniemi et al.，1995）。PSⅡ光破坏的快速修复依赖于 ATP 合成，而 ATP 合成依赖跨膜质子梯度的形成。通过激发环状电子流可以提高 ATP 合酶活性，进而缓解 PSⅡ的破坏（汪望，2017）。在强光照度条件下，可能导致活性氧的产生，而活性氧的产生会损坏电子传递链组分和 PS Ⅱ 蛋白结构（Asada，2006），由环状电子流驱动产生的跨膜质子梯度有助于 qE（能量猝灭）机制发挥作用，植物可以通过 qE 把捕光复合物吸收的过量光能以热的形式安全地耗散掉，从而减少或避免光氧化性损伤（Martín et al.，2010）。

（3）不同光照度保存对浓缩卵囊藻过氧化物酶的影响

过氧化物酶体（peroxisome）是真核细胞内的一种细胞器，包含约 40 余种氧化酶和触酶。在植物和藻类中，过氧化物酶体的功能主要有参与光呼吸作用，将光合作用的副产物乙醇酸氧化为乙醛酸和过氧化氢，参与脂肪的 β-氧化（石如玲等，2009）及氮代谢过程等。过氧化物酶体连接生物合成和氧化代谢途径，并将潜在的致命代谢步骤（如活性氧物种和乙醛酸盐的形成）划分开来，从而防止细胞中毒和无效循环。许多体外试验发现，POD 可参与催化谷胱甘肽、NADH、DTT、草酰乙酸、氢醌、酪氨酸、阿魏酸等酚类化合物的氧化（（Henriksen et al.，1999）。该细胞器的发生途径目前已发现两种：一种是已经成熟的过氧化酶体通过分裂来产生，这一分裂过程主要依赖于 Pex11 蛋白；另一种是在细胞内利用蛋白质重新发生，这个装配过程起始于内质网，且该过程包括三个步骤的装配过程（孙艳等，2015）：首先，由内质网出芽生成前体膜泡，然后再掺入一些过氧化酶体的膜蛋白，膜蛋白的组装装置包括 3 种过氧化物酶体：PEX3、PEX19 和 PEX16。其中靶向序列的胞质受体蛋白 PEX19 介导膜蛋白到膜上，此时 PEX3 和 PEX16 会辅助膜蛋白保证其正确插入，所有膜蛋白都插入则意味着过氧化酶体雏形的形成。其次基质蛋白 PTS1 和 PTS2 分选后分别与 PEX5 和 PEX7 蛋白作为胞质受体结合，之后又结合膜受体 Pex14，最后通过蛋白复合物 PEX10、PEX12 和 PEX2 介导来完成基质蛋白的输入，形成成熟的过氧化酶体。

转录组分析可知，弱光照度 40 lx 较对照组及强光照度 5000 lx 组，过氧化酶体的发生及其发挥氧化功能的多数基因显著下调，而强光 5000 lx 较对照组，功能类的主要有脂肪酸氧化中的不饱和脂肪酸的 β 氧化相关基因，氨基酸代谢、过氧化氢代谢及视黄醇代谢途径均有基因显著上调。这表明在强光条件下由于胁迫，脂肪酸活动旺盛，且积累了一些有毒物质，如过氧化氢等，藻细胞通过合成较多的过氧化酶体来调节代谢过程及消除不良代谢产物。且强光 5000 lx 条件下，其 PTS2 分选信号中的受体 PEX7 出现了上调。对该蛋白质的遗传研究表明，敲低 PEX7 的表达会减少 PTS2 的导入（Ramon et al.，2010）。与 PTS1 相关的过氧化氢代谢有关的 CAT 及 SOD 也有上调。另与 β 氧化相关基因也有上调。表明相对于弱光，强光对其抗氧化系统的刺激更大，相关酶的合成也被促进，并且脂肪酸与不饱和脂肪酸 β 氧化过程也得到促进，进而促进了脂肪酸与不饱和脂肪酸的合成。

（4）不同光照度保存对浓缩卵囊藻不饱和脂肪酸的影响

多不饱和脂肪酸（PUFAs）在人体中有多重功效，它不仅可以调节人体的脂质代谢，对心脑血管疾病有治疗和预防作用，还可以促进生长发育，且在调节免疫系统、抵抗癌症、延缓衰老、减肥、美容等方面均具有重要的生理作用（王萍等，2008）。其中 EPA 和 DHA 由于含有多个多不饱和键，具有强抗氧化的功能。EPA 和 DHA 也是许多水产动物幼体如鱼类幼体对虾幼体、双壳类幼虫的必需脂肪酸，对幼虫和幼体的存活及生长发育有关键作用，在饵料中适当添加这些物质，可提高其生长速度和存活率（梁英等，2000）。

本实验中经 KEGG 富集分析可知，与正常光照条件相比，在强光照度 5000 lx 与弱光照度 40 lx 下相关基因均显著下调，表明黑暗环境下，卵囊藻的生长状况较差，AA 和 EPA 的含量会下降。同样，强光较对照组细胞往往处于光抑制状态，对于生长代谢不利。而强光 5000 lx 与弱光 40 lx 相比，卵囊藻的 Δ9 和 Δ12 去饱和酶基因表达水平上调，促进了硬脂酸向油酸以及油酸向亚油酸转化的过程，其中还有延长酶 EL6、EL5 及 EL2 的基因表达水平上调，这两种酶的增加都推动不饱和脂肪酸的合成。此外转录组比对结果还表明不仅有上述去饱和酶和延长酶基因表达的上调，酰基辅酶 A 氧化酶也出现了升高的情况，它在多不饱和脂肪酸代谢途径中主要参与了二十四碳五烯酸和二十四碳六烯酸氧化生成二十二碳五烯酸和二十二碳六烯酸的过程。编码该酶的基因表达量升高，表明多不饱和脂肪酸的合成更多转向 DPA 和 DHA 方向，此外，DPA（ω-6）又可以在去饱和酶催化作用下生成 DHA，所以酰基辅酶 A 氧化酶的表达量升高会促进 DHA 的积累。由此也可得证在强光条件主要积累的不饱和脂肪酸是 DHA。

通过研究碳浓度和氮浓度对卵囊藻沉降的影响，发现碳、氮浓度通过影响卵囊藻的生长和生化组分来改变藻细胞的沉降率，卵囊藻的生物量和沉降率呈正相关关系，脂质含量和沉降率呈负相关关系，在一定条件下，卵囊藻的蛋白质和总糖含量对沉降率具有相关性，取决于其重力能否抵消细胞浮力。应用液质联用技术对无氮组、低氮组、对照组、高氮组、高氮胁迫组 5 个组 30 个样本进行非靶向代谢检测分析，结果表明随着氮浓度的增加，代谢物上调增多，高氮条件对代谢物积累起主要作用，同时，对照组相对于无氮胁迫和高氮胁迫时差异代谢物种类和数量增加。对照组的脂类物质积累较少，蛋白质开始积累，细胞密度增加从而沉降率较高；无氮和低氮时，藻细胞通过蛋白质降解合成糖类和脂类物质，细胞密度较小使细胞沉降率降低；高氮和高氮胁迫下脂类积累，合成囊泡结构的物质较多，导致细胞沉降率较低。不同氮浓度下氨基酸、脂类、糖类等差异代谢物导致藻细胞中一系列物质的积累，细胞结构、成分和密度发生变化，从而影响细胞沉降率。生产中控制碳质量浓度在 24.79～49.57 mg·L^{-1}，氮质量浓度在 6.16～

123.2 mg·L^{-1} 范围时，通过优化细胞内的碳氮分配，尽可能使碳流流向生物质与蛋白质合成方向，减少糖类和脂质的合成，可增加卵囊藻的沉降率。

通过在不同温度下保存卵囊藻，发现 15℃和 25℃保存组的藻细胞密度显著高于其他组，35℃保存组保存效果最差。高温和低温保存均显著降低卵囊藻的存活率（$P < 0.05$）。保存 100 d 后，15℃和 25℃保存组的卵囊藻细胞存活率高达 95%，极显著高于 5℃（84.77%）和 35℃（47.70%）保存组。35℃保存组的卵囊藻虽然存活率较低，仍能复苏增殖。35℃保存组卵囊藻多糖含量相比保存前上升，而 5℃、15℃和 25℃保存组的多糖含量下降。15℃保存组的脂质含量相对较低而 5℃保存组的脂质含量相对较高。保存 100 d 后，35℃组的蛋白质含量显著上升，而 5℃、15℃保存下卵囊藻的蛋白质含量也有增加，25℃保存下卵囊藻的蛋白质含量则呈现降低现象。

转录组分析则表明保存温度对卵囊藻不饱和脂肪酸合成、光合作用和氮代谢等途径影响显著（$P < 0.05$）。5℃保存时，卵囊藻中不饱和脂肪酸合成相关基因显著下调，抑制多不饱和脂肪酸在卵囊藻中积累，同时低温刺激 PSⅡ反应中心结构蛋白的合成，使水的光解效率加强，电子和氢离子的释放减少，导致了下游电子传递链和 ATP 合成相关蛋白基因受到了抑制。同时，低温抑制了氮代谢，胞外硝酸盐的转运作用受到抑制，同时甲酰胺向氨和甲酸的转化减弱，表明低温抑制了氨的形成及其向 L-谷氨酸的转化。与低温保存不同，35℃保存的卵囊藻中不饱和脂肪酸合成相关基因全部上调，刺激多不饱和脂肪酸的合成以抵御高温胁迫。此外，高温抑制了 PSⅡ反应中心的结构蛋白的合成，阻碍了电子和氢离子的释放，但细胞色素 b6/f 复合体与 PSⅠ之间和 PSⅠ反应中心内部的电子传递可能受到了促进。相比之下，35℃保存的卵囊藻中氨的合成减少但细胞内原有氨的转化受到促进，高温下氨基酸和其他重要化合物的合成受阻，这可能是导致细胞死亡的原因之一。

保存时间对卵囊藻光合作用及对氮的利用能力的影响较为明显，且随保存时间的增加受到抑制的程度加大。与初始保存组相比，卵囊藻中无论是保存 50 d 还是 90 d，虽然 PSⅡ和 PSⅠ结构稳定性受到一定的影响，但电子传递过程、NADPH 的合成、H$^+$ 的传递及 ATP 的合成均受到促进。保存 50 d 时卵囊藻对无机氮的吸收能力增加，亚硝酸盐和甲酰胺转化成氨以及氨转化成为 L-谷氨酸的过程均受到促进。而保存 90 d 后的卵囊藻与保存 50 d 时相比，卵囊藻对氮的利用能力持续受到促进。

光照度会对室温保存 100 d 的浓缩卵囊藻生长、色素含量及生化组分产生显著影响（$P < 0.05$）。弱光（40 lx）及低光条件（400 lx）下卵囊藻出现不增长或负增长，生长最好的是正常光照（1500 lx）条件下的卵囊藻。弱光或强光照度下保存的卵囊藻存活率较高，在 87.78%±1.08%～91.50%±0.94%；卵囊藻在不同光照

度下保存时间达 60 d 后经复苏培养（7～10 d），其比增长率与光照度呈正相关；40 lx 下保存的卵囊藻在复苏短期内（2～3 d）比增长率要显著高于其他组（$P<0.05$），之后则该优势消失。卵囊藻的各色素含量与光照度呈负相关，类胡萝卜素/总叶绿素随光照度的增加而增加。在不同光照度下卵囊藻会累积不同的生化成分以应对环境变化。弱光（40 lx）条件下卵囊藻积累了大量的碳水化合物和蛋白质，而强光（5000 lx）条件下积累了大量的脂质。

转录组结果表明保存光照度对卵囊藻光合作用、氮代谢及不饱和脂肪酸合成等途径影响显著（$P<0.05$）。弱光（40 lx）条件下保存的卵囊藻，光合作用-天线蛋白通路的基因及光合磷酸化过程的关键基因都显著上调，大量的 CO_2 被固定转化为糖。在强光（5000 lx）条件下保存的卵囊藻，长期处于强光条件时，PSⅡ受到抑制，PSⅡ反应中心蛋白减少，结构稳定性下降，PSⅡ对光的利用能力下降，但增加的细胞色素 b6/f 复合物可帮助转移 PSⅡ产生的电子并增加 PSI 周围的环状电子流，同时在高光下产生 ATP。脂肪酸与不饱和脂肪酸 β 氧化过程也得到促进，进而促进了脂肪酸与不饱和脂肪酸的合成。

第七章　池塘微藻的定向培育及养殖效果评价

藻类植物是十分重要的水生生物资源，藻类植物生长速度快和产量高，而且含有大量陆地生物缺乏和独特的生物活性物质。藻类植物在溶解态氮的生物回收和海洋环境生物修复等方面具有巨大的潜力，海洋藻类对溶解态氮吸收现象已得到广泛的关注。藻细胞能通过光合作用吸收并去除水体中有毒的含氮污染物质，具有提高水体中的溶解氧和 pH 的功能，并可作为水生动物的生物饵料，利用浮游微藻来净化虾池环境水质，是一种对生态健康有利和成本低廉的水处理技术。浮游微藻还具有在虾池水体中可定向培养、对环境适应能力强和群落结构易调控等特点。卵囊藻是一种广盐性的单细胞绿藻，主要分布在淡水、河口和滩涂等水域环境，具有在虾池水体中种群稳定和适应能力强的生物学特点。本章介绍虾池定向培育卵囊藻的方法，卵囊藻种群的生长特征以及对虾池水质和对虾养殖的影响。

第一节　池塘微藻群落构建技术与稳定性初步评价

一、高营养盐条件下微藻群落构建

高营养盐的微藻培养基含硝酸钠 1.88 mmol·L^{-1}，磷酸二氢钾 0.118 mmol·L^{-1}，柠檬酸铁 11.8 μmol·L^{-1} 和硅酸钠 0.14 mmol·L^{-1}。随机选择三种微藻进行不同初始接种密度（湛江等鞭金藻为 $3×10^4$ cells·mL^{-1}、$6×10^4$ cells·mL^{-1} 和 $12×10^4$ cells·mL^{-1}；条纹小环藻为 $0.75×10^4$ cells·mL^{-1}、$1.5×10^4$ cells·mL^{-1} 和 $3×10^4$ cells·mL^{-1}；卵囊藻为 $1.5×10^4$ cells·mL^{-1}、$3×10^4$ cells·mL^{-1} 和 $6×10^4$ cells·mL^{-1}；每种藻初始密度差异是 1 倍、2 倍、4 倍）的 3 因子 3 水平的正交实验，实验共 9 组，每组设 2 个平行，初始接种密度及生物量比见表 7-1。

表 7-1　高营养盐条件下各实验组初始接种密度

实验组	初始接种密度/(10^4 cells·mL^{-1})			Is∶Cy∶Oo（生物量比）
	Is	Cy	Oo	
A	3	0.75	1.5	1∶4∶2
B	6	0.75	3	1∶2∶2

实验组	初始接种密度/(10^4 cells·mL^{-1})			Is：Cy：Oo（生物量比）
	Is	Cy	Oo	
C	12	0.75	6	1：1：2
D	3	1.5	6	1：8：8
E	6	1.5	1.5	1：4：1
F	12	1.5	3	1：2：1
G	3	3	3	1：16：4
H	6	3	6	1：8：4
I	12	3	1.5	2：8：1

注：Is 为湛江等鞭金藻缩写，Cy 为条纹小环藻缩写，Oo 为卵囊藻缩写。下同。

微藻群落内各种群生长期时间（$T_{增长期}$）为群落中种群起始生长到开始衰退时的时间，d；种群生物量相对递减率（δ_{n-1}）$\geqslant$10%，确定种群衰退。根据生长曲线，种群生物量递减相对递减率（δ_{n-1}）的计算公式如下：

$$\delta_{n-1} = \frac{(x_{n-1} - x_n)}{x_{n-1}} \times 100\% \tag{7-1}$$

式中，δ_{n-1} 为第 n 天的相对递减率；x_n 为种群第 n 天的生物量，mg·mL^{-1}；x_{n-1} 为第 $n-1$ 天的生物量，mg·mL^{-1}。

群落稳定期（T）：根据群落中种群最小种群增长期（$T_{增长期}$）来确定。

$$群落稳定期（T）= 群落中最小种群增长期（T_{增长期}） \tag{7-2}$$

条纹小环藻和卵囊藻占总生物量的比率（η）：分别换算出各组在稳定期（T）时湛江等鞭金藻、卵囊藻、条纹小环藻的生物量，记为 $x_金$、$x_卵$、$x_小$，再计算生物量比率。

$$\eta = \frac{x_小 + x_卵}{x_小 + x_卵 + x_金} \times 100\% \tag{7-3}$$

在高营养盐条件下，条纹小环藻、湛江等鞭金藻和卵囊藻的不同初始接种密度对群落结构影响差异极大。比较各初始密度组合（图 7-1）发现，条纹小环藻的初始接种密度对其种群生长期有一定的影响，低接种浓度时指数增长期较长，高接种浓度加快了指数增长期的进程，提前进入稳定期；当条纹小环藻接种密度达 0.75×10^4 cells·mL^{-1}，群落中条纹小环藻保持指数增长，基本不受湛江等鞭金藻、卵囊藻接种密度的影响（图 7-1A～C）；当接种密度达 1.5×10^4 cells·mL^{-1}，条纹小环藻在第 10 d 左右进入稳定期，而其稳定期的生物量都不高，为 0.3～0.5 mg·mL^{-1}（图 7-1D～F）；当接种密度达 3.0×10^4 cells·mL^{-1} 接种密度后，条纹小环藻成为绝对优势种，且最大生物量达到 0.7～0.9 mg·mL^{-1}（图 7-1G～I）。接种 3×10^4 cells·mL^{-1}

的湛江等鞭金藻对群落的影响不明显（图 7-1A、7-1D、7-1G），而更高密度的湛江等鞭金藻接种量（6×10^4 cells·mL^{-1} 或 1.2×10^5 cells·mL^{-1}）会对群落稳定性有很大的影响。由生长曲线初步判断 Is：Cy：Oo 初始接种密度比为 1：8：8、1：16：4 和 1：8：4 的群落是较稳定的群落。

高营养盐条件下群落特征参数正交实验结果的直观分析（表 7-2 至表 7-4）显示，3 种微藻初始接种密度对群落稳定期群落生物量比率影响的先后顺序均是条纹小环藻＞湛江等鞭金藻＞卵囊藻；对群落稳定期影响的先后顺序是条纹小环藻＞湛江等鞭金藻＞卵囊藻；由此可见，条纹小环藻初始密度对群落特征参

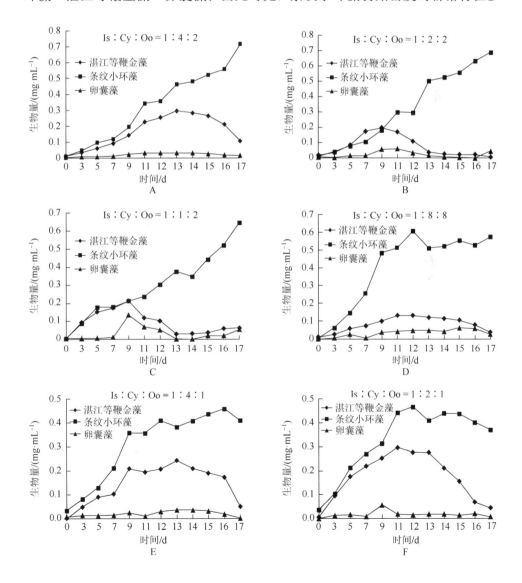

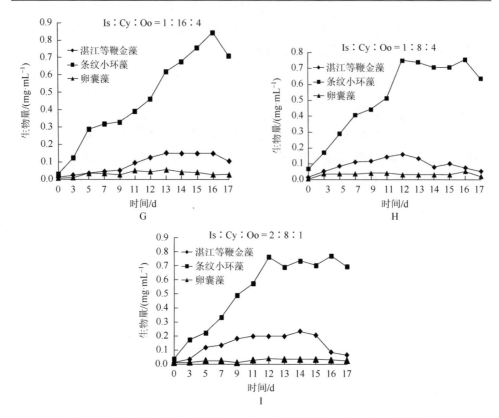

图 7-1　高营养盐条件下初始接种密度比对微藻群落内各种群生长的影响

数的影响是三者中最主要的。由群落稳定期作指标筛选的最佳初始接种密度组合为 3×10^4 cells·mL^{-1} 的湛江等鞭金藻、1.5×10^4 cells·mL^{-1} 的条纹小环藻和 6×10^4 cells·mL^{-1} 的卵囊藻，其生物量之比为 1：8：8；以及最佳初始接种密度组合为 6×10^4 cells·mL^{-1} 的湛江等鞭金藻、3×10^4 cells·mL^{-1} 的条纹小环藻和 6×10^4 cells·mL^{-1} 的卵囊藻，其生物量之比为 1：8：4。由生物量比率作指标筛选的最佳初始接种密度组合为 6×10^4 cells·mL^{-1} 的湛江等鞭金藻、3×10^4 cells·mL^{-1} 的条纹小环藻和 6×10^4 cells·mL^{-1} 的卵囊藻，生物量之比为 1：16：8。

表 7-2　高营养盐条件下相对递减率（$\eta_{n-1} \geqslant 10\%$）、生长期（$T_{增长期}$）及群落稳定期（$T$）

Is：Cy：Oo（生物量比）	η_{n-1}/%及时间/d			各种群生长期（$T_{增长期}$）/d			群落稳定期（T）/d
	Is	Cy	Oo	Is	Cy	Oo	
1：4：2	14（13）	—	—	14	17	17	14
1：2：2	36（11）	—	—	11	17	17	11

续表

Is：Cy：Oo （生物量比）	η_{n-1} /%及时间/d			各种群生长期 （$T_{增长期}$）/d			群落稳定期 （T）/d
	Is	Cy	Oo	Is	Cy	Oo	
1：1：2	49（9）	—	—	9	17	17	9
1：8：8	43（15）	—	—	15	17	17	15
1：4：1	19（13）	—	—	13	17	17	13
1：2：1	24（13）	—	—	13	17	17	13
1：16：4	41（14）	—	—	14	17	17	14
1：8：4	46（15）	—	—	15	17	17	15
2：8：1	16（14）	—	—	14	17	17	14

注："—"表示实验结束时藻种群仍处于生长期或 η_{n-1} <10%。

表 7-3 高营养盐条件下各实验组中生物量比率 η

Is：Cy：Oo（生物量比）	三种藻稳定末期生物量 $x/(mg \cdot mL^{-1})$			生物量比率(η)/%
	Is	Cy	Oo	
1：4：2	0.304	0.48	0.036	62.9
1：2：2	0.176	0.3	0.068	67.6
1：1：2	0.223	0.2	0.119	58.9
1：8：8	0.099	0.56	0.068	86.4
1：4：1	0.248	0.38	0.022	61.8
1：2：1	0.268	0.4	0.011	60.5
1：16：4	0.144	0.68	0.022	83.0
1：8：4	0.096	0.72	0.025	88.6
2：8：1	0.224	0.72	0.018	76.7

表 7-4 高营养盐条件下群落特征参数正交实验结果的直观分析

实验号	因素及水平			群落稳定期(T)/d	生物量比率(η)/%
	Is	Cy	Oo		
1	1	1	1	14	62.9
2	2	1	2	11	67.6
3	3	1	3	9	58.9
4	1	2	3	15	86.4
5	2	2	1	13	61.8
6	3	2	2	13	60.5
7	1	3	2	14	83

实验号	因素及水平			群落稳定期(T)/d	生物量比率(η)/%
	Is	Cy	Oo		
8	2	3	3	15	88.6
9	3	3	1	14	76.7
T_1	14.3	11.3	13.7		
T_2	13.0	13.7	12.7		
T_3	12.0	14.3	13.0		
R_T	2.0	3.3	1.0		
η_1	77.4	63.1	67.1		
η_2	72.7	69.6	70.4		
η_3	65.4	82.8	78.0		
$R\eta$	12.0	19.7	10.9		

注：因素及水平中的"1""2""3"分别代表了每种藻的三种初始接种密度；T_1，T_2，T_3 表示同种藻各初始密度水平的群落稳定期平均值，R_T 表示极差。η_1，η_2，η_3 和 $R\eta$ 同理。

二、低营养盐条件下微藻群落构建

低营养盐条件下实验，营养盐添加浓度分别为硝酸钠 0.188 mmol·L^{-1}，磷酸二氢钾 0.012 mmol·L^{-1}，柠檬酸铁 1.18 μmol·L^{-1}，硅酸钠 0.014 mmol·L^{-1}。3 种藻以相同的初始生物量梯度（0.001 mg·L^{-1}、0.005 mg·L^{-1}、0.025 mg·L^{-1}，各梯度生物量分别为 1 倍、5 倍、25 倍）组合，推算三种藻的三个不同初始密度（见表 7-5）后按 3 因子 3 水平正交表进行 9 组实验，每组 2 个平行。

表 7-5　低营养盐条件下各实验组初始接种密度

实验组	初始接种密度/(10^4 cells·mL^{-1})			Is：Cy：Oo（生物量比）
	Is	Cy	Oo	
A	0.8	0.05	0.2	1：1：1
B	4.0	0.05	1.0	5：1：5
C	20.0	0.05	5.0	25：1：25
D	0.8	0.25	0.2	1：5：25
E	4.0	0.25	1.0	5：5：1
F	20.0	0.25	5.0	5：1：1
G	0.8	1.25	0.2	1：25：5
H	4.0	1.25	1.0	1：5：5
I	20.0	1.25	5.0	25：25：1

　　各实验组中湛江等鞭金藻种群的生长曲线变化较明显（图7-2）。实验组A、B、C、E、F、I中湛江等鞭金藻都在实验期内出现不同程度的指数增长和衰退的情况，并且在各实验组内其均作为优势种主导着群落的变化。实验组D中卵囊藻成为优势种，且在实验期内未发现其他种群出现衰败的情况，初步判断该组的稳定性较高。实验组G的条纹小环藻成为绝对优势种，但在实验期末，条纹小环藻种群的生物量有下降的趋势，而其他种群并未发现有下降趋势。实验组H中3个种群的持续增长曲线较一致，但条纹小环藻在实验末2天内出现生物量下降。将本次低营养盐条件与高营养盐条件下群落内各种群生长情形比较，基本趋势都是实验组D、G、H的各种群生长情况较好。

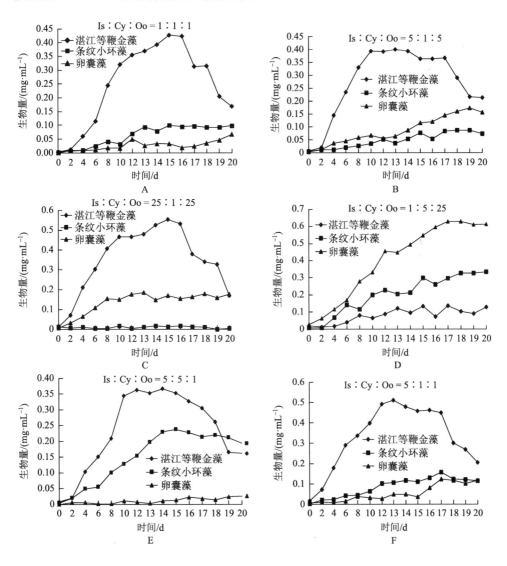

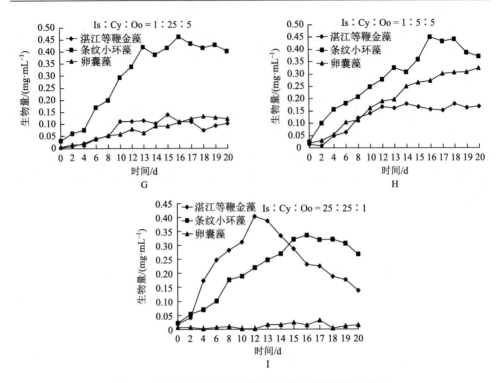

图 7-2　低营养盐条件下不同实验组各种群的生长曲线

低营养盐条件下群落特征参数正交实验结果的直观分析（表 7-6，表 7-7，表 7-8）显示，3 种藻初始接种密度对群落稳定期影响的先后顺序是条纹小环藻＞湛江等鞭金藻＝卵囊藻；对生物量比率影响的先后顺序是条纹小环藻＞湛江等鞭金藻＞卵囊藻。由此可见，条纹小环藻初始密度对群落特征参数的影响是三者中最主要的。由群落稳定期和生物量比率作指标筛选的最佳组合均为 4.0×10^4 cells·mL^{-1} 的湛江等鞭金藻、1.25×10^4 cells·mL^{-1} 的条纹小环藻和 1.0×10^4 cells·mL^{-1} 的卵囊藻，生物量之比为 1∶5∶5。

表 7-6　低营养盐条件下相对递减率（ $\eta_{n-1} \geqslant 10\%$ ）、生长期（ $T_{增长期}$ ）及群落稳定期（ T ）

Is∶Cy∶Oo（生物量比）	η_{n-1} /% 及时间/d			各种群生长期($T_{增长期}$)/d			群落稳定期(T)/d
	Is	Cy	Oo	Is	Cy	Oo	
1∶1∶1	27 (16)	—	—	16	20	20	16
5∶1∶5	20 (17)	—	—	17	20	20	17
25∶1∶25	29 (16)	100 (18)	—	16	18	20	16
1∶5∶25	—	—	—	20	20	20	20
5∶5∶1	35 (17)	—	—	17	20	20	17

续表

Is : Cy : Oo（生物量比）	η_{n-1}/%及时间/d			各种群生长期($T_{增长期}$)/d			群落稳定期(T)/d
	Is	Cy	Oo	Is	Cy	Oo	
5 : 1 : 1	32（17）	25（17）	10（17）	17	17	17	17
1 : 25 : 5	—	—	—	20	20	20	20
1 : 5 : 5	—	—	—	20	20	20	20
25 : 25 : 1	13（17）	10（19）	—	17	19	20	17

注："—"表示实验结束时藻仍处于生长期或η_{n-1}＜10%。

表 7-7　低营养盐条件下各实验组中生物量比率 η

Is : Cy : Oo（生物量比）	三种藻稳定末期生物量/(mg·mL^{-1})			生物量比率(η)/%
	Is	Cy	Oo	
1 : 1 : 1	0.428	0.10	0.022	22.2
5 : 1 : 5	0.368	0.09	0.151	39.6
25 : 1 : 25	0.528	0.01	0.158	24.1
1 : 5 : 25	0.136	0.34	0.630	87.7
5 : 5 : 1	0.300	0.22	0.025	45.0
5 : 1 : 1	0.444	0.16	0.140	40.3
1 : 25 : 5	0.100	0.40	0.122	83.9
1 : 5 : 5	0.168	0.37	0.320	80.4
25 : 25 : 1	0.220	0.32	0.025	61.1

表 7-8　低营养盐条件下群落特征参数正交实验结果的直观分析

实验号	因素及水平			群落稳定期(T)/d	生物量比率(η)/%
	Is	Cy	Oo		
1	1	1	1	16	62.9
2	2	1	2	17	67.6
3	3	1	3	16	58.9
4	1	2	3	20	86.4
5	2	2	1	17	61.8
6	3	2	2	17	60.5
7	1	3	2	20	83
8	2	3	3	20	88.6
9	3	3	1	17	76.7
T_1	18.7	16.3	16.7		
T_2	18.0	18.0	18.0		

续表

实验号	因素及水平			群落稳定期(T)/d	生物量比率(η)/%
	Is	Cy	Oo		
T_3	16.7	19.0	18.7		
R_T	2.0	3.3	2.0		
η_1	77.4	63.1	67.1		
η_2	72.7	69.6	70.4		
η_3	65.4	82.8	78.0		
$R\eta$	12.1	19.6	10.8		

综上，湛江等鞭金藻、条纹小环藻、卵囊藻初始生物量比例分别在 1∶8∶8 和 1∶8∶4（在高营养盐条件下），以及 1∶5∶25、1∶25∶5 和 1∶5∶5（低营养盐条件下）构建的群落均具有最大的群落稳定期，而湛江等鞭金藻与条纹小环藻、卵囊藻初始生物量比例在 1∶8∶4（高营养盐条件下）和 1∶5∶25（低营养盐条件下）时稳定期末条纹小环藻和卵囊藻生物量比率最大。

第二节　卵囊藻对虾池水质和对虾养殖的影响

一、室内实验

实验在体积为 0.5 m³ 的玻璃水族箱中进行，设置 3 个实验组和 1 个对照组。实验 1 组水体中加卵囊藻，实验 2 组水体中加微绿球藻，实验 3 组是卵囊藻和微绿球藻的混合组，水体中不添加任何微藻为对照组。每实验组放入平均体长是 9.7 cm 的凡纳滨对虾 25～30 尾，各实验组的盐度、温度、投饵量和投饵次数等实验条件保持一致。每隔 5 d 测定 1 次浮游微藻的生物量和水体主要理化因子，在实验进行至第 20 d 时，取出对虾体内的血清测定抗病力相关因子的活性。

1. 卵囊藻对水质因子的影响作用

（1）浮游微藻生物量的变化

在室内模拟对虾养殖系统中将卵囊藻引入养殖水体，为了了解不同的浮游微藻对水质改善情况，在实验过程中引入微绿球藻及卵囊藻和微绿球藻的混合组进行比较，将其分别记为实验 1～3 组，以无微藻的养殖为对照组，记为 4 组。

表 7-9 显示，在养殖系统中加入浮游微藻后水质条件得到明显的改善，变化

水平在不同浮游微藻实验组间均存在显著差异。各实验组的藻细胞数在整个实验过程中均处于一个相对稳定水平，实验水体的透明度在 33～45 cm，引入的藻细胞量与大多数虾池在养殖中后期优势种浮游微藻的藻细胞数量相似，卵囊藻为 $1.72×10^7～2.31×10^7$ cells·L^{-1}，生物量（湿重）在 9.46～12.71 mg·L^{-1}，微绿球藻为 $8.27×10^7～18.50×10^7$ cells·L^{-1}，生物量（湿重）在 2.77～6.20 mg·L^{-1}。引入到实验水体中浮游微藻种群变化特征说明，其藻细胞密度范围与高位池优势种群的藻细胞密度基本相同，实验水体生态特征均是由该种浮游微藻的生态学特征所决定。

表 7-9　养殖水体中浮游微藻生物量的变化

实验组	种类	藻细胞密度/(10^7 cells·L^{-1})（湿重/mg·L^{-1}）				
		1 d	5 d	10 d	15 d	25 d
1	卵囊藻	1.72（9.46）	1.91（10.51）	2.31（12.71）	2.26（12.43）	2.21（12.16）
2	微绿球藻	8.27（2.77）	13.11（4.39）	17.40（5.83）	18.50（6.20）	18.09（6.06）
3	卵囊藻和	0.12（0.66）	0.28（1.43）	0.72（3.96）	0.82（4.51）	0.83（4.57）
	微绿球藻混合组	4.23（1.42）	9.05（3.03）	12.90（4.32）	12.30（4.12）	12.51（4.19）
4	对照组	0	0	0	0	0

（2）养殖水体溶解氧变化

水体的溶解氧主要来源于水体中浮游微藻的光合作用，池塘水体中有 60%～90% 的溶解氧是由浮游微藻的光合作用所产生，水体中溶解氧的支出主要是养殖系统的呼吸作用。本实验结果显示，在对虾养殖水体中加入浮游微藻，对水体中溶解氧的增加具有明显的作用，在实验结束时溶解氧含量比对照组分别提高了 105.68%、151.14%和125.0%，微绿球藻对于增加溶解氧作用比卵囊藻要好（图 7-3A）。

（3）养殖水体 COD 变化

虾池中的有机物主要来源于对虾的残饵、粪便和生物的残体，随养殖时间的增长和投饲量的增加，水体中的有机物积累量不断增加。水体中的有机物有颗粒状和溶解态两种形式，其中溶解态有机物主要以蛋白质、氨基酸和维生素等形式存在。已有研究表明，浮游微藻不仅能够利用溶解态无机氮，同样也能利用小分子溶解态有机氮。养殖水体的浮游微藻对小分子有机物吸收和利用，对水体中化学需氧量（chemical oxygen demand，COD）降低具有一定的作用。实验结果显示，各实验组 COD 含量比对照组分别降低了 33.9%，29.3% 和 61.1%，混合藻对于降低 COD 作用较为突出（图 7-3B）。

（4）养殖水体 pH 变化

pH 是养殖水体的一个重要的理化因子，它可以作为反映水质污染程度的一重要的指标。水体中浮游微藻的藻细胞在有光照的白天利用水体中的二氧化碳进行光合作用，使得 pH 升高，同时放出氧气和提高水体中溶解氧；水生生物在夜晚吸收水体中的溶解氧进行呼吸，同时向水体中排出二氧化碳，使水体中二氧化碳含量上升造成 pH 下降。pH 对对虾养殖水体中的氮循环和对虾的生理都有显著影响。凡纳滨对虾最适宜生长的 pH 范围是 7.5～8.5，在弱碱性的水体中生长较好，当水体 pH 下降到 7 左右时就会影响对虾的正常蜕壳，对虾的心搏次数会减少 50% 左右；pH 上升到 9 以上时则会促使水体中氨氮的含量随之快速增加，氨氮所占比例显著增大，容易造成对虾的氨中毒。实验结果显示，实验水体的 pH 在 7.43～8.76 范围（图 7-3C），均能满足对虾生长的需要；微藻对养殖水体的 pH 提高具有促进作用，通过浮游微藻数量的调控，调节水体藻细胞的光合作用速度，在水体 pH 的控制中可收到良好的效果。

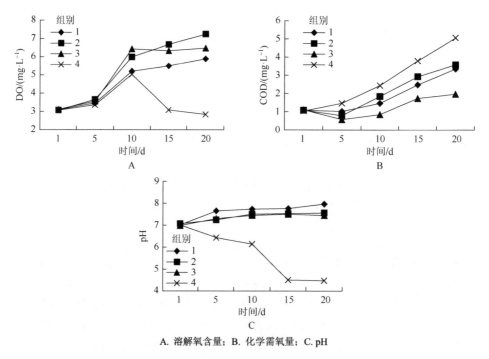

A. 溶解氧含量；B. 化学需氧量；C. pH

图 7-3　养殖水体中主要水质因子的变化

（5）养殖水体氨氮变化

对虾养殖环境氨氮主要来自虾池中细菌对有机物的分解，在溶解氧充足的条件下细菌分解有机物产生氨氮、CO_2 和 H_2O，氨化作用受 pH 的影响，以中性和弱碱性环境效率最好；同时有机物在厌氧细菌分解下也会产生氨氮。随投饲量的增加，养殖水体中残余饲料、生物体的代谢产物和有机体碎屑等有机物的大量积累，存在于环境中的这些有机物经过微生物的氨化作用，会造成养殖中后期虾池水体中氨氮含量快速增加。在养殖水体中高质量浓度的氨氮会对对虾等生物体产生明显的毒害作用。对虾养殖的水体中的氨氮等有害含氮污染物质的含量增加，通过对有机体的胁迫降低养殖对虾的自身免疫能力（孙舰军，1997）。有研究表明对虾养殖水体中氨氮的含量应该低于 $0.2\ mg·L^{-1}$，氨氮质量浓度过高就会导致对虾中毒或者死亡（唐书悻，2016）。水体中氨氮的降解主要有两个途径，一是通过浮游微藻的吸收合成自身的含氮化合物；二是在溶解充足的条件下，通过硝化作用使氨氮转化为硝酸盐氮。研究表明，水体中如果浮游微藻生长旺盛和生物量较大，可以通过光合作用使水体含有较高的溶解氧量，还能使水体中的各种物理因素和化学因素更加稳定，有利于清除水体中的氨氮和亚硝酸盐氮等有毒的含氮污染物质（罗杰等，2005；蔡志辉，2006）。本实验中引入 $1.72×10^7\ cells·L^{-1}$～$2.31×10^7\ cells·L^{-1}$ 卵囊藻可降低对虾养殖水体中氨氮含量，实验结束时，实验 1 组、2 组、3 组的氨氮含量比对照组分别降低 51.7%，37.8% 和 39.3%，卵囊藻降低氨氮效果明显好于微绿球藻（图 7-4A）。

（6）养殖水体亚硝酸盐氮变化

对虾养殖水体中亚硝酸盐氮是氨氮通过硝化作用被氧化为硝酸盐氮的过程中的中间产物，在水体中亚硝酸盐氮是极为不稳定存在的溶解态氮形式。在溶解氧充足时被氧化为硝酸盐氮，在缺氧在条件下通过反硝化作用被还原为 N_2 和 N_2O，这是导致在虾池水体中亚硝酸盐氮含量比其他形式溶解态无机氮低的原因；藻细胞利用亚硝酸盐氮也是亚硝酸盐氮含量低的一个重要原因，对虾养殖期间虾池水体的亚硝酸盐氮含量仅占溶解态无机氮的 3.83%。但是，对硝化细菌具有不同影响的各种生态因子都有可能造成亚硝酸盐氮的积累，pH 的升高可引起虾池中亚硝酸盐氮含量快速上升（刘淑梅等，1999）。从养殖初期到中期和后期，虾池水体中亚硝酸盐氮含量都随养殖时间的延长而出现上升的趋势（王小谷等，2002）。亚硝酸盐氮对对虾具有明显的毒性。本实验结果显示：引入浮游微藻均可降低虾池水体中亚硝酸盐氮含量，实验结束时实验 1 组、2 组、3 组的亚硝酸盐氮含量分别比对照组（4 组）降低了 30.2%、27.0% 和 26.4%，卵囊藻对降低亚硝酸盐氮效果较为显著（图 7-4B）。

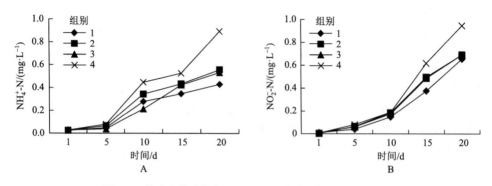

图 7-4　养殖水体中氨氮（A）和亚硝酸盐氮（B）的变化

以上研究结果显示，浮游微藻不仅能提高虾池水体中的溶解氧、降低 COD 和调节 pH，还能通过对氨氮和亚硝酸盐氮的吸收和利用，降低水体中氨氮和亚硝酸盐氮的含量，减轻虾池水体氮污染程度和改善水质环境。

2. 卵囊藻对对虾养殖的影响和作用

有毒物质的胁迫可导致虾体的健康状况下降和机体的免疫能力降低。在养殖过程中环境因子是造成对虾疾病的暴发与机体免疫力下降的主要原因之一，环境因子主要是通过影响养殖水体中细菌、病毒和病原宿主生物的数量诱发虾病，同时也可以使虾体的免疫能力下降。在对虾养殖过程中虾病的发生不直接与水体中病毒和致病菌的数量呈正相关，这是对虾集约化养殖程度升高导致虾池生态系统的崩溃和生态失衡等综合生态因素所致。存在于虾池水体中的氨氮等含氮有毒污染物质可使养殖对虾的免疫能力下降，即虾体中超氧化物歧化酶、过氧化物酶、溶菌酶和抗菌酶等与对虾抗病力相关的酶活性明显降低和血细胞数量减少，因而提高了虾体对致病菌和病毒的易感染性（孙舰军，1997）。

表 7-10 显示，实验组的对虾各项抗病力因子指标相对对照组均有明显的提高。实验 1 组、2 组和 3 组的血细胞密度相对于对照组分别提高了 23.7%、24.7% 和 25%；血清蛋白的含量分别提高了 1.7%、1.3% 和 1.1%；溶菌酶活性分别提高了 25.8%、21.0% 和 38.7%；抗菌活性分别提高了 52.6%、41.1% 和 42.1%；超氧化物歧化酶活性分别提高了 72.7%、22.9% 和 17.9%；过氧化物酶活性分别提高了 75.0%、68.8% 和 87.5%。水质的恶化可引起对虾养殖生态系统的平衡失调，从而增加了对虾患病概率，因而引入浮游微藻到养殖水体中来改善水质，虾体抗病力的各项因子的指标都有明显的提高，其中实验 1 组和实验 3 组各项因子的效果要好于实验 2 组，说明卵囊藻对对虾养殖环境水质改善有较大的作用。

表 7-10 凡纳滨对虾抗病力相关因子的测定结果

组别	超氧化物歧化酶活性/(U·mg⁻¹)	过氧化物酶活性/(U·mg⁻¹)	溶菌酶活性/(U·mg⁻¹)	抗菌活性/(U·mg⁻¹)	血清蛋白质量浓度/(mg·mL⁻¹)	血细胞密度/(10⁶ cells·mL⁻¹)
1	98.6	0.002 8	0.078	0.145	4.79	4.75
2	70.2	0.002 7	0.075	0.134	4.77	4.79
3	67.3	0.003 0	0.086	0.135	4.76	4.80
对照组	57.1	0.001 6	0.062	0.095	4.71	3.84

虾池生态系统中浮游微藻对维持系统的动态平衡、稳定和调节水质是必不可少的生物群落。浮游微藻进行光合作用能降低虾池水体中的含氮污染物等有害物质浓度，为水体提供丰富的溶解氧来维持虾池生态系统的动态平衡和良性的物质循环，从而起到改善养殖水质的目的。有许多研究报道表明，通过改善虾池水质条件能显著地提高对虾的免疫能力（Ashida，1971；彭聪聪等，2011）。以上的实验结果说明，在对虾养殖系统中引入卵囊藻作为水体浮游微藻群落的主要构架，不仅可以有效地降低水体中 COD，去除氨氮与亚硝酸盐氮等含氮污染物和消除胁迫因子，还能够显著地提高养殖水体中溶解氧的含量，使养殖生态系统长期保持一个良性的平衡状态，更为重要的是对虾抗病能力明显地提高。浮游微藻能够通过改善养殖环境水质来提高对虾的免疫能力，是虾病生物防控技术的重要组成部分。

二、虾池实验

1. 虾池浮游微藻定向微培育与群落组成

对虾养殖系统中的优势种微藻决定浮游微藻群落在水体中的各种生态学性质，影响养殖系统平衡而影响养殖水体的质量。由于虾池水体的藻相完全取决于养殖场外界海域浮游微藻的种类与数量，其种类来源与数量有着很大的局限性。因此，虾池藻类的定向培育是调节水体浮游微藻群落结构和提高氮转化效率的重要的技术措施。

表 7-11，表 7-12 显示，实验虾池浮游微藻群落组成中优势种突出。水体中卵囊藻接种浓度为 1.10 mg·L⁻¹，细胞密度为 2.00×10^6 cells·L⁻¹，养殖前期、中期和后期卵囊藻的优势度分别为 0.58、0.54 和 0.27，生物量（湿重）分别占浮游微藻总生物量 95.35%、81.44% 和 44.05%，在整个养殖期间卵囊藻细胞平均细胞密度为 8.553×10^7 cells·L⁻¹，平均生物量为 47.04 mg·L⁻¹，成为虾池水体中绝对的优势种微藻，其优势种群可维持 77 d。对照虾池优势种浮游微藻是颤藻，在养

殖的前期、中期和后期平均生物量占总量的 15.31%、39.40%、44.64%，在养殖中后期出现小球藻和小席藻次优势种群；在对虾养殖期间颤藻生物量有大的波动，在养殖的第 65 天与第 85 天时，水体中颤藻生物量仅有浮游微藻总量的 25.32% 和 14.51%，但在第 70 天时水体中颤藻生物量又出现较高值，浮游微藻生物量 70.14% 以上都有是由颤藻构成。

表 7-11　虾池浮游微藻种类及其季节变化

种类	藻细胞密度/(10^7 cells·L^{-1})（湿重/mg·L^{-1})					
	前期		中期		后期	
	实验组	对照组	实验组	对照组	实验组	对照组
菱形藻	0.03（0.08）	1.38（4.13）	0.25（0.76）	0.82（2.46）	0.01（0.01）	0.90（2.70）
桥穹藻	0	0	0.57（0.57）	0	0.28（0.28）	0
小球藻	0	0	2.20（0.44）	11.60（2.23）	1.35（0.27）	5.7（1.14）
茧形藻	0	0.16（12.40）	0.02（0.09）	0.19（14.92）	0.02（1.36）	0.02（1.36）
卵囊藻	4.77（26.23）	0	16.08（88.45）	0	3.65（20.06）	0
十字藻	0	0	0.39（0.36）	0.03（0.03）	0.01（0.01）	0
螺旋藻	0	0	0.14（0.28）	0.19（0.37）	0.03（0.06）	0
颤藻	0.10（0.20）	1.51（3.02）	6.33（12.66）	8.81（17.61）	3.16（6.23）	10.04（20.07）
平裂藻	0	0	0.33（0.01）	0	0	0
小席藻	0	0.09（0.17）	1.29（2.57）	1.36（2.71）	0.80（1.59）	3.46（6.91）
微囊藻	3.33（1.00）	0	2.43（0.73）	0	3.90（1.17）	0.60（0.18）
多甲藻	0	0	0.01（0.41）	0.03（1.60）	0	0.11（5.60）
裸藻	0	0	0.02（1.25）	0.03（2.67）	0.18（14.40）	0.34（27.00）
隐藻	0	0	0	0	0.01	0
总量	8.23（27.51）	3.14（19.72）	30.06（108.61）	23.06（44.69）	13.39（45.54）	21.17（44.96）

注：前期：1～30 d；中期：31～60 d；后期：61～85 d。

表 7-12　虾池浮游微藻优势度

种类	优势度					
	前期		中期		后期	
	实验组	对照组	实验组	对照组	实验组	对照组
菱形藻	0.01	0.44	0.01	0.04	0	0.04
桥穹藻	0	0	0.02	0	0.02	0
小球藻	0	0	0.07	0.50	0.10	0.27
茧形藻	0	0.05	0	0.01	0	0

续表

种类	优势度					
	前期		中期		后期	
	实验组	对照组	实验组	对照组	实验组	对照组
卵囊藻	0.58	0	0.54	0	0.27	0
十字藻	0	0	0.01	0	0	0
螺旋藻	0	0	0.01	0.01	0	0
颤藻	0.01	0.48	0.21	0.38	0.24	0.47
平裂藻	0	0	0.01	0	0	0
小席藻	0	0.05	0.04	0.06	0.06	0.16
微囊藻	0.41	0	0.08	0	0.29	0.01
多甲藻	0	0	0	0	0	0
裸藻	0	0	0	0	0.01	0.01

注：前期：1～30 d；中期：31～60 d；后期：61～85 d。

对虾高位池的养殖水体中浮游微藻优势种的数量的变动趋势和水体中浮游微藻总量的变化趋势是同步的，这一生态学现象说明虾池浮游微藻群落是由单一的优势种构成，浮游微藻群落的生态学特征是由优势种微藻的生物学性质决定。

在虾池水体中定向培育微藻，必须要考虑定向培育的浮游微藻的生态学性质是否适应池塘的水质条件。对虾高位池养殖系统是一个水质具有独特的生态学性质的生态系统，在水体中存在着对虾的代谢产物、高含量化学消毒剂和大量的含氮污染物质等较为特殊的水质条件，筛选定向培育的浮游微藻必须要能忍受这种独特的水质条件，且适应这种特殊的生态环境，才能在虾池水体中具有较强的竞争能力和发展为主要的优势种群。虾池自然条件、对虾养殖模式以及虾池养殖管理方式都直接和间接地影响着浮游微藻定向培育的成功率，要确保定向培育的微藻能够在虾池中形成优势种种群，就必须要有一个相对封闭的养殖系统和池塘环境。开放式的对虾养殖系统在养殖过程中，通过频繁换水不断地与外界环境进行物质和能量交换，大量外源性生物种通过虾池的换水等各种途径被导入虾池水体，对定向培育的浮游微藻形成优势种群产生很大的阻碍。而在相对封闭的对虾养殖模式，如高位池、工厂化养殖池和珠三角的半咸水精养虾池等对虾养殖系统，实施的是一种封闭式和半封闭式的养殖管理方式，在养殖过程中换水量很少或不换水，水质因子在这些对虾养殖环境中具有相对稳定的状态，形成的养殖环境有利于导入的浮游微藻形成优势种群，构成良性的微藻群落。

2. 虾池水质因子变化

图 7-5 显示，在养殖后期虾池水体中缺乏活性硅酸盐，测定结果显示其含量极低，无机磷的含量在养殖的前期较高，而在中后期又有下降的趋势，在整个养殖期间无机氮的含量除了 1 次明显的下降外都在一个相对高值的水平，这些营养盐的变化特点对于绿藻的生长和形成优势种群具有一定的优势。在虾池中培养的卵囊藻为一种绿藻，属于本土浮游微藻，具有在虾池水体中种群稳定和适应能力强等生物学特点，在虾池其藻细胞的平均生物量在整个养殖期间占总生物量的43.95%～95.35%，是虾池浮游微藻群落中的绝对优势种群，卵囊藻决定虾池浮游微藻群落的生态学特性。对照虾池浮游微藻群落是在自然条件下所形成的，优势种是颤藻，次优势种为小球藻和小席藻，养殖期间其优势种的种群数量出现大幅度的变动。以卵囊藻为良性构架的虾池浮游微藻群落可以保持良好的水质条件，对消除因池塘环境因子的突变而对对虾产生的胁迫具有重要的生态学价值。

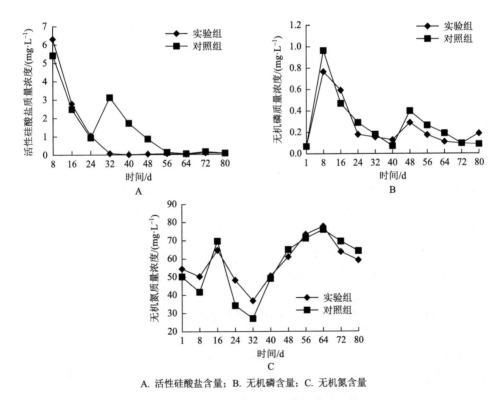

A. 活性硅酸盐含量；B. 无机磷含量；C. 无机氮含量

图 7-5　虾池主要营养盐的变化

第三节　微藻的多级培养及定向培育

　　连续培养不论是在稳定高产微藻生物质方面还是在稳定生产某些重要代谢产物方面都发挥着其他模式所不能替代的作用。但是，连续培养目前主要用于生产许多高附加值生物制品和开发一些转基因产品，在水产养殖中还未使用。本研究通过建立一种微藻连续培养技术，获取大量优良微藻用于对虾池塘的定向培养，使之迅速成为池塘的优势藻种，缩短培养时间，保证水质的稳定。

一、微藻的多级培养

1. 一级培养

　　500 mL 的玻璃锥形瓶经 5%稀盐酸浸泡过夜，冲洗干净后烘干备用。加入 300 L 的过滤海水（经 400 目筛绢网过滤），按表 7-13 比例添加营养盐。用封口膜包扎瓶口，放入高压灭菌锅灭菌（121℃，30 min），待冷却后，置于无菌操作台灭菌 30 min。用 75%的酒精喷洒藻种瓶进行消毒，再放入无菌操作台进行接种，按藻液：培养液比例为 1：3 进行接种。接种好的培养瓶置于培养架，培养温度为 25℃±1℃，光照为 30 $\mu mol·m^{-2}\ s^{-1}$，持续光照培养，每天不定时手摇 3～5 次。

表 7-13　改良培养基配方

成分	含量
硝酸钠	80 mg
磷酸氢二钾	8 mg
柠檬酸铁（1%溶液）	0.2 mL
碳酸氢钠	0.5 g
维生素生长素	0.2 mg
海水	1000 mL

2. 二级充气培养

　　充气培养能使藻细胞和培养环境充分接触，从而增加藻细胞的生长速度。充气设备由充气泵、玻璃充气管（孔径 5 mm）、塑料充气软管组成。10 L 的大口玻璃瓶经 5%稀盐酸浸泡过夜，冲洗干净后烘干备用。加入 7 L 的过滤海水（经 400 目筛绢网过滤），添加营养盐。营养盐配方同上（湛水 107-13 培养液）。大口玻璃瓶用封口膜包扎瓶口，放入高压灭菌锅灭菌（121℃，30 min）。玻璃充气管经高压灭菌锅灭菌（121℃，30 min）后备用。塑料软管经高锰酸钾浸泡后使用。用 75% 的酒精喷洒藻种瓶进行消毒，再放入无菌操作室进行接种，按藻液：培养液比例为 1：4 进行接种。接种后用封口膜封上瓶口，在封口膜上开一小口，插入灭菌的玻璃充气管，玻璃管与塑料充气管连接，塑料充气管通过连接充气泵进行充气培养。接种后放置在培养架上，培养温度为 25℃±1℃，30 μmol·m^{-2}·s^{-1} 持续光照培养，用过滤的空气进行搅拌，通气量为 0.5 vvm。

3. 三级连续培养

连续培养能使藻细胞和培养环境充分接触，从而增加藻细胞的生长速度，并通过培养柱的串联，自动添加培养液，实现藻类培养的连续生产。培养柱由 12 个光生物反应器组成，每个光生物反应器水体为 100 L，每 6 个光生物反应器连为 1 组。充气设备由充气泵和塑料充气软管组成。

培养柱使用含有效氯 40% 的消化毒液清洗，再用过滤后的海水冲洗消毒液。营养盐配方同上（微藻改良培养液配方）。按藻液：培养液比例为 1：100 进行接种。先接种 1 个培养柱。具体操作是先向培养柱加入培养液，按比例接入藻种，接种后用封口膜封上柱口进行培养。当培养柱的细胞密度达到 60 万～70 万个/mL 时，再将串联开关打开，使藻液进入到其他培养柱，同时打开自动培养液添加开关，使培养液自动流入到培养柱培养。培养柱置于室内，培养温度控制在 25℃左右，利用自然光照或人工光源，保持光照在 30～50 μmol·m^{-2}·s^{-1}，用过滤的空气充气培养，通气量为 0.5 vvm。当光生物反应器中培养的藻细胞密度每毫升达到 60 万～70 万个/mL 时（大约 6～8 d），可进行采收，采收时先将每组的 6 个光生物反应器关闭一个，留下用作藻种，将其余 5 个光生物反应器停气后，利用藻体自沉降特性静置 24 h 后采收藻体，采收量可达 1000 万～1200 万个/mL。采收后，清洁干净，再将余下培养柱的藻种放入到其他生物反应器中，加入培养液，继续进行培养。

二、虾池微藻的定向培育

近年来，我国对虾养殖技术越来越成熟，集约化程度不断提高，产量也逐年增长。最新的渔业统计显示，2018 年我国对虾产量超过 200 万吨，较 2017 年增长约 5.89%。此外，市场需求也处于刚性增长，发展前景广阔。然而，对虾集约化养殖程度愈高，池塘负荷愈重，污染物质的大量积累超出环境自净能力，致使养殖环境恶化。而大量换水和频繁消毒的方式亦造成环境污染、病原传播，加剧病害暴发和流行，直接影响了对虾产品质量安全，进而影响国内和出口市场。因此，对虾养殖环境的好坏已成为对虾养殖成败的关键。

微藻是对虾养殖水体环境中的重要组成部分，对维持养殖系统的生态平衡、加速物质循环和净化养殖环境发挥着极为重要的作用，也与虾的产品质量安全密切相关。通过人工科学构建良性的微藻群落，不但可以有效降低氮污染，改善水体，还能减少养殖污染，实现对虾的绿色生态养殖。微藻的定向培育是实现人工科学构建虾塘良性微藻群落的主要技术手段，是根据养殖环境水质调控和对生物饵料的需要，在池塘或水泥池中培育经选育的有益微藻而获得的特定微藻群落和藻相的技术。作为一种绿色、生态、健康和成本低廉的虾池环境水质改良方法，微藻定向培育技术已在水产养殖业中得到了广泛的关注和应用。本文从微藻种类的选择、池塘养殖模式选择以及池塘微藻定向培育技术等方面进行介绍，以期为微藻定向培育技术的应用与发展提供借鉴。

1. 微藻种类的选择

由于对虾池塘中的微藻种类繁多，不同微藻在溶解性氮的选择性吸收、环境的适应性以及种群增长速率与维持时间等方面差异较大，因此，选择合适的微藻种类对池塘微藻定向培育的成败至关重要。通常考虑以下几个方面：第一，微藻的来源。在虾池水体中定向培育微藻，首先要考虑的是定向培育的微藻是否能够适应本地区的气候、温度、光照度、水体等条件因素。本土微藻由于经过长期的自然选择，已经适应了本地区的生态环境并能够正常生长，有利于发挥其正常的生态学功能，因此，对虾池塘定向培育的微藻应该优先考虑本土微藻。

第二，微藻对溶解性氮吸收的选择性。氨氮、硝酸盐氮和尿素等溶解性氮是虾池水体中氮存在的主要形式，其中氨氮、亚硝酸盐氮是养殖水体中主要的有毒含氮污染物，对对虾具有明显的毒害，是引起对虾发病的主要原因之一。微藻在虾池生态系统中作为物质和能量转化的主体，可通过光合作用产生溶解氧，吸收和利用溶解性氮，有效降低氮污染，并减轻养殖水体富营养化程度。但是不同微藻对溶解性氮吸收的选择性存在明显差异（表 7-14），例如三角褐指藻优先利用尿素，其次是氯化铵，然后才是硝酸钠；球等边金藻优先吸收硝酸钠，其次是亚硝酸钠，然后是氯化铵；亚心扁藻则优先利用氯化铵，其次是硝酸钠，然后是亚硝酸钠（马志珍，1983；朱艺峰等，2006；李朝霞等，2010）。因此，在选择用于虾池定向培育的微藻时应优先考虑选择优先吸收氨氮和亚硝酸盐氮的微藻，例如卵囊藻、小球藻（刘兴国等，2007）等。

表 7-14　不同微藻对溶解性氮吸收的选择差异

微藻	选择性
三角褐指藻	尿素＞氯化铵＞硝酸钠
球等鞭金藻	硝酸钠＞亚硝酸钠＞氯化铵
亚心扁藻	氯化铵＞硝酸钠＞亚硝酸钠
米氏凯伦藻	硝酸钠＞尿素＞亚硝酸钠＞氯化铵
小球藻	氨氮＞亚硝酸盐氮＞硝态氮
卵囊藻	氨氮＞亚硝酸盐氮＞尿素＞硝酸盐氮

第三，微藻抗逆性及其对环境的适应能力。对虾池塘的水体中通常残存着一定量的化学消毒剂、对虾代谢产物以及含氮污染物等（杨庭欢，2017；吴伟等，2014），这些物质的存在必定会对微藻的生长造成影响，因此，目标藻株应该具有较强的适应能力和抗逆能力。这样才有可能在虾池内成为优势种群。此外，大多微藻的生态位狭窄，只能在适应的环境条件下生长，这些微藻对环境变化敏感、耐受能力差、抗逆性低，尽管具有改善水质的功能，但不能适应虾池水质环境变化，无法发挥其生态功能。而有些藻类，对环境适应能力强、抗逆性强，例如卵囊藻和小球藻（陈贞奋等，1986），既可以在 4～30℃环境中正常生长，也可以在盐度 5～30 的条件下生长。因此选择对环境适应性强、抗逆性强的微藻作为定向培育的对象更有助于发挥其生态功能。第四，微藻种群增长速度。微藻种群增长速度并不是越快越好，增长过快，藻类繁殖过度会消耗水体中的养料，使水体变瘦，影响对虾正常生长。当然，微藻种群增长速度也不宜过慢，过慢会影响微藻对溶解性氮的吸收效率，进而影响水质净化效果。因此，种群增长速度适宜且稳定性较好的微藻适用于养殖环境水质调控。第五，微藻种群持续时间。在高位池对虾养殖过程中，以硅藻为优势种的微藻种群具有持续时间短（表 7-15）、数量变动快的特点。当大量细胞出现死亡或解体时，就容易引起水质恶化的现象发生。相比之下，以绿藻为优势种的微藻种群具有持续时间长的特点（表 7-15），这样就可以使养殖系统长时间处于动态平衡的状态，从而促进系统内物质的良性循环。

表 7-15　高位池水体中绿藻和硅藻优势种群的持续时间

门类	优势种	种群持续时间/d
绿藻	卵囊藻	40～45
	透镜壳衣藻	40～50
硅藻	中肋骨条藻	10～15
	铙孢角毛躁	5～7

综上所述，作为池塘水质调控定向培育的有益微藻，应具备以下特点：①适宜对虾池塘生态环境的本土微藻；②优先吸收氨氮和亚硝酸盐氮；③具有较强的抗逆性，能在极端环境下生存；④种群增长速度适宜，且能持续稳定；⑤不含藻毒素，对对虾生长有利。

2. 定向培育池塘养殖模式的选择

常见的对虾养殖模式有粗养模式、半精养模式以及精养模式。粗养模式可分为普通土塘以及围海塘模式，具有养殖面积大、周期长、换水频率高、水体不可控等特点。半精养模式主要为高位池养殖，具有养殖面积小、密度高、养殖水环境相对稳定等特点。精养模式主要是工厂化养殖，全程通过过滤装置实现不间断的水循环，且养殖过程不用化学药物，养殖水质较为稳定。微藻定向培育受池塘自然条件和养殖模式的影响。开放式对虾养殖系统，换水的频率过高，大量外源性生物被带入虾塘，容易造成养殖生态系统的不稳定，从而降低微藻定向培育的成功率。相对封闭的养殖系统，由于换水频率低，水质因子相对稳定，更有利于微藻的定向培育和良性微藻群落结构的构建。因此，除了对虾粗养模式，在半精养模式和精养模式的养殖前期均适合微藻的定向培育，见表 7-16。

表 7-16　适合微藻定向培育的养殖模式

养殖模式	系统开放性	换水频率	水质稳定性	是否适合微藻定向培育
粗养模式	开放式	频率高	水质不稳定	否
半精养模式	半封闭式	频率较低	水质较稳定	是
精养模式	封闭式	不换水	水质稳定	是

3. 虾池卵囊藻的定向培育

卵囊藻是一种常见的绿藻，广泛分布于诸如河口、对虾养殖池塘等富含有机物的水体中，具有种群稳定、适应能力强和有利对虾生长等特点，可在露天池塘的对虾养殖中后期成为优势种，有利于养殖水体的调控。卵囊藻的定向培育通常包括藻种准备、培养池的处理、水处理和接种施肥 4 个过程，如图 7-6 所示。

虾池定向培育卵囊藻的藻种主要来源于两个途径，一个是使用活性卵囊藻生态制剂产品，另一个是自行培养。自行培养的原始藻种要确保是纯种，采用桶培的方式进行（图 7-7），培养体积为 1000 L，每批次培养周期为 7~10 天。

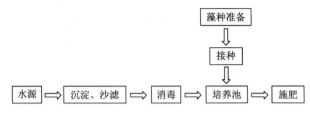

图 7-6　池塘微藻定向培育流程图

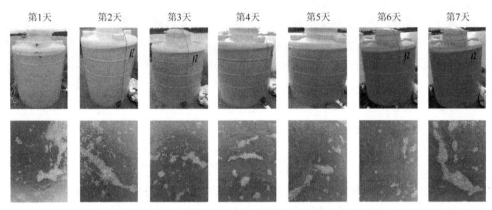

图 7-7　卵囊藻户外桶培情况（见文后彩图）

　　首先，培养池要求排灌水方便，在盐度较高的海区最好有淡水源，在必要时可调节海水盐度。其次，池塘类型一般以土池、地膜池、水泥池为主，每个塘面积大小 2~3 亩，有效水深为 1~1.5 m。最后，定向培藻的土池要排水彻底清池，地膜池和水泥池要用漂白粉清洗液泼洒池底和池壁进行清洗，以消除池塘中的野生虾和小型的甲壳动物，防止它们摄食微藻。定向培育的水源必须要经沉淀、沙滤、消毒处理后才可进入培养池。

　　池塘接种一般在上午进行，接种前池塘要开启增氧机，土池和地膜池每亩要开启一台增氧机防止藻体下沉；水泥池每平方米要有一个充气头，保证足够大的气量使藻体悬浮于水体中。使用藻细胞密度为 1.2×10^8 cells·mL^{-1} 的活性卵囊藻生态制剂接种，水深 0.7~1 m 的土池每亩接种量为 10 L，水深 1 m 的地膜池每亩按 15 L 的接种量接种，活性卵囊藻生态制剂用水稀释后均匀泼洒在池塘中。也可以用现场培养好的藻种直接接种，将培养好的藻种用水泵抽到池塘即可，接种量为藻细胞密度达 3.6×10^5 cells·L^{-1} 为宜。水泥池接种量要比土池和地模池大 2~3 倍。培养水温在 22~32℃、盐度在 15~28 范围为宜，接种后培养 5~7 天可形成理想藻相，如图 7-8 所示。卵囊藻培育根据池塘特点合理施肥，氮磷比以 10:1 最为适宜。由于在养殖过程中氮磷等营养盐的消耗，同时磷会生成不溶性磷酸盐沉淀，造成水体肥料的缺少或比例不平衡而影响微藻的正常生长，因此，在池塘微藻定向培育过程中还需要定期进行追肥，以保证微藻种群的持续增长。

图 7-8　对虾高位池定向培育卵囊藻所形成的水色（见文后彩图）

参 考 文 献

蔡志辉, 2006. 养殖南美白对虾池塘水质调控技术[J]. 中国水产, 370 (9): 38-39.

曹春晖, 王学魁, 刘文岭, 等, 2009. 氮, 磷, EDTA 铁, 锰对旋链角毛藻生长的影响[J]. 盐业与化工, 38 (4): 30-33.

陈炳章, 王宗灵, 朱明远, 等, 2005. 温度、盐度对具齿原甲藻生长的影响及其与中肋骨条藻的比较[J]. 海洋科学进展, 23 (1): 60-64.

陈长平, 高亚辉, 林鹏, 2006. 盐度和 pH 对底栖硅藻胞外多聚物的影响[J]. 海洋学报 (中文版), 28 (5): 123-129.

陈世杰, 1988. 厦门港尖额真猛水蚤室内培养的研究[J]. 水产学报, 12 (4): 339-345.

陈天翔, 徐严, 王文磊, 等, 2019. 高盐胁迫对坛紫菜 (*Pyropia haitanensis*) 叶状体光合作用的影响[J]. 集美大学学报 (自然科学版), 24 (5): 321-327.

陈炜, 王秀芬, 白永安, 等, 2012. 浓缩方法及保存条件对小球藻藻膏脂肪酸的影响[J]. 大连海洋大学学报, 27 (1): 1-5.

陈贞奋, 黄万红, 林树祺, 1986. 小球藻对盐度的适应能力[J]. 海洋学报 (中文版), 8 (4): 523-526.

成永旭, 2005. 生物饵料培养学[M]. 2 版. 北京: 中国农业出版社.

代红梅, 2002. 几种生态因子对晶囊轮虫繁殖的影响及培养利用研究[D]. 大连: 大连海洋大学.

冯国栋, 2012. 微藻高油脂的生物合成与膜基萃取研究[D]. 杭州: 浙江大学.

高兵兵, 2013. 浒苔和缘管浒苔对海水盐度改变的生理响应及其品质效应研究[D]. 南京: 南京农业大学.

高秀芝, 蒋霞敏, 叶丽, 2014. 温度、光照和盐度对 2 株曼氏骨条藻生长及脂肪酸组成的影响[J]. 生物学杂志, 31 (6): 64-70.

高亚辉, 李松, 1990. 瘦尾胸刺水蚤摄食率的观察实验[J]. 热带海洋 (03): 59-65.

高亚辉, 林波, 1999. 几种因素对太平洋纺锤水蚤摄食率的影响[J]. 厦门大学学报 (自然科学版), 38 (5): 751-757.

宫钰莹, 2017. 盐生杜氏藻对盐度变化和渗透胁迫下的细胞反应及其中性脂肪的积累[D]. 沈阳: 沈阳农业大学.

郭峰, 朱凌俊, 柯才焕, 等, 2005. 两种海洋底栖硅藻的培养条件研究[J]. 厦门大学学报 (自然科学版), 44 (6): 97-101.

郭晓强, 冯志霞, 2010. 细胞囊泡运输的发现者——鲁斯曼[J]. 生物学通报, 45 (11): 60-62.

韩键, 白云赫, 朱旭东, 等, 2020. 植物谷胱甘肽应答非生物胁迫的分子机制[J]. 分子植物育种, 18 (5): 1672-1680.

韩谦, 2018. 生态因子对波吉卵囊藻多糖提取和代谢的影响[D]. 湛江: 广东海洋大学.

何曙阳, 王克行, 1999. 中国对虾育苗池细菌种群数量变化研究[J]. 中国水产科学, 6 (1): 125-127.

何晓童，王盛祥，王玉萍，2019. 低温弱光对红芸豆幼苗生长及生理生化特性的影响[J]. 甘肃农业大学学报，54（1）：80-88.

何震寰，黄翔鹄，李长玲，等，2013. 沼泽红假单胞菌对波吉卵囊藻常温保存效果的影响[J]. 南方水产科学，9（4）：50-55.

何志辉，刘冶平，韩英，1988. 盐度和温度对蒙古裸腹溞生长、生殖和内禀增长率（r_m）的影响[J]. 大连水产学院学报，2：1-8.

侯和胜，任晓咏，佟少明，2011. 低温胁迫对三角褐指藻生长和生理生化特性的影响[J]. 辽宁师范大学学报（自然科学版），34（1）：89-92.

胡蓓娟，王雪青，吴晶晶，等，2008. 8 种微藻的保存方法研究[J]. 海洋湖沼通报，1：58-65.

黄邦钦，徐鹏，胡海忠，等，2000. 单种及混合培养条件下 Fe、Mn 对赤潮生物塔玛亚历山大藻（*Alexandrium tamarense*）生长的影响[J]. 环境科学学报，20（5）：537-541.

黄海立，杜晓东，周银环，2011. 简单双眉藻培养的生态条件[J]. 水产科学，30（4）：229-232.

黄加棋，郑重，1984. 九龙江口桡足类和盐度关系的初步研究[J]. 厦门大学学报（自然科学版），23（4）：497-505.

黄旭雄，曾蓓蓓，穆亮亮，等，2016. 盐度-光照强度-温度对角毛藻生长及高不饱和脂肪酸含量的影响[J]. 水产学报，40（9）：1451-1461.

霍文毅，俞志明，邹景忠，等，2001. 胶州湾中肋骨条藻赤潮与环境因子的关系[J]. 海洋与湖沼，32（3）：311-318.

蒋霞敏，2002. 温度、光照、氮含量对微绿球藻生长及脂肪酸组成的影响[J]. 海洋科学，26（8）：9-13.

蒋霞敏，柳敏海，邢晨光，2007. 不同生态条件对绿色巴夫藻生长与脂肪酸组成的影响[J]. 水生生物学报，31（1）：88-93.

蒋霞敏，郑亦周，2003. 14 种微藻总脂含量和脂肪酸组成研究[J]. 水生生物学报，27（3）：243-247.

金仁村，郑平，胡安辉，2009. 盐度对厌氧氨氧化反应器运行性能的影响[J]. 环境科学学报，29（1）：81-87.

金相灿，储昭升，杨波，等，2008. 温度对水华微囊藻及孟氏浮游蓝丝藻生长、光合作用及浮力变化的影响[J]. 环境科学学报，28（1）：50-55.

况琪军，夏宜，惠阳，1996. 重金属对藻类的致毒效应[J]. 水生生物学报，20（3）：277-283.

赖素兰，2015. 三种常用饵料微藻的浓缩保存研究[D]. 福州：福建师范大学.

雷强勇，吕颂辉，2010. 维生素 B_1 和 B_{12} 对米氏凯伦藻增殖的影响[J]. 安徽农业科学，38（18）：9753-9755，9791.

李朝霞，刘升平，2010. 施用不同氮源对球等鞭金藻 3011 生长的影响[J]. 中国农学通报，26（1）：303-307.

李贵生，何建国，李桂峰，等，2001. 斑节对虾杆状病毒感染度与水体理化因子关系模型的修订[J]. 中山大学学报（自然科学版），40（6）：67-71.

李合生，2006. 现代植物生理学[M]. 2 版. 北京：高等教育出版社.

李慧敏，李玉华，武佃卫，等，2007. Cu^{2+} 对栅藻和鱼腥藻增殖的影响[J]. 安全与环境学报，7（3）：13-16.

李捷，孙松，李超伦，等，2006. 不同饵料对桡足类无节幼体存活、发育的影响研究[J]. 海洋科学，30（12）：13-20.

李晶晶，2017. 东海原甲藻氮营养吸收、代谢的分子生物学机制的初步研究[D]. 广州：暨南大学.

李少菁，陈峰，王桂忠，1989. 厦门海区浮游桡足类卵形态与孵化率的研究[J]. 厦门大学学报

（自然科学版），28（5）：538-543.

李松，方金钏，1983. 锥形宽水蚤幼体发育的研究[J]. 厦门大学学报（自然科学版），22（1）：96-101.

李晓倩，2017. 黄渤海浮游植物沉降速率的研究[D]. 天津：天津科技大学.

李雅娟，王起华，1998. 氮、磷、铁、硅营养盐对底栖硅藻生长速率的影响[J]. 大连水产学院学报，13（4）：7-14.

李永华，2010. 固定化菌-藻体系净化养殖废水协同作用的研究[D]. 北京：北京交通大学.

梁英，麦康森，2000. 微藻 EPA 和 DHA 的研究现状及前景[J]. 水产学报，24（3）：289-296.

梁英，麦康森，孙世春，等，2000. 盐度对六株硅藻生长及脂肪酸组成的影响[J]. 海洋湖沼通报，4：53-62.

林利民，许峰，林君，1998. 盐度对刺尾纺锤水蚤生长发育的影响[J]. 台湾海峡，17（增刊）：53-55.

林伟，陈骉，刘秀云，2001. 海洋微藻培育系统抗弧菌作用机理[J]. 海洋与湖沼，32（1）：7-14.

林霞，2003. 温度、盐度和饵料对象山港两种优势桡足类摄食与存活的影响[D]. 青岛：中国海洋大学.

林霞，李春月，陆开宏，2001. 温度和盐度对细巧华哲水蚤存活率的影响[J]. 宁波大学学报（理工版），14（1）：43-46.

林霞，陆开宏，盛岚岚，2000. 氮磷铁营养浓度对不同品系三角褐指藻生长影响的比较研究[J]. 浙江海洋学院学报（自然科学版），19（4）：384-387.

林昱，庄栋法，1994. 添加维生素 B_{12} 对围隔生态系内浮游植物群落动态影响的初探[J]. 台湾海峡，13（1）：32-36.

刘娥，刘兴国，王小冬，等，2017. 固定化藻菌净化水产养殖废水效果及固定化条件优选研究[J]. 上海海洋大学学报，26（3）：422-431.

刘凤歧，刘杰淋，朱瑞芬，等，2015. 4 种燕麦对 NaCl 胁迫的生理响应及耐盐性评价[J]. 草业学报，24（1）：183-189.

刘广银，梁娇，隗溟，2011. 遮阴水稻转入自然强光后光合作用的光抑制和恢复[J]. 西南师范大学学报，36（5）：156-158.

刘国英，2018. 供氮水平调控番茄低温耐性的机理研究[D]. 杨凌：西北农林科技大学.

刘青，张晓芳，李太武，等，2006. 光照对 4 种单胞藻生长速率、叶绿素含量及细胞周期的影响[J]. 大连水产学院学报，21（1）：24-30.

刘淑梅，孙振中，戚隽渊，等，1999. 亚硝酸盐氮对罗氏沼虾幼体的毒性试验[J]. 水产科技情报，26（6）：281-283.

刘兴国，管崇武，宋洪桥，等，2007. 循环水养殖系统中小球藻对三态氮的吸收能力研究[J]. 渔业现代化，34（1）：17-19.

楼宝，史海东，柴学军，2004. 不同生物饵料对赤点石斑鱼稚幼鱼生长和存活率的影响[J]. 上海水产大学学报，13（3）：270-273.

卢碧林，祁亮，李明习，2014. 光温培养条件对小球藻 Chlorella sp. 生长及产物的影响[J]. 可再生能源，32（10）：1527-1533.

陆开宏，林霞，2001. 13 种饵料微藻的脂肪酸组成特点及在河蟹育苗中的应用[J]. 宁波大学学报（理工版），14（3）：27-32.

陆田生，纪明侯，1997. 小角刺藻生长过程中溶解游离氨基酸含量在海水中的变化[J]. 海洋与湖沼，28（3）：256-261.

陆贻超，王丽丽，刘双，等，2013. CO_2 浓度对小球藻生长和生化组成的影响[J]. 可再生能源，

31（7）：64-69.

路艳君，姜爱莉，窦柏蕊，等，2010. Cd(Ⅱ)、Zn(Ⅱ)对新月菱形藻生长及生化成分的影响[J]. 大连水产学院学报，25（2）：178-182.

罗杰，钟志华，罗伟林，2005. 凡纳滨对虾（*Litopenaeus vannamei*）高位池养殖中几个单项因子试验[J]. 海洋湖沼通报，（3）：38-43.

吕颂辉，陈翰林，何智强，2006. 氮磷等营养盐对尖刺拟菱形藻生长的影响[J]. 生态环境，15（4）：697-701.

吕颂辉，黄凯旋，2007. 米氏凯伦藻在三种无机氮源的生长情况[J]. 生态环境学报，16（5）：1337-1341.

吕秀华，袁淑珍，栗淑媛，等，2011. 低温胁迫对节旋藻质膜的伤害[J]. 内蒙古大学学报（自然科学版），42（2）：204-210.

马美荣，李朋富，陈丽，等，2009. 盐度和营养限制对盐田底栖硅藻披针舟形藻生长及胞外多糖产率的影响[J]. 海洋湖沼通报，1：95-102.

马志珍，1983. 氮源及其浓度对三角褐指藻生长的影响[J]. 海洋湖沼通报，（2）：45-50.

茅华，许海，刘兆普，2007. 温度、光照、盐度及 pH 对旋链角毛藻生长的影响[J]. 生态科学，26（5）：432-436.

孟睿，何连生，席北斗，等，2009. 利用菌-藻体系净化水产养殖废水[J]. 环境科学研究，22（5）：511-515.

牛继梅，张丽莉，黄世玉，等，2016. 低温保藏对小球藻核酸和蛋白含量的影响[J]. 科学养鱼，（4）：78-79.

欧阳叶新，罗立明，胡鸿钧，等，2003. 我国沿海四爿藻的室内培养[J]. 应用生态学报，14（10）：1701-1704.

彭聪聪，李卓佳，曹煜成，等，2011. 粤西凡纳滨对虾海水滩涂养殖池塘浮游微藻群落结构特征[J]. 渔业科学进展，32（4）：117-125.

浦新明，2003. 中华哲水蚤夏季在南黄海的生活策略[D]. 青岛：中国科学院研究生院（海洋研究所）.

戚元成，张世敏，王丽萍，等，2004. 谷胱甘肽转移酶基因过量表达能加速盐胁迫下转基因拟南芥的生长[J]. 植物生理与分子生物学学报，30（5）：517-522.

祁秋霞，2011. 温度对两种海洋微藻生长与多糖含量的影响[J]. 水产养殖，32（1）：20-23.

钱振明，2008. 海洋底栖硅藻生长条件及其理化成分的研究[D]. 大连：大连理工大学.

莘冰茹，2016. 外源 NADPH 对盐胁迫下番茄 Trx 系统及光合碳同化的影响[D]. 石河子：石河子大学.

石如玲，姜玲玲，2009. 过氧化物酶体脂肪酸 β 氧化[J]. 中国生物化学与分子生物学报，25（1）：12-16.

苏国成，周常义，2007. 凡纳滨对虾育苗水环境的细菌学初探[J]. 集美大学学报（自然版），12（4）：289-293.

孙建华，王如才，赵强，1998. 高浓度小新月菱形藻保存方法的研究[J]. 海洋学报（中文版），20（2）：108-112.

孙舰军，1997. 虾池生态系统中诸因子对虾体的影响[J]. 海洋科学，89（2）：24-25.

孙杰，庄惠如，高如承，2008. 固定化海洋微藻在西施舌（*Coelomactra antiquata*）人工育苗中的应用[J]. 福建师范大学学报（自然科学版），24（6）：74-77.

孙军，宁修仁，2005. 海洋浮游植物群落的比生长率[J]. 地球科学进展，20（9）：939-945.

孙凌，金相灿，杨威，等，2007. 硅酸盐影响浮游藻类群落结构的围隔试验研究[J]. 环境科学，28（10）：2174-2179.

孙艳，孙雪培，姜玲玲，等，2015. 过氧化物酶体生物发生研究进展[J]. 生物学杂志，32（2）：83-86.

孙颖颖，孙利芹，王长海，2005. 微量元素对球等鞭金藻生长的影响[J]. 烟台大学学报（自然科学与工程版），18（4）：281-286.

唐书怿，2016. 南美白对虾养殖过程中池塘生态环境调控要点[J]. 海洋与渔业，（12）：58-60.

唐婷，郑国伟，李唯奇，2012. 植物光合系统对高温胁迫的响应机制[J]. 中国生物化学与分子生物学报，28（2）：127-132.

唐兴本，赵新生，2005. 中肋骨条藻的室内筛选室外培养技术[J]. 河北渔业，2：47-49.

汪本凡，唐欣昀，赵良侠，等，2008. 四种维生素对杜氏盐藻生长的影响[J]. 水生生物学报，32（3）：400-402.

汪望，2017. 外源海藻糖通过激发高温干旱下小麦环式电子流保护 PS II [D]. 上海：华东师范大学.

王爱丽，宋志慧. 固定化铜绿微囊藻对污水的净化及其生理特征变化[J]. 青岛科技大学学报（自然科学版），2005，26（5）：398-401.

王崇明，张岩，麻次松，1993. 对虾池塘浮游植物与主要水质因子的关系[J]. 海洋科学，17（4）：10-12.

王大志，黄世玉，程兆第，2003. 营养盐水平对四种海洋浮游硅藻胞外多糖产量的影响[J]. 台湾海峡，22（4）：487-492.

王峰，闫家榕，陈雪玉，等，2019. 光调控植物叶绿素生物合成的研究进展[J]. 园艺学报，46（5）：975-994.

王高学，姚嘉赟，王绥标，2006. 复合藻-菌系统水质净化模型建立与净化养殖水体水质的研究[J]. 西北农业学报，15（2）：22-27.

王珺，王爱雯，陈国华，等，2013. 几种主要营养元素对直链藻生长速率的影响[J]. 海南大学学报（自然科学版），31（3）：218-223.

王琳，刘冉，李文慧，等，2015. 不同重金属离子胁迫对斜生栅藻生长及叶绿素荧光特性的影响[J]. 生态与农村环境学报，31（5）：743-747.

王培磊，宫庆礼，麦康森，等，2001. 两种海洋单胞藻浓缩与保存效果的研究[J]. 海洋湖沼通报，（4）：12-19.

王萍，张银波，江木兰，2008. 多不饱和脂肪酸的研究进展[J]. 中国油脂，33（12）：42-46.

王起华，石若夫，程爱华，1999. 3 种饵料金藻的超低温保存研究[J]. 中国水产科学，6（2）：90-93.

王小谷，孙浩波，杨丹，等，2002. 南美白对虾淡养过程中虾池水质测定与分析[J]. 东海海洋，20（3）：38-44.

王星宇，黄旭雄，2016. 不同碳源对球等鞭金藻生长和细胞组成的影响[J]. 山东农业大学学报（自然科学版），47（4）：506-513.

王云鹏，衣华波，王华民，等，1997. 单胞藻静置保种技术研究[J]. 齐鲁渔业，14（4）：31-32.

王振瑶，2019. 氮限诱导下胶球藻油脂合成积累路径相关调控基因的筛选与鉴定[D]. 湘潭：湘潭大学.

魏东，李露，2016. 基于高通量培养的胶球藻 C-169 生物量和油脂积累能力的快速评价[J]. 现代食品科技, 32（12）：113-119.

魏兰珍, 崔轶文, 马为民, 等, 2006. 鱼腥藻II型果糖-1, 6-二磷酸醛缩酶基因的克隆及其在大肠杆菌中的高效表达[J]. 中国生物工程杂志（05）：74-77.

魏亮, 2006. 盐生杜氏藻光系统II主要捕光叶绿素 *a/b* 结合蛋白基因的克隆与表达研究[D]. 成都：四川大学.

魏思佳, 2016. 盐诱导杜氏盐藻（*Dunaliella salina*）胶群体形成生理学与磷酸化蛋白质组学研究[D]. 哈尔滨：东北林业大学.

吴德, 吴忠道, 余新炳, 2005. 磷酸甘油酸激酶的研究进展[J]. 中国热带医学, 5（2）：385-387.

吴伟, 范立民, 2014. 水产养殖环境的污染及其控制对策[J]. 中国农业科技导报, 16（2）：26-34.

邢丽贞, 张彦浩, 孔进, 等, 2003. 链丝藻的生长规律及其对污水中氮磷去除能力[J]. 城市环境与城市生态, 16（6）：246-247.

徐芳, 胡晗华, 丛威, 等, 2004. 通气量和 CO_2 对 *Nannochloropsis* sp. 在光生物反应器中的生长和 EPA 合成的影响[J]. 过程工程学报, 4（5）：457-461.

徐宁, 孙树刚, 段舜山, 等, 2010. 海洋微藻脲酶活性测定方法的实验研究[J]. 中国环境科学, 30（5）：689-693.

徐婷婷, 路建周, 靳萍, 等, 2014. 温度、光照和氮磷浓度对谷皮菱形藻生长的影响[J]. 淡水渔业, 44（3）：39-44.

徐轶肖, 江天久, 吕颂辉, 2005. 有毒赤潮甲藻塔玛亚历山大藻（香港株II）的生长特性研究[J]. 热带亚热带植物学报, 13（1）：21-24.

许大全, 1997. 光合作用的光抑制[J]. 植物生理学通讯, 33（6）：467.

许婕, 王桂忠, 吴荔生, 2012. 2 种浮游硅藻对底栖桡足类日本虎斑猛水蚤存活、发育和繁殖的影响[J]. 厦门大学学报（自然科学版）, 51（5）：939-943.

严国安, 李益健, 1994. 固定化小球藻净化污水的初步研究[J]. 环境科学研究, 7（1）：39-42.

杨庭欢, 2017. 水产养殖环境的污染现状及其控制对策[J]. 南方农业, 11（14）：92-94.

杨笑波, 何嘉, 方彰胜, 等, 2005. 提高锯缘青蟹幼体成活率的微藻生态调控技术研究[J]. 水产养殖, 26（4）：5-7.

杨彦豪, 罗帮, 赵永贞, 等, 2009. 3 种重金属离子对牟氏角毛藻生长的影响[J]. 大连水产学院学报, 24（S1）：69-72.

杨震, 童家明, 唐学玺, 等, 1999. 海洋单细胞藻对紫外吸收的比较研究[J]. 海洋通报, 18（5）：93-96.

姚雪梅, 王珺, 王思, 等, 2005. 人工培养牟氏角毛藻对弧菌抑制效果研究[J]. 南方水产, 1（4）：41-46.

叶志娟, 刘兆普, 王长海, 2006. 牟氏角毛藻在海水养殖废水中的生长及其对废水的净化作用[J]. 海洋环境科学, 25（3）：9-12.

尹翠玲, 梁英, 冯力霞, 等, 2007. 氮浓度对盐生杜氏藻和纤细角毛藻叶绿素荧光特性及生长的影响[J]. 海洋湖沼通报, 1：101-110.

于德爽, 李津, 陆婕, 2008. MBR 工艺处理含盐污水的试验研究[J]. 中国给水排水, 24（3）：5-8.

于瑾, 蒋霞敏, 梁洪, 等, 2006. 氮、磷、铁对牟氏角毛藻生长速率的影响[J]. 水产科学, 25（3）：121-124.

于萍, 张前前, 王修林, 等, 2006. 温度和光照对两株赤潮硅藻生长的影响[J]. 海洋环境科学, 25（1）：38-40.

岳伟萍, 2013. 不同絮凝剂和保存温度对海链藻营养成分的影响[J]. 水产科学, 32 (1): 46-49.

翟玉山, 邓宇晴, 董萌, 等, 2016. 甘蔗捕光叶绿素 a/b 结合蛋白基因 ScLhca3 的克隆及表达[J]. 作物学报, 42 (9): 1332-1341.

翟中和, 王喜忠, 丁明孝, 2007. 细胞生物学[M]. 3 版. 北京: 高等教育出版社.

张辉, 孙雪峰, 尤宏争, 2008. 不同单细胞藻类对日本对虾仔虾生长及存活率的影响[J]. 饲料工业, 29 (12): 24-27.

张桐雨, 唐选盼, 李洪武, 等, 2013. 小球藻和双眉藻对虾塘养殖废水氮、磷的去除效果[J]. 广东农业科学, 40 (18): 169-171.

张学成, 孟振, 时艳侠, 等, 2006. 光照、温度和营养盐对三株盐生杜氏藻生长和色素积累的影响[J]. 中国海洋大学学报 (自然科学版), 36 (5): 754-762.

张学成, 仵小南, 李永红, 1994. 固定化培养对亚心形扁藻生理功能及超微结构的影响[J]. 海洋学报 (中文版), 16 (4): 96-101.

张永生, 孔繁翔, 于洋, 等, 2010. 蓝藻伪空胞的特性及浮力调节机制[J]. 生态学报, 30 (18): 5077-5090.

张元圣, 2015. 湛江等鞭金藻氮营养胁迫条件下的代谢组学研究[D]. 大连: 大连工业大学.

赵文, 宋青春, 高放, 2002. 大连近海两种桡足类摄食生态的初步研究[J]. 大连水产学院学报, 17 (1): 8-14.

郑逸, 刘宪斌, 褚强, 2019. 盐度对小球藻生长胁迫及氮磷利用影响[J]. 环境科学与技术, 42 (11): 31-39.

郑重, 李少菁, 许振祖, 1984. 海洋浮游生物学[M]. 北京: 海洋出版社: 380-340.

中国科学院动物研究所甲壳动物研究组, 1979. 中国动物志 (节肢动物门 甲壳纲 淡水桡足类) [M]. 北京: 科学出版社.

周贝, 毕永红, 胡征宇, 2014. 温度对铜绿微囊藻细胞浮力的调控机制[J]. 中国环境科学, 34 (7): 1847-1854.

周慈由, 陈慈美, 黄晓丹, 1998. 环境因子对中肋骨条藻碳水化合物、氨基酸和蛋白质含量的影响[J]. 海洋技术, 17 (3): 68-71.

周宏, 项斯端, 1998. 重金属铜、锌、铅、镉对小形月牙藻生长及亚显微结构的影响[J]. 杭州大学学报 (自然科学版), 25 (2): 85-92.

周洪琪, Renaud, Parry, 等, 1996. 温度对新月菱形藻、铲状菱形藻和杷夫藻的生长、总脂肪含量以及脂肪酸组成的影响[J]. 水产学报, 20 (3): 44-49.

朱葆华, 潘克厚, 林黎明, 2006. 温度对 2 种饵料金藻保存效果的影响[J]. 海洋科学, 30 (10): 70-74.

朱明, 阎斌伦, 滕亚娟, 等, 2003. 三角褐指藻浓缩液长期保存技术研究[J]. 水产科技情报, 30 (6): 246-249.

朱明, 张学成, 茅云翔, 等, 2003. 温度、盐度及光照强度对海链藻 (Thalassiosira sp.) 生长的影响[J]. 海洋科学, 27 (12): 58-61.

朱明远, 牟学延, 李瑞香, 等, 2000. 铁对三角褐指藻生长、光合作用及生化组成的影响[J]. 海洋学报 (中文版) (01): 110-116.

朱艺峰, 林霞, 朱鹏, 等, 2006. 混合氮源对扁藻与金藻共培养和单种培养生长的影响[J]. 海洋科学, 30 (8): 34-40.

邹万生, 刘良国, 张景来, 等, 2011. 固定化藻菌对去除珍珠蚌养殖废水氮磷的效果分析[J]. 农业环境科学学报，30（4）：720-725.

Alam M A，Wan C，Guo S L，et al.，2014. Characterization of the flocculating agent from the spontaneously flocculating microalga *Chlorella vulgaris* JSC-7[J]. Journal of Bioscience and Bioengineering，118（1）：29-33.

Alonzo F，Mayzaud P，Razouls S，2001. Egg production and energy storage in relation to feeding conditions in the subantarctic calanoid copepod *Drepanopus pectinatus*：An experimental study of reproductive strategy[J]. Marine Ecology Progress Series，209：231-242.

Alonzo J R，Venkataraman C，Field M S，et al.，2018. The mitochondrial inner membrane protein MPV17 prevents uracil accumulation in mitochondrial DNA[J]. Journal of Biological Chemistry，293（52）：20285-20294.

Amo Y D，Brzezinski M A，2010. The chemical form of dissolved Si taken up by marine diatoms[J]. Journal of Phycology，35（6）：1162-1170.

Arakaki A K，Ceccarelli E A，Carrillo N，1997. Plant-type ferredoxin-NADP$^+$reductases：A basal structural framework and a multiplicity of functions[J]. FASEB Journal，11（2）：133-140.

Asada K，2006. Production and scavenging of reactive oxygen species in chloroplasts and their functions[J]. Plant Physiology，141（2）：391-396.

Ashida M，1971. Purification and characterization of pre-phenoloxidase from hemolymph of the silkworm *Bombyx mori*[J]. Archives of Biochemistry and Biophysics，144（2）：749-762.

Ban S，Minoda T，1994. Induction of diapause egg production in *Eurytemora affinis* by their own metabolites[J]. Hydrobiologia，292-293（1）：185-189.

Barros A I，Gonçalves A L，Simões M，et al.，2015. Harvesting techniques applied to microalgae：A review[J]. Renewable and Sustainable Energy Reviews，41：1489-1500.

Ben-Amotz A，Avron M，1983. Accumulation of metabolites by halotolerant algae and its industrial potential[J]. Annual Review of Microbiology，37：95-119.

Berger W H，Parker F L，1970. Diversity of planktonic foraminifera in deep-sea sediments[J]. Science，168（3937）：1345-1347.

Berman T，Bronk D A，2003. Dissolved organic nitrogen：A dynamic participant in aquatic ecosystems[J]. Aquatic Microbial Ecology，31（3）：279-305.

Boussiba S，Vonshak A，1991. Astaxanthin accumulation in the green alga *Haematococcus pluvialis*[J]. Plant and Cell Physiology，32（7）：1077-1082.

Camacho-Rodríguez J，Cerón-García M C，Macías-Sánchez M D，et al.，2016. Long-term preservation of concentrated *Nannochloropsis gaditana* cultures for use in aquaculture[J]. Journal of Applied Phycology，28（1）：299-312.

Carotenuto Y. Ianora A，Buttino I，et al.，2002. Is postembryonic development in the copepod *Temora stylifera* negatively affected by diatom diets?[J]. Journal of Experimental Marine Biology and Ecology，276（1-2）：49-66.

Carvalho A P，Monteiro C M，Malcata F X，2009. Simultaneous effect of irradiance and temperature on biochemical composition of the microalga *Pavlova lutheri*[J]. Journal of Applied Phycology，21（5）：543-552.

Casal C，Cuaresma M，Vega J M，et al.，2011. Enhanced productivity of a lutein-enriched novel acidophile microalgae grown on urea[J]. Marine Drugs，9：29-42.

Chelf P, 1990. Environmental control of lipid and biomass production in two diatom species[J]. Journal of Applied Phycology, 2 (2): 121-129.

Chen F, Johns M R, 1991. Effect of C/N ratio and aeration on the fatty acid composition of heterotrophic *Chlorella sorokiniana*[J]. Journal of Applied Phycology, 3: 203-209.

Chen J, Tendeyong F, Yiacoumi S, 1997. Equilibrium and kinetic studies of copper ion uptake by calcium alginate[J]. Environmental Science and Technology, 31 (5): 1433-1439.

Chen L, Mao F, Kirumba G C, et al., 2015. Changes in metabolites, antioxidant system, and gene expression in *Microcystis aeruginosa* under sodium chloride stress[J]. Ecotoxicology and Environmental Safety, 122: 126-135.

Cheng W, Liu C, Chen J, 2002. Effect of nitrite on interaction between the giant freshwater prawn *Macrobrachium rosenbergii* and its pathogen *Lactococcus garvieae*[J]. Diseases of Aquatic Organisms, 50 (3): 189-197.

Cheng Y S, Zheng Y, Labavitch J M, et al., 2011. The impact of cell wall carbohydrate composition on the chitosan flocculation of *Chlorella*[J]. Process Biochemistry, 46 (10): 1927-1933.

Chu W L, Phang S M, Goh S H, 1996. Environmental effects on growth and biochemical composition of *Nitzschia inconspicua* Grunow[J]. Journal of Applied Phycology, 8 (4): 389-396.

Chuntapa B, Powtongsook S, Menasveta P, 2003. Water quality control using *Spirulina platensis* in shrimp culture tanks[J]. Aquaculture, 220 (1-4): 355-366.

Coale K H, 1991. Effects of iron, manganese, copper, and zinc enrichments on productivity and biomass in the subarctic Pacific[J]. Limnology and Oceanography, 36: 1851-1864.

Collos Y, Vaquer A, Laabir M, et al, 2007. Contribution of several nitrogen sources to growth of *Alexandrium catenella* during blooms in Thau lagoon, southern France[J]. Harmful Algae, 6 (6): 781-789.

Danesi E, Rangel-Yagui C, Carvalho J, et al., 2002. An investigation of effect of replacing nitrate by urea in the growth and production of chlorophyll by *Spirulina platensis*[J]. Biomass and Bioenergy, 23 (4): 261-269.

Darley W M, 1982. Algal Biology: A Physiological Approach (Basic Microbiology): Vol.9[M]. New Jersey: Wiley-Blackuell.

Day J G, Fenwick C, 1993. Cryopreservation of members of the genus *Tetraselmis* used in aquaculture[J]. Aquaculture, 118 (1-2): 151-160.

Delgadillo-Mirquez L, Lopes F, Taidi B, et al., 2016. Nitrogen and phosphate removal from wastewater with a mixed microalgae and bacteria culture[J]. Biotechnology Reports, 11: 18-26.

Denton G R W, Burdon-Jones C, 1981. Influence of temperature and salinity on the uptake, distribution and depuration of mercury, cadmium and lead by the black-lip oyster *Saccostrea echinata*[J]. Marine Biology, 64 (3): 317-326.

Fan C, Glibert P M, Burkholder J M, 2003. Characterization of the affinity for nitrogen, uptake kinetics, and environmental relationships for *Prorocentrum minimum* in natural blooms and laboratory cultures[J]. Harmful Algae, 2 (4): 283-299.

Faust M A, Correll D L, 1976. Comparison of bacterial and algal utilization of orthophosphate in an estuarine environment[J]. Marine Biology, 34 (2): 151-162.

Ford J E, 1958. B$_{12}$-vitamins and growth of the flagellate *Ochromonas malhamensis*[J]. Journal of

General Microbiology, 19 (1): 161-172.

Freitas B, Cassuriaga A, Morais M, et al., 2017. Pentoses and light intensity increase the growth and carbohydrate production and alter the protein profile of *Chlorella minutissima*[J]. Bioresource Technology, 238: 248-253.

Frost B W, 1977. Feeding behavior of *Calanus pacificus* in mixtures of food particles[J]. Limnology and Oceanography, 22 (3): 472-491.

Fuentes J L, Garbayo I, Cuaresma M, et al., 2016. Impact of microalgae-bacteria interactions on the production of algal biomass and associated compounds[J]. Marine Drugs, 14 (5): 100.

Galant A, Preuss M L, Cameron J C, et al., 2011. Plant glutathione biosynthesis: diversity in biochemical regulation and reaction products[J]. Frontiers in Plant Science, 2: 45.

George B, Pancha I, Desai C, et al., 2014. Effects of different media composition, light intensity and photoperiod on morphology and physiology of freshwater microalgae *Ankistrodesmus falcatus*: A potential strain for bio-fuel production[J]. Bioresource Technology, 171: 367-374.

Glibert P M, Harrison J, Heil C, et al., 2006. Escalating worldwide use of urea: a global change contributing to coastal eutrophication[J]. Biogeochemistry, 77 (3): 441-463.

González L E, Cañizares R O, Baena S, 1997. Efficiency of ammonia and phosphorus removal from a Colombian agroindustrial wastewater by the microalgae *Chlorella vulgaris* and *Scenedesmus dimorphus*[J]. Bioresource Technology, 60: 259-262.

Griffiths M J, van Hille R P, Harrison S T L, 2012. Lipid productivity, settling potential and fatty acid profile of 11 microalgal species grown under nitrogen replete and limited conditions[J]. Journal of Applied Phycology, 24 (5): 989-1001.

Gu B H, Alexander V, 1993. Dissolved nitrogen uptake by a cyanobacterial bloom (*Anabaena flos-aquae*) in a subarctic lake[J]. Applied and Environmental Microbiology, 59 (2): 422-430.

Guerrero F, Nival S, Nival P, 1997. Egg production and viability in *Centropages typicus*: A laboratory study on the effect of food concentration [J]. Journal of the Marine Biological Association of United Kindom, 77 (1): 257-260.

Hargrave B T, Geen G H, 1970. Effects of copepod grazing on two natural phytoplankton populations[J]. Journal of the Fisheries Board of Canada, 27 (8): 1395-1403.

Harrison P J, Turpin D H, Bienfang P K, et al., 1986. Sinking as a factor affecting phytoplankton species succession: The use of selective loss semi-continuous cultures[J]. Journal of Experimental Marine Biology and Ecology, 99 (1): 19-30.

Hellebust J A, 1985. Mechanisms of response to salinity in halotolerant microalgae[J]. Plant and Soil, 89 (1-3): 69-81.

Henriksen A, Smith A T, Gajhede M, 1999. The structures of the horseradish peroxidase C-ferulic acid complex and the ternary complex with cyanide suggest how peroxidases oxidize small phenolic substrates[J]. Journal of Biological Chemistry, 274 (49): 35005-35011.

Heugens E H W, Jager T, Creyghton R, et al., 2003. Temperature-dependent effects of Cd on *Daphnia magna* accumulation versus sensitivity[J]. Environmental Science and Technology, 37 (3): 2145-2151.

Hirst A G and Kiørboe T, 2002. Mortality of marine planktonic copepods: Global rates and patterns[J]. Marine Ecology Progress Series, 230: 195-209.

Ho S H，Chen C Y，Chang J S，2012. Effect of light intensity and nitrogen starvation on CO_2 fixation and lipid/carbohydrate production of an indigenous microalga *Scenedesmus obliquus* CNW-N[J]. Bioresource Technology，113：244-252.

Hsieh C H，Wu W T，2009. Cultivation of microalgae for oil production with a cultivation strategy of urea limitation[J]. Bioresource Technology，99（17）：3921-3926.

Huang Y，Luo L，Xu K，et al.，2019. Characteristics of external carbon uptake by microalgae growth and associated effects on algal biomass composition[J]. Bioresource Technology，292：121887.

Ikaran Z，Suárez-Alvarez S，Urreta I，et al.，2015. The effect of nitrogen limitation on the physiology and metabolism of *Chlorella vulgaris* var L3[J]. Algal Research，10：134-144.

Ishii T，Yasuda K，Akatsuka A，et al.，2005. A mutation in the SDHC gene of complex Ⅱ increases oxidative stress，resulting in apoptosis and tumorigenesis[J]. Cancer Research，65（1）：203-209.

Ito T，Tanaka M，Shinkawa H，et al.，2013. Metabolic and morphological changes of an oil accumulating trebouxiophycean alga in nitrogen-deficient conditions[J]. Metabolomics，9（1）：178-187.

Jacob-Lopes E，Scoparo C H G，Lacerda L M C F，et al.，2009. Effect of light cycles (night/day) on CO_2 fixation and biomass production by microalgae in photobioreactors[J]. Chemical Engineering and Processing：Process Intensification，48：306-310.

Ji X，Jiang M，Zhang J，et al.，2018. The interactions of algae-bacteria symbiotic system and its effects on nutrients removal from synthetic wastewater[J]. Bioresource Technology，247：44-50.

Jiao J，Grodzinski B，1996. The effect of leaf temperature and photorespiratory conditions on export of sugars during steady-state photosynthesis in *Salvia splendens*[J]. Plant Physiology，111（1）：169-178.

Jiménez-Melero R，Parra G，Guerrero F，2012. Effect of temperature，food and individual variability on the embryonic development time and fecundity of *Arctodiaptomus salinus* (Copepoda：Calanoida) from a shallow saline pond[J]. Hydrobiologia，686（1）：241-256.

Jin E S，Yokthongwattana K，Polle J E W，et al.，2003. Role of the reversible xanthophyll cycle in the photosystem II damage and repair cycle in *Dunaliella salina*[J]. Plant Physiology，132（1）：352-364.

Kageyama H，Tanaka Y，Takabe T，2018. Biosynthetic pathways of glycinebetaine in *Thalassiosira pseudonana*；Functional characterization of enzyme catalyzing three-step methylation of glycine[J]. Plant Physiology and Biochemistry，127：248-255.

Kessler E，1970. Photosynthesis，photooxidation of chlorophyll and fluorescence of normal and manganese-deficient *Chlorella* with and without hydrogenase[J]. Planta，92：222-234.

Khotimchenko S V，Yakovleva I M，2005. Lipid composition of the red alga *Tichocarpus crinitus* exposed to different levels of photon irradiance[J]. Phytochemistry，66（1）：73-79.

Kim J，2014. Effect of dissolved inorganic carbon，pH，and light intensity on growth and lipid accumulation in microalgae[D]. Ohio：University of Cincinnati.

Knauer K，Jabusch T，Sigg L，1999. Manganese uptake and Mn（Ⅱ）oxidation by the alga *Scenedesmus subspicatus*[J]. Aquatic Sciences，61（1）：44-58.

Koivuniemi A，Aro E M，Andersson B，1995. Degradation of the D1-and D2-proteins of photosystem Ⅱ in higher plants is regulated by reversible phosphorylation[J]. Biochemistry，34（49）：16022-16029.

Koski M，Wichard T，Jónasdóttir S H，2008. "Good" and "bad" diatoms：development，growth and juvenile mortality of the copepod *Temora longicornis* on diatom diets[J]. Marine Biology, 154 (4): 719-734.

Krell A, Funck D, Plettner I, et al., 2007. Regulation of proline metabolism under salt stress in the psychrophilic diatom *Fragilariopsis cylindrus* (Bacillariophyceae)[J]. Journal of Phycology, 43: 753-762.

Lavoie M, Waller J C, Kiene R P, et al., 2018. Polar marine diatoms likely take up a small fraction of dissolved dimethylsulfoniopropionate relative to bacteria in oligotrophic environments[J]. Aquatic Microbial Ecology, 81: 213-218.

Li Y X, Gu W H, Huang A Y, et al., 2019. Transcriptome analysis reveals regulation of gene expression during photoacclimation to high irradiance levels in *Dunaliella salina* (Chlorophyceae)[J]. Phycological Research, 67 (4): 291-302.

Li-Beisson Y, Nakamura Y, Harwood J, 2016. Lipids: From chemical structures, biosynthesis, and analyses to industrial applications[J]. Subcellular Biochemistry, 86: 1-18.

Linares F, 2006. Effect of dissolved free amino acids (DFAA) on the biomass and production of microphytobenthic communities[J]. Journal of Experimental Marine Biology and Ecology, 330 (2): 469-481.

Löllgen S, Weiher H, 2015. The role of the Mpv17 protein mutations of which cause mitochondrial DNA depletion syndrome(MDDS): Lessons from homologs in different species[J]. Biological Chemistry, 396 (1): 13-25.

Low C, Toledo M I, 2015. Assessment of the shelf life of *Nannochloropsis oculata* flocculates stored at different temperatures[J]. Latin American Journal of Aquatic Research, 43 (2): 315-321.

Lukaski H C, 2003. Chromium as a supplement[J]. Annual Review of Nutrition, 19 (1): 279-302.

Lv J M, Cheng L H, Xu X H, et al., 2010. Enhanced lipid production of *Chlorella vulgaris* by adjustment of cultivation conditions[J]. Bioresource Technology, 101: 6797-6804.

Markou G, Chatzipavlidis I, Georgakakis D, 2012. Effects of phosphorus concentration and light intensity on the biomass composition of *Arthrospira* (*Spirulina*) *platensis*[J]. World Journal of Microbiology Biotechnology Advances, 28: 2661-2670.

Martín M, Casano L M, Zapata. et al., 2010. Role of thylakoid Ndh complex and peroxidase in the protection against photo-oxidative stress: Fluorescence and enzyme activities in wild-type and *ndhF*-deficient tobacco[J]. Physiologia Plantarum, 122 (4): 443-452.

Martin T K Tsui, Wen-Xiong Wang, 2004. Temperature influences on the accumulation and elimination of mercury in a freshwater cladoceran, *Daphnia magna*[J]. Aquatic Toxicology, 70 (7): 245-256.

Matich E K, Butryn D M, Ghafari M, et al., 2016. Mass spectrometry-based metabolomics of value-added biochemicals from *Ettlia oleoabundans*[J]. Algal Research, 19: 146-154.

McLaren I A, Walker D A, Corkett C J, 1968. Effects of salinity on mortaliy and development rate of eggs of the copepod *Pseudocalanus minutus*[J]. Canadian Journal of Zoology, 46: 1267-1269.

Montaini E, Zittelli G C, Tredici M R, et al., 1995. Long-term preservation of *Tetraselmis suecica*: Influence of storage on viability and fatty acid profile[J]. Aquaculture, 134 (1-2): 81-90.

Monteiro V, Cavalcante D G S M, Viléla M B F A, et al., 2011. *In vivo* and *in vitro* exposures for the evaluation of the genotoxic effects of lead on the Neotropical freshwater fish *Prochilodus lineatus*[J]. Aquatic Toxicology，104（3-4）：291-298.

Morales C E，Harris R P，Head R N，et al.，1993. Copepod grazing in the oceanic north-east Atlantic during a six week drifting station：the contribution of size classes and vertical migrants[J]. Journal of Plankton Research，15（2）：185-211.

Murray M M，Marcus N H，2002. Survival and diapause egg production of the copepod *Centropages hamatus* rainsed on dinoflagellate diets[J]. Journal of Experimental Marine Biology and Ecology，270：39-56.

Niehoff B，2004. The effect of food limitation on reproductive activity and gonad morphology of the marine planktonic copepod *Calanus finmarchicus*[J]. Journal of Experimental Marine Biology and Ecology，307：237-259.

Niemann S，Müller U，2000. Mutations in SDHC cause autosomal dominant paraganglioma，type 3[J]. Nature Genetics，26（3）：268-270.

Nurdogan Y，Oswald W J，1995. Enhanced nutrient removal in high-rate ponds[J]. Water Science and Technology，31（12）：33-43.

Pancha I，Chokshi K，Ghosh T，et al.，2015. Bicarbonate supplementation enhanced biofuel production potential as well as nutritional stress mitigation in the microalgae *Scenedesmus* sp. CCNM 1077[J]. Bioresource Technology，193：315-323.

Pérez-Pazos J V，Fernández-Izquierdo P，2011. Synthesis of neutral lipids in *Chlorella* sp. under different light and carbonate conditions[J]. CT&F-Ciencia，Tecnología y Futuro，4（4）：47-58.

Peterson C G，1987. Influences of flow regime on development and desiccation response of lotic diatom communities[J]. Journal of Ecology，68：946-954.

Phillips D J H，Segar D A，1986. Use of bioindicators in monitoring conservative contaminate programme design imperatives[J]. Marine Pollution Bulletin，17（1）：10-17.

Põder T，Maestrini S Y，Balode M，et al.，2003. The role of inorganic and organic nutrients on the development of phytoplankton along a transect from the Daugava River mouth to the Open Baltic，in spring and summer 1999 [J]. ICES Journal of Marine Science，60：827-835.

Poulet S A，Escribano R，Hidalgo P，et al.，2007. Collapse of *Calanus chilensis* reproduction in a marine environment with high diatom concentration[J]. Journal of Experimental Marine Biology and Ecology，352（1）：187-199.

Ramanan R，Kim B H，Cho D H，et al.，2013. Lipid droplet synthesis is limited by acetate availability in starchless mutant of *Chlamydomonas reinhardtii*[J]. Febs Letters，587：370-377.

Ramanan R，Kim B H，Cho D H，et al.，2015. Algae-bacteria interactions：Evolution，ecology and emerging applications[J]. Biotechnology Advances，34（1）：14-29.

Ramon N M，Bartel B，2010. Interdependence of the peroxisome-targeting receptors in *Arabidopsis thaliana*：PEX7 Facilitates PEX5 accumulation and import of PTS1 cargo into peroxisomes[J]. Molecular Biology of the Cell，21（7）：1263-1271.

Redfield A C，1960. The biological control of chemical factors in the environment[J]. Science Progress，11：150-170.

Rhee G Y，1978. Effects of N：P atomic ratios and nitrate limitation on algal growth，cell composition，and nitrate uptake[J]. Limnology and Oceanography，23（1）：10-25.

Roleda M Y，Slocombe S P，Leakey R J G，et al.，2013. Effects of temperature and nutrient regimes on biomass and lipid production by six oleaginous microalgae in batch culture employing a two-phase cultivation strategy[J]. Bioresource Technology, 129: 439-449.

Sargent J R, 1976. The structure, metabolism and function of lipids in marine organisms[J]. Biochemical and Biophysical Perspectives in Marine Biology, 3: 149-212.

Sathasivam R, Radhakrishnan R, Hashem A, et al., 2019. Microalgae metabolites: A rich source for food and medicine[J]. Saudi Journal of Biological Sciences, 26 (4): 709-722.

Schrader M, Fahimi H D, 2006. Peroxisomes and oxidative stress[J]. Biochimica Et Biophysica Acta Molecular Cell Research, 1763 (12): 1755-1766.

Seppälä J, Tamminen T, Kaitala S, 1999. Experimental evaluation of nutrient limitation of phytoplankton communities in the Gulf of Riga[J]. Journal of Marine Systems, 23 (1-3): 107-126.

Shifrin N S, 2010. Phytoplankton lipid-interspecific differences and effects of nitrate, silicate and light-dark cycles[J]. Journal of Phycology, 17 (4): 374-384.

Smeitink J, Lambert V, Dimauro S, 2001. The genetics and pathology of oxidative phosphorylation[J]. Nature Reviews Genetics, 2 (5): 342-352.

Sukenik A, Bennett J, Falkowski P, 1987. Light-saturated photosynthesis-Limitation by electron transport or carbon fixation? [J]. Biochimica et Biophysica Acta (BBA)-Bioenergetics, 891 (3): 205-215.

Sunda W G, Barber R T, Huntsman S A, 1981. Phytoplankton growth in nutrient rich seawater importance of copper-manganese cellular interactions[J]. Journal of Marine Research, 39 (3): 567-586.

Tam L T, Hoang D D, Mai D T N, et al., 2012. Study on the effect of salt concentration on growth and astaxanthin accumulation of microalgae *Haematococcus pluvialis* as the initial basis for two phase culture of astaxanthin production[J]. Academia Journal of Biology, 34 (2): 213-223.

Tansakul P, Savaddiraksa Y, Prasertsan P, et al., 2005. Cultivation of the hydrocarbon-rich alga, *Botyococcus braunii* in secondary treated effluent from a sea food processing plant[J]. Thai Journal of Agricultural Science, 38: 71-76.

Teramoto H, Nakamori A, Minagawa J. et al., 2002. Light-intensity-dependent expression of *Lhc* gene family encoding light-harvesting chlorophyll-*a/b* proteins of photosystem II in *Chlamydomonas reinhardtii*[J]. Plant Physiology, 130 (1): 325-333.

Thor J J V, Hellingwerf K J, Matthijs H C P, 1998. Characterization and transcriptional regulation of the *Synechocystis* PCC 6803 *petH* gene, encoding ferrodoxin-NADP$^+$ oxidoreductase: involvement of a novel type of divergent operator[J]. Plant Molecular Biology, 38 (3): 511.

Tilman D, Kilham S S, 2010. Phosphate and silicate growth and uptake kinetics of the diatoms *Asterionella formosa* and *Cyclotella meneghiniana* in batch and semicontinuous culture[J]. Journal of Phycology, 12 (4): 375-383.

Tsui M T K, Wang W X, 2004. Temperature influences on the accumulation and elimination of mercury in a freshwater cladoceran, *Daphnia magna*[J]. Aquatic Toxicology, 70 (3): 245-256.

Ulrika G, Carsten K, Jenny A, et al., 2004. Is each light-harvesting complex protein important for plant fitness? [J]. Plant physiology, 134 (1): 502-509.

Verdonck L, Grisez L, Sweetman E, et al., 1997. Vibrios associated with routine productions of *Brachionus plicatilis*[J]. Aquaculture, 149 (3-4): 203-214.

Wang H T, Meng Y Y, Cao X P, et al., 2015. Coordinated response of photosynthesis, carbon assimilation, and triacylglycerol accumulation to nitrogen starvation in the marine microalgae

Isochrysis zhangjiangensis (Haptophyta)[J]. Bioresource Technology，177：282-288.

Wang J，Tang W，Chen L，et al.，2019. Simple method for preserving large quantity of high viability red biomass of *Haematococcus* in the medium term (3～6 months)[J]. Journal of Applied Phycology，31（3）：1607-1613.

Wang L，Li Y G，Sommerfeld M，et al.，2013. A flexible culture process for production of the green microalga *Scenedesmus dimorphus* rich in protein，carbohydrate or lipid[J]. Bioresource Technology，129：289-295.

Wang W X，Fisher N S，1999. Delineating metal accumulation pathways for marine invertebrates[J]. Science of Total Environment，30（237-238）：459-472.

Wi J，Park E J，Mi S H，et al.，2020. PyMPV17，the MPV17 homolog of *Pyropia yezoensis* (Rhodophyta)，Enhances osmotic stress tolerance in *Chlamydomonas*[J]. Plant Molecular Biology Reporter，38（52）：39-47.

Yeesang C，Cheirsilp B，2011. Effect of nitrogen，salt，and iron content in the growth medium and light intensity on lipid production by microalgae isolated from freshwater sources in Thailand[J]. Bioresource Technology，102（3）：3034-3040.

Yu B，Niu J F，Feng J H，et al.，2018. Regulation of Ferredoxin-NADP$^+$ oxidoreductase to cyclic electron transport in high salinity stressed Pyropia yezoensis[J]. Frontiers in Plant Science，9：1092.

Yu R Q，Wang W X，2002. Trace metal assimilation and release budget in *Daphnia magna*[J]. Limnology and Oceanography，47（4）：495-504.

Zagorchev L，Seal C，Kranner I，et al.，2013. A central role for thiols in plant tolerance to abiotic stress[J]. International Journal of Molecular Sciences，14（4）：7405-7432.

Zamora-Terol S，Nielsen T G，Saiz E，2013. Plankton community structure and role of *Oithona similis* on the western coast of Greenland during the winter-spring transition[J]. Marine Ecology Progress Series，483：85-102.

Zhang L J，Pei H Y，Chen S Q，et al.，2018. Salinity-induced cellular cross-talk in carbon partitioning reveals starch-to-lipid biosynthesis switching in low-starch freshwater algae[J]. Bioresource Technology，250：449-456.

Zhang Z，Chang X X，Zhang L，et al.，2016. Spermidine application enhances tomato seedling tolerance to salinity-alkalinity stress by modifying chloroplast antioxidant systems[J]. Russian Journal of Plant Physiology，63（4）：461-468.

Zhu S N，Wang Y J，Shang C H，et al.，2015. Characterization of lipid and fatty acids composition of *Chlorella zofingiensis* in response to nitrogen starvation[J]. Journal of Bioscience and Bioengineering，120（2）：205-209.

Zurlini G，Ferrari I，Nassogne A，1978. Reproduction and growth of *Euterpina acutifrons* (Copepoda: Harpacticoida) under experimental conditions[J]. Marine Biology，46（1）：59-64.

彩　图

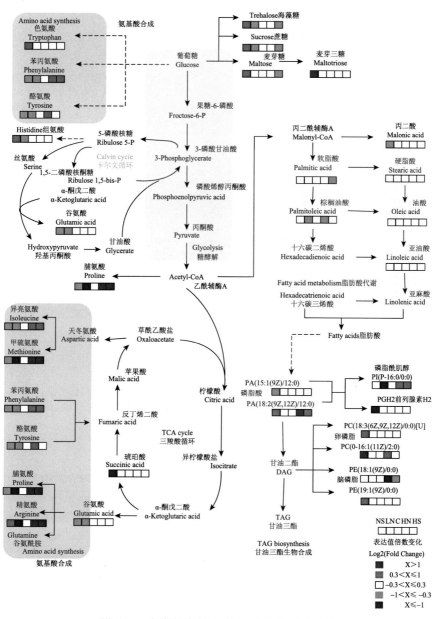

图 6-21　卵囊藻响应不同氮浓度的代谢网络图

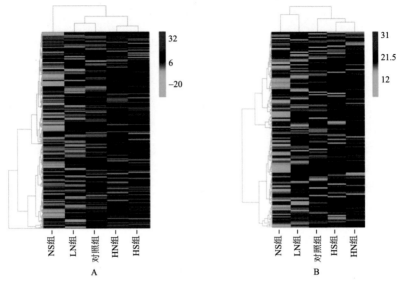

A. 正离子模式；B. 负离子模式

图 6-16　不同氮浓度下卵囊藻聚类分析

第1天　　第2天　　第3天　　第4天　　第5天　　第6天　　第7天

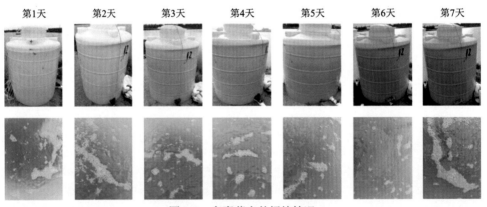

图 7-7　卵囊藻户外桶培情况

图 7-8　对虾高位池定向培育卵囊藻所形成的水色

图 版

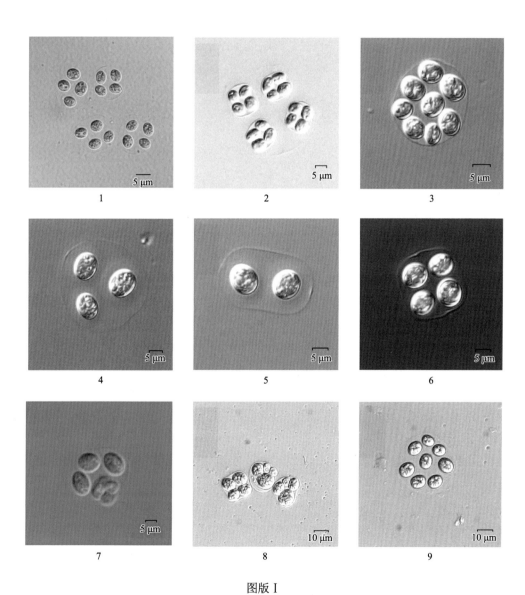

图版 I

1 ～ 9：卵囊藻 *Oocystis* sp.

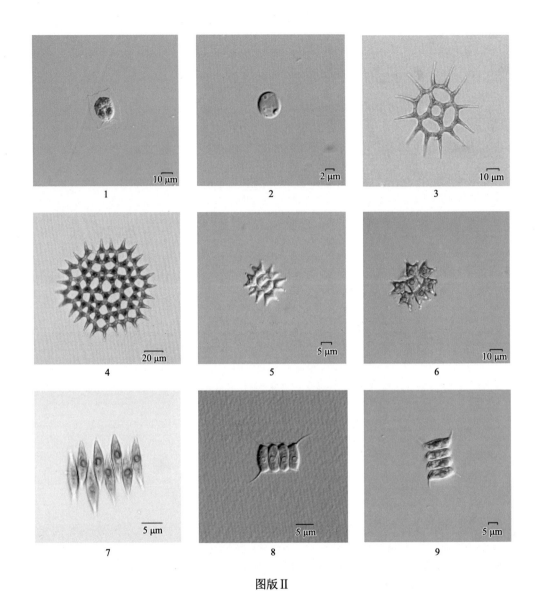

图版 II

1～2：翼膜藻 *Pteromonas* sp.；3～6：盘星藻 *Pediastrum* sp.；7：斜生栅藻 *Scenedesmus obliquus*；
8～9：四尾栅藻 *Scenedesmus quaclricauda*

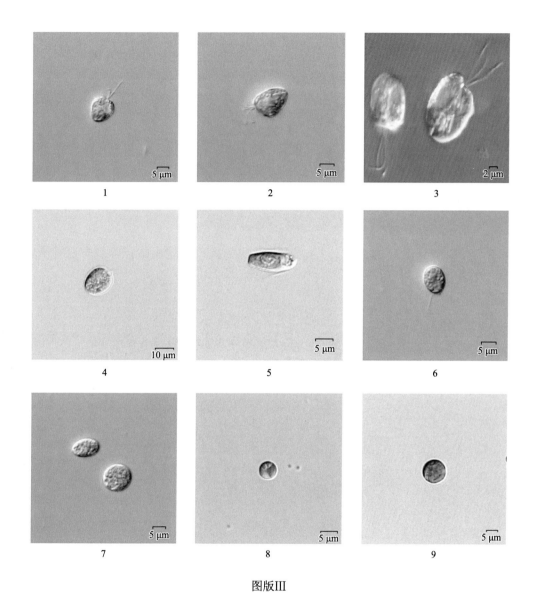

1 ~ 4：扁藻 *Platymonas* sp.；5 ~ 7：杜氏盐藻 *Dunaliella salina*；8 ~ 9：小球藻 *Chlorella* sp.

图版Ⅲ

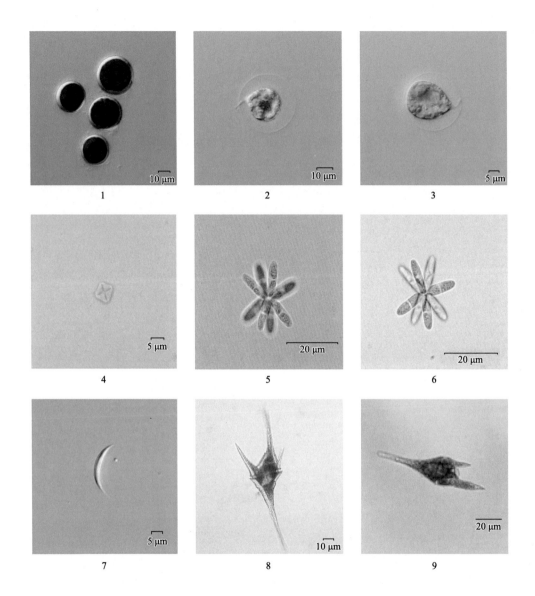

图版Ⅳ

1～3：雨生红球藻 *Haematococcus pluvialis*；4：十字藻 *Crucigenia* sp.；5～6：集星藻 *Actinastrum* sp.；
7：纤维藻 *Ankistrodesmus* sp.；8～9：叉角藻 *Ceratium furca*

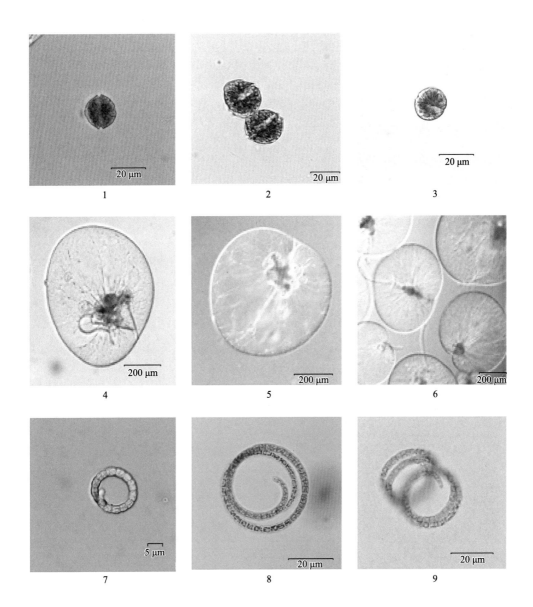

图版 V

1 ～ 3：亚历山大藻 Alexandrium sp.； 4 ～ 6：夜光藻 Triceratium sp.；
7 ～ 9：项圈藻 Anabaena sp.

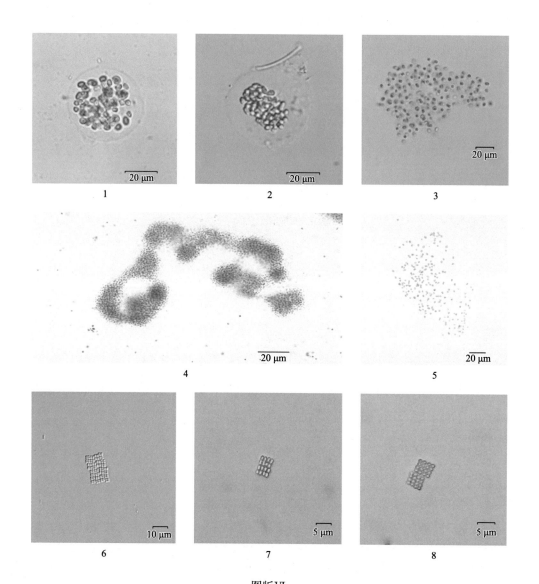

图版VI

1 ～ 2：隐球藻 *Aphanocapsa* sp.； 3 ～ 5：微囊藻 *Microcystis* sp.；
6 ～ 8：平裂藻 *Merismopedia* sp.

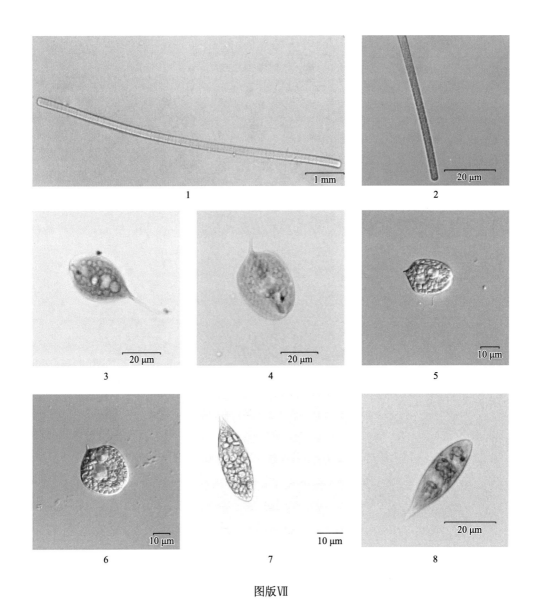

图版Ⅶ

1～2：颤藻 *Oscillatoria* sp.；3～6：扁裸藻 *Phacus* sp.；7～8：裸藻 *Euglena* sp.

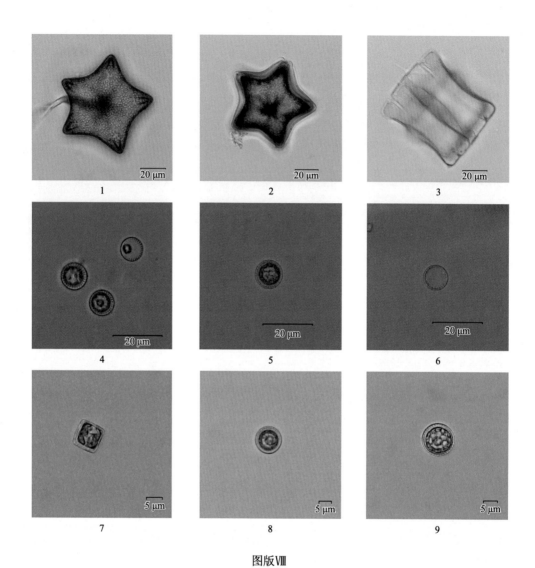

图版Ⅷ

1 ～ 3：三角藻 *Triceratium* sp.；4 ～ 9：小环藻 *Cyclotella* sp.

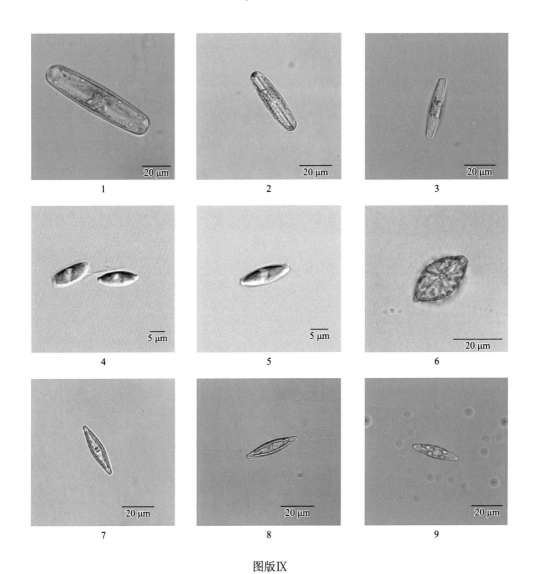

图版 IX

1 ～ 3：羽纹藻 *Pinnularia* sp.； 4 ～ 5：舟形藻 *Navicula* sp.； 6：双壁藻 *Diploneis* sp.；
7 ～ 9：放射舟形藻 *Navicula radiosa*

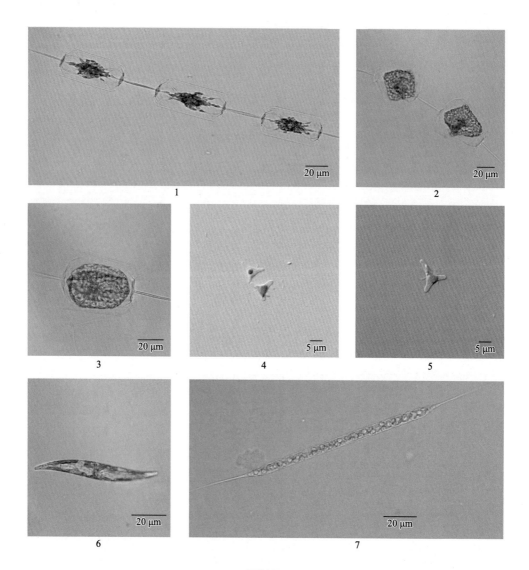

图版 X

1 ～ 3：双尾藻 *Ditylum* sp.；4 ～ 5：三角褐指藻 *Phaeodactylum tricornutum*；
6：布纹藻 *Gyrosigma* sp.；7：根管藻 *Rhizosolenia* sp.

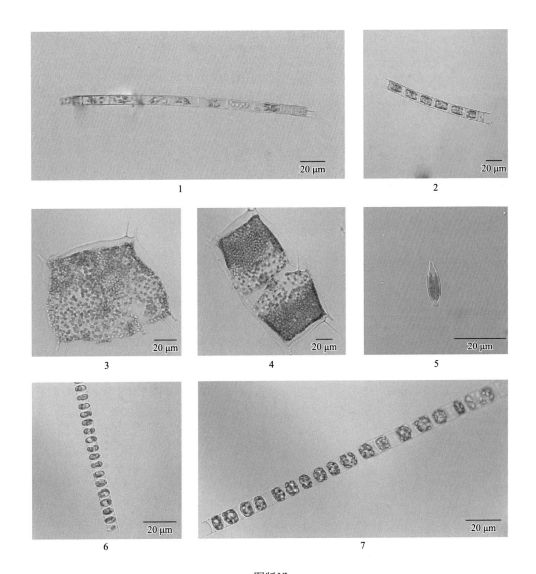

图版XI

1 ～ 2：直链藻 *Melosira* sp.；3 ～ 4 盒形藻 *Biddulphia* sp.；5：异极藻 *Gomphonema* sp.；
6 ～ 7：骨条藻 *Skeletonema* sp.

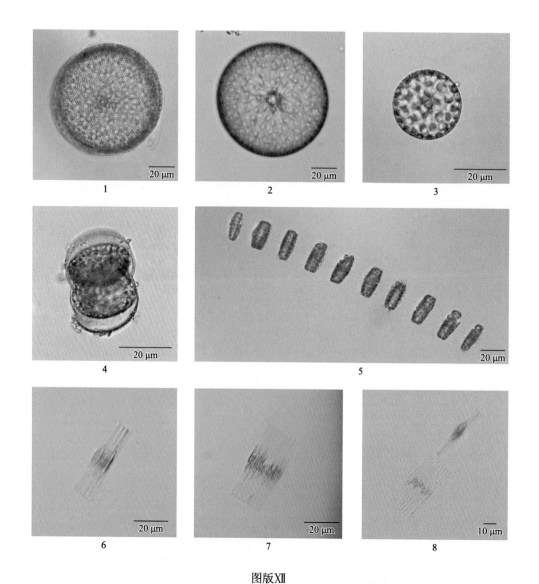

图版XII

1～2：圆筛藻 Coscinodiscus sp.；3～5：海链藻 Thalassiosira sp.；
6～8：脆杆藻 Fragilaria sp.

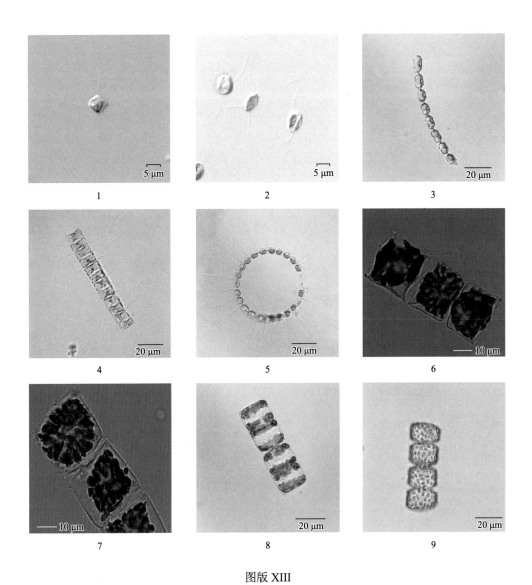

1　　　　　　　　　　　　2　　　　　　　　　　　　3

4　　　　　　　　　　　　5　　　　　　　　　　　　6

7　　　　　　　　　　　　8　　　　　　　　　　　　9

图版 XIII

1～5：角毛藻 *Chaetoceros* sp.；6～7：中鼓藻 *Bellerochea* sp.；8～9：娄氏藻 *Lauderia* sp.

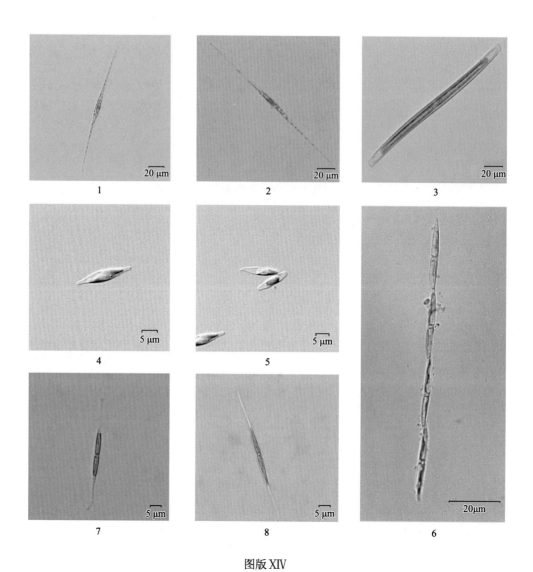

图版 XIV

1 ～ 6：菱形藻 *Nitzschia* sp.；7 ～ 8：拟菱形藻 *Pseudo-nitzschia* sp.

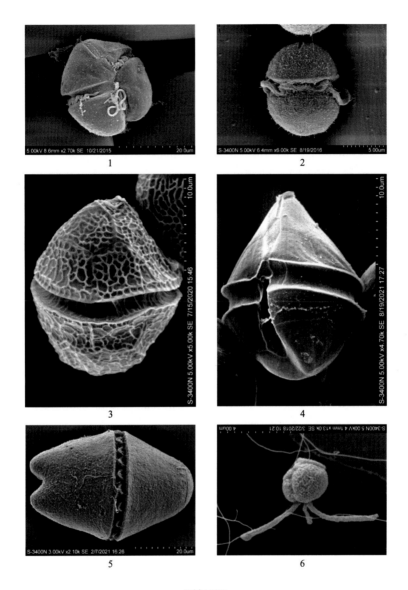

图版 XV

1：米氏凯伦藻 *Karenia mikimotoi*；2：剧毒卡尔藻 *Karlodinium veneficum*；3：亚历山大藻 *Alexandrium* sp.；
4：东海斯氏藻 *Scrippsiella donghaiensis*；5：红色赤潮藻 *Akashiwo sanguinea*；6：球形棕囊藻 *Phaeocystis globosa*